W0095496

Korrektur zum Online-Angebot Ihres Buches:
Der Download des eBooks ist aus rechtlichen Gründen leider nicht mehr möglich.

Sehr geehrte Kundin, sehr geehrter Kunde,

in diesem Buch finden Sie einen Link zu einem begleitenden Online-Angebot. Dort stehen Ihnen Arbeitshilfen als wertvolle Ergänzung zum Buchinhalt zu Verfügung.

Den an dieser Stelle beschriebenen Download des eBooks können wir gegenwärtig aus rechtlichen Gründen jedoch leider nicht mehr anbieten.

Warum ist das so? Gedruckte Bücher haben einen Mehrwertsteuersatz von 7%, für eBooks werden jedoch 19% Mwst. abgeführt. Nun fordert der Gesetzgeber von uns, sogenannte Bundles, also die Ihnen vorliegende Kombination aus einem gedruckten Buch und einem eBook, anteilig mit beiden Mehrwertsteuersätzen abzurechnen. Dies ist uns — zumindest derzeit — nicht möglich.
Unter diesen neuen steuerrechtlichen Rahmenbedingungen können wir Ihnen deshalb leider das kostenlose eBook nicht mehr zur Verfügung stellen.

Die angebotenen Arbeitshilfen bleiben selbstverständlich weiter erhalten. Wir wünschen Ihnen viel Erfolg damit und hoffen auf Ihr Verständnis!

Sie haben Fragen?
Mail: *service@haufe.de*
Telefon: *0800 50 50 445*
Fax: *0800 50 50 446*

HAUFE.

Burnoutprävention für Führungskräfte

Michael Spreiter

Bibliografische Information der Deutschen Nationalbibliothek
Die Deutsche Nationalbibliothek verzeichnet diese Publikation in der
Deutschen Nationalbibliografie; detaillierte bibliografische Daten sind im Internet
über http://dnb.dnb.de abrufbar.

Print ISBN: 978-3-648-03707-2   Bestell-Nr. 04192-0001
EPUB ISBN: 978-3-648-03708-9   Bestell-Nr. 04192-0100
EPDF ISBN: 978-3-648-03709-6   Bestell-Nr. 04192-0150

Michael Spreiter
Burnoutprävention für Führungskräfte
1. Auflage 2014

© 2014 Haufe-Lexware GmbH & Co. KG, Freiburg
www.haufe.de
info@haufe.de
Produktmanagement: Anne Lennartz

Lektorat: Gabriele Vogt
Satz: Kühn & Weyh Software GmbH, Satz und Medien, 79110 Freiburg
Umschlag: RED GmbH, 82152 Krailling
Druck: fgb · freiburger graphische betriebe, 79108 Freiburg

Inhaltsverzeichnis

Persönliches Vorwort

Dieses Buch ist das Ergebnis eines über 10-jährigen Prozesses, der damit begann, dass ich mich völlig erschöpft hatte und mit schweren Depressionen darnieder lag. Da die Versorgung und Unterstützung für Burnout Betroffene damals (2001 und Folgejahre) noch schlechter war als heutzutage, musste ich mir mit der Zeit und mit viel Unterstützung Vorgehensweisen aneignen, die mich aus diesem ausgebrannten Zustand wieder in meine heutige Leistungsfähigkeit brachten. Eine Folge dieser einschneidenden persönlichen Erfahrung, die ich gerne anderen Menschen ersparen möchte, ist meine Zusammenarbeit mit Führungskräften und Unternehmen in der Burnoutprävention und in der Unterstützung von dauerhafter Leistungsfähigkeit und Leistungsfreude. Seit 2006 unterstütze ich als Berater, Coach und Trainer Unternehmen und ihre Führungskräfte, um bei steigenden Anforderungen an Unternehmen und Führungskräfte einen realistischen und nachhaltigen Weg individuell aufzuzeigen und bei der konkreten Umsetzung zu unterstützen.

In den letzten Jahren habe ich deshalb ein Netzwerk von kompetenten Partnern aus den Bereichen Medizin, Bewegung, Mentaltraining, Therapie und Organisationsentwicklung gewonnen, um Führungskräfte und Unternehmen ganzheitlich und umfassend unterstützen zu können. So ist auch mein Anliegen in diesem Buch, Führungskräften persönliche Möglichkeiten konkret und praxisnah aufzuzeigen, damit sie Burnout vorbeugen können und ihre Leistungsfähigkeit erhalten oder sogar verbessern. Da es aus meiner Unternehmenserfahrung als Manager in verschiedenen Konzernen auf keinen Fall ausreicht, nur persönliche Maßnahmen für sich selbst als Führungskraft zu ergreifen, sondern es wichtig ist, als Manager seinen Verantwortungsbereich entsprechend zu gestalten, beschreibe ich zudem die Möglichkeiten von Führungskräften, ihren gesamten Verantwortungsbereich gesundheitsförderlich und erschöpfungsvorbeugend zu gestalten.

Ich wünsche Ihnen von ganzem Herzen für sich selbst, Ihren Verantwortungsbereich und die gesamte Organisation, in der Sie tätig sind, eine erfolgreiche Vorbeugung von massiver, dauerhafter Erschöpfung und eine Verbindung von Gesundheit und Erfolg, die Leistungsfreude hervorbringt. Dazu werden Sie im vorliegenden Buch nicht nur Forschungsergebnisse finden, sondern auch praxisrelevante Anregungen, die es sich lohnt, umzusetzen.

1 Einleitung

Als ehemaliger Manager in verschiedenen DAX30-Konzernen und als erfahrener Leadership Coach, der seit über zwölf Jahren viele Konzerne, mittelständische Unternehmen und Verwaltungen begleitet, kann ich aufgrund meiner Erfahrungen feststellen: Burnout gibt es schon seit mehreren Jahrzehnten in Deutschland. Stark gestiegene Zahlen bei Krankheitstagen durch psychische Belastungen und einige prominente Fälle bezüglich Burnout (Politiker wie Herr Platzek, Sport-VIPs wie Rangnik u. a.) haben Burnout stark in den Fokus des öffentlichen Interesses gerückt. Die zunehmende Bedeutung von Burnout lässt sich durch Statistiken untermauern.

Zahlen, Daten und Fakten zu Burnout in Deutschland

Das Robert-Koch-Institut, in Deutschland zuständig für die Gesundheitsberichterstattung des Bundes, hat in seiner „Studie zur Gesundheit Erwachsener in Deutschland" festgestellt, dass bei 4,2 % der Befragten ein Burnout-Syndrom durch einen Arzt oder einen Psychotherapeuten diagnostiziert worden ist. Frauen sind mit 5,2 % häufiger betroffen als Männer (3,3 %). Die am häufigsten betroffene Altersgruppe sind diejenigen zwischen 40 und 49 Jahren. Interessant ist auch das Ergebnis zum Erleben von chronischem Stress. 13,2 % der Frauen und 11,1 % der Männer gaben an, unter chronischem Stress zu leiden. Diejenigen Befragten, die auch unter Burnout litten, gaben doppelt so hohe Werte bei der Stressbelastung an als Befragte, die nicht unter Burnout litten.[1]

Die Bundespsychotherapeutenkammer hat 2012 die Daten großer gesetzlicher Krankenkassen zur Arbeitsunfähigkeit von Arbeitnehmern aufgrund von psychischen Erkrankungen und insbesondere Burnout ausgewertet. Ein Ergebnis: „Dabei zeigte sich, dass die Anzahl der Krankschreibungen aufgrund eines Burnouts seit 2004 um 700 %, die Anzahl der betrieblichen Fehltage sogar um fast 1400 % gestiegen ist."[2] Über alle Krankenkassen hinweg ist seit einigen Jahren ein kontinuierlicher Anstieg der Krankheitstage und der Krankheitsfälle wegen Burnout festzustellen. Der Anteil der Arbeitsunfähigkeitsfälle hat sich in den Jahren 2004 – 2011 verachtfacht.

---

[1] Kurth, B.- M., 2012, Erste Ergebnisse aus der Studie zur Gesundheit Erwachsener in Deutschland, (DEGS), Bundesgesundheitsblatt, Seite 1-11.

[2] Bundespsychotherapeutenkammer, Studie zur Arbeitsunfähigkeit – Psychische Erkrankungen und Burnout, Berlin 2012.

Einleitung

Im Vergleich zu anderen Erkrankungen verursachen psychische Erkrankungen die längsten Ausfallzeiten, mit durchschnittlich etwa 23 Arbeitsunfähigkeitstagen je Fall. Eine Krankschreibung mit der Diagnose Burnout dauerte im Durchschnitt 2012 26 Tage. Die Bundespsychotherapeutenkammer stellt in ihrer Analyse fest: „Aktuell werden 5 % aller Krankschreibungen bzw. 12,5 % aller betrieblichen Fehltage durch psychische Erkrankungen verursacht. Damit hat sich der Anteil der AU-Tage aufgrund von psychischen Erkrankungen an allen betrieblichen Fehltagen seit 2000 etwa verdoppelt. Die Krankschreibungen aufgrund psychischer Erkrankungen sind überdurchschnittlich lang."[3] Im Jahr 2012 waren in Deutschland psychische Störungen für mehr als 53 Millionen Krankheitstage verantwortlich, das sind 80 % mehr als vor 15 Jahren.[4]

Die Anzahl der **vorzeitigen Berentungen aufgrund von psychischen Erkrankungen** hat von 2001 mit 53.581 Fällen bis zum Jahr 2010 (mit 70.937 Fällen) massiv zugenommen. Der prozentuelle Anteil an allen Rentenneuzugängen liegt bei psychischen Erkrankungen 2001 noch bei 26,8 % und 2010 bereits bei 39,3 % mit zunehmender Tendenz. Mit 33,4 % aller Rentenneuzugänge bei Männern und mit 45,6 % bei Frauen sind bei beiden Geschlechtern **psychische Erkrankungen die häufigste Diagnosegruppe** für vorzeitige Berentungen.[5]

---

[3] Ebda.

[4] Lohmann-Haislah, 2013.

[5] Süddeutsche Zeitung, online, 30. Dezember 2012 10:15: Psychische Erkrankungen am Arbeitsplatz – Burn-out-Frühverrentungen erreichen Rekordwerte.

16

Rentenzugänge wegen verminderter Erwerbsfähigkeit nach Diagnosegruppe 2007–2010

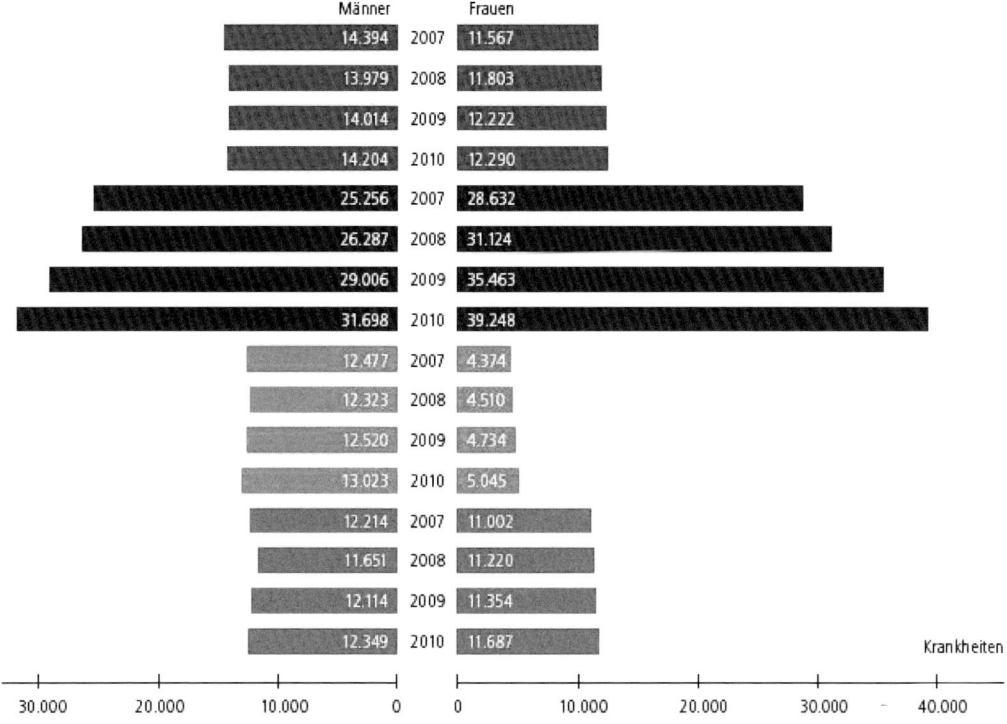

	Männer		Frauen
	14.394	2007	11.567
	13.979	2008	11.803
	14.014	2009	12.222
	14.204	2010	12.290
	25.256	2007	28.632
	26.287	2008	31.124
	29.006	2009	35.463
	31.698	2010	39.248
	12.477	2007	4.374
	12.323	2008	4.510
	12.520	2009	4.734
	13.023	2010	5.045
	12.214	2007	11.002
	11.651	2008	11.220
	12.114	2009	11.354
	12.349	2010	11.687

Krankheiten des Muskel-Skelett-Systems und des Bindegewebes
Psychische und Verhaltensstörungen
Krankheiten des Kreislaufsystems
Neubildungen

Quelle: Siefer, A. (2010): Doing a good Job?! – Ein Blick auf die Entwicklungen des Arbeitsschutzes in den letzten zwei Dekaden. In sicher ist sicher 7–8/2010, S. 331–337.

Abb. 1.1: Burnout betrifft nicht nur Individuen und Organisationen, sondern die gesamte Gesellschaft
Quelle: Bundesanstalt für Arbeitsschutz und Arbeitsmedizin (BAuA), Initiative Neue Qualität der Arbeit (INQA)[6]

---

[6] Bundesanstalt für Arbeitsschutz und Arbeitsmedizin (BAuA), Initiative Neue Qualität der Arbeit (INQA) (Hrsg.): Mit Verstand und Verständnis, 4. Aufl. Berlin; nach Siefer, A. (2010): Doing a good job?! – Ein Blick auf die Entwicklungen des Arbeitsschutzes in den letzten zwei Dekaden. In sicher ist sicher 7–8/2010, S. 331–337.

Einleitung

Verschiedene weitere Studien mit unterschiedlichen Zeiträumen und Zielgruppen weisen darauf hin, dass sich mindestens 10 % aller Beschäftigten in ihrem Beruf überfordert fühlen, dauerhaft chronisch erschöpft sind oder sogar direkt von Burnout gefährdet sind.[7]

Vor dem Hintergrund des demographischen Wandels in der Bundesrepublik Deutschland erhält das Thema Führungskraft und Gesundheit eine besondere Brisanz. Unternehmen möchten die Kraft der Führenden möglichst lange erhalten. Aber viele Führungskräfte äußern sich dahingehend, dass sie nicht den Eindruck haben, dass sie ihren derzeitigen Job bis zum Rentenalter durchhalten. Sogar europäische Befragungsergebnisse bezüglich Arbeitnehmern zeigen, dass sich eine hohe Anzahl von Mitarbeitern nicht in der Lage sieht, ihren Beruf bis zu einem Alter von 60 Jahren auszuüben.[8] Wie sollen dann Führungskräfte bis zum Alter von mindestens 67 Jahren ihren anstrengenden Aufgaben gerecht werden?

Zur zunehmenden Häufigkeit von Burnout bzw. Depression und der Notwendigkeit von wirksamer Prävention meldet der „Informationsdienst Wissenschaft"[9]: „Jedem zwölften Versicherten der bundesweiten Krankenkasse KKH-Allianz wurde im vergangenen Jahr mindestens ein Antidepressivum verschrieben. Unter dem Eindruck dieser Entwicklung hat die KKH-Allianz ihren Innovationspreis 2011 für dieses Gebiet ausgeschrieben. Vor fünf Jahren erhielt nur jeder sechzehnte Versicherte ein solches Medikament. Die Krankenkasse wertet das als ein Zeichen dafür, dass depressive Erkrankungen bei Frauen und Männern immer häufiger diagnostiziert werden. ‚Trotz dieser Tendenz kann leider nicht davon ausgegangen werden, dass psychische Erkrankungen heute rechtzeitig erkannt und Therapien schnell und effektiv eingeleitet werden', erklärt Vorstandschef Ingo Kailuweit. ‚Denn zwischen dem Auftreten der ersten psychischen Beschwerden und dem Beginn einer umfassenden psychotherapeutischen Behandlung liegen bei jedem zweiten Betroffenen mehr als fünf Jahre.' Gleich ob psychische Erkrankungen als Haupterkrankung oder begleitend auftreten: Für die Akteure im Gesundheitswesen stellen gerade deren Früherkennung und Prävention eine große Herausforderung dar."

Nach einer Phase des Medienrummels um Burnout scheint nun Schritt für Schritt eine **Versachlichung** einzutreten, die auch von den Menschen forciert wird, die nicht Schlagzeilen produzieren, sondern sich seit vielen Jahren substanziell mit Burnout und mit Burnoutprävention auseinandersetzen. Das vorliegende Buch basiert auf jahrelangen empirisch gesammelten Erfahrungen und zeigt somit auch

---

[7] Kaschka, Korczak, Broich, 2011, Modediagnose Burn-out, Deutsches Ärzteblatt, S. 781–787.

[8] European Foundation for the Improvement of Living and Working Conditions, 2012.

[9] Informationsdienst Wissenschaft , Internet, 18. Mai 2011.

zahlreiche Fallbeispiele aus dem Alltag von Führungskräften auf. Es werden aktuelle Forschungsergebnisse ausgewertet und praktische Handlungsanleitungen gegeben, um Burnoutprävention im Alltag erfolgreich für sich selbst und seinen Verantwortungsbereich umsetzen zu können, und zwar auf wissenschaftlich fundierte, praxisnahe und wirksamkeitsorientierte Weise. Denn es ist mir wichtig, hilfreiche Unterstützung zur Prävention anzubieten, statt aufgescheuchten Aktionismus zu unterstützen. Aufgescheuchter Aktionismus ist das Gegenteil von nachhaltig ganzheitlicher Burnoutprävention, die unternehmensstrategisch ausgerichtet ist und die Zukunftsfähigkeit einer Organisation wesentlich stärkt. Ab und zu Gesundheitstage, Bewegungs- und Entspannungskurse oder eine Salatbar in der Kantine können nur ein leichter Anfang davon sein, eine nachhaltig wirksame Burnoutprävention und Gesundheitsförderung für sich selbst und seinen Verantwortungsbereich umzusetzen.

Wozu dieses Buch?

Angesichts zunehmender Belastungen in Folge von Internationalisierung, verstärktem Wettbewerb, Dynamisierung der internationalen Märkte und Flexibilisierung sowie Beschleunigung der Arbeitswelt stellt sich für Führungskräfte die Aufgabe, sich selbst vor einem Burnout zu schützen als auch ihre Mitarbeiter dabei zu unterstützen, keine dauerhafte, massive Erschöpfung zu erleiden. Die Anforderungen an Führungskräfte und deren Führungsqualitäten im Hinblick auf soziale Kompetenz und Führungsfähigkeit in schwierigen, herausfordernden Situationen steigen angesichts des demographischen Wandels, der internationalen Wettbewerbslage und infolge zunehmender Überlastung und Erkrankung von Mitarbeitern. Durch Personalabbau, der unter anderem Kosten einsparen soll, und aufgrund von Fluktuationen werden die verbleibenden Mitarbeiter häufig zusätzlich belastet. Mit diesen Mitarbeitern soll aber die durchschnittliche Führungskraft ein deutlich besseres Ergebnis erzielen als zuvor. So nehmen Überforderung, Dünnhäutigkeit, Konfliktpotenziale und die Einschränkung von persönlichen Tätigkeits- und Kreativitätsspielräumen zu. In dieser Situation gibt es einen Ausweg: die kompetente Fürsorge von Führungskräften für sich selbst und ihre Leistungsfähigkeit sowie ihre Resilienz gegenüber Burnout. Zudem das kompetente Vorgehen in der Unterstützung der Mitarbeiter im eigenen Verantwortungsbereich, damit diese weiterhin leistungsfähig bleiben, und nicht dauerhaft massiv erschöpfen. Im dritten Schritt geht es für Führungskräfte darum, innerhalb ihrer Organisation mitzuwirken, damit das Unternehmen insgesamt Maßnahmen ergreift, die wirksam Burnout vorbeugen. Ein solches aktives, ressourcenorientiertes Führungsverhalten kann salutogen, also Gesundheit fördernd und erhaltend wirken und somit einen wirkungsvollen Beitrag zur Vorbeugung von Burnout leisten.

Größere Führungsspannen sowie einseitige Kennzahlen-Orientierung im Topmanagement erschweren operativen Führungskräften das Führungshandwerk. Wieder einmal kommt der Führungskraft als Dreh- und Angelpunkt von Veränderung eine Schlüsselrolle zu. Organisationen aller Art sollten dabei ihre Führungskräfte nicht im Stich lassen, sondern massiv unterstützen, unter anderem durch die Vermittlung von Kompetenzen in gesundheitsorientierter Führung, die wirksam Burnout vorbeugen kann. Führungskräfte brauchen Gesundheit, wenn sie dauerhaft erfolgreich sein wollen. Und: Gesundheit braucht Führung, denn ohne geführte Unterstützung ist die Entwicklung von dauerhafter Gesundheit, Leistungsfähigkeit und Resilienz nicht möglich.

Da sich die Rahmenbedingungen für Organisationen in der Wirtschaft, aber auch in der Verwaltung und im Gesundheitswesen weiter verschärfen dürften, ist es für Organisationen und deren Zukunft wichtig, über leistungsbereite und leistungsfähige Mitarbeiter und Führungskräfte zu verfügen. Dazu brauchen Unternehmen, aber auch andere Organisationen Führungskräfte, die nicht erschöpft sind, sondern möglichst gesund und leistungsfähig, um im Wettbewerb eine Mannschaft anzuführen, die sich erfolgreich durchsetzt — und zwar ohne die eigene Gesundheit und Leistungsfähigkeit nachhaltig zu gefährden.

Führung braucht Gesundheit

Gesundheit wird durch die Weltgesundheitsorganisation (WHO) definiert als ein „Zustand des vollständigen körperlichen, geistigen und sozialen Wohlergehens und nicht nur als die Abwesenheit von Krankheit oder Gebrechen." Gemäß dieser Definition würde gesunde Führung von sich selbst und Mitarbeitern bedeuten, dass sich die Führungskraft selbst und ihre Mitarbeiter bei der Arbeit in einem Zustand des vollständigen körperlichen, geistigen und sozialen Wohlergehens befinden. Das ist wesentlich mehr als die Abwesenheit von Arbeitsunfähigkeit bedingenden Krankheiten. Viel mehr erinnert die Beschreibung an Arbeitsfreude, gemeinsames Tun mit Sinn, dem Gefühl persönlicher Selbstwirksamkeit und einem positiven Gemeinschaftsgefühl, so dass Arbeit Spaß macht. Selbstverständlich ist die Komponente beruflicher und unternehmerischer Erfolg nicht zu vernachlässigen. Denn zumindest für alle Organisationen, die einen bilanziellen Gewinn erwirtschaften wollen, gilt das Prinzip des wirtschaftlichen Erfolges. D. h., Arbeitsfreude, positives Arbeitsklima etc. zählen nicht alleine, sondern können nur geschaffen und erhalten werden, wenn wirtschaftlicher Erfolg erarbeitet wird. Diese beiden Werte Gesundheit und wirtschaftlicher Erfolg müssen sich nicht gegenseitig ausschließen oder zu einem Konflikt führen. Vielmehr können sie zusammengeführt und — von einem überzeugenden Topmanagement vertreten — dazu führen, dass eine Organisation Gesundheit verbreitet und dabei wirtschaftlichen Erfolg erreicht. Meiner Auffassung nach werden individuelle Führungskräfte, Teams und Unternehmen auf Dauer Schiffbruch erleiden, wenn sie es angesichts der demografischen Entwicklung nicht schaffen, beide Werte in einer integrierten Lösung so zu verbinden, dass auf gesunde Art und Weise wirtschaftlich Erfolg generiert werden kann, und zwar nachhaltig.

Der Wert der persönlichen Gesundheit einer Führungskraft wird oft unterschätzt. Wer als Chef seine/n Mann oder Frau steht und erfolgreich ist, bringt seine Leistungsfähigkeit ein und geht oftmals auch über lange Zeiträume in eine Überforderung, deren Spätfolgen möglicherweise die persönliche Gesundheit gefährden. Wenn ein Manager sich mit Mitte 50 jedoch erschöpft fühlt und nachgewiesenermaßen nicht mehr in der Lage ist, seinen Job zu verrichten, dann kann er nicht auf die aktive Hilfe seines Arbeitgebers, seiner Versicherungen und seiner Krankenkasse hoffen. Vielmehr muss er selbst dann die Folgekosten einer übermäßigen persönlichen Ausbeutung tragen. Deshalb macht es für Führungskräfte Sinn, sich möglichst früh und möglichst ausreichend um die persönliche Gesundheit zu kümmern, bevor der persönliche Gesundheitszustand Anlass zur Sorge gibt. Wer erst reagiert, wenn er massive, dauerhafte Erschöpfungssymptome aufzeigt oder nach schweren Erkrankungen die Notwendigkeit einer Änderung der Lebensführung einsieht, der kommt oft zu spät, um seine Leistungsfähigkeit für den Rest seines Arbeitslebens zu erhalten oder gar zu verbessern.

Die drei Bereiche der Burnoutprävention

Kapitel 2 richtet sich vor allem an Führungskräfte, die einem Burnout selbst vorbeugen und ihre Leistungsfähigkeit in einer gesunden Balance verbessern möchten.

Kapitel 3 wendet sich vor allem an Führungskräfte, die in ihrem eigenen Verantwortungsbereich oder aufgrund ihrer fachlichen Position (zum Beispiel als Personalleiter, Leiter Management Development oder als Geschäftsführer) dafür sorgen möchten, dass mit gesundheitsorientierter Führung Burnout, also massive dauerhafte Erschöpfungszustände, in Organisationseinheiten vorgebeugt und die Leistungsfähigkeit und -bereitschaft nachhaltig verbessert wird.

In Kapitel 4 werden vor allem diejenigen Führungskräfte angesprochen, die unternehmensweit durch Maßnahmen der Burnoutprävention und der Gesundheitsförderung die dauerhafte Leistungsfähigkeit des Unternehmens auf personaler Ebene stärken möchten, um somit einen Beitrag für die Mitarbeiter und Führungskräfte sowie für die Zukunftsfähigkeit des Unternehmens zu leisten.

Einleitung

Mit diesem Buch möchte ich Führungskräften Mut machen, aktiv Burnoutprävention für sich und ihre Mitarbeiter zu betreiben. Meine bisherigen Erfahrungen als Berater von Unternehmen und als Coach von Führungskräften für Burnoutprävention zeigen: Erschöpfte Führungskräfte gehen selten aus freien Stücken den Weg der Prävention, um schlimmere körperliche und seelische Folgen zu vermeiden. In den allermeisten Fällen sind starke Reaktionen des Organismus notwendig, damit eine erschöpfte Führungskraft eine massive Veränderung ihres erschöpfenden Lebensstils vornimmt.

Hilfreich können für Führungskräfte auch Erlebnisse im Umfeld sein. So hat der bekannte Fußballtrainer Ottmar Hitzfeld erst nach schweren Krankheitserfahrungen in seinem direkten sozialen Umfeld eine Pause seiner sehr anstrengenden beruflichen Tätigkeit beschlossen und trotz vieler Widerstände und Nachteile durchgezogen. Eine von mir betreute Managerin machte erhebliche Fortschritte in der Burnoutprävention, nachdem sie miterlebt hatte, wie eine gute Freundin mit ähnlichem Arbeitsverhalten in eine Akutklinik eingeliefert wurde.

Solche Erlebnisse von Erschöpfungsbetroffenen können wahre Wunder bewirken. Es macht jedoch keinen Sinn, darauf zu warten. Von Erschöpfung betroffene Führungskräfte sollten vielmehr die ersten Anzeichen von deutlicher Erschöpfung ernst nehmen und frühzeitig handeln. Denn je schlimmer die Symptome werden, desto schwieriger wird grundsätzlich auch die Wiederherstellung der vollen Leistungsfähigkeit. Dabei kann es hilfreich sein, sich klarzumachen, dass man für eine weitergehende Selbstbeeinträchtigung keinerlei Lorbeeren ernten wird, die diese Selbstschädigung in irgendeiner Weise aufwiegen.

Ich möchte Ihnen als Leser ein Buch überreichen, das auf persönlichen Erfahrungen, wissenschaftlichen Erkenntnissen und Expertenwissen basiert und das interessierten Führungskräften auf der persönlichen Ebene, der Verantwortungsebene als Chef einer Organisationseinheit und auf Ebene der Unternehmensführung ermöglicht, Maßnahmen zu ergreifen, die Burnout vorbeugen und Leistungsfähigkeit dauerhaft und nachhaltig fördern.

2 Persönliche Burnoutprävention – dauerhaft erfolgreicher als Führungskraft

2 Persönliche Burnoutprävention – dauerhaft erfolgreicher als Führungskraft

MANAGEMENT SUMMARY

Eine erfolgreiche Burnoutprävention ist für eine Führungskraft im heutigen vielseitig fordernden (Arbeits-)Alltag unerlässlich, um massiver dauerhafter Erschöpfung vorzubeugen. Chefs sollten bei sich selbst beginnen und ihre eigenen Lebensbalancen verbessern, bevor sie wirksame Burnoutprävention bei den Mitarbeitern und im Unternehmen erfolgreich etablieren. Burnout und Vorstufen der massiven, dauerhaften Erschöpfung sind nicht immer einfach zu erkennen und insbesondere auch anzuerkennen, da Schwächen und Schwächeln nicht zum akzeptierten Selbstverständnis einer Führungskraft gehören. Neben bestimmten Risikofaktoren und Bedingungen gibt es aber bei vielen Betroffenen ähnliche Verhaltensweisen, die Burnout gefördert haben.

In der Wissenschaft wurden zu Burnout mehrere Erklärungs- und Lösungsansätze entwickelt, unter anderem zeigen verschiedene Phasenmodelle den Weg zur massiven Erschöpfung auf. Dabei entwickeln sich die Verläufe der einzelnen Betroffenen durchaus individuell. Wichtig für die Salutogenese (Gesundheitsentwicklung) ist es, Disbalancen in der eigenen Lebensführung zu erkennen und individuelle Balancen zu entwickeln, die wirksam gegen massive Erschöpfung schützen. Hierzu werden einerseits Krafträuber (wie schädliche Antreiber) analysiert und andererseits Kraftquellen aufgezeigt, die nicht nur Burnout vorbeugen, sondern Leistungsfähigkeit und Leistungsfreude fördern. Um bei eigener Gefährdung von Burnout nicht „auszubrennen", sondern wieder „aufzuleuchten", gibt es vier Bereiche, bei denen Prävention ansetzen kann. Erforderlich für eine wirksame Burnoutprävention sind daher

1. mentale Maßnahmen,
2. organisatorische Maßnahmen,
3. emotionale Maßnahmen und
4. körperliche Maßnahmen.

Diese Maßnahmen bilden die Pfeiler für den Masterplan zur eigenen Burnoutprävention und zur Entwicklung von Gesundheit und Leistungsfähigkeit. Da Burnout-Betroffene aufgrund der eigenen Schwächung auch externe Unterstützung benötigen, geben Praxistipps Hilfestellung bei der Suche von therapeutischer Begleitung und dem Umgang mit Krankenkassen und Versicherungen.

Führungskräfte sind **aufgrund ihrer Rolle** und entsprechenden Rollenerwartungen **besonders Burnout-gefährdet**. Die **starke Belastung von Führungskräften** zeigt sich unter anderem in einer Befragung von 330 Managern:

- Mehr als 80 % der deutschen Führungskräfte arbeiten regelmäßig an Wochenenden.
- 65 % der Manager wünschen sich mehr Zeit für ihre Familie oder ihren Partner.
- 70 % der Führungskräfte arbeiten mehr als 50 Stunden pro Woche, ihr durchschnittlicher Arbeitsalltag hat mindestens zehn Stunden.
- 1/3 der Führungskräfte macht während der Arbeitszeit keine Pause.
- Weniger als 1/3 der Manager ist mit dem eigenen Zeitmanagement zufrieden.[1]

Bei vielen Führungskräften treffen **starke innere Antreiber** (zum Beispiel hohe Leistungsbereitschaft, sich beweisen müssen, besser sein wollen als andere) **auf intensive Anforderungen aus dem Umfeld**. Bei Führungskräften wird oft sowohl von Mitarbeiterseite als auch von deren Managern **nicht akzeptiert, dass auch ihre Leistungsfähigkeit und Einsatzbereitschaft begrenzt sind**.

Der Druck auf Führungskräfte hat in den letzten Jahren immens zugenommen, zum einen durch **Veränderungen im internationalen Wettbewerb (Globalisierung, Dynamisierung, Wettbewerbsintensivierung etc.)** als auch durch **Personalreduktionen, Budgetkürzungen** und eine zunehmende Verdichtung der **Ansprüche in fachlichen und psychosozialen Bereichen**, die an die Führungskraft gestellt werden. Chefs sollen Vorbilder sein, sie sollen fachlich fit sein, sie sollen methodisch erfahren sein etc. etc. Eine Überforderung auf Dauer ist dabei überhaupt nicht ausgeschlossen. Zudem fällt es vielen Führungskräften schwer, Schwächen zu artikulieren, und ihr Umfeld (beruflich und privat) akzeptiert es kaum, wenn sie es tun. Deshalb gibt es für Führungskräfte nur eine hinreichende Lösung dieser Burnoutgefährdung: Hilf dir selbst und lass dir helfen.

Das bedeutet: Führungskräfte sollten

- **in allererster Linie gut für sich selbst sorgen und Burnout vorbeugen,**
- **in zweiter Linie gut für ihre Mitarbeiter sorgen** und für diese in einem adäquaten Rahmen Burnoutprävention betreiben und
- **drittens im Unternehmen bzw. in der Organisation Einfluss nehmen, damit förderliche Rahmenbedingungen für Burnoutprävention** und Gesundheitsförderung ergriffen und erfolgreich umgesetzt werden.

---

[1] Hunziger & Kesting, 2004. Steinmetz, 2011.

26

Neben allen vorliegenden Untersuchungen zum Thema Führungskräfte und Burnout-Gefährdung zeigen mir meine eigenen Erfahrungen aus über zehn Jahren Führungskräftebetreuung in Unternehmen und Non-Profit-Organisationen, dass Führungskräfte zunehmend die Anforderungen an ihre Aufgabe als belastend und überfordernd wahrnehmen. Einheiten, wie z. B. Teams oder Abteilungen, die ich vor über fünf Jahren betreut habe und nun wiedertreffe, müssen wesentlich mehr an Output liefern bei deutlich reduzierter Manpower. Kontinuierliche Veränderungen in den Prozessabläufen und in der grundsätzlichen Ausrichtung (wie dies z. B. bei Großbanken wie der Commerzbank innerhalb von wenigen Jahren sehr häufig passiert ist) belasten die Führungskräfte zusätzlich. Viele Führungskräfte können ihre Aufgabe, die sie einmal als Fachmann ausgezeichnet hat und aus der sie Anerkennung geschöpft haben, nicht mehr ausführen, sondern sind ganz überwiegend mit Verwaltungsthemen, Projektmanagement und anstrengenden Führungsaufgaben (wie Konfliktlösungen) beschäftigt. So berichten mir z. B. Ingenieure in Einzelcoachings immer wieder, dass sie eigentlich etwas anderes studiert haben und in ihrem Beruf auch einmal sehr glücklich waren, als sie noch täglich in ihrem Fachthema arbeiten konnten. Ein Maschinenbauingenieur erzählt z. B. begeistert davon, was er in seinen ersten Berufsjahren alles bewerkstelligt hat und wie zufrieden er damit war. Von Erschöpfungssymptomen war damals nichts zu spüren, obwohl er nach eigenen Angaben sehr viel gearbeitet hat. Hingegen, so berichtet er, verlasse er heute eher früher das Büro, aber in einem sehr unzufriedenen Zustand. „Wenn ich auf meinen Schreibtisch schaue und wieder feststellen muss, dass der Stapel, den ich heute besiegen wollte, nochmal größer geworden ist, dann wird mir fast schlecht bei dem Gedanken, dass ich morgen früh wieder hier antreten muss. Ich hetze von Besprechung zu Besprechung und werde mit Informationen zugemüllt. Auf mein Team habe ich nur bedingten Zugriff, weil wir in der Matrixorganisation viele Häuptlinge haben, die bei der Mitarbeiterführung reinreden. Das gilt genauso für Projekte. Ich bin schließlich und endlich für den Projekterfolg verantwortlich, aber viele Köche rühren in diesem Brei herum", so berichtet ein international tätiger Projektmanager. Er hat Teamleiter auf allen Kontinenten und viele dieser Teamleiter noch nie gesehen. „Solange alles gut läuft, kann ich es mir aus Zeit- und aus Budgetgründen nicht erlauben, z. B. meinen Mitarbeiter in Indien zu besuchen."

Die Bestimmungsmacht von Führungskräften hat in den letzten Jahren immer mehr abgenommen und die Komplexität von Entscheidungs- und Zusammenarbeitsstrukturen hat zugenommen. Folge ist, dass, um für einen Verantwortungsbereich eine Leistung zu generieren, die Abhängigkeiten von Führungskräften immer komplexer und dadurch weniger selbstbestimmbar werden. Dies stresst Führungskräfte zunehmend, da sie zwar für Ergebnisse zuständig sind, diese aber nicht alleine bestimmen können.

Durch ständige Umstrukturierungen und Neuausrichtungen von Unternehmen geht vielen Führungskräften und deren Mitarbeitern der Sinn ihrer Arbeit zum Großteil verloren. So sind z. B. Mitarbeiter und Führungskräfte von Großbanken sehr irritiert, wenn der skrupellose Investmentbanker, der in den Jahren vor 2009 noch als jemand galt, der ständig neue Ideen entwickelt, um Derivate zu produzieren und damit Millionengewinne für seine Bank zu generieren, auf einmal eine Art Bösewicht ist, und die Bank innerhalb relativ kurzer Zeit von ihrer gesamten Ausrichtung her zu einer braven deutschen Bank mutieren soll, die sich bescheiden um Privat- und Firmenkunden im Standardgeschäft kümmert. Dies gilt für einige große Konzerne, die sich aufgrund von massiven Veränderungen auf dem Weltmarkt und Krisen, wie z. B. der Finanzkrise 2009, eine Neupositionierung geben, aber neben rein monetären und ökonomischen Gründen den Führungskräften und Mitarbeitern kaum Sinn und Vision vermitteln können.

Wer unter hoher Last arbeitet, kann mehr leisten, wenn er weiß, wofür er dies tut und wenn er in dieser Arbeit einen Sinn sieht. Wer jedoch den Eindruck hat, dass das Topmanagement alle paar Monate einen Richtungswechsel vornimmt und das ganze Prozedere vor allem dem Geldbeutel der einzelnen Topmanager zuträglich ist, der verliert womöglich Lust und Laune, sich an dem gesamten Vorgehen mit seiner Leistungsfähigkeit und -bereitschaft zu beteiligen.

Anleitung zum Erschöpfen von Führungskräften

Um seine Führungskräfte systematisch zu erschöpfen, könnte ein Unternehmen bzw. ein Unternehmer unter anderem folgendes tun:

- häufige Wechsel in der Ausrichtung des Unternehmens,
- Strategiewechsel und Umorganisationen, wenn möglich mehrmals pro Jahr,
- unklare Geschäfts- und Beschäftigungslage, sodass kaum jemand sich seines Arbeitsplatzes auf Dauer sicher sein kann,
- ein ineffektives Zielmanagementsystem,
- gleichzeitig hohe Erwartungen und intensiver Konkurrenzdruck innerhalb des Unternehmens unter den Führungskräften,
- eine Kultur des Gegeneinanders und Hauen und Stechens und
- hohe Erwartungen hinsichtlich einer 24-stündigen Leistungsbereitschaft an sieben Tagen in der Woche.

Um dauerhaft als Führungskraft erfolgreich zu sein, ist es wichtig, **selbst** erfolgreich Burnout und somit einer dauerhaften massiven Erschöpfung vorzubeugen.

2.1 Burnout erkennen und verstehen

2.1.1 Erkennen und Verstehen von Burnout, Erschöpfung und Depression

Zunächst möchte ich auf den Begriff „Burnout" eingehen, der in den letzten Jahren eine fast inflationäre Benutzung erfahren hat. In meiner Definition in diesem Buch definiert sich Burnout als massiver dauerhafter Erschöpfungsprozess. Aber wie wurde der Begriff geprägt?

2.1.1.1 „Burnout": Begriff und Diagnose

Zum Begriff des Burnouts und seiner Entwicklungsgeschichte sowie zur derzeitigen Nichtdefinition von Burnout im medizinischen Kontext möchte ich in diesem Buch nicht zu weit ausholen, deshalb an dieser Stelle nur eine kurze Zusammenfassung:

Das Verb „to burn out" (ausbrennen) wird bereits von Shakespeare Ende des 16. Jahrhunderts verwandt.[2] Der Begriff des Burnouts in den Sozialwissenschaften wurde von Herbert J. Freudenberger in den 1970er Jahren geprägt. In seinem Artikel von 1974 für die Zeitschrift „Journal of Social Issues" erwähnt Freudenberger drei Gefährdungspotenziale für Burnout und macht die ersten Ausarbeitungen zu den Entstehungsbedingungen von Burnout. In den darauffolgenden 25 Jahren wurde weltweit relativ wenig zu dem Thema Burnout beziehungsweise Erschöpfung geforscht.[3] Diese wenigen Forschungen mit unterschiedlichen Schwer- und Gesichtspunkten lieferten aber für die wissenschaftliche Betrachtung wichtige Ergebnisse zu den Faktoren von Burnout: emotionale Erschöpfung, Depersonalisierung, Leistungsunzufriedenheit mit Selbstabwertung, steigende Arbeitsintensität, abnehmende Arbeitsplatzsicherheit, Selbstverwirklichungsdruck, Gratifikationskrise in der Arbeitswelt und Verlust des sozialen Halts. Diese Forschungen beschränkten sich allerdings auf den nationalen Kontext, Arbeiten zu internationalen Vergleichen gibt es bisher wenige.

---

[2] Vergleiche: Modediagnose Burn-out, Deutsches Ärzteblatt Int 2011; 108(46): 781-7; DOI: 10.3238/arztebl.2011.0781, Kaschka, Wolfgang P.; Korczak, Dieter; Broich, Karl.

[3] Wer sich in dieser Richtung für wissenschaftliche Zuarbeiten interessiert, kann sich u. a. informieren bei Antonovski, 1997 und seinem Ansatz zur Salutogenese, bei Greenberg J., 1990 und Elovainio M. at all, 2002, zur modellorganisationalen Gerechtigkeit, bei Siegrist, 1996 und 2004 zum Modell beruflicher Gradifikationskrisen oder auch bei Karasek/Theorell, 1990 zum job demand control model.

Auch die moderne Medizin tut sich mit der Diagnose schwer, denn Burnout gibt es als medizinische Diagnose überhaupt nicht. Die internationale Klassifizierung von Krankheiten erfolgt durch ICD (International Statistical Classification of Diseases and related Health Problems), dem weltweit anerkannten Diagnose-Klassifikationssystem in der Medizin. Es wird von der Weltgesundheitsorganisation (WHO) herausgegeben. In der aktuellen international gültigen Version ist die ICD-10 maßgebend u. a. für die Einordnung von erschöpften Führungskräften und Mitarbeitern. In dieser ICD-10 ist in den Kapiteln zu den Krankheitsbildern kein entsprechender Diagnoseschlüssel für das Burnout-Syndrom zu finden. Lediglich im Kapitel XXI der ICD ist unter Punkt Z 73.0 Folgendes zu finden: „Ausgebranntsein: Burnout, Zustand der totalen Erschöpfung." Da diese Kategorie für Mediziner gegenüber Krankenkassen aller Art nicht abgerechnet werden kann, existiert diese Krankheit einfach nicht. Mediziner überweisen deshalb entsprechende Patienten (z. B. massiv erschöpfte Führungskräfte) gerne zu Fachärzten für Psychosomatik und Psychotherapie mit dem Krankheitsschlüssel ICD-10 F 32, der als Diagnose „depressive Episode" angibt. So ist die Burnoutsymptomatik einfach klassifiziert und in unserem derzeitigen medizinischen System für die Krankenkasse abrechenbar. Fachlich kann man sich noch darüber streiten, ob es sich bei dem einen oder anderen statt um Depression eher um Neurasthenie (Erschöpfung, Müdigkeit; ICD-10 F 48.0) oder auch um Alexithymie (Gefühlsarmut) handelt.

Eine Depression ist immer nur dann aus medizinischer Sicht festzustellen, wenn zumindest die drei folgenden Hauptgesichtspunkte gegeben sind:

1. Antriebsmangel und Ermüdung,
2. eine depressive Grundstimmung,
3. ein Interessensverlust mit Freudlosigkeit.

Von Allgemeinmedizinern und verschiedenen Fachärzten werden diese Diagnosen auch gestellt, um den erschöpften Patienten in fachkundigere Hände übergeben zu können. Dabei ist festzustellen, dass unser derzeitiges Gesundheitssystem auf diese große Welle von erschöpften Menschen nicht vorbereitet ist und sowohl die Ärzte, insbesondere die Fachärzte für Psychosomatik und Psychotherapie, sowie die Psychiater als auch die Fachkliniken und die Krankenkassen und andere Versicherungsträger einen großen Nachholbedarf haben, um den aus der massenhaften massiven Erschöpfung resultierenden Aufgaben der Bevölkerung gerecht zu werden.

Die wissenschaftliche und medizinische Bearbeitung des Themas Burnout bzw. Erschöpfung steckt sozusagen noch in den Kinderschuhen. Unabhängig vom Stand der Wissenschaft gibt es aus den verschiedenen Fachbereichen, Disziplinen und therapeutischen Schulen inzwischen viele auswertbare Erfahrungen, einige vielversprechende Ansätze finden Sie in diesem Kapitel dargestellt.

> **! WICHTIG: Definition „Burnout" in diesem Buch**
>
> Mit Burnout bezeichne ich in diesem Buch den Prozess einer massiven, dauerhaften Erschöpfung, die von verschiedenen körperlichen und psychischen Merkmalen gekennzeichnet werden kann, wie Depression, Schlafprobleme und verminderte Belastbarkeit.
>
> Es ist ein Prozess und kein Zustand, auf keinen Fall ein krankhafter Zustand, sondern eher ein Geschehen, das den betroffenen Menschen darauf aufmerksam machen kann, dass er zu sehr das eigene Wohlbefinden bei der Ausrichtung seines Lebens zurückgestellt hat und nun besser für seinen Gesamtorganismus sorgen sollte.

2.1.1.2 Verstehen und Erkennen von Burnout

Das Erkennen von Burnout von außen ist insofern nicht einfach, da es betroffene Führungskräfte verstehen, nach außen einen guten Eindruck abzugeben, auch wenn sie sehr erschöpft oder niedergeschlagen sind. Aus eigener Erinnerung weiß ich, dass ich in meiner schlimmsten Phase des Burnouts Präsentationen abgehalten habe, die beim Kunden sehr gut ankamen, selbst aber mit Zuständen von starkem Schwindel, Angstzuständen etc. eine innere Krise sondergleichen hatte. Daher ist es möglich, dass man als Führungskraft bei einer Präsentation oder einem Auftritt beim Kunden für eine Stunde und mehr noch einmal Reserven mobilisieren und dadurch einen sehr guten Eindruck hinterlassen kann — allerdings lässt sich diese Leistung auf Dauer nicht halten. Insofern sind Führungskräfte, und möglicherweise insbesondere Vertriebsführungskräfte, neben ihren zahlreichen Kompetenzen auch gute „Schauspieler".

Diese Ansicht vertritt auch der ehemalige Topbanker Wolff von Auer, der nach seiner erfolgreichen, langjährigen Tätigkeit als Topbanker in Singapur nun dort Führungskräfte therapiert. Er gibt an, dass viele der Klienten während ihrer Arbeitszeit einen belastbaren, selbstsicheren, oft sogar arroganten Eindruck hinterlassen, insbesondere die aus Deutschland entsandten Führungskräfte (Expats). „Bei mir zeigen sie dann, wie sie leiden", beschreibt von Auer zusammenfassend das Geschehen.[4] Bei der beruflichen Führungstätigkeit des Betroffenen lässt sich gewöhnlich Leistungsabfall, Arbeitsunzufriedenheit und eine sinkende Motivation beobachten.

---

[4] Wolff von Auer: „Statt Bilanzen die Seele lesen", Frankfurter Allgemeine Zeitung vom 18. Februar 2013, Seite 24

Burnout entwickelt sich immer über einen längeren Zeitraum und bleibt meistens lange Zeit unbemerkt, unter anderem weil die Betroffenen den Zustand nicht anerkennen oder wahrhaben wollen. Der Zustand Burnout entsteht nicht nur durch eine Arbeitsbelastung, sondern auch durch entsprechende Einstellungen und Verhaltensweisen des Betroffenen. Einem Burnout liegt immer ein schwerer innerer Konflikt zu Grunde. So führen im Allgemeinen starke Herausforderungen im Job bei einem Mitarbeiter nicht zum Burnout, wenn er nicht auch die Einstellung besitzt, dass er diese starken Herausforderungen verbunden mit Erwartungen aus seinem sozialen Umfeld allesamt erfüllen muss.

In seiner Studie zur Gesundheit Erwachsener in Deutschland hat das Robert-Koch-Institut auf dem DEGS-Symposium am 14.06.2012 festgestellt, dass Burnout durch chronischen Stress bedingt wird, und zwar in Form von häufig wiederkehrenden Belastungen — Belastungen, die größer sind als die Bewältigungsressourcen. Zudem hat Burnout gewöhnlich einen schleichenden Beginn.[5] Des Weiteren wird in der Studie festgestellt, dass Depressionen umso häufiger sind, je niedriger der sozioökonomische Status ist, und umgekehrt das sogenannte Burnout-Syndrom häufiger ist, je höher der sozioökonomische Status ist. Psychische Beeinträchtigungen treten in jedem Fall gehäuft bei Menschen mit chronischem Stress auf. Dies ist ein eindeutiges Anzeichen dafür, dass mit der Vorbeugung und Verminderung von chronischem Stress auch Burnout vorzubeugen ist.

Die Bedingungen für Burnout und psychische Überlastung sind jedoch vielfältig und komplex und Burnout ist nicht alleine nur auf eine Bedingung, zum Beispiel Stress am Arbeitsplatz, zurückzuführen. Somit ergeben sich verschiedene Ansatzpunkte für Burnoutprävention: Der individuelle Ansatz für jede Führungskraft, ihre eigene chronische Belastung oder Überlastung in Form von chronischem Stress zu reduzieren, persönliche Bedingungen (wie Ängste, Antreiber etc.) zu reflektieren und zu bearbeiten, aber ebenso die vorbeugenden Maßnahmen im eigenen Verantwortungsbereich zu nutzen und über diese Einflussnahme auf das Unternehmen und die Unternehmensführung auch Bedingungen zu schaffen, die Burnout vorbeugen.

Eine besonders hohe Wahrscheinlichkeit für Burnout besteht für Führungskräfte, wenn sie einerseits von der Seite der Arbeitsbelastung massiv und dauerhaft unter Druck geraten und zudem durch Persönlichkeitsmerkmale wie Perfektionismus, hohes Anerkennungsstreben durch persönliche Leistungen etc. dazu neigen, eine Disbalance zwischen eigenem Wohlbefinden und eigenen Leistungserbringungen

---

[5] Präsentation von Dr. Hapke auf dem DEGS-Symposium am 14.06.2012, Präsentation zur Studie zur Gesundheit Erwachsener in Deutschland, Folie 17.

zu tolerieren, sodass sie selbst auf Dauer massiv erschöpft werden. Neben den direkten Belastungen am Arbeitsplatz wirken der soziale Kontext und die Organisationsbedingungen ebenfalls auf die Führungskraft ein, zum Beispiel der internationale Wettbewerb und das Führungsverhalten der Topmanager, die Führungskräften vorgesetzt sind. Auch die gesellschaftlichen Belastungen und ggf. Arbeitsplatzunsicherheit können Burnout bei Führungskräften fördern. Technische und organisatorische Veränderungen können zum Belastungsfaktor für Führungskräfte werden, wie zum Beispiel

- neue Formen von unsicheren Arbeitsverträgen,
- demographische Entwicklung,
- veränderte Lebensarbeitszeiten,
- höhere Anforderungen an Leistungserbringung in Dynamik und Flexibilität,
- Wettbewerbsintensivierung in der Globalisierung,
- erhöhte Anforderungen an die berufliche Mobilität und lange Arbeitszeiten mit erhöhter und ausgeweiterter Erreichbarkeit,
- Informationsflut,
- zahlreiche Unterbrechungen während der beruflichen Tagesarbeit, hohe Anforderungen an Tempo und Arbeitseinsatz, hohe Anforderungen an die emotionale Kompetenz und Konfliktfähigkeit, schwierige Vereinbarkeit von beruflicher Tätigkeit und erfüllendem Privatleben aufgrund von Arbeitszeitausweitung und Belastung sowie
- Verringerung der sozialen Zugehörigkeit und Verbundenheit.

In dieser herausfordernden Situation für Führungskräfte wird es immer wichtiger, dass Führungskräfte ihre persönlichen Kompetenzen ausbauen und nutzen, um einer massiven, dauerhaften Belastung gewachsen zu sein und kein Burnout zu erleiden. Burnout tritt vor allem dann auf, wenn der sogenannte Person-Environment-Fit — also die Passung zwischen Führungskraft, ihren Führungsaufgaben und ihren Ressourcen, in einem bestimmten Arbeitsumfeld erfolgreich tätig zu sein — für die einzelne Führungskraft nicht passt. Dann steigt die Gefahr, Burnout zu erleiden, erfahrungsgemäß deutlich an.

2.1.1.3 Burnout anerkennen durch den Betroffenen selbst

Über das verstandesmäßige Erkennen von Erschöpfung und Depression hinaus geht das Annehmen dieser persönlichen Verfassung durch den Betroffenen selbst. Oft erlebt er die Erschöpfung als Scheitern, als persönliches Versagen, was häufig mit Schmerz und Enttäuschung verbunden ist. Erst das wirksame Zulassen und Spüren des eigenen Versagens ermöglicht den Schmerz über das Scheitern eines

Lebenskonzeptes, das diesem Menschen nicht dauerhaft Zufriedenheit ermöglichen konnte, weil es zu einseitig auf persönliche Überforderung ausgerichtet war.

Das Scheitern wird von den Betroffenen meist zunächst als umfassend erlebt, es steht im Mittelpunkt der Aufmerksamkeit. Erst durch eine gute und tiefgreifende Bearbeitung der negativen Erfahrung kann die Selbsterkenntnis reifen, dass das Scheitern speziell auf dem eigenen funktionellen Versagen in einer bestimmten Rolle basiert und *nicht* auf generelles Versagen als Mensch, Mitbürger, Vater, Partner etc. So kann aus der vordergründigen Wahrnehmung des Betroffenen, dass er völlig gescheitert ist, mit der Zeit die Erkenntnis reifen, dass er dies nur so erlebt, weil er sich darauf sehr stark fixiert hat. Wer sich von morgens bis abends über viele Monate auf die Teilnahme an den Olympischen Spielen vorbereitet, dafür viele Entbehrungen in Kauf nimmt und schwierige Situationen meistert, seinen ganzen Tagesablauf — auch am Wochenende — darauf konzentriert, der wird selbstverständlich tief enttäuscht sein, wenn er nicht teilnehmen kann. Und er wird sehr enttäuscht von sich selbst sein, wenn er den Grund für das Scheitern sich selbst zuschreibt! Ähnlich erlebe ich viele Manager. Der Beruf und der berufliche Erfolg sowie die gesteckten Ziele nehmen einen solch immensen Raum in ihrem Leben ein, dass eine starke Enttäuschung eigentlich nur eine Frage der Zeit sein kann. Denn bei allen omnipotenten Allmachtphantasien, die aufgrund von tollen beruflichen Erfolgen entstehen mögen, ist es dennoch so, dass beruflicher Misserfolg auch durch externe Faktoren bedingt werden kann, ohne dass der einzelne Manager diese alleine steuern konnte.

Deshalb ist es für dauerhafte Leistungsfähigkeit entscheidend, dass sich Führungskräfte in einem für sie persönlich ausbalancierten System eine Grundlage schaffen, die ihnen Führungs-Kraft gibt. Weiterführendes hierzu finden Sie im Kapitel 2.2.1 zu Lebensbalancen und 2.2.4 zu Kraftquellen.

Mehr von demselben, auf dem Weg zur totalen Erschöpfung

Um einer intensiven Erschöpfung vorzubeugen, ist es für den betroffenen Menschen entscheidend zu erkennen, dass er sich auf dem Weg zum Burnout befindet und dass er sich in dieser Abwärtsspirale nicht retten kann, indem er immer mehr von demselben macht, sondern indem er einen Stopp setzt und sein Leben verändert. Viele Menschen, die sich immer mehr erschöpfen, verstärken ihre Anstrengungen (nach dem Motto „mehr von demselben"), wenn sie merken, dass ihre Lebensführung sie immer mehr erschöpft. Sie versuchen zum Beispiel noch mehr „Everybody's Darling" zu sein. Sie versuchen noch mehr, anderen zu gefallen, um bei diesen Anerkennung zu finden und somit den eigenen Selbstwert zu speisen.

Dieses Prinzip „mehr von demselben" kennt jeder Therapeut und es ist ein Prinzip menschlichen Handelns, das Menschen immer wieder massiv in Sackgassen führt. Aber menschlich betrachtet ist es verständlich, denn der betroffene Mensch hat einen bestimmten Weg eingeschlagen und versucht nun, durch eine Intensivierung des Verhaltens — indem er also mehr gibt, als er bisher gegeben hat — das Ergebnis doch noch zu erreichen.

Dies gilt sowohl für den beruflichen als auch den familiären Kontext. Ein berufstätiger Mann, der beruflich sehr stark eingespannt ist und dessen Frau sich intensiv immer wieder darüber beklagt, dass er zu wenig für den Haushalt und die Kinder da ist, versucht bei aller beruflichen Herausforderung diesem familiären Anspruch auch gerecht zu werden und investiert dort immer mehr Zeit und Mühe. Aber die Forderungen und die Unzufriedenheit seiner Partnerin werden deshalb nicht weniger. Diese gefühlte Unzufriedenheit seiner Partnerin zermürbt ihn zusehends. Ihm fehlt im Beruf immer mehr die Kraft, die ihm die familiäre Zuwendung geben würde. Somit wird für ihn die berufliche Tätigkeit anstrengender, weil er sie mit einem schlechten Gewissen und wenig Unterstützung aus der Familie verrichten muss. So kommt er mit weniger beruflichem Erfolgserlebnis nach Hause und möchte es nun noch mehr seiner Frau recht machen, was aber bei ihr nicht so ankommt. Es entsteht ein Kreislauf, den er alleine nicht durchbrechen kann, indem er versucht, immer mehr von demselben zu geben. Im Gegenteil: Es wird voraussichtlich in einer immer stärker werdenden Erschöpfungsspirale münden.

Für die **Prävention von Burnout** ist entscheidend, dass Menschen erkennen, dass sie sich in einem Erschöpfungsprozess befinden und dass sie sich durch die Vorgehensweise „immer mehr von dem Gleichen" nicht retten können, sondern dass sie einen intensiven Kontrapunkt setzen sollten. Dies bedeutet konkret: mit anderen darüber reden und für sich selbst reflektieren, wie ein Ausstieg aus dem bisherigen Verhaltenskreislauf geschehen kann. Dazu kann die Introspektion — also der Blick nach innen, die Beschäftigung mit sich selbst — hilfreich sein, aber ebenso Gespräche mit guten Freunden und mit einem Therapeuten, den man kurzfristig nur für dieses Thema nutzt, oder auch der Erfahrungsaustausch mit Menschen, die sich in ähnlichen Situationen befinden. Zugleich oder zeitlich danach sollte man das Gespräch mit denjenigen suchen, die an diesem Erschöpfungskreislauf direkt beteiligt sind. In Bezug auf das Beispiel oben wären dies der Partner und die Kinder. Eine große Erleichterung kann es für diese Person zum Beispiel bedeuten, wenn sie dem Partner und den Kindern die Grenzen des Machbaren aufzeigt, also was sie bereit ist, neben ihrer Arbeit noch an Zeit und Kraft für die Familie zu investieren, und wenn sie dies selbstbewusst und realistisch, ohne sich zu opfern, mit ihnen verhandelt.

Eine gute Lösung wird es nicht sein, bei den anderen dabei gut ankommen und beliebt sein zu wollen. Eine gute Lösung ist vielmehr eine, die sich für den Burnout-Gefährdeten richtig gut anfühlt und die ihm ein angenehmes Leben ermöglicht, in dem er berufliche und familiäre Anforderungen unter einen Hut bringt. Dies gehört auch zur Maßgabe, dass immer wieder Menschen aus der Familie und dem beruflichen Kontext von ihm enttäuscht sein werden, er selbst aber diese Enttäuschung und sein von diesen Menschen als Minderleistung betrachtetes Verhalten in Ordnung findet.

2.1.1.4 Symptome

Die vorrangigen Symptome von Burnout und depressiver Verstimmung sind reduziertes Interesse und Freude, verminderter Antrieb und leichte Ermüdbarkeit. Die Stimmung ist eher traurig, gedrückt bis verzweifelt oder gefühllos. Es kann auch erhöhte Reizbarkeit bestehen. Das Selbstwertgefühl ist vermindert, oft bei gleichzeitig hohem Leistungsanspruch der Führungskraft an sich selbst. Bei manchen Managern steht zeitweilig auch Angst, Gequältsein, inneres Getriebensein und Unruhe im Vordergrund. Häufig begleitende körperliche Beschwerden sind massive Erschöpfungszustände, dauerhafte Schlafstörungen, Kopf- und Muskelschmerzen, Magen-Darm-Beschwerden, Herz-Kreislauf-Probleme und Konzentrationsstörungen.

Zu den weiteren Merkmalen für Burnout zählt die selbstgewählte Isolation, das heißt: Es finden weniger soziale Kontakte statt, die Teilnahme an Veranstaltungen und Ereignissen, die Freude bereiten, wird reduziert und allgemein wird die Teilnahme am sozialen Leben jeglicher Art verringert, egal ob innerhalb oder außerhalb der Familie, egal ob mit Freunden oder Bekannten.

Dazu kommt häufig Kontrollzwang. Das bedeutet, dass der Burnout-Gefährdete versucht, privat und beruflich Gegebenheiten unter Kontrolle zu bringen und zu halten und dazu einen relativ hohen Energieaufwand benötigt. Er kann im Vergleich zu entspannten Menschen Gegebenheiten schlechter annehmen, so wie sie sind, und diese hinnehmen, auch wenn sie nicht in seinem gewünschten Sinne sind. Er hat in vielen Fällen eine klare Vorstellung, wie seine Umgebung beschaffen sein oder sich verhalten soll und investiert viel Energie darin, diese Beschaffenheit zu kontrollieren und in seinem Sinne zu beeinflussen. Dies nimmt von seinem Einsatz her betrachtet viel Energie, bringt aber relativ wenig Freude und Bereicherung für das eigene Leben, sodass dieses Vorgehen unterm Strich eine Negativinvestition in sein eigenes Leben ist. Dieser starke Kontrollzwang ist unter anderem mit Ängsten begründbar.

Auch die Verleugnung von Bedürftigkeit ist ein Merkmal von Burnout, das heißt, der Gefährdete hat ein relativ schlechtes Bewusstsein hinsichtlich seiner eigenen Bedürfnisse und Wünsche. Er spürt bestimmte Bedürfnisse, aber insbesondere, wenn sie konträr zu dem Funktionieren und den gesetzten Zielen verlaufen, werden sie hinten angestellt und zum Teil gar nicht wahrgenommen. So wird intrapersonell und interpersonell die persönliche Bedürftigkeit verleugnet und scheinbare Stärke gezeigt.

Mit Schwindel, Schweiß und Panikattacken durch den Alltag

Das Leiden an lästigen psychosomatischen Phänomenen (wie Schlafstörungen, Durchblutungsstörungen, dauerhafter Schwindel, spontane Schweißausbrüche, kraftraubende Angstattacken) können dem Burnout-Gefährdeten helfen, seine Lebensführung zu ändern. Dies muss jedoch nicht so sein: Burnout-Gefährdete stellen oft das „Weiterfunktionieren um jeden Preis" über den Wert von unangenehmen Körpersignalen, die ihnen zeigen könnten, dass sie den Umgang mit sich selbst ändern sollten. Die unangenehmen Körpersignale werden als aversive Schwächemeldungen des Körpers ignoriert oder zumindest verdrängt, soweit das möglich ist. Das Funktionieren wird vom Betroffenen über das Schützen des eigenen Organismus gestellt und das entsprechende Funktionieren im Sinne eines Dienens für einen höheren Zweck. Ein Klient sprach nach seiner Wiedergenesung reflektierend auf sein Verhalten vor dem Burnout von „verinnerlichtem Kadavergehorsam". Andererseits könnten diese Anzeichen des Körpers als „freundliche Warnsignale" verstanden werden und der Betroffene könnte sich regelrecht bei seinem Körper bedanken, dass dieser in einer wunderbaren Art und Weise dem restlichen Organismus zeigt, dass in dem kybernetischen System Gesamtorganismus etwas aus dem Ruder läuft — so wie uns ein starker Appetit zeigt, dass wir wieder etwas essen sollten, oder ein starkes Sättigungsgefühl, dass wir satt sind und demnächst nichts zu essen brauchen.

Wenn der Betroffene seine Körperwarnsignale ernst nimmt, können sie dem Betroffenen helfen, seine Lebensbalancen zu verbessern, bevor der körperliche Zustand noch schlechter wird. Deshalb möchte ich mich mit Ratschlägen zurückhalten, wie ein Betroffener diese Körpersignale lindern kann, um noch länger durchzuhalten. Allerdings finden Sie im Kapitel 2.3 Burnoutprävention: Aufleuchten statt Ausbrennen und an anderen Stellen praktische Tipps, wie man Ängste vermindern und körperliches Wohlbefinden gezielt verbessern kann.

Angst als Krafträuber, die Erschöpfungs- und Angstspirale

Wenn eine erschöpfte Führungskraft psychosomatische Anzeichen (wie Schwindel, Schweißausbrüche, verstärkte Schlafstörungen oder ähnliches) bei sich wahrnimmt, kann ein Kreislauf von Angst und weiterer Erschöpfung entstehen. Psychosomatische Folgen der Erschöpfung wie geringere Leistungsfähigkeit, leichte Reizbarkeit, aber insbesondere körperliche Symptome wie starke Müdigkeit, Verspannungen, Rückenprobleme etc. können dazu führen, dass sich immer mehr Angst breit macht — Angst davor, die an sich selbst gestellten Erwartungen nicht mehr zu erfüllen und immer schwächer zu werden. Ängste vor zunehmendem Leistungsverfall und davor, Erwartungen von sich selbst und anderen nicht mehr erfüllen zu können, können die gesamte Symptomatik verstärken. Diese Ängste verbrauchen massiv Kräfte des Körpers, des Geistes und der Seele. Sie nehmen den gesamten Organismus extrem in Anspruch. Das ist ein Charakteristikum von Angst und verständlich, wenn man die Evolution des Menschen und die lebenserhaltende Wirkungsmöglichkeit von Ängsten bedenkt. Wie kraftraubend Ängste sind, ist in besonders intensiven Angstsituationen leicht nachvollziehbar, wie zum Beispiel in einem Krieg oder in extrem bedrohlichen Situationen als Opfer von Gewalttaten. Aber auch die langwierigen Angstzustände von Managern, die Angst um ihre angestrebte Existenzform haben, zehren stark an den Kräften der Betroffenen und führen zu Erschöpfung. Massive Ängste, die von einem sehr leistungsorientierten Menschen als existenzbedrohend erlebt werden, treiben somit den Kreislauf von mehr Erschöpfung und mehr Angst immer weiter an.

Führungskräfte, die sich in dieser Erschöpfungs- und Angstspirale befinden, sollten die Steuerung über diesen Prozess übernehmen und bewusst aussteigen. Dies kann dadurch geschehen, dass man nicht mehr vor der Angst wegläuft, sondern durch Mentaltechniken die Angst immer mehr steuert und indem man sich den körperlichen Symptomen stellt und diesen begegnet, zum Beispiel, indem man körperlich unterstützend wirkt und sich Zeit für Bewegung und Körperpflege im weiteren Sinne nimmt

Unfähigkeit im Umgang mit Gefühlen

Zu einer Depression gehört immer die mehr oder minder stark ausgeprägte Unfähigkeit zu fühlen. Dabei ist zu erwähnen, dass in unserer Gesellschaft Fühlen mit Denken sehr oft verwechselt wird und tendenziell eine Sozialisation stattfindet, die Fühlen und das Zulassen von Gefühlen reduziert. Zum einen findet eine starke Ausbildung der Kinder und Jugendlichen im kognitiven Bereich statt, auf der anderen Seite wird eine emotionale Ausbildung kaum gefördert. So reden viele Führungskräfte, die eine hervorragende Ausbildung hatten, z. B. davon, dass „sie das Gefühl haben, dass jemand sie übervorteilen möchte." Dies ist jedoch eindeutig ein Gedanke und kein Gefühl. Hinsichtlich der Unterscheidung von Gefühlen und dem Umgang mit Gefühlen sind viele Menschen, auch Führungskräfte, weiterbildungsbedürftig, insbesondere wenn es um die Selbstführung und die Führung von Mitarbeitern geht, denn dort dürften Gefühle einen mindestens so wichtigen Ausschlag geben wie Gedanken. So löst der Umgang miteinander Gefühle aus, deren Skala von Anerkennung und Wertschätzung bis Missachtung reicht, was erheblichen Einfluss auf die Leistungsfähigkeit, Kooperationsbereitschaft etc. hat. Dem ist mit Gedankenangeboten von Führungsseite her nur begrenzt zu begegnen (siehe auch Kapitel 2.3.3 Emotionales Aufleuchten und Kapitel 3 zur Mitarbeiterführung).

Unter anderem macht auch Wolf Büntig[6] auf die Bedeutung unserer Gefühle aufmerksam. Nach Büntigs Auffassung werden Fühlen und Gefühle verlernt und wir werden dadurch leichter manipulierbar, weil wir gar nicht mehr spüren, was wir brauchen, was wir wollen, was uns gut tut, und daher eher funktionieren. Dadurch geraten wir alle in eine gewisse Depression, weil wir so wenig fühlen bzw. uns selber spüren und damit natürlich auch ein großer Verlust von Lebensqualität und Sinnhaftigkeit einhergeht. Dies wird z. B. auch in der Sprache deutlich, indem wir beispielsweise auf die Frage „Wie geht's dir?" mit „Nicht schlecht" antworten. Dabei entsteht überhaupt kein Gefühl und keine emotionale Schleife in uns, d. h., dass wir uns selber spüren und nach außen geben, sondern wir leiern etwas über den Kopf ab, einen Gedanken, eine Floskel wie „nicht schlecht" oder „keine schlechte Idee" oder „könnte funktionieren". Aber das wirkliche Fühlen und Spüren von uns selbst, unsere Gefühle, werden dabei sehr stark reduziert und eingeschränkt.

2.1.2 Burnoutphasen und individuelle Verläufe

2.1.2.1 Phasenmodelle zu Burnout

Der Verlauf von Burnout lässt sich normalerweise in verschiedene Phasen einteilen. Dazu wurden von verschiedenen Autoren unterschiedliche Phasenmodelle entwickelt. Alle Burnout-Phasenmodelle sind mit Vorsicht zu genießen, da sie typologisierte Konzepte darstellen. Der individuelle Verlauf eines Erschöpfungsbetroffenen muss sich nicht an das jeweilige Phasenmodell halten. Nicht zu empfehlen sind z. B. Phasenmodelle, die als erste Stufe der Erschöpfung lediglich „Rückenschmer-

---

[6] Büntig, Wolf: Gesundheit kann man nicht machen, aber üben – Einführung in die Psychosomatik, CD, Auditorium Netzwerk Verlag, Müllheim/Baden, 2011.

zen und Schlafmangel" ausmachen. Ein hingegen hilfreiches Modell zu Burnout-phasen basiert auf den Arbeiten der amerikanischen Psychiater Jerry Edelwich und Archie Brodsky (1980). Darin gibt es vier Phasen, beginnend mit der ersten Phase „Euphorie". Gekennzeichnet wird diese Phase von Enthusiasmus, starkem Enga-gement, hohen Zielen und Idealen und hohen Erfolgserwartungen. Das eigene Wohlbefinden wird oft mit dem beruflichen Erfolg gekoppelt. Die zweite Phase „Stagnation" ist gekennzeichnet von dem Erkennen eigener Grenzen, Zweifeln, Unzufriedenheit, Enttäuschung und einem gewissen Stillstand. Die dritte Phase „Resignation" wird beschrieben mit gefühlter Hilflosigkeit, psychosomatischen Erkrankungen und bisweilen mit Zynismus. Die letzte Phase der schweren Erschöp-fung wird beschrieben mit Apathie, Depressionen, Arbeitsunfähigkeit und erhöh-ter Sucht- und Suizidgefahr.

Ähnliche Beschreibungen findet man bei der sogenannten Erschöpfungsspirale, die auf Arbeiten von M. Asberg basieren.

Burnout-Phasenmodell nach Dr. Spreiter

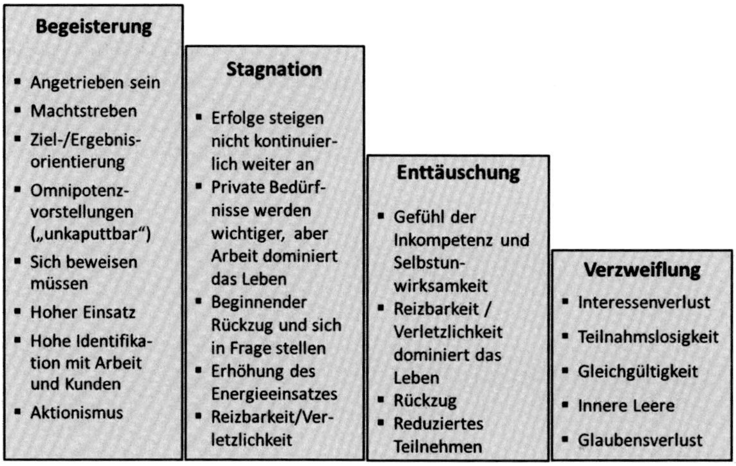

Abb. 2.1: Burnout-Phasenmodell

Herbert Freudenberger und seine Kollegin Gail North haben als Pioniere der Burn-out-Forschung zwölf Phasen im Verlauf des Burnout-Syndroms beschrieben. Der Verlauf beim einzelnen muss nicht in exakt dieser Reihenfolge verlaufen:

1. Drang, sich selbst und anderen Personen etwas beweisen zu wollen,
2. extremes Leistungsstreben, um besonders hohe Erwartungen erfüllen zu können,
3. Überarbeitung mit Vernachlässigung persönlicher Bedürfnisse und sozialer Kontakte,
4. Überspielen oder Übergehen innerer Probleme und Konflikte,
5. Zweifel am eigenen Wertesystem sowie an ehemals wichtigen Dingen wie Hobbys und Freunden,
6. Verleugnung entstehender Probleme, Absinken der Toleranz und Geringschätzung anderer Personen,
7. Rückzug und dabei Meidung sozialer Kontakte bis auf ein Minimum,
8. offensichtliche Verhaltensänderungen, fortschreitendes Gefühl der Wertlosigkeit, zunehmende Ängstlichkeit,
9. Depersonalisierung durch Kontaktverlust zu sich selbst und zu anderen Personen; das Leben verläuft zunehmend funktional und mechanistisch,
10. innere Leere und verzweifelte Versuche, diese Gefühle durch Überreaktionen zu überspielen wie beispielsweise durch Sexualität, Essgewohnheiten, Alkohol und andere Drogen,
11. Depression mit Symptomen wie Gleichgültigkeit, Hoffnungslosigkeit, Erschöpfung und Perspektivlosigkeit,
12. erste Gedanken an einen Suizid als Ausweg aus dieser Situation; akute Gefahr eines mentalen und physischen Zusammenbruchs.[7]

In der Realität kann man feststellen, dass die individuellen Verläufe sehr unterschiedlich sind. Oft beginnen die Betroffenen unter Schlafstörungen und Verspannungen oder Schmerzen verschiedener Art zu leiden, sie spüren zunehmend Energieverlust und die Gedanken wandeln sich von dem Überzeugungssatz „Ich schaffe alles" hin zu dem Überzeugungssatz „Ich schaffe gar nichts mehr." Häufig werden eine zunehmende Reizbarkeit und auch aggressive Ausbrüche sichtbar sowie Konzentrations- und Gedächtnisprobleme und eine zunehmende Anfälligkeit für Krankheiten. Ich selbst habe in der schlimmsten Burnoutphase in circa 3-Wochen-Rhythmen immer wieder Erkältungen und eine Anfälligkeit für verschiedenste Infektionen gehabt. Dies lässt sich damit begründen, dass durch den erhöhten, dauerhaften Stress die Abwehrfunktion des Körpers stark herabgesetzt ist. In dieser Phase versuchen viele Erschöpfte durch mehr Arbeit nach dem Motto „Ich muss meine Jobs doch erledigen" die tatsächliche Minderleistung auszugleichen. Da dies jedoch zunehmend nicht mehr gelingt, findet ein Rückzug im sozialen Raum statt und ein Rückzug aus der persönlichen Überzeugung, dass man die Leistung noch erbringen kann, mit der man sich nach bisherigen Vorstellungen selbst als „gut" be-

---

[7] Herbert Freudenberger und Gail North: Burnout bei Frauen. Freiburg, 1992.

wertet. Die Überzeugung der Selbstwirksamkeit und das Selbstbewusstsein leiden nun massiv. Es können Schuldgefühle entstehen. Neben den nächtlichen Schlafproblemen können Grübelattacken in scheinbar endlosen gedanklichen Schleifen, die kein Problem lösen, sondern durch das negative Denken die Probleme noch mehr verschärfen (Fokussierung auf das Problem), zusätzlich Kraft kosten. Eine weitere Folge ist zunehmender Interessenverlust. Manchmal wechseln sich der letzte Kampfgeist und Mutlosigkeit ab. Starke Stimmungsschwankungen sind in diesem Sinne zu beobachten, vorwiegend aber eine niedergeschlagene Stimmung bis hin zu einer handfesten Depression. Quälende innere Unruhe, Apathie, suizidale Gedanken und Suchtgefahr bestehen.

Jeder menschliche Prozess von „Ausbrennen" beginnt mit der Phase des „Brennens". Egal ob man dies Euphorie, „Brennen", Selbstüberschätzung oder Omnipotenzgefühl nennt: Jeder Burnout-Prozess bei Menschen beginnt mit einer mehr oder minder euphorischen Phase. Als Beispiel ist hier der Jungunternehmer zu nennen, der mit Begeisterung seine Dienstleistung anbietet und mit allen damit einhergehenden Anstrengungen sein eigenes Unternehmen aufbaut. Oder die Pflegerin, die mit voller Überzeugung und mit einer wert- und überzeugungsgetriebenen Lebenshaltung ihren Dienst verrichtet. Oder aber der Ingenieur, der, durch seine bisherigen fachlichen Erfolge angetrieben, nun auch die Herausforderungen von Projektmanagement in internationalen Kontexten annimmt und dieser beruflichen Herausforderung euphorisch beziehungsweise enthusiastisch entgegenstrebt. Ihnen allen ist eines gemein: Sie erinnern sich an ihre persönlichen Erfolge, glauben an ihren persönlichen Erfolg im Beruf und sind bereit, viel dafür einzubringen und zu leisten. Inzwischen wurden weitere Phasenmodelle entwickelt, die alle im Wesentlichen mit einer Phase von hohem Engagement beginnen und in einer massiven, dauerhaften Erschöpfung enden.

2.1.2.2 Individuelle Verläufe und was man daraus lernen kann

Burnout kommt nicht plötzlich, sondern hat bei den betroffenen Menschen immer eine persönliche Geschichte. Oft geht diese Geschichte über viele Jahre mit erlebter Belastung. Hingegen kann von den Betroffenen selbst oder auch von außen ein Zeitpunkt wahrgenommen werden, an dem eine wesentliche Verschlechterung stattfindet und an dem die massive Erschöpfung sichtbarer wird als zuvor, z. B. wenn bei einem stark überarbeiteten Manager der Punkt gekommen ist, an dem er von seiner Frau verlassen wird, und er regelrecht zusammenbricht. Da der Erschöpfungsprozess meistens mehrere Jahre gedauert hat, ist es illusorisch zu denken, dass jemand, der sich schon weitgehend in einem Erschöpfungsprozess befindet, innerhalb von wenigen Stunden oder Tagen in seiner Leistungsfähigkeit und Leistungsfreude wieder völlig wiederhergestellt sein sollte. Von daher ist Geduld angesagt. Allerdings gibt es einige Interventionen, die in einem noch nicht zu weit fortgeschrittenen Stadium der Erschöpfung sehr schnell und sehr intensiv wirken können, sodass der Betroffene innerhalb von Stunden oder Tagen über einen deutlich verbesserten Energiezustand verfügt und wesentlich mehr Leistung und Leistungsfreude abrufen kann, als ihm dies noch vor Kurzem möglich war. Auf entsprechende Fallbeispiele, Interventionen und praktische Vorgehensweisen wird später ausführlich eingegangen.

Es liegt aber nicht nur an persönlichen Dispositionen, Erfahrungen etc., dass ein Mensch so tief in einen Erschöpfungsprozess gelangt ist. Meist sind **Bedingungen aus dem privaten und beruflichen Umfeld** für die Entwicklung der Erschöpfung entscheidend. In meiner über 10-jährigen Arbeit mit erschöpften Menschen habe ich es nie erlebt, dass ich die Geschichte eines „ausgebrannten" Menschen nicht verstehen konnte. Ist es denn verwunderlich, wenn eine Führungskraft mit starken beruflichen Herausforderungen, deren Partner suchtabhängig ist, dessen Kinder massive Probleme in der Schule bzw. in der Berufsausbildung haben und dessen Familienleben von kontinuierlichen heftigen Konflikten gekennzeichnet ist — ist es denn verwunderlich, wenn dieser Mensch irgendwann zusammenbricht und sich mit massiven Erschöpfungssymptomen inklusive Depression über Jahre immer mehr in Richtung Burnout bewegt? Ist es nicht nachvollziehbar, wenn eine alleinerziehende Frau mit zwei Töchtern, die sich im Pflegedienst aufopfert und ihrer Mutter sehr viel verdankt, weil diese ihr beim Betreuen der Kinder sehr stark geholfen hat — ist es nicht einleuchtend, wenn diese Frau, als ihre Mutter schwer erkrankt und sie diese zusätzlich pflegen möchte, dabei aber spürt, dass sie das nicht leisten kann, innerlich zusammenbricht und massive Erschöpfungssymptome zeigt?

Bei allen von Burnout betroffenen Führungskräfte kann man feststellen, dass es sowohl Bedingungen aus dem persönlichen Bereich als auch Bedingungen aus dem beruflichen Kontext gibt — und bei letzterem zum einen aus dem direkten beruflichen Umfeld, also zum Beispiel dem Team oder der Abteilung etc., und zum anderen aus dem gesamten beruflichen Umfeld, also der Organisation (das Unternehmen, die Verwaltung, das Institut etc.). Deshalb wird im Buch ausführlich auf alle drei Einflussbereiche eingegangen, denn eine wirksame, systematische Burnoutprävention braucht vorbeugende Maßnahmen auf allen drei Ebenen. Auf der personalen Ebene ist vor allem die Führungskraft gefragt, indem sie selbst Verantwortung übernimmt. In den Bereichen von Abteilung/Team und in dem Bereich Organisation sind die Organisationen und ihre Einheiten gefragt, entsprechende Rahmenbedingungen zur Verfügung zu stellen, beziehungsweise durch Maßnahmen der Organisations- und Personalentwicklung Bedingungen zu schaffen, die

Erschöpfungsprozesse unwahrscheinlicher machen und die die Leistungsfähigkeit und -bereitschaft von Menschen allen Alters, die in ihnen und für sie arbeiten, unterstützen. Die Überfrachtung und Überforderung des „Middle Managements", strategische Ausrichtungen, die nach mehreren Monaten wieder über den Haufen geworfen werden und weder Sinn stiften noch Werte transportieren, welche für Führungskräfte eine wesentliche Rolle spielen — all dies sind Beispiele, die nicht dazu angetan sind, um aus Organisationssicht Führungskräften günstige Bedingungen für Leistungsfähigkeit und -bereitschaft zu gewähren. Unter welchen Bedingungen und mit welchen folgerichtigen Maßnahmen dies bei Führungskräften unterstützt werden kann, erfahren Sie im dritten Teil des Buches.

Es stellt sich die Frage: Was sind die Burnout fördernden Bedingungen? Aufgrund meiner über 10-jährigen Erfahrung in der Betreuung von Burnout-Betroffenen und aufgrund zahlreicher Untersuchungen können als **Burnout fördernde Bedingungen durch die berufliche Umgebung** genannt werden: dauerhafter Zeitdruck, intensives und dauerhaftes Stressempfinden, geringe Handlungs- und Entscheidungsspielräume, fehlende soziale Unterstützung im Job, geringe Wertschätzung, schlechte Entlohnung (Effort-Reward-Imbalance), hohe persönliche Verausgabung (Overcommitment), Arbeitsplatzunsicherheit, schlechtes Teamklima, als ungerecht empfundene Behandlung durch Vorgesetzte, Arbeitsverdichtung und hohe Arbeitsbelastung unter Zeitdruck, viele und schnelle Umstrukturierungen.[8] Zu ergänzen sind noch: unklare Rollen- und Verantwortungsteilung, unstrukturierte Aufgaben- und Kompetenzbereiche, ungenaue Ziele, mangelhafte Orientierung, häufige Überstunden, mangelnde Informationen, ständige Über- oder Unterforderung, zu geringe Anerkennung und Wertschätzung durch Vorgesetzte.

Jeder Einzelfall gestaltet sich jedoch individuell. Dazu einige Fallbeispiele aus der Beratung von erschöpften Führungskräften.

▶ BEISPIEL: Überforderung von vielen Seiten

Stephan hat als Vertriebsleiter ein neues Gebiet übernommen, das schwer zu bearbeiten ist. Nachdem er vorher jahrelang in seinem Gebiet gute Erfolge hatte, hat er nun kräftig zu strampeln, um seine Firma in dem neuen Verkaufsgebiet zu platzieren. Der Wettbewerb ist sehr intensiv und in vielen Produktbereichen dem Angebot von Stephan und seiner Firma überlegen. Er muss zudem jeden Tag eine wesentlich weitere Strecke zurücklegen, da das neue Verkaufsgebiet circa 200 km weiter entfernt ist als sein bisheriges.

---

[8]   u.a. Siegrist, 1996, Karasek, 1992; Stansfeld, 1999; Westerlund, 2004.

Die private Situation ist ebenfalls beanspruchend: Stephans Frau hat sich in den letzten Jahren zu einer alkoholabhängigen Frau entwickelt. Ihre beiden Kinder, eine Tochter und ein Sohn, machen zudem Probleme. Der Sohn hat mit Ach und Krach seine Schule beendet, sitzt aber nun zu Hause und kann sich nicht so recht dazu entscheiden, irgendwie Geld zu verdienen. Er hatte verschiedene Ideen, aber sich nie konsequent beworben bzw. den Bewerbungsprozess abgeschlossen. Ab und zu arbeitet er als Gelegenheitsarbeiter. Bei der Tochter ist es ähnlich. Sie hat den Schulabschluss noch vor sich, aber so schlechte Noten, dass eine berufliche Karriere und eine monetäre Selbstversorgung zurzeit eher unwahrscheinlich sind.

Für Stephan ist das eine **riesige Belastung aus privater, familiärer und beruflicher Perspektive**. Er sitzt auf dem Stuhl mit beiden Händen unter den Oberschenkeln geklemmt und macht einen sehr angestrengten Eindruck. Seine Sitzhaltung ist ein Symbol für sein Vorgehen in dieser starken Belastungssituation. Die Hände sind ihm gebunden, indem er selbst darauf sitzt. Er ist also in ersichtlicher Weise nicht handlungsfähig. Es wäre eher verwunderlich, wenn dieser Mensch nicht depressiv wäre. Nachdem ich ihn zu den Maßnahmen befrage, die er bisher unternommen hat, wird er immer unruhiger und schließlich endet die Befragung in einem energischen Mitteilen seiner Befindlichkeit. Er gestikuliert wild, wird richtig laut und macht klar, welche Grenzen er eigentlich wem setzen müsste. Dazu gehört zum Beispiel seine Führungskraft im Vertriebsunternehmen: Es kann nicht sein, dass er nach irgendwelchen Kennzahlen seiner Kundenbesuche gemessen wird, obwohl die Firma ihn beim Produktportfolio im Stich lässt. Die Verkaufsunterlagen sind dermaßen schlecht, dass er nicht wettbewerbsfähig ist.

Dies in angemessener, aber sehr deutlicher Form seinem Chef zu vermitteln, ist eine wichtige Aufgabe, um sich selbst aus der Opferrolle zu bringen und zu entlasten. In der Familie wäre es sehr wichtig, seiner Tochter und seinem Sohn klare Grenzen aufzuzeigen, was den ständigen Unterhalt durch ihn als Vater betrifft, denn zumindest sein Sohn ist alt und tatkräftig genug, um sich komplett selbst zu unterhalten. Es reicht nicht, dass er sich durch Gelegenheitsarbeit Geld dazuverdient, das er als Taschengeld benutzt, und ansonsten den Kühlschrank der Eltern leer isst sowie andere Annehmlichkeiten im Hotel Mama in Anspruch nimmt, für die er keine monetäre Gegenleistung erbringt. Bei seiner Frau ist wichtig, ihr Grenzen aufzuzeigen und nicht stärker in eine Co-Abhängigkeit zu geraten, denn er verdeckt sehr oft Probleme, die durch ihren Alkoholismus entstehen. Stattdessen ist es erforderlich, dass er mit dem behandelnden Arzt klar über das Ausmaß des Alkoholismus und die Auswirkungen in der Familie redet und nicht weiter beschönigt.

> **BEISPIEL: Wenig Wertschätzung, viel Verpflichtungsgefühl**

So geht es zum Beispiel auch der 45-jährigen Frau, die voll im Beruf steht, eine schwierige Beziehung zu ihrem Ehemann und zugleich zwei pubertierende Töchter zu versorgen hat. Sie hat wenig Zeit für Freunde. Die Beziehung zu ihrem Mann ist sehr anstrengend und bringt ihr sehr wenig Wertschätzung und Anerkennung. Die Beziehung zu ihren Töchtern ist eher geprägt von anstrengenden Auseinandersetzungen und bringt ihr ebenfalls nahezu keine Anerkennung und Wertschätzung. Wenn dann der geliebte Vater, dem sie ihr Leben lang eng verbunden war, noch einen Schlaganfall erleidet und pflegebedürftig wird und die Tochter in ihrer engen psychischen Bindung zum Vater erkennen muss, dass sie diese Pflege nicht leisten kann, obwohl sie sich sehr stark dazu verpflichtet fühlt, dann kann der Selbstwert und die eigene Wertschätzung sehr stark leiden.

Viele Menschen in ähnlichen Situationen wie soeben beschrieben wirken dann sehr erschöpft und fühlen sich auch so — obwohl sie einer Tätigkeit nachgehen, die sie bereits seit vielen Jahren erfolgreich bewältigen und sich an dieser Tätigkeit nicht allzu viel geändert hat.

Zu den erschöpfenden Veränderungen gehört auch die Anpassungsdepression. Wie sich unser Gesamtorganismus vor Überforderung schützt in Form einer depressiven Reaktion, zeigt folgendes Beispiel:

> **BEISPIEL: Anpassungsdepression**

Bevor der Klient die verschiedenen Erschöpfungssymptome hatte (plötzlich auftretende Angstzustände, unkontrolliertes Schwitzen, „Leere im Kopf" u. a.), war er ein „wahrer Held der Arbeit". Er war besonders leistungsfähig, erfolgreicher und schneller als andere, ein nachgewiesener High-Performer. Seine Mitarbeiter und Kollegen nahmen ihn als fast immer gut gelaunt bis euphorisch wahr und schätzten seine mitreißende, motivierende Art. Wahrgenommen wurde auch von Kollegen, Mitarbeitern und der Personalabteilung, dass er selbst immer wieder an seine Grenzen der Leistungsfähigkeit ging und dies aber anscheinend sehr gerne tat.
Nachdem ihn nun die körperlichen Attacken innerlich sehr stark verunsichert haben, erscheint er auch nach außen anders. Er wirkt nun zurückgezogener, weniger optimistisch, nachdenklich und manche seiner Kollegen und Mitarbeiter befürchten, dass er eine schwere, möglicherweise tödliche Krankheit hat. Einige sagen, er wäre nicht wiederzuerkennen.
Im Vieraugengespräch berichtet der Klient, dass er von den körperlichen Attacken, wie Angstzustände, unkontrolliertes Schwitzen, massive Schlafstö-

rungen etc., über seinen eigenen Körper und seine Leistungsfähigkeit stark verunsichert ist und sich depressiv fühlt. Und diese Vermutung, dass er nun depressiv sei und keinerlei Weg kennt, dieser Depression zu entrinnen, macht ihm noch mehr Angst. So entsteht bei vielen Burnoutbetroffenen ein Teufelskreislauf, der in bestimmten körperlichen Symptomen seinen Anfang nimmt. Der Klient zweifelt sehr stark an sich selbst und nicht nur an seiner Leistungsfähigkeit.

Psychologen nennen das „Generalisierung". In dieser Situation ergibt sich aus meiner Sicht folgendes Bild: Der Gesamtorganismus erkennt in der vorherigen Lebensweise, die mit viel Anstrengung und Leistung verbunden war, eine Gefahr und reguliert auf intelligente Art und Weise über Körpersymptome. Diese machen dem Klienten tatsächlich zu schaffen und reduzieren ihn in seiner übermäßigen Verausgabung, sodass über die Anpassungsdepression (die meist auch nur vorübergehend ist und keine dauerhafte Schädigung zeigt) ein gesundheitsförderlicher Ausgleich zwischen Leistungsstreben in der Außenwelt und achtsamem Umgang mit sich selbst erreicht wird.

Bei aller Betroffenheit des Klienten von unangenehmen körperlichen Erscheinungen ist es dennoch möglich, dass er seine Situation besser annehmen kann und sich damit zusätzliche Anstrengungen und Ängste in der innerlichen Selbstbekämpfung und dem Sich-Selbst-Nicht-Annehmen-Wollen erspart, wenn er über dieses Selbstverständnis seines Organismus zu mehr Selbstannahme gelangt und wenn er erkennt, dass sein Körper durch die unangenehmen Symptome und die depressive Reaktion eine sehr intelligente Problemlösung der Situation bewirkt.

Eingeschränkte Leistungsfähigkeit im Arbeitspensum bzw. in der Arbeitsqualität

▶ **BEISPIEL: Der Sarg**

Günther, 43 Jahre alt, ist Vertriebsleiter für die Region Niedersachsen. Im Einzelcoaching schimpft er fürchterlich über die Firma, weil er dort immer mehr vorgeschrieben bekommt und gleichzeitig immer mehr leisten soll. Selbst bei der Konfiguration des neuen Dienstwagens muss er eine neue Software benutzen, die aber nicht funktioniert. Solche Anlässe bringen ihn in eine sehr große Anspannung. Er hat einen hochroten Kopf, macht den Eindruck, als würde er jeden Moment explodieren und schimpft sehr laut über seinen Chef und das gesamte Unternehmen. Er berichtet, dass er bei den Kunden nach wie vor sehr nett, charmant und ausgeglichen auftritt, dass aber zuhause schon des Öfteren „die Fetzen fliegen".[9]

In einer Übung zum Jahreswechsel habe ich ihn bei einer Sitzung im Dezember ein Bild malen lassen, das das zu Ende gehende Jahr für ihn darstellt, und ein weiteres Bild, welches das kommende Jahr für ihn symbolisiert. Erschreckenderweise zeichnet er zwei Särge: für 2012 einen offenen Sarg und für das Jahr 2013 einen geschlossenen Sarg, aus dem eine Hand herausragt. In der Besprechung der Bilder kommentierte er, dass er sich in dem zu Ende gehenden Jahr fühle, als sei er reif für die „Kiste". Er sei völlig fertig und zermürbt und sehe keinen Sinn mehr in seiner Tätigkeit. Er fängt sofort wieder an, über die Firma zu schimpfen und gerät in starke Erregung. Angesprochen auf das Bild für das neue Jahr berichtet er, dass er hofft, zumindest mit einer Hand aus dem Sarg greifen zu können, um diesen dann wieder langsam zu öffnen. Die Sargbilder machen dahingehend Sinn, dass sie andeuten, dass er etwas sterben lassen muss — d. h. welche Anteile von ihm, welche Zielsetzungen, welche Erwartungen er von sich sterben lassen muss, damit er ein schöneres und zufriedenstellenderes Leben führen kann.

Aufgrund von Arbeitsverdichtung und zusätzlichen Belastungen geht es vielen Mitarbeitern, denen es wichtig ist, gute und möglichst fehlerfreie Arbeit zu leisten, folgendermaßen: Sie können durch die Überlast das Arbeitspensum nicht schaffen, selbst mit unentgeltlichen Überstunden und unentgeltlicher Arbeit zu Hause am Wochenende. Es entsteht das Gefühl, keine gute Arbeit zu leisten, obwohl sie das sehr gerne möchten und sich auch selbst darüber definieren. Aber die Unmöglichkeit der Joberfüllung führt zu einer Dauerfrustration. Der fleißige, perfektionistische Mitarbeiter scheitert, weil er die Masse der Aufgaben nicht schafft und das, was er erledigt, nicht in der Qualität und Sorgfalt tun kann, die er für wertvoll hält und über die er auch seinen Wert als Mitarbeiter und Mensch definiert.

„Ich will nicht etwas hinhuddeln und arbeiten wie ein drittklassiger Schlamper. Ich bin eine Fachkraft und will ordentliche Arbeit leisten. Aber in der Hektik geht das nicht mehr. Wir Deutschen sind so stark im Export, weil wir Qualität liefern und nicht weil wir huddeln. Ich bin so erzogen worden", erklärt sich ein gefrusteter Teamleiter.

Die meisten versuchen das Beste daraus zu machen und hängen sich rein. Aber wenn ihre Werte von Fehlerfreiheit, Qualität, zuverlässiger Facharbeit etc. auf der

---

[9]   Ob seine Vermutung (wie er beim Kunden auftritt) auch von den Kunden so wahrgenommen wird, halte ich für fragwürdig. Aus meiner eigenen Erfahrung weiß ich aber, dass insbesondere Vertriebsmitarbeiter und Führungskräfte wahrhaft schauspielerische Fähigkeiten an den Tag legen können. Sehr oft wird von ihnen jedoch unterschätzt, inwieweit Kunden trotzdem wahrnehmen können, dass dieser Mensch sehr unter Druck steht und keinen einladenden und attraktiven Eindruck vermittelt, d. h. attraktiv im Sinne von fruchtbarer geschäftlicher Kooperation.

Managementebene (Strategie, Struktur) oder im Team (operative Umsetzung) nicht unterstützt werden, dann liegt Demotivation und Leistungsminderung nahe, zum Beispiel in der Form des Präsentismus.[10]

Immer wieder betreue ich Führungskräfte, die stark davon enttäuscht sind, dass sie mit ihrem Team und auch persönlich nicht den Qualitätsanspruch umsetzen können, über den sie sich viele Jahre lang selbst definiert haben und dafür belohnt wurden. Dies passiert zum Beispiel bei Qualitätsherstellern, die nach Prozessoptimierungen einen Teil ihrer Produktion in Billiglohnländer verlagern.

Burnout in Folge einer posttraumatischen Belastungsstörung

Eine massive dauerhafte Erschöpfung kann dadurch bedingt werden, dass ein vergangenes traumatisches Erlebnis nicht ausreichend psychisch verarbeitet wurde. Dann kann eine dauerhafte Belastung für den Betroffenen entstehen, die zusätzlich zu beruflichen, familiären und anderen Belastungen das Fass zum Überlaufen bringt — und ein Burnout ist die Folge. Traumatisierende Erlebnisse (wie sexuelle Übergriffe bei Frauen, Herzinfarkte bei Männern etc.) können Menschen sehr stark über einen langen Zeitraum belasten, wenn sie nicht durch eine ausreichende Behandlung gemildert werden.

► **BEISPIELE: Posttraumatische Belastungsstörung**

Eine Führungskraft, ein 46 Jahre alter Manager, den ein Herzinfarkt in eine Depression gebracht hatte, litt jahrelang psychisch unter den Folgen dieses Herzinfarkterlebnisses. Ein solcher Herzinfarkt, wo der Mensch spürt, dass es um Leben und Tod geht, hat gewöhnlich traumatische Dimensionen. Die Angst, wieder einen Herzinfarkt zu erleiden, kann den Betroffenen nahezu lähmen und sehr erschöpfend wirken. Insbesondere bei diesem Manager, der es nicht schaffte, sich das Rauchen abzugewöhnen, bestand die ständige Angst, dass er auch aufgrund des weiteren Zigarettenkonsums erneut einen Herzinfarkt erleiden würde, der dann tödlich sein könnte. Diese, den Manager ständig begleitende Angst kostete ihn nach eigenen Angaben sehr viel Energie und belastete ihn massiv. Der behandelnde Therapeut stellte schließlich eine posttraumatische Belastungsstörung fest und eine damit zusammenhängende Depression. Erst nach monatelanger Therapie konnte der Manager schließlich deutliche Verände-

---

[10] Präsentismus ist Leistungsminderung bei Anwesend-Sein des Mitarbeiters, im Gegensatz zu Absentismus, bei dem der Mitarbeiter durch Abwesenheit seine Leistung mindert. Der volkswirtschaftliche Schaden durch Präsentismus ist höher als durch Fehlzeiten etc. in Form des Absentismus.

rungen in seinem Verhalten herbeiführen. Inzwischen fühlt er sich nicht mehr als Opfer seiner Ängste, sondern hat das Rauchen eingestellt, betreibt eine moderate Bewegungstherapie und hat seine traumatische Erfahrung so bearbeitet, dass er wieder offensiv, mit Optimismus und einer Selbstwirksamkeitsüberzeugung auf seine Umwelt und seine Lebensgestaltung zugehen kann.

Ähnliches gilt für eine Managerin, die vor einigen Jahren zwei massive sexuelle Übergriffe zu ertragen hatte. Insbesondere der sexuelle Überfall eines Bekannten machte ihr psychisch schwer zu schaffen und sie litt unter der Erfahrung insbesondere deshalb, weil sie sich niemandem anzuvertrauen wagte. Diese traumatische Erfahrung, verbunden mit den Umständen, dass sie diese schreckliche Erfahrung für sich behalten musste und sich zudem selbst schuldig gefühlt hat, führte dazu, dass sie einen massiven Leistungsabfall im Beruf hatte. Sie verlor ihre Führungsposition und erst nachdem sie auf mein Anraten als Coach den Mut fasste, sich in therapeutische Behandlung zu begeben, wurden die massiven Erschöpfungssymptome wesentlich gemildert und der berufliche Erfolg stellte sich peu à peu wieder ein.

Diese Beispiele zeigen, wie wichtig es ist, traumatische Erlebnisse verschiedener Art und Weise zu behandeln, damit sie nicht Auslöser von dauerhaften, massiven Erschöpfungssituationen werden.

Lebensqualität: Leben — nur überleben — des Lebens müde sein

▶ **BEISPIEL: Den Schein aufrechterhalten**

„Nachdem ich mit verschiedenen Kunden nacheinander stundenlang Gespräche geführt hatte und dann mit dem Auto zurück ins Büro fahren wollte, sackte ich zusammen. Im Auto merkte ich, dass nichts mehr ging. Die Batterie war leer. Ich fuhr in eine Seitenstraße, parkte im Schatten und riegelte das Auto von innen ab. Ich ließ den Fahrersitz zurück und legte mich flach ins Auto. Ich kam mir vor wie ein Mann mit 120 Jahren. Völlig leergepumpt, ausgelaugt und fix und fertig. Ich wollte nie mehr ins Büro und nie mehr Kundengespräche führen. Es fühlte sich total elend an.“

So berichtet ein Klient, der sich „bis zum letzten Tropfen“ auslaugte, um einen Schein von Funktionieren zu wahren. Wenn man die Kunden oder Gesprächspartner befragen würde, dann würden sie wahrscheinlich nicht vermuten, dass sich dieser Mensch nahe an einer starken Erschöpfung befindet, da der Klient es versteht (und das gilt ganz besonders für Verkäufer und Berater), einen funktionierenden Anschein zu erwecken. Dieses Vermögen ist jedoch für den Erschöpften nicht besonders förderlich, denn er schafft es damit nur, noch länger auszuhalten und die Batterien noch weiter herunterzufahren.

Wirklich sich selbst und den anderen Menschen um sich herum einzugestehen, dass man K.o. ist und eine Pause braucht, ist für viele Burnout-Gefährdete schwer: Es darf nicht sein. Dadurch wird der Leidensweg verlängert und die notwendige Korrektur nicht nur vermieden, sondern sogar intensiviert. Deshalb ist es für Angehörige, Freunde, Kollegen etc. wichtig, ähnlich wie bei einem Suchtproblem dem Betroffenen klares Feedback zu geben und ihn zu ermuntern, Hilfe in Anspruch zu nehmen und sich zu seiner Bedürftigkeit zu bekennen. Die Bedürftigkeit bezieht sich vor allem auf Hilfe, Entspannung und eine Werteverschiebung, die zur Folge hat, dass das eigene Wohlbefinden und die eigene Wertschätzung über das Funktionieren gestellt wird.

Für viele dauerhaft massiv Erschöpfte ist es kein „Leben mehr, wie ich es früher führte, sondern nur noch ein Überleben. Ich rette mich von Tag zu Tag. Es gibt keine Freizeit mehr, in der ich etwas anfangen kann, das mir Spaß macht. Ich will nur noch meine Ruhe haben und bin total genervt." — so berichtet ein Manager mit 36 Jahren! Wirklicher Lebensgenuss ist für viele Betroffene in weite Ferne gerückt und das „Überleben" der beruflichen und privaten Herausforderungen steht im Mittelpunkt der Wahrnehmung. In einigen Fällen und auf Dauer führt dies bei manchen zu einer gewissen Lebensmüdigkeit bis hin zu Suizidversuchen oder tatsächlichem Selbstmord. Zwischen Anzeichen von Lebensmüdigkeit bzw. Lebensverdruss bis hin zu einem faktischen Selbstmord herrscht jedoch ein wichtiger, erheblicher Unterschied. Wer lebensmüde ist und den Verdruss am eigenen Leben spürt, erhält damit ein Zeichen des eigenen Organismus, dass diese Lebensführung nicht zum persönlichen Glück und Wohlbefinden führt — es ist somit ein nützlicher Hinweis. Wer diesem folgt und sein Leben ändert, vor allem die eigene Einstellung dazu, der wird nicht in eine tiefe Depression gelangen und den Wunsch verspüren, Selbstmord zu begehen. Notwendig ist hierzu, bestimmte Gewohnheiten in Bezug auf die Lebensführung und mentale Bindungen loszulassen.

Individuelle Verläufe gemäß „Verhaltensmuster Typ A"

▶ **BEISPIEL: Verhaltensmuster Typ A**

Im Coaching erzählt mir der Bereichsleiter eines internationalen Konzerns, dass er froh sei, wieder arbeiten zu können und dass ihn der Familienurlaub „total genervt hat". Er berichtete, dass das „Herumhängen und stundenlange Liegen am Strand" nichts für ihn sei. Zugleich machte er auf mich einen sehr belasteten und erschöpften Eindruck, was auch sein Anliegen im Einzelcoaching mit mir war. Er hatte u. a. massive Schlafstörungen und einen deutlichen Leistungsabfall, konnte jedoch einfach nicht „abschalten".

Seine Schilderungen klingen stark nach dem sogenannten „Verhaltensmuster Typ A" aus der Stressforschung. Diese so klassifizierten Menschen sind nur dann zufrieden, wenn sie aktiv sein können und Leistung erbringen. Sie haben gewöhnlich nur wenig Geduld mit sich und anderen. Das Leben zu genießen und Dinge so sein zu lassen, wie sie sind, fällt ihnen schwer. Ich persönlich bin kein Anhänger dieser Klassifizierung von Menschen nach „Typ A", aber die Schilderungen des Bereichsleiters passen klassisch zu diesem Verhaltensmuster aus der Stressforschung. Hohes Leistungsstreben, Konkurrenzdenken, Ungeduld, Perfektionismus, hohes Verantwortungsbewusstsein, Schnelllebigkeit, Aggressivität und leichte Erregbarkeit sind typisch für diese sehr wertvollen, aber auf Dauer meist auch sehr angestrengten bis erschöpften Menschen.

Diese Menschen sind aufgrund ihres Verhaltensmusters meist sehr erfolgreich und bekommen für ihre Leistung permanent Anerkennung. Im zwischenmenschlichen Bereich tun sie sich des Öfteren schwer, da durch ihre Ungeduld und ihren Kampfesgeist oft Konflikte entstehen, die sie dann selbst belasten. Diese Konflikte und die daraus resultierenden Schwierigkeiten führen oft dazu, dass diese Menschen lieber ganz alleine zurechtkommen und immer wieder Distanz zu Gemeinschaft und Verbundensein generieren. Das ist für sie auch kein Problem, da sie aufgrund ihrer hohen Aufmerksamkeit und Leistungsfähigkeit fast alles alleine schaffen und erreichen können. Oft sind diese sehr wertvollen Menschen besonders leistungsfähig, aber auch sensibel und einsam.

Möglicherweise besteht ein enger Zusammenhang zwischen hohem Erfolgsstreben bei gleichzeitig intensiven Stressreaktionen und vegetativen Erkrankungen, z. B. Herzkreislaufbeschwerden, hoher Blutdruck etc. Besonders belastend wird es für diese Menschen, wenn Situationen sich häufen, in denen auf der einen Seite eine hohe Anstrengung und Leistungserbringung notwendig sind, und andererseits sich ein Misserfolg anbahnt. Finden diese Zusammenhänge des Öfteren statt, wird der leistungsorientierte Mensch meist sehr verunsichert und es besteht die Gefahr, dass sich dieser Mensch bis zum Schluss verausgabt, auch wenn der Leidensdruck meist gering ist. Oft tritt erst nach jahrelangem Raubbau mit einer massiven Erkrankung eine Wahrnehmungsbereitschaft dafür auf, dass man den Eigenorganismus über viele Jahre kontinuierlich überfordert hat. So ist leider für Menschen mit dem „Verhaltensmuster Typ A" das Risiko, einen Herzinfarkt zu erleiden, doppelt so hoch wie für andere Menschen. Diese massiven Erkrankungen sind manchmal der einzige Stopp, den der Betroffene akzeptiert.[11]

---

[11] Angelika-Wagner-Link, Max Planck Institut in München in: Der Stress, S. 14, Techniker Krankenkasse (2010).

Schon Wilhelm Busch hat das Verhaltensmuster in einem seiner Gedichte beschrieben:

„Wirklich, er war unentbehrlich!
Überall, wo was geschah
Zu dem Wohle der Gemeinde,
Er war tätig, er war da.

Schützenfest, Kasinobälle,
Pferderennen, Preisgericht,
Liedertafel, Spritzenprobe,
Ohne ihn da ging es nicht.

Ohne ihn war nichts zu machen,
Keine Stunde hatt' er frei.
Gestern, als sie ihn begruben,
War er richtig auch dabei."

Wilhelm Busch

2.1.3 Verschiedene Sichtweisen und Erklärungsversuche zu Burnout

Für Burnout, also massives, dauerhaftes Erschöpftsein, gibt es verschiedene Sichtweisen und Erklärungsversuche: unter anderem eine medizinisch-soziologische, eine psychologisch-medizinische und eine psychotherapeutische. Anhand der verschiedenen hier dargestellten Ansätze sollte jeder einzelne Betroffene seinen, für sich optimalen Weg zur Vorbeugung oder Behandlung von Burnout herausfinden. Tatsache ist, dass viele Erschöpfte auf unterschiedliche Art und Weise ihren Zustand dauerhaft wesentlich verbessert haben. Die Suche nach dem erfolgversprechendsten Ansatz sollte mit Unterstützung geschehen, wenn man merkt, dass man selbst auf sich alleine gestellt damit überfordert wäre.

2.1.3.1 Der systemische Lösungsansatz

Als besonders beachteter und erfolgreicher Vertreter der Wissenschaftler und Therapeuten, die sich an der Systemtheorie orientieren, hat sich Dr. med. Dipl. rer. pol. Gunther Schmidt mit seinem hypno-systemischen Lösungsansatz hervorgetan. Der

Leiter des Milton-Erickson-Instituts in Heidelberg und medizinischer Direktor der Systelios-Klinik in Wald-Michelbach/Siedelsbrunn sieht als Begründer der hypnosystemischen Therapie und als Facharzt für Psychosomatik und psychotherapeutische Medizin **Burnout als eine intelligente Lösung des Gesamtorganismus**. Burnout wird somit aus der Ecke des Krankhaften geholt und von ihm als eine kompetente Reaktion des Betroffenen betrachtet. „Burnout-Symptome sind häufig das Ergebnis hoher Loyalität, großen Engagements und außerordentlicher Leistungsbereitschaft eines Menschen", schreibt er in seinem Klinik-Prospekt. Schmidt geht davon aus, dass in einer Krise von Führungskräften und auch Mitarbeitern bisher bewährte Lösungsstrategien, die das Erleben von Kontrollkompetenz, Sinn, Kraft, Sicherheit verliehen haben, nun als unwirksam erlebt werden. Dies hat zur Folge, dass der Betroffene sich als inkompetent und schwach empfindet und als hilfloses oder sogar ausgeliefertes Opfer. Dadurch werde die Situation als noch bedrohlicher und noch gefährlicher erlebt, so Schmidt. Noch mehr Handlungsdruck wird aufgebaut, wieder gefolgt von weiter anwachsendem Ohnmachtserleben (zirkuläre Eskalation). In diesem Modell lehnt Schmidt sich an bekannte Stresstheorien an und erinnert an die typischen Lösungsversuche, die jedermann kennt:

1. Kampf mit extremer Erregtheit
2. Flucht, Vermeidung, Verleugnung und
3. Paralyse oder Totstellreflex (man will es einfach nicht wahrhaben) mit Katalepsie (intensiver Bewegungsarmut), manchmal bis hin zu Katatonie (völlige Starre).

Diesen Reaktionen folgen wiederum Unterwerfungsversuche, und zwar sowohl sich selbst zu unterwerfen als auch die anderen. Dies gilt für Menschen als auch Situationen.

Der Leiter der psychosomatischen Klinik in Siedelsbrunn geht aufgrund seiner zahlreichen Erfahrungen mit Patienten, die Burnout haben und mit entsprechenden Diagnosen (Depression) an ihn überwiesen werden, davon aus, dass die erlebte Ohnmacht oft in ein Zweifeln am eigenen Wert mündet, und dass dies oft starke Schuldgefühle induziert, verbunden mit einem Vertrauensverlust nach innen und außen.

Eine Krise gibt es aus hypnosystemischer Sicht nicht — sehr wohl aber ein subjektives Krisenerleben, das die Schule von Gunther Schmidt sehr ernst nimmt. Der Betroffene wird generell sehr respektvoll und wertschätzend behandelt. Schmidt sieht Burnout als eine Aktivierung von Inkompetenz-Trance-Prozessen und somit als eine kompetente Handlung des Gesamtorganismus. Warum der betroffene Mensch in dieser Situation mit der Leistung „Erschöpfung" reagiert, gilt es im therapeutischen Gespräch individuell zu erforschen.

Schmidt geht davon aus, dass Burnout eine sinnvolle Reaktion des Gesamtorganismus eines Menschen ist, um sich zum Beispiel vor Überlastungen zu schützen. Im Sinne von Schmidt macht es deshalb für Erschöpfungsbetroffene Sinn, ihre Aufmerksamkeit nicht auf verschlimmernde Faktoren zu fokussieren, sondern die Steuerung ihrer Aufmerksamkeit selbstverantwortlich zu übernehmen und diese so zu steuern, dass es ihrem Organismus gut tut. Diese Methode der Aufmerksamkeitsfokussierung ist ein wesentliches Element, das inzwischen in nahezu allen Fachkliniken für Psychosomatik und Psychotherapie genutzt wird, und ist insbesondere sehr hilfreich für depressive Betroffene.

In der Erickson'schen Sichtweise spielt diese Aufmerksamkeitsfokussierung eine besonders wichtige Rolle. Denn nicht das Ereignis an sich macht etwas zur nachhaltigen schlimmen Krise, sondern die Art, wie es verarbeitet wird und welches Erleben damit einhergeht. So setzt Schmidt in der Beratung seiner Klienten vor allem auf das Wiederfinden von hilfreichen Ressourcen für den Erschöpften, um diesen wieder auf Basis von Selbstvertrauen und Kompetenzvermutung aus dem Totstellreflex herauszuführen in Selbstverantwortung und Verantwortungsübernahmebereitschaft. In diesem Sinne verstehen Schmidt und seine Kollegen Probleme des Betroffenen als wertvolle Informationen über berechtigte, anerkennenswerte Bedürfnisse. Darin drücken sich Anliegen, Sehnsüchte und Lösungsversuche aus. In dieser therapeutischen Richtung geht es deshalb nicht darum, Probleme „wegzumachen", sondern „um achtungsvollen Umgang mit Bedürfnissen von Klienten und um Strategien, wie man etwas in konstruktiver Weise für sie tun kann."[12]

Aus vielen Praxisfallbeispielen zieht Schmidt seine Erkenntnis, dass bei seinen Burnout-Klienten die Erschöpfung nicht durch eine externe Belastung kommt, sondern durch inneren Konflikt. Ein Teil in der Persönlichkeit möchte z. B. ein wichtiges Ziel erreichen, das der Klient aber nicht mehr glaubt, erreichen zu können. So streiten quasi verschiedene Persönlichkeitsanteile in einem Klienten und führen dazu, dass nicht eine synchronisierte Handlungsweise geschieht, sondern dass ein massiver innerer Konflikt tobt, der die Handlungs- und Leistungsfähigkeit des Klienten insgesamt stark beeinträchtigt. Durch die Abwertungsprozesse des Klienten zu sich selbst werden die Leistungsfähigkeit und die Leistungsbereitschaft immer mehr vermindert. In diesem Teufelskreislauf ist es wichtig, mit dem Klienten an seiner Zielsetzung zu arbeiten und ihn auf seine vorhandenen Kompetenzen aufmerksam zu machen, sodass eine neue Lösung geschaffen werden kann. Und diese Lösung sollte dann dauerhaft den Organismus nicht mehr dermaßen überlasten, dass sie in massive, dauerhafte Erschöpfung des Klienten mündet. Die Selbstannahme und Selbstwürdigung stehen dabei im Mittelpunkt: also für sich selbst ausreichend

---

12 Vortrag von Dr. Gunther Schmidt auf dem DBVC-Kongress 2012 in Wiesbaden.

Wertschätzung und Würde zu empfinden, bei allem Respekt für die persönliche Endlichkeit und die persönlichen Grenzen. Durch die Umfokussierung auf realistische, hilfreiche Ziele finden eine Entlastung und eine Selbstaufwertung des Klienten statt, die es ermöglichen, dass der Klient wieder über mehr gespürte Lebenskraft und Energie verfügt. Dabei wird mit Zielen immer so umgegangen, dass diese vorläufig sind und jederzeit geändert werden können.

2.1.3.2 Der Ansatz der Stressforscher

„Menschen mit einer starken Belastung durch chronischen Stress zeigen deutlich häufiger eine aktuelle depressive Symptomatik, ein Burnout-Syndrom oder Schlafstörungen als Menschen ohne starke Belastung durch chronischen Stress." Dies ist ein Ergebnis der Studie zur Gesundheit Erwachsener in Deutschland 2013 vom Robert-Koch-Institut (DEGS1).[13] Die Forscher des Institutes stellen in ihrer umfassenden Untersuchung im Auftrag des Bundesministeriums für Gesundheit fest: „Mehr als jeder zweite Erwachsene mit aktueller depressiver Symptomatik fühlt sich durch chronischen Stress stark belastet (53,7 %). Dies gilt ebenso für knapp jede zweite Person (45,9 %), bei der ein Burnout-Syndrom diagnostiziert wurde …"[14]

So wie die meisten Menschen *erleben* Burnout-Betroffene oder Burnout-Gefährdete persönlichen Stress als von außen kommend. Der Betroffene fühlt sich oft den Belastungen ausgeliefert. Forscher wie Professor Dr. Dr. Brängelmann und Frau Wagner-Link vom Max-Planck-Institut für Psychiatrie in München haben sich nicht nur in langjährigen Forschungsarbeiten intensiv mit dem Phänomen Stress und Stressbewältigung sowie dauerhafter Erschöpfung beschäftigt, sondern kooperieren auch mit verschiedenen Einrichtungen, um praktische Erfahrungen aus der Therapie für Präventionsprogramme zu nutzen. Sie gehen davon aus, dass Stress nur individuell verstehbar und veränderbar ist. Da Stress ein maßgeblicher Faktor bei Burnout ist und dauerhaftes Stresserleben eine massive, dauerhafte Erschöpfung zur Folge haben kann, lohnt sich ein Blick auf das Verständnis und einige wichtige Forschungsergebnisse der Stressforscher.

In der Medizin und in der Psychologie wurde der Begriff „Stress" 1950 von Hans Selye erstmals in Bezug auf den Menschen angewandt. Ursprünglich kennt man den Begriff aus der Materialprüfung und aus anderen Bereichen (Stresstest für Banken nach der Finanzkrise 2009). Stress und Stresssymptome beinhalten die körper-

---

[13] Hapke U., u.a., Chronischer Stress bei Erwachsenen in Deutschland, Bundesgesundheitsblatt 2013, 56, Seite:752, online publiziert 27.5.2013, Springer-Verlag, Berlin.

[14] Ebda.

liche und psychische Antwort eines Organismus auf Belastungen. Die auslösenden Bedingungen nennt man Stressoren. Eine wichtige wissenschaftliche Erkenntnis ist, dass Stress nie objektiv von außen ausgelöst wird, sondern erst durch die Wahrnehmung eines Menschen zu Stress wird. Stress muss für den Organismus auch nicht negativ sein. Stress ist grundsätzlich lediglich eine Aktivierungsreaktion des gesamten Organismus, um mit einer Bereitstellung von verschiedenen Kompetenzen auf eine besondere, herausfordernde Situation (Stressor) zu reagieren und somit eine gute Antwort auf eine besondere Herausforderung für den Organismus zu finden.

Der typische Stressverlauf

1. Orientierung — Ein Reiz führt dazu, dass unser Organismus seine Wahrnehmungsfähigkeit erhöht (z. B. ein lauter Reiz für unser Gehör von außen).

2. Aktivierung — Der Körper erschrickt. Blitzschnell werden Entscheidungs- und Wahrnehmungsprozesse im Organismus intensiviert und beschleunigt. Die Wahrnehmung wird sehr stark auf den Reiz fokussiert, der als bedrohlich wahrgenommen wurde. Das vegetative Nervensystem und der ganze Muskelapparat sind nun sehr angespannt, um für den notwendigen Fall von Flucht oder Angriff vorbereitet zu sein.

3. Anpassung — Solange die Situation als bedrohlich wahrgenommen wird, bleibt der Körper in erhöhter Alarmbereitschaft. Diese zwar anstrengende, aber nützliche Alarmbereitschaft des Körpers dient dazu, dass der Organismus sich wesentlich schneller und effektiver schützen kann, als wenn der gesamte Organismus sich in einer Entspannung befinden würde. So gesehen macht die Anspannung Sinn.

4. Erholung — Ist die Situation bewältigt, indem man ihr ausweichen oder sie verändern konnte oder weil der Stressor einfach nicht mehr vorhanden ist, dann erholt sich der Körper und entspannt sich. In früheren Zeiten war dies leichter der Fall. Unter aktuellen Arbeits- und familiären Bedingungen, die durch eine ganze Vielzahl und große Bandbreite von ständigen Belastungen für Menschen als Stressoren wirken, sind diese Erholung und damit das Abschalten der Stressreaktion schwierig geworden.

5. Überforderung — Gelingt diese Entspannungsleistung nicht, weil der Stressor dauerhaft wirkt oder zumindest einige massive Stressoren, die dauerhaft belastend für den Organismus wirken, nicht abzuschalten sind, dann schaltet der Körper in einen Zustand von Daueralarm und erschöpft mit der Zeit.

6. Dauert diese permanente Alarmbereitschaft im Organismus lange an, dann besteht die Gefahr der Erschöpfung. Werden die Signale von Erschöpfung im Organismus durch den betroffenen Menschen lange Zeit übergangen, besteht die Gefahr der dauerhaften, massiven Erschöpfung. Die betroffenen Menschen sind kaum mehr fähig, die Anspannung und Entspannung ihres Organismus in einem gesunden Rhythmus anzupassen. Die Amplitude

zwischen Anspannungs- und Entspannungssituationen im Organismus wird gering und die Entspannungsphasen werden so flach, dass eine dauerhafte Anspannung im gesamten Organismus festzustellen ist. Dies kann z. B. über den Muskeltonus gemessen werden.[15]

Stressoren

Stressoren können innere und äußere Anforderungen an den Organismus sein. In jedem Fall tritt eine Stresswirkung auf den Organismus nur ein, wenn der Organismus bzw. der Mensch als Gesamtheit diesen Stressor als unangenehm, bedrohlich oder sogar überfordernd wahrnimmt.

▶ BEISPIEL

Ein Vortragender steht mit dem Rücken zu einer großen Glasfront und hält den Zuhörenden, die mit ihrem Gesicht zur Glasfront gewendet sind, einen Vortrag. Falls nun von außen ein Gegenstand durch das Fenster katapultiert werden würde, der den Vortragenden tödlich treffen kann, würde der Gefährdete, nämlich der Vortragende, keinerlei Stress empfinden, aber gegebenenfalls tot zu Boden sinken. Hingegen würden die Zuhörer, die den ganzen Vorgang beobachten können, Stress erleben, obwohl sie keine direkte Bedrohung und Schädigung erfahren.

Ebenso könnte eine Frage ans Publikum mit persönlicher Ansprache eines Zuhörers bei dem einen Stress auslösen („Hoffentlich sage ich nichts Falsches. Oh Gott, alle hören zu und schauen auf mich …") und beim andern vor allem Wohlfühlen erzeugen („Endlich kann ich mal etwas dazu vor so viel Zuhörern sagen. Das ist meine Chance …").

Ebenso verhält es sich mit Stressoren bzw. Reizen, die der eine Mensch als bedrohlich und überfordernd wahrnimmt und ein anderer Mensch als harmlos und eine nette Herausforderung. Zum Beispiel kann im Arbeitsleben eine Aufgabenstellung einen Mitarbeiter völlig überfordern und in negativen Stress (Distress) versetzen, während die gleiche Aufgabenstellung einen anderen Mitarbeiter in gute Laune und einen positiven Stress (Eustress) versetzen könnte. Wenn dieser zweitgenannte Mitarbeiter der Überzeugung ist, dass er diese Aufgabe lösen kann und dadurch eine deutliche Anerkennung von Menschen bekommt, die ihm wichtig sind, und weiß, dass ihm bei der Aufgabenerfüllung Menschen zur Seite stehen werden, die ihn dabei unterstützen, sodass er bei dieser Zusammenarbeit Freude haben wird, dann ist keinerlei negative oder schädigende Wirkung durch diese Auf-

---

[15] Der Stress, Broschüre der Techniker Krankenkasse, Hamburg, 2010.

gabenstellung bei dem zweitgenannten Mitarbeiter zu erwarten. So liegt es einzig und alleine an der Bewertung des jeweiligen Menschen, ob er negativen Stress (Distress) erlebt oder nicht. Damit soll jedoch keinerlei Bewertung oder Schuldzuweisung vorgenommen werden. Vielmehr sollte bei Aufgabenzuweisungen und Aufgabenstellungen darauf geachtet werden, dass die betreffende Person zumindest mithilfe von Unterstützung dazu fähig ist, eine Aufgabe zu bewältigen. Besonders die dauerhafte Überforderung, die bei einem Menschen Distress über lange Zeit verursacht, kann derart schädlich sein, dass eine massive, dauerhafte Erschöpfung die Folge ist.

Da die Bewertung von Stressoren für den einzelnen Menschen von seinen persönlichen Erfahrungen, seiner Konstitution und der Verfügbarkeit von Bewältigungsstrategien abhängig ist, können ganz unterschiedliche Belastungen als Stressoren erlebt werden oder auch nicht. Beispiele sind Zeitdruck, Störungen bei der Arbeit, Mobilität, Multitasking, Probleme mit dem Chef, Konflikte mit Kollegen, Konflikte in der Familie, um nur einige zu nennen.

Stressauslösend können grundsätzlich nahezu alle denkbaren Situationen und Bedingungen sein, die vom einzelnen Menschen als bedrohlich oder sehr unangenehm erlebt werden. Massive Enttäuschungen, Ängste und Überforderungen sind einige besonders starke Stressoren. Bei der individuellen Stressbelastung ist zu unterscheiden zwischen Häufigkeit, Dauer, Intensität und Vielfalt der Stressoren, die auf den Organismus einwirken.[16]

Das transaktionale Stressmodell von Lazarus[17] hat herausgearbeitet, dass die subjektive Bewertung durch den Betroffenen entscheidend für die Wirkung von sogenannten Stressoren ist. Zwischen Stressor und Stressreaktion liegt der individuelle Bewertungsprozess. Hier ist auch der Ansatzpunkt für präventive Maßnahmen gegen dauerhaften Stress, der zu massiver, dauerhafter Erschöpfung führen kann.

Stressreaktionen

Reaktionen des Organismus auf dauerhaften, massiven Stress können u. a. sein:

1. kognitiv: Ängste, Konzentrations- und Gedächtnisschwäche, Denkblockaden.
2. emotional: emotionale Verunsicherung, depressiv, hypochondrisch, suchtlabil (Alkohol, Tabak, Drogen), aggressiv, reizbar und „dünnhäutig".

---

[16] Ebda.

[17] Lazarus, R. S. & Folkman, S.: Stress, appraisal and coping. New York: Springer 1984.

3. körperlich: Anspannungen und Verspannungen im Körper, übermäßiges Schwitzen, vegetative Übersteuerung (Immunschwäche, hoher Blutdruck, Magengeschwür o. ä.), Schlafprobleme (Einschlafprobleme oder Durchschlafprobleme), Rückenbeschwerden oder auch Verdauungsprobleme.

Welche Auswirkungen dauerhafter Stress auf den menschlichen Organismus haben kann, weiß auch der Volksmund: „die Nase voll haben", „verbissen sein", „die Luft bleibt weg", „die Galle läuft über", „unter die Haut gehen", „weiche Knie bekommen", „an die Nieren gehen", „im Magen liegen", „herzzerreißend", „die Stimme verschlagen", „sich den Kopf zerbrechen". Diese Ausdrücke zeigen verschiedene Optionen an, wie der Organismus auf dauerhafte Stressbelastungen reagieren kann.

Übungen zum frühzeitigen Stressabbau in Arbeitssituationen finden Sie unter dem Kapitel 2.3.4 Körperliches Aufleuchten.

2.1.3.3 Der Blick auf Arbeitsplatz und Gratifikation

Prof. Dr. Johannes Siegrist vom Institut für medizinische Soziologie der Heinrich-Heine-Universität in Düsseldorf betrachtet Burnout als kritisches Stadium einer Verausgabungskarriere bei bisher leistungsfähigen Personen, das durch einen Zustand intensiver psychophysischer Erschöpfung und daraus resultierenden Beeinträchtigungen gekennzeichnet ist. Siegrist geht vor allem den Fragen nach: Lassen sich riskante Arbeitsbedingungen identifizieren, welche die Burnoutgefahr erhöhen? Tragen arbeitende Personen durch ihr eigenes Verhalten zu dieser Gefahr bei? Und erhöhen riskante Arbeitsbedingungen stressassoziierte Erkrankungen?

Er macht die spezifischen Herausforderungen in der gegenwärtigen Arbeitswelt, wie z. B. zunehmender Leistungs- und Wettbewerbsdruck sowie die zunehmenden Anforderungen aufgrund von Flexibilität und Mobilität, aber auch die höhere Arbeitsplatzunsicherheit und die Zunahme personenbezogener Dienstleistungsberufe sowie die gestiegene Automation für die steigende Burnoutgefahr verantwortlich. Aufgrund des gestiegenen internationalen Wettbewerbsdrucks und der wirtschaftlichen Globalisierung sieht er den wachsenden Rationalisierungsdruck als Auslöser dafür, dass Arbeitsintensität, Arbeitsplatzunsicherheit und Lohn- bzw. Gehaltseinbußen Mitarbeiter zunehmend belasten. Untersuchungen zeigen tatsächlich an, dass z. B. die erlebte Arbeitsplatzunsicherheit bei Beschäftigten in der EU 27 von 2005–2010 deutlich angestiegen ist.[18]

---

[18] Eurofound (2010) Changes over Time – First findings from the fifth European Working Conditions Survey, Dublin.

In dem Modell von Siegrist befindet sich auf der einen Seite die Verausgabung, die von Mitarbeitern durch Anforderungen und Verpflichtungen ausgeübt wird und in vielen Fällen übersteigert ist, und auf der anderen Seite die Belohnung durch Gehalt, Aufstiegsmöglichkeiten, Arbeitsplatzsicherheit und Wertschätzung. In diesem Modell beruflicher Gratifikation sieht Siegrist eine Gratifikationskrise[19], in der Mitarbeiter und Führungskräfte ein Ungleichgewicht aus Verausgabung und Belohnung akzeptieren, um ihre künftigen Karrierechancen zu verbessern. Er nennt das „antizipatorisches Investment". Mitarbeiter und Führungskräfte, die exzessive Leistungsbereitschaft aufweisen, sind von den gesundheitlichen Folgen beruflicher Gratifikationskrisen besonders stark betroffen. Auslöser ist, dass sie für ihre hohe Leistungsbereitschaft nicht die entsprechende Anerkennung und Wertschätzung erleben. Siegrist vermutet für das Festhalten an dieser exzessiven Leistungsbereitschaft trotz fehlendem entsprechenden Gratifikationsausgleich Entstehungsbedingungen in der frühen Kindheit und eine besonders starke Anpassungsbereitschaft an Gruppendruck am Arbeitsplatz.

Siegrist ermittelte im Rahmen seiner Forschungen einen „Verausgabung-Belohnungs-Quotient". In seinen empirischen Untersuchungen ergeben sich ähnliche Ergebnisse wie im IGA-Barometer von 2005[20], nämlich dass die Häufigkeit beruflicher Gratifikationskrisen in ausgewählten Berufsgruppen besonders stark stattfindet. Dies sind vor allem Lehrer und Sozialarbeiter, gefolgt von Landwirtschaft und Bergbau sowie vom Gesundheitswesen. Technische Berufe und Fertigungsberufe landen weit abgeschlagen auf den letzten Plätzen. Siegrist versucht einen Zusammenhang herzustellen zwischen diesen Gratifikationskrisen im Wirtschaftsleben und den depressiven Störungen von Führungskräften und Mitarbeitern, was u. a. auch von internationalen Kollegen durch Untersuchungsergebnisse bestätigt wird.[21] Danach treten depressive Störungen v. a. bei Männern auf, die eine hohe Verausgabungsbereitschaft haben und eine niedrige Belohnung erfahren. So zeigt auch eine unveröffentlichte Studie von N. Wege aus 2011[22], dass geringe Anerkennung, geringe Bezahlung und geringe Arbeitsplatzsicherheit mit diagnostizierter Depression korrelieren.

---

[19] Siegrist, J. (1996): Adverse health effects of high effort – low reward conditions at work. Journal of Occupational Health Psychology, 1, 27–43.

[20] BKK Bundesverband (2005): Das IGA-Barometer 2005, Essen.

[21] Stansfeld, S. A., Fuhrer, R., Head, J., Shipley, M. J., et al. (1999) Work characteristics predict psychiatric disorder: prospective results from the Whitehall II study. Occupational and Environmental Medicine, 56, 302–307.

[22] Heinz-Nixdorf Recall-Studie Daten der bevölkerungsbezogenen Heinz Nixdorf Recall Studie, Dt. Ärztebl. 2008; 105(1–2): 1-8; DOI: 10.3238/arztebl.2008.0001.

ARBEITSHILFE
ONLINE

Vertiefende Inhalte

Auf Arbeitshilfen Online finden Sie dazu eine Studie der Initiative Gesundheit & Arbeit.

2.2 Burnoutprävention: Salutogenese mit verbesserten Lebensbalancen

Ein gutes Leben mit Burnoutprävention braucht Struktur und Organisation. Eine entsprechende Strukturierung und Zeitplanung hilft, um den persönlichen Bedürfnissen für Körper, Seele und Geist gerecht zu werden und eine entsprechende gesunde Balance herzustellen. Ohne die organisatorische und strukturierte Umsetzung eines salutogen balancierten Lebensstils ist eine erfolgreiche Burnoutprävention nicht möglich.

2.2.1 Lebensbalancen entdecken und gestalten für eine sinnreiche Lebensführung

Ein Grund für die psychische Erschöpfung von Menschen ist die einseitige dauerhafte Überlastung. Wer als Führungskraft die meiste Zeit seines Lebens im Job verbringt und dies über viele Jahre hinweg als sehr anstrengend erlebt, der ist belastet. Wer bei all dieser Belastung wenig Ausgleich und Entlastung zum Beispiel durch einen ihn umsorgenden Partner, fröhliche Kinder, treue Freunde, lebenslustige Sportkameraden oder entspannende Hobbies erlebt, für den kann die persönliche Lebensbalance aus den Fugen geraten. Viele Untersuchungen und die Alltagserfahrung zeigen, dass soziale Eingebundenheit eine höhere Leistung über einen längeren Zeitraum zulässt.[23]

Durch eine starke berufliche Beanspruchung kann eine Gewöhnung an Disbalancen und an negative Folgeerscheinungen entstehen, wie immer weniger Zeit für Freunde und damit möglicherweise mit der Zeit ein Verlust an tragenden Freundschaften und Unterstützung in persönlich schwierigen Situationen. Der Prozess der Disbalancierung verläuft meist schleichend und über einen langen Zeitraum.

---

[23] vgl. Studie von Surtees et al. (2003) mit 20.000 Teilnehmern.

Nach einer Befragung des Bürodienstleisters Regus unter 16.000 Beschäftigten in verschiedenen Ländern haben weniger als die Hälfte der deutschen Angestellten „das Gefühl, ausreichend Zeit für sich selbst und die Familie zu haben". Bei der „Balance zwischen Beruf und Privatleben" landet Deutschland auf Rang 15, an der Spitze Länder wie Mexiko und Brasilien.[24]

Eine Gefahrenquelle für Führungskräfte, um in eine nachhaltig ungesunde Disbalance zu geraten, sind geringe Selbstwertschätzung, Ehrgeiz, Gier, Omnipotenzvorstellungen und damit verbundene Illusionen. So können Chefs, die sich zuvor relativ abhängig erlebt haben (als Kind, Jugendlicher, Partner, Arbeitnehmer o. a.) durch berufliche Erfolge und damit verbundene Anerkennung und Machtbefugnisse in einen regelrechten Rausch des Erfolges gelangen, der zwar recht einseitig und nicht balanciert ist, aber, solange er nicht mit massiven negativen Begleiterscheinungen einhergeht, als emotional stark positiv erlebt wird. Erst mit der Zeit auftretende Grenzsetzungen, z. B. durch massive gesundheitliche Beschwerden, Trennungen der Partner oder rebellierende Kinder, können zur Reflexion Anstoß geben, allerdings oft recht spät, da sie mit einer gewissen Verzögerung auftreten.

Häufig steht am **Beginn** einer Burnout-Entwicklung ein **vermindertes Selbstwertgefühl**. Um den inneren Mangel an Selbstwertschätzung für das eigene Sein und Tun zu kompensieren, kann das persönliche Verhalten massiv auf den Erhalt von externer Anerkennung ausgerichtet werden. Fast suchtartig können so gerade junge Führungskräfte in einen Kreislauf von externer Anerkennung und innerer Ausbeutung gelangen, an dessen Ende eine massive dauerhafte Erschöpfung steht, die dieses Vorgehen stoppt.

Für eine Burnoutprävention ist es hilfreich, wenn die Führungskraft sich ihre Selbstbewertungsprozesse bewusst macht und unter Anleitung eines verständnisvollen Lehrers die Selbstannahme und Selbstliebe so verstärkt, dass eine gesunde Balance zwischen bedingungsloser Selbstwertschätzung und leistungsbezogener externer Anerkennung gestaltet wird. Derjenige ist dann als Mitarbeiter weniger leicht manipulierbar, aber dauerhaft wesentlich kraftvoller bei dem, was er tut, da aus einer liebevollen Verbundenheit mit sich selbst immer mehr Kräfte zur Verfügung stehen als bei einer eingeschränkten Selbstakzeptanz, die vor allem auf Leistungsmerkmalen basiert.

Wer als Kollege, Chef oder Mitarbeiter seine Schwächen und Ängste nicht einbringen kann, lässt sich gewöhnlich auf eine Vermeidungsstrategie ein. Wer jedoch im Berufsleben und vielleicht auch noch im Privatleben eigene Erwartungen, Be-

---

[24] dpa/Haufe online: „Work-Life-Balance klappt hierzulande schlechter als anderswo", 14.6.2012.

dürfnisse und Gefühle massiv unterdrücken muss, wird sich nicht angenommen und wirklich anerkannt fühlen und somit wird sich die eigene Selbstwertschätzung noch erschweren. In diesem Kreislauf von externer und innerer Abwertung entsteht ein Milieu, das dauerhafter massiver Erschöpfung Vorschub leistet.

2.2.1.1 Lebensbalancen: Geben und Nehmen

Burnout ist immer die Folge einer Disbalance zwischen Geben und Nehmen. Das bedeutet, dass der Betroffene mehr gegeben als aufgenommen hat, und zwar über einen langen Zeitraum. Das Zu-wenig-aufgenommen-haben ist nicht unbedingt ein Problem von Mitmenschen, die dem Betroffenen zu wenig gegeben haben, sondern vielmehr ein Manko des Betroffenen, der zu wenig in sich aufgenommen hat, das ihm sein Leben bestärkt, das ihm Kraft gibt, das ihm Spaß macht, das ihm Lebensfreude bringt. Wer an massiver Erschöpfung erkrankt ist und an Erschöpfungsdepression leidet, d. h. über viele Monate kaum zu mehr im Stande ist, als im Bett zu liegen und davon viel Zeit mit Weinen und Nachdenken zu verbringen, der wird häufig zu der Erkenntnis kommen, dass er viel zu viel gegeben hat. Das heißt, er hat so lange funktioniert, bis er energetisch zusammengebrochen ist. Er hat im Eifer des (Arbeits-)Gefechts vergessen, rechtzeitig gut für sich selbst zu sorgen und diesem Funktionieren einen Stopp zu setzen, sowie die eigenen Batterien der Lebensfreude wieder so aufzutanken, dass er Leistungsfreude und sinnvolle Lebensbejahung spürt. Diese Disbalance zwischen Geben und Nehmen entsteht oft dadurch, dass Menschen zu viel Kraftraubendes getan und zugleich zu wenig Kraftspendendes erlebt haben. Im Grunde ist jeder Mensch dafür verantwortlich, eine gute Balance herzustellen zwischen Geben und Nehmen, zwischen kraftraubenden Anstrengungen und kraftspendenden Erlebnissen. Bei den Menschen mit Erschöpfungsdepression und anderen starken Erschöpfungszuständen ist dieses Gut-für-sich-sorgen aus den Fugen geraten.

Neben weiteren Ursachen ist diese Disbalance damit erklärbar, dass Menschen nicht gelernt haben, ihre eigenen Bedürfnisse adäquat wahrzunehmen oder sich dauerhaft über sie hinwegsetzen. So ist in Gruppen mit Burnout Klienten immer wieder festzustellen, dass sich diese Menschen schwer damit tun, ihre persönlichen Bedürfnisse und Wünsche zu artikulieren. Sie sind Profis darin, persönliche Bedürfnisse und Wünsche zu übergehen und sie in den Dienst einer Aufgabenerfüllung zu stellen: also zu funktionieren, egal, wie weh das tut. Aber sie sind meistens blutige Anfänger darin, für das eigene Wohlbefinden adäquat zu sorgen, d. h., die eigenen Bedürfnisse, Wünsche und Gefühle in sich selbst wahrzunehmen und gegenüber anderen Menschen angemessen auszudrücken bzw. durchzusetzen.

In der Zusammenarbeit mit Burnout Betroffenen ist erkennbar, dass sie insbesondere am Tiefpunkt ihrer Erschöpfung kaum benennen können, was ihnen gut und was ihnen nicht gut tut. Deshalb ist ein wichtiger Baustein in der Prävention von Burnout, dass Menschen, die bei sich selbst oder anderen Menschen erkennen, dass nur rudimentär eigene Bedürfnisse, Wünsche, Gefühle und Sehnsüchte wahrgenommen werden können, entsprechende Gegenmaßnahmen ergreifen. Zur Stärkung der Wahrnehmung eigener Bedürfnisse, Wünsche etc. bieten sich dabei unter anderem Achtsamkeitstraining oder Selbsterfahrungsworkshops an. Wichtig ist, dass ein Burnout-Gefährdeter nicht mehr vor allem nach den Fragen lebt: „Schaffe ich das? Funktioniere ich richtig? Erreiche ich das Ziel? Mache ich das richtig?", sondern verstärkt und kontinuierlich Fragen folgt wie: „Tut mir das gut? Was möchte ich mir heute Gutes tun? Auf was habe ich heute Lust? Was tue ich mir heute Gutes?"

Nur wer für etwas gebrannt hat, kann ausbrennen. Deshalb sind von Erschöpfung und Burnout vor allem Menschen betroffen, die viel und gerne geben, auch über die Grenzen eigenen Wohlbefindens hinweg. Wer gerne und viel gibt, wird auch leichter benutzt und gebraucht. Chuck Spezzano, klinischer Psychologe aus den USA und Begründer der „Psychology of Vision", trifft die wesentliche Unterscheidung, dass Menschen, die so geben, dass es für sie erfüllend ist, sie also im Geben etwas bekommen und empfangen, nicht gefährdet sind auszubrennen, da ihre Bilanz stimmt. Sie geben und empfangen. Hingegen „bluten" Menschen energetisch aus, die zwar geben, aber nicht in wirklicher Hingabe bzw. Überzeugung für eine gute Sache, und deshalb im Geben nur eine Rolle spielen bzw. erfüllen und somit keine Energie aufladen, sondern nur veräußern.

2.2.1.2 Anspannung und Entspannung: Individuelle Balance

Lebensbalancen sind kein Dauerzustand, sondern ständig in Bewegung, im Prozess. Alles, was wir tun oder unterlassen, hat Auswirkung auf die persönliche Balancierung. Von daher kann zu einem bestimmten Zeitpunkt immer nur eine Momentaufnahme erfolgen. Kontinuierlicher Input wirkt sich jedoch auch dauerhaft auf die individuelle Lebensbalance aus, zum Beispiel beim Thema Anspannung und Entspannung. Wer über viele Jahre intensiv und mit zu wenig Entspannungspausen Anspannung betreibt, wird tendenziell Leistungskraft verlieren, weil die notwendige Regeneration fehlt. Dies gilt für Business ebenso wie im Leistungssport. Eine leistungsstarke Anspannung wird nur möglich durch eine Entspannung, die vorausgegangen ist. Dies ist bei vielen Sportarten sichtbar. Auch im Management ist eine dauerhafte Hochleistung nur möglich, wenn der betreffende Manager darauf achtet, dass er zwischendurch in einer gesunden Amplitude auch für Entspannung sorgt. Denn die physiologischen Prozesse beruhen darauf, dass in einer Entspannungsphase quasi Kräfte gesammelt oder aufgebaut werden, damit diese dann in einer Anspannungsphase zur Verfügung stehen, verbraucht werden und sich in der anschließenden Regenerations- beziehungsweise Entspannungsphase wieder aufbauen können.

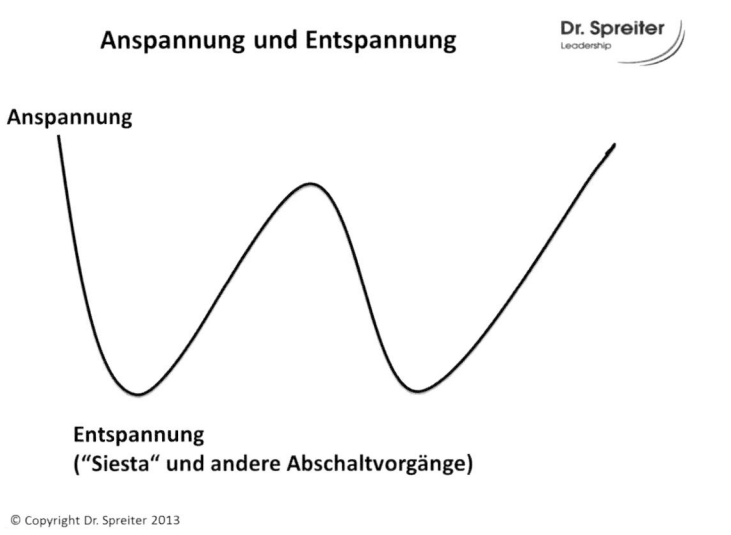

Anspannung und Entspannung

Dr. Spreiter
Leadership

Anspannung

Entspannung
("Siesta" und andere Abschaltvorgänge)

© Copyright Dr. Spreiter 2013

Abb. 2.2: Die Amplitude: Anspannung braucht Entspannung und umgekehrt

ARBEITSHILFE
ONLINE

Vertiefende Inhalte

Reflexionen zu Anspannung und Entspannung finden Sie auf Arbeitshilfen Online.

Individuelle Balance

Stimmige Lebensbalancen sind nicht normiert, sondern individuell. Die individuell günstige Balance für den gesamten Organismus als Einheit ist auch nicht zu normieren. Das heißt: Wenn es einem Menschen gut tut, bei dem Balancepaar Anspannung und Entspannung bei ca. 65 % Anspannung im Durchschnitt zu liegen, dann kann das für einen anderen Menschen unangenehm sein. Dieser strebt vielleicht einen Wert von 40 % an, um im Wohlbefinden zu sein. Daraus ergibt sich als sinnvolle Umgangsweise, dass die individuell Wohlbefinden und Leistungsfreude förderlichen Balancen mit ihren extremen Polen und den vielen dazwischen liegenden Graustufen individuell zu definieren sind. Im Ist-Soll-Vergleich kann man ablesen, was sich ein Mensch an Balance wünscht und wo er derzeit gefühlt steht. Daraus können dann konkrete Maßnahmen abgeleitet werden.

Für jeden Menschen kann Balance etwas anderes bedeuten. Viel Anspannung und Unternehmungen können für Martin wunderbar sein, nach dem Motto „Ich will Action", während für Peter viel mehr Entspannung zu einer gefühlten Balance führt. Um die persönlich stimmige Balance in den wichtigsten Lebensbereichen zu finden, ist es daher sinnvoll, Balancierungsbewegungen im Alltag auszuprobieren: einfach mal etwas ausprobieren, zum Beispiel jeden Tag nach der Arbeit eine nette Entspannungspause zu Hause einlegen, bevor die Kinder auf Sie einstürmen; einfach mal morgens frühstücken, als wäre man im Urlaub — einfach mal etwas tun, was man sich sonst nicht gönnt.

Im Coaching von massiv erschöpften Führungskräften ist ein erster Schritt, den Betroffenen nachspüren zu lassen, was ihm Kraft gibt bzw. gab, was ihm hilft „aufzutanken". Massiv erschöpfte Menschen haben diesen Zugang zu den „Auftankstellen" oft nicht mehr oder nur rudimentär. Und die Methoden zur subjektiven Kraftgewinnung und Entspannung sind individuell unterschiedlich. Marc bekennt: „Nichtstun würde mich stressen. Eine gute Kunstausstellung lässt mich meine Akkus aufladen." Das kann sich Peter gar nicht vorstellen, der bei Teak-Won-Do und Bogenschießen „total abschalten" kann. „Da spür ich: Da geht was", resümiert er. Für Martina ist „Trommeln und mit meinem Hund weite Spaziergänge machen" das Rezept für abschalten, Energie auftanken bzw. auftanken im Sinne einer Rebalancierung nach viel Distress im Berufsalltag und/oder in der Familie.

▶ **BEISPIEL**

Ein Manager berichtete im Coaching, dass er jahrelang ein anstrengendes Doppelleben geführt habe. Er habe seine Familie mit Frau und zwei Söhnen als familiären Rückhalt gehabt und neben einem sehr anstrengenden und mit vielen Geschäftsreisen verbundenen Job noch eine Geliebte, zeitweise sogar mehrere Geliebte gehabt. Auf die Belastung angesprochen, sagte er, dass diese Situation für ihn oft sehr anstrengend gewesen wäre, da er die Geliebten immer seiner Frau verheimlicht habe und oft Angst hatte, dass sie dahinter kommt. „Oft habe ich mich sehr zerrissen gefühlt und es war sehr anstrengend, dieses Leben über viele Jahre zu führen. Dennoch habe ich immer sehr viel Kraft empfangen aus dem Familienleben und aus den erotischen Begegnungen mit fremden Frauen." Der Manager schilderte, wie er immer wieder ein starkes Sicherheitsgefühl durch das Eingebundensein in die Familie empfunden habe und zugleich einen anderen Aspekt seiner Persönlichkeit, nämlich den „wilden Mann", ausleben konnte. Somit war das Leben zwar beruflich und privat über viele Jahre sehr anstrengend, aber der Manager hat daraus keine starke Erschöpfung erlitten, weil er beide Persönlichkeitsanteile leben konnte. Dies hat trotz Konflikten für ihn zu einer persönlichen Stärkung geführt — einerseits familiär durch die Zugehörigkeit und den sozialen Rückhalt, andererseits durch die für ihn schönen erotischen Erlebnisse außerhalb der Familie.

In diesem Beispiel wird deutlich, wie unterschiedlich menschliche Lebensbalancen gestaltet sein können und welche Auswirkungen sie haben. So kann ein Manager, der sich neben seinem 60-Stunden-Job in der Woche noch um seine Familie kümmert und eine bis mehrere Geliebte hat, ein sehr glücklicher Mensch sein, der sich selbst in Balance fühlt. Obwohl er zugleich die Anspannung und Anstrengung spürt, kommt er nicht in eine dauerhafte, massive Erschöpfung.

Ein Beispiel für unsymmetrische Lebensbalancen zeigt folgender Fall:

▶ BEISPIEL

Er ist auf der zweiten Ebene als Topführungskraft in einem internationalen Maschinenbaukonzern tätig und geht heute „etwas früher". In der Coaching-Sitzung hat er mir deutlich gemacht, dass er „während der Woche so gegen 17 Uhr das Büro verlässt". Schließlich sei er auch viel international unterwegs und brauche einen Ausgleich. Wenn er nach Hause kommt, springt ihm seine Tochter um den Hals und freut sich, „dass Papa zuhause ist". Darauf freut er sich. Während des Arbeitstages, so berichtet er in verschiedenen Facetten, ist er nicht ganz so nett zu seinen Mitarbeitern. Er hat „zwölf Führungskräfte unter mir". Im Unternehmen gilt er als „harter Hund", der vor allem über Angst führt. Der Personalleiter des Unternehmens informiert mich im Vorgespräch, dass Herr X ein netter und umgänglicher Mensch, aber sehr zielorientiert sei und dass er seinen Bereich sehr stark über Kontrolle und Angsteinflößung regiert. So passiert es auch schon einmal, dass eine Führungskraft in einem Meeting von ihm regelrecht „an die Wand gestellt wird". „Ich erwarte, dass die Mitarbeiter ihre Projektziele und das Timing einhalten, manchmal muss da halt Blut fließen" — so seine Ausdrucksweise und so macht er auch in bilateralen Gesprächen jedem seiner Mitarbeiter deutlich, dass auf jeden Fall die Ziele erfüllt werden müssen. Mit diesem autoritären, angst- und sehr zielorientierten Führungsstil macht er sich im Unternehmen keine Freunde. Er ist bei der Geschäftsführung sehr geachtet und ansonsten eher gefürchtet. Ihm macht das aber relativ wenig aus, weil er sich selbst v. a. nach seiner Zielerfüllung bewertet und somit eine positive Selbstbewertung hat. Dies bringt er auch im Coaching deutlich zum Ausdruck, denn solange er alle Ziele erfüllt und eine hervorragende Ergebnis-Führungskraft ist, fühlt er sich wertvoll. Die menschliche Wertschätzung und Anerkennung bekommt er zuhause, v. a. bei seiner Tochter. Freunde und freundschaftliche Kontakte hat er nur relativ oberflächlich, da die vielen Auslandsaufenthalte etc. dies aus beruflichen Gründen kaum zulassen.

In diesem Fall wird deutlich, dass jemand sehr zielorientiert als Führungskraft tätig sein kann, ohne Probleme in der Selbstbewertung zu haben und ohne Gefahr zu laufen, in eine Erschöpfung zu steuern, wenn diese Person gut für sich sorgt, z. B. indem sie genügend Freizeit hat, die Spaß bereitet und zudem soziale Bezugspersonen hat, welche ihr Liebe, Anerkennung und Wertschätzung vermitteln. Gefährlich ist bei dieser Konstellation die starke emotionale Abhängigkeit von seiner Tochter. Sollte seine starke familiäre Unterstützung, v. a. durch die Zuwendung seiner Tochter, gestört werden, dann kann es sehr gut sein, dass diese Führungskraft nicht mehr die Energie aufbringen kann, um diesen anstrengenden, autoritären Führungsstil im Beruf umzusetzen. Dies geschah leider bei dieser Führungskraft. Seine Frau, die nicht mehr das Gefühl hatte, in einer Liebesbeziehung zu leben und die einen neuen Partner gefunden hatte, wollte sich von ihm trennen und mit der Tochter in eine andere Stadt ziehen. Ab diesem Zeitpunkt hatte man den Eindruck, dass jemand bei dieser Führungskraft „den Stecker gezogen hat", so berichtete einer seiner Mitarbeiter. Er wurde plötzlich netter, umgänglicher, sodass sich alle fragten, was mit ihm los sei.

Die Topführungskraft kam auf einmal in einen massiven inneren Konflikt, weil sie den erfolgreichen und zur Zielerreichung führenden persönlichen Führungsstil nicht mehr so umsetzen konnte wie früher. Nun begann eine Spirale der Selbstabwertung, da er sich selbst vorwarf, nicht mehr konsequent genug zu führen, dadurch mehr Probleme bei der Zielerreichung auftraten und er sich die Schuld dafür gab. Seine Outperformance wurde schlechter und auch die seiner Mitarbeiter, die er nun nicht mehr so stark antrieb wie vorher. Er kam in eine massive Erschöpfung, die dazu führte, dass er medikamentös von einem Facharzt begleitet wurde und einen längeren Klinikaufenthalt absolvieren musste.

Dieses Beispiel zeigt uns, dass Führungskräfte, die eine sehr stark unsymmetrische Lebensbalance im Bereich von emotionaler, sozialer Beziehung aufbauen, Gefahr laufen, in eine massive Erschöpfung zu kommen, wenn der Kraftquell auf der einen Seite versiegt.

2.2.2 Lebensbalancen konkret verbessern

Man sollte nicht so lange darauf zu warten, die Balancen zu verbessern wie im Fall eines Managers, für den der Verlust seines Jobs eine massive Disbalance offenbarte.

▶ BEISPIEL

Mit Mitte 50 verlor er seinen Führungsjob im Zuge der Übernahme seines bisherigen Arbeitgebers durch ein anderes Unternehmen. Mit einer hohen Abfindung und angespartem Vermögen auf dem Konto stand er vor einem „privaten Scherbenhaufen", wie er es nannte. Seine Frau hatte ihn wegen einer Affäre seinerseits verlassen. Die Kinder waren längst aus dem Haus und für Freundschaften hatte er seit vielen Jahren wenig Zeit und Energie, weil er sich beruflich sehr engagiert hatte. Er beschrieb sein Leben als „kalt und sinnlos". „Ich habe alles auf ein Pferd gesetzt und verloren", beschrieb er im Coaching seine Situation. Erst mit der Zeit konnte er Wünsche, Bedürfnisse und sinnhafte Lebensinhalte benennen, die er über viele Jahre unterdrückt hatte, und sein Leben neu gestalten.

Weniger schmerzhaft ist ein präventives Vorgehen, indem man sich seine wertvollen Lebensziele und Lebensbereiche bereits früh definiert und ihnen dann genügend Zeit und Energie widmet. So können auch zwischenzeitliche Schieflagen in den Lebensbalancen wieder ins Lot gebracht werden. Eine wichtige Kontrollfrage ist dabei: Woran merke ich, dass meine Lebensbalance im Bereich XY gestört ist? Welche Lebensbalancen gibt es eigentlich? Das muss jeder für sich selbst herausfinden. Und nicht jeder braucht die gleiche Dosis. Die eine Führungskraft braucht zum Beispiel viel familiäre Geborgenheit und verbringt den größten Teil ihrer Freizeit mit der Familie, weil es ihr „Kraft gibt und ich dann viel leichter berufliche Rückschläge wegstecke, als wenn ich massiven Streit mit meinem Mann habe", während ein anderer Chef in seiner Freizeit sportliche Herausforderungen braucht, bei denen er sich dermaßen konzentriert, sodass er den Job völlig vergisst und „den Kopf hernach völlig frei habe und noch auf ein tolles Konzert gehe. Dann ist meine Batterie am Montagmorgen spätestens wieder voll bis oben hin."

Als **wenig hilfreich erscheint eine Trennung zwischen „Work" und „Life" und eine sogenannte Work-Life-Balance**, denn Belastungen machen nicht vor Freizeit und Familie halt und „Work" ist auch nicht nur belastend, sondern kann auch als bereichernd und stärkend erlebt werden. Vielmehr sollten beide Bereiche zusammen betrachtet werden und wie sie sich aufeinander auswirken. Dies zu tun macht vor allem zu einzelnen Unterthemen Sinn. Das heißt konkret: Reflektiert man das eigene Bedürfnis nach Anspannung und Entspannung, wird man feststellen, dass man eine individuelle Mischung aus beiden braucht, um sich wohl zu fühlen. Generell kann man in dieser Weise vorgehen, um seine Lebensbalancen in verschiedenen Lebensbereichen zu überprüfen und zu verbessern:

● **TIPP: Vier Schritte zur Verbesserung der eigenen Lebensbalancen**

1. Schritt: Reflektion des eigenen, individuell unterschiedlichen Bedürfnisses.
2. Schritt: Überprüfung, inwieweit die aktuelle Lebenssituation diesem Bedürfnis gerecht wird.
3. Schritt: Änderungsplanung: Was kann ich tun, wen kann ich dafür gewinnen, etwas zu unternehmen, das meiner Bedürfnislage gerecht wird?
4. Schritt: Handlung. Umsetzen und genießen.

Dies kann man auch mit einer „Bilanz des Lebens" verbinden und zugleich reflektieren, in welche Lebensbereiche man wie viel eigene Lebensenergie hineingibt und wie viel man erntet.

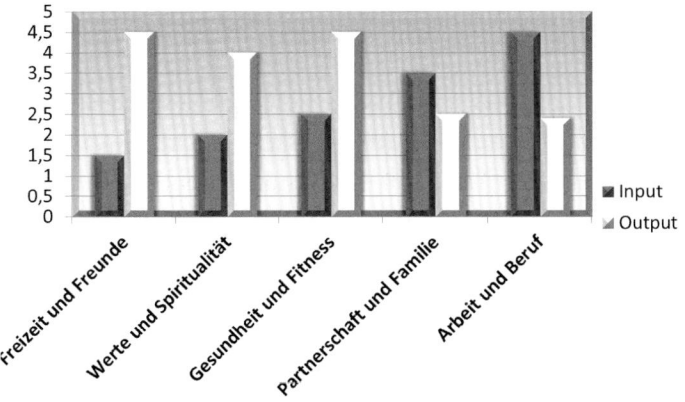

© Copyright Dr. Spreiter 2013

Abb. 2.3: Verschiedene Lebensbereiche mit mehr oder weniger Output

Vertiefende Inhalte

Übungen und Reflexionen zur Bilanz des Lebens finden Sie auf Arbeitshilfen Online.

Das innere Team würdigen und nutzen

Zur Reflektion der persönlichen Lebensbalancen eignet sich auch das Modell „Das innere Team", das auf die unterschiedlichen Persönlichkeitsanteile eingeht, die jeder Mensch in sich trägt. Ausführlich beschreiben dies u. a. Schulz von Thun (Das innere Team) oder Precht (Wer bin ich und wenn ja wie viele?).

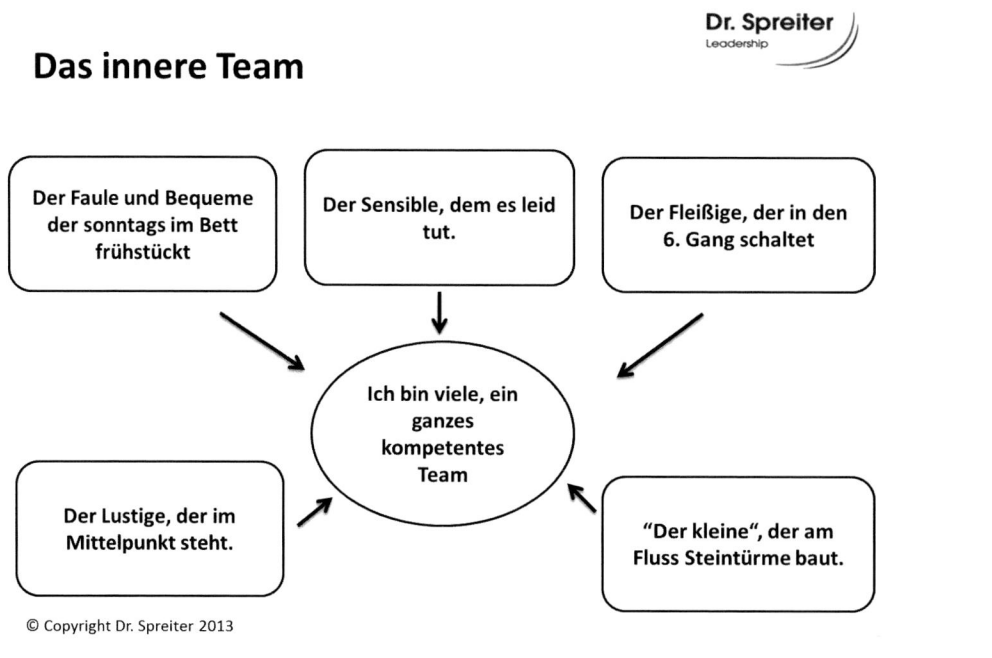

© Copyright Dr. Spreiter 2013

Abb. 2.4: Das innere Team

ARBEITSHILFE ONLINE

Vertiefende Inhalte

Übungen und Reflexionen zum inneren Team finden Sie auf Arbeitshilfen Online.

72

Gesundheitsförderliche Selbstführung

In meiner Begleitung von Führungskräften habe ich eine Vorgehensweise der Gesundheitsförderlichen Selbstführung entwickelt, die zur Lebensbalancierung genutzt werden kann. In Anlehnung an das Grundmodell der TZI (Themenzentrierte Interaktion) kann man eine gesundheitsförderliche Balance für seine Lebensführung herstellen, indem man in einem sinnbildlichen Dreieck für gesunden Ausgleich sorgt.

Die Ecken des Dreiecks sind

- bei mir sein, mich spüren, gut für mich sorgen,
- auf die mir nahen Menschen achten, sie wahrnehmen,
- die Aufgabe und Zielsetzung im Auge behalten.

Ähnlich wie beim Führungstraining (zum Beispiel im Rollenspiel mit Kollegen oder auch in der Form des Führens mit Pferden) gelingt eine Gesundheitsförderliche Selbstführung, wenn man alle drei Qualitäten im Aufmerksamkeitsfokus hat und einen gesunden Ausgleich schafft. Die Motivation zur Selbstführung entsteht durch die Beantwortung der Frage nach dem Sinn des eigenen Daseins: Wofür möchte ich leben und mich einsetzen? Wer und was bedeuten mir viel? Wem und wie lange bedeute ich jemandem etwas? Für welche Zukunft möchte ich leben und arbeiten? Wie sieht für mich ein sinnvolles, wertvolles Leben konkret aus? Kann ich es mir bildlich vorstellen?

Lebensbalancen gestalten

Wer sich auf der Suche nach den optimalen persönlichen Lebensbalancen daran orientiert, wie er bisher sein Leben gestaltet hat, und lediglich versucht, leichte Veränderungen vorzunehmen, wird keine deutlichen Verbesserungen erreichen. Vielmehr ist es grundsätzlich wichtig, sich ausgehend von den eigenen Wünschen und Bedürfnissen einen Tag und eine Woche zu kreieren, die wirklich den eigenen Bedürfnissen nach einer guten Balance gerecht werden. So sollten neben dem Berufsleben auch die übrigen Anforderungen realistisch berücksichtigt werden, zum Beispiel Anforderungen aus der Familie, vom Partner und den Kindern, von eventuell bedürftigen Eltern — aber ebenso Anforderungen, die Freunde an uns stellen oder Bedürfnisse nach Körperbewegung etc. Wer in Ruhe und mit genügend Zeit seine lebenswichtigen Bedürfnisse reflektiert und ihnen Zeit und Raum gibt, wird so ein Soll-Profil seines Alltagslebens erstellen können. Nun gilt es, dieses idealtypische Soll-Profil in Bezug zu setzen zum tatsächlichen Ist-Profil des Alltags. Aus den ersichtlichen Unterschieden und den damit verbundenen Spannungspunkten entsteht nun die Aufgabe, sich einen Weg durch den Alltag zu bahnen, der nach eigenem Empfinden ausgeglichener gestaltet ist, sowie den Bedürfnissen, die außerhalb des Berufslebens liegen, ausreichend gerecht zu werden.

Selbst wenn man diese Aufgabe gut erfüllt, wird die Umsetzung der anvisierten Veränderung gewöhnlich nicht einfach werden, sondern eine echte Herausforderung. Ein Manager beschrieb im Einzelcoaching folgende Situation: „Ich habe festgestellt, dass, sobald im Job wieder mehr Stress auftaucht und ich länger arbeiten muss, der Rest meines Lebens unter die Räder gerät. Ich mache dann nicht den Sport, den ich mir vorgenommen habe, ich esse abends noch jede Menge Kohlehydrate — meistens in Form von Süßigkeiten oder Bier — und sage Termine mit Freunden ab. Es ist für mich sehr schwierig, das, was ich mir an Ausgleich in der Freizeit vorgenommen habe, wirklich umzusetzen, sobald im Beruf mehr Druck entsteht."

So oder ähnlich berichten viele Führungskräfte. Sie erleben, dass die gewünschten und angestrebten Lebensbalancen nicht dauerhaft herstellbar sind, wenn die Arbeitsbelastung und die damit verbundene längere Arbeitszeit ihnen zu viel Zeit und Anstrengung abverlangen. Viele Führungskräfte ergeben sich an diesem Punkt ihrem Schicksal und geben das Vorhaben auf, bessere Lebensbalancen für sich und ihr Wohlbefinden zu gestalten. Einer Führungskraft, die einen intensiven Burnout hinter sich hat, wird dies kaum passieren. Denn aufgrund der heftigen negativen Erlebnisse in Bezug auf Überforderung durch Arbeit und Disbalancen in der Lebensführung wird diese wahrscheinlich zusätzliche Arbeitsbelastungen und ein Ausufern des Berufslebens besser und vor allem entschlossener verhindern können. In Erinnerung an die starken negativen Erfahrungen mit Panikattacken, Schweißausbrüchen, starken Erschöpfungszuständen etc. wird es einem Menschen immer leichter fallen, besser für sich und seine Lebensbalancen zu sorgen.

Was Führungskräfte ohne starke Burnout-Erfahrung tun können, um Lebensbalancen zu stabilisieren, die ihnen auf Dauer wirklich gut tun, ist Folgendes: die wesentlichen Meilensteine für gute persönliche Lebensbalancen im Tages-, Wochen- und Monatsplan fixieren und eisern verteidigen — und zwar so, wie sie es bisher schon mit A-Prioritäten im Berufsleben gewohnt sind. Nun müssen diese wichtigen, die Lebensbalance fördernden Termine in der Freizeit als ebenso wichtige A-Termine im Kalender festgelegt werden. Lesen Sie dazu mehr im Kapitel 2.3.2 Organisatorisches Aufleuchten.

Vertiefende Inhalte

Eine Übung zum Thema Balance finden Sie auf Arbeitshilfen Online.

74

2.2.3 Antreiber erkennen und verändern

Disbalancen entstehen häufig aufgrund von Erfahrungen, die durch **psychische Antreiber** entstanden sind. So berichtete mir ein Manager, dass sein Vater fast nie Zeit für ihn gehabt hatte. „Und wenn er mal da war und wir etwas machten, musste es immer schnell gehen. Er hatte einfach keine Geduld und man durfte keine Fehler machen." Egal wie die Kindheit tatsächlich verlaufen ist, dieser Manager hat es so erlebt. Und er reflektiert nach einem Burnout und monatelanger Einzeltherapie, dass er die Antreiber, die sein Vater damals setzte, immer noch in sich trägt. „Ich verinnerlichte sie, um die gesuchte Liebe und Anerkennung meines Vaters zu erhalten."

Jeder kennt Ausprägungen dieser Antreiber wie: „Beeil dich!"; „Geht das auch schneller?!"; „Wie lange brauchst Du noch?"; „Jetzt streng Dich mal an!"; „Sei stark!"; „Stell Dich nicht so an!" Es gibt Gedanken, meist verinnerlichte Anforderungen von außen, die man als Antreiber, Stressverstärker oder Erschöpfungsverstärker bezeichnen könnte. Zu ihnen gehören u. a.:

- „Sei perfekt!" — Dieser Antreiber treibt den persönlichen Perfektionismus an. Das bedeutet, dass eine Zielsetzung, die niemals erreichbar sein wird, da sie immer wieder in Perfektion weitergeschrieben und erhöht wird, eines Tages dazu führt, dass man sie nicht mehr erfüllen kann. Diese überhöhte Zielsetzung in Bezug auf Erfolg, Selbstbestätigung und Anerkennung durch andere über persönliche Leistungen hat hohe Folgekosten. Denn angetrieben durch den Wunsch nach Perfektionismus müssen persönliche Bedürfnisse zurückgestellt werden und dies hat früher oder später einen Preis: nämlich Nachteile für den persönlichen Organismus. Dies ist allerdings der von diesem Antreiber beeinflusste Mensch bereit, zu zahlen, um seinem Perfektionismus, also einer externen Zielsetzung, nachzueifern. Damit verbunden ist meist eine ausgeprägte Befürchtung vor Versagen, eigenen Fehlern und Misserfolg. Dass dieser Antreiber „Sei perfekt!" viel Stress und damit auch Ängste verursacht, ist selbstverständlich.
- „Halte alles unter Kontrolle!" — Dieser Antreiber zeigt einen hohen Anspruch an Kontrolle und Sicherheit. Das Vertrauen in andere ist meist gering und es besteht eine Angst vor Fehlern, Fehlentscheidungen und v. a. vor Kontrollverlust.
- „Sei stark!" — Dieser Antreiber duldet keine persönliche Schwäche. Die persönliche Unabhängigkeit und möglichst starke Selbstbestimmung stehen im Mittelpunkt. Ängste bestehen vor der Abhängigkeit von anderen, vor eigener Schwäche und Hilfsbedürftigkeit. Entsprechend äußert der von diesem Antreiber Angetriebene selten Mitmenschen seine Bedürfnisse und seine Bedürftigkeit. Seine eigene Abhängigkeit will er meist nicht wahrhaben.
- „Sei beliebt!" — Dieser Antreiber zeigt einen überhöhten Wunsch nach Anerkennung, Zugehörigkeit, Angenommensein durch andere. Damit verbunden ist eine ausgeprägte Angst vor Zurückweisung, Ablehnung oder auch Kritik durch andere.

- „Ich kann das nicht!" — Dieser Antreiber beinhaltet einen hohen Anspruch an ein bequemes Leben und das persönliche Wohlbefinden. Zu ihm gehören eine Angst vor Anstrengung und unangenehmen Gefühlen sowie eine Neigung zu einer Darstellung von eigener Hilflosigkeit, um durch dieses Zeigen von Schwäche persönliche Vorteile zu generieren.

Bei Burnout-Betroffenen habe ich des Öfteren mehrere dieser Antreiber gleichzeitig feststellen können und die Betroffenen haben diese Antreiber auch für sich reflektiert. Häufig sind es Kombinationen von mehreren Antreibern, manchmal wechseln sich aber auch die Antreiber in der Führungsposition ab. Das bedeutet konkret: Es kann sein, dass ein Manager hauptsächlich von dem Antreiber „Sei perfekt!" bewegt wird, er sich aber in der starken Erschöpfung, die er inzwischen hat, mehr dem Antreiber „Ich kann das nicht mehr!" hingibt, denn oft sind Burnout-Betroffene, die schon schwer von Erschöpfung gekennzeichnet sind, nicht mehr in der Lage, bestimmte Antreiber aufrechtzuerhalten, aber umso mehr dazu geneigt, den Antreiber „Ich kann das nicht mehr!" oder „Ich schaffe das nicht mehr!" zu ihrem Leitmotiv zu machen. Dies liegt daran, dass sie nun in der Position des Hilflosen in Kombination mit dem sogenannten Totstellreflex einen Ausweg aus der persönlichen Krise suchen. Dies ist sehr ernst zu nehmen und wertzuschätzen. Denn es ist ein sinnvoller und möglicherweise die Gesundheit wiederherstellender Lösungsversuch für den Betroffenen.

Perfektionismus („Sei perfekt!")

Eine der bewegendsten Ansprachen für einen Perfektionisten hielt Kevin Costner anlässlich der Beerdigung von Whitney Houston. Als enger Vertrauter rief er ihr am Grabe sinngemäß zu: „Whitney, wenn du vor Gott stehst und für ihn singst, dann glaube mir, du bist gut genug, du singst gut genug." Er wusste, dass Whitney Houston sehr hohe Erwartungen an sich selbst stellte, sich mit diesen hohen Ansprüchen immer wieder verglich und oft unglücklich war — bis sie mit 48 Jahren an den Folgen ihres Drogenkonsums starb.

Konstruktives **Perfektionsstreben** nach attraktiven Zielen führt zum Beispiel bei Kindern dazu, dass sie sich nicht mit etwas Gewöhnlichem, was sie erreichen (z. B. beim Basteln oder Spielen), zufrieden geben, sondern etwas besonders Tolles erreichen wollen. An den funkelnden Augen und der Begeisterung kann man erkennen, dass das Kind eine attraktive Vorstellung in sich trägt, die es nun realisieren möchte.

Perfektionismus hingegen ist destruktiv, weil er für den betroffenen Menschen schädlich wirkt. Ein Berufstätiger versucht zum Beispiel mit viel Verbissenheit und einem hohen Energieaufwand etwas zu erreichen, was ihm augenscheinlich keinen Spaß bereitet. Aber er möchte dieses Ziel unbedingt erreichen und ist bereit, dafür sehr viel zu geben, viel mehr, als er anschließend dafür bekommen wird. Eine solche Verbissenheit oder Verkrampftheit in Bezug auf Leistungserbringung signalisiert oft destruktiven Perfektionismus.

Seinen Perfektionismus reflektierend hat mir einmal ein Schauspieler, den ich coachen durfte, gesagt: „Was fühlst du, wenn der Applaus verhallt ist und du abgeschminkt im Spiegel dir selbst in die Augen schaust?" Er hatte in einem mehrere Monate dauernden Prozess immer mehr seine innere Mitte entdeckt, dass er in sich ruhen konnte — unabhängig davon, ob in der Außenwelt jemand applaudiert oder nicht — und dabei die sich verstärkende Wechselwirkung zwischen seinem inneren Antreiber „Perfektionismus" einerseits und andererseits dem Applaus und den Erwartungen des Publikums und der Medien entdeckt. Mit der Zeit und seiner Achtsamkeit für sich selbst konnte er immer besser eine Balance für sein Leben gestalten.

Von „Alles im Griff" bis „Ich hab nichts mehr im Griff" (Kontrolle)

Viele Männer, vor allem in Führungspositionen, möchten „alles im Griff haben" und es wird von ihnen mehr oder weniger erwartet. Das hat bei Männern gewöhnlich biographische Wurzeln, die bis zurück in die Kindheit reichen. Bei einer intensiven Burnout-Erfahrung bildet sich für sie ein neues Erfahrungs- und Spannungsfeld zwischen „alles im Griff" und „nichts mehr im Griff".

▶ **BEISPIEL**

Ein Klient berichtete: „Wenn ich in der Küche hantiere, merke ich, wie ich kräftiger zupacke als in den Monaten zuvor. Wenn mir etwas entgleiten will, dann packe ich zu. Ich nehme es in den Griff und ich spüre meine Kraft dabei. Vorher war das anders. Monatelang habe ich keinen Widerstand geleistet, keinen wirklichen Willen gezeigt, wenn etwas anders gelaufen ist, als ich es wollte, auch wenn ich die Macht hatte, es zu ändern. Theoretisch. Aber praktisch konnte ich es nicht mehr, weil ich den Glauben verloren hatte, den Glauben an mich, wirklich etwas verändern und bewegen zu können. Und die Angst war im Hintergrund, wieder zu viel zu wollen und durch das Einwirken auf meine Umwelt mich wieder zu überfordern, maßlos zu überfordern am Ende. Lieber selbst so beschränken, als wieder Gefahr zu laufen, in dieser heillosen Überforderung völlig hilflos zu sein. Es kam mir manchmal vor, wie neu gehen zu lernen."

Schwäche zeigen und helfen lassen (Stärke)

Vor allem Männer, die durch Kindheit und Jugend auf „stark sein und keine Schwäche zeigen" getrimmt wurden und ein entsprechendes Bild verinnerlicht haben, tun sich schwer damit, ihre Unzulänglichkeit zu zeigen.

▶ **BEISPIEL**

Ein gestandener Manager Mitte Fünfzig berichtet: „Mein Vater war immer stolz auf mich, wenn ich etwas Besonderes erreicht habe. Er zeigte mir nicht viel Anerkennung und ging nur selten mit zu Sportveranstaltungen oder interessierte sich wenig für die Schule. Aber seine Erwartungen konnte ich genau spüren. Ich sollte besonders gut sein und ihn nicht enttäuschen. Ich bin der erstgeborene Sohn, meine Schwestern sind ihm nicht so wichtig.

In den Gruppengesprächen in der Klinik wurde mir klar, dass ich mein stärkster Antreiber war. Nicht mein Chef, nicht mein Vater ... niemand mehr als ich. Nach all den Erfolgen über Jahrzehnte in Schule, Sport etc. konnte ich mir den Burnout nicht eingestehen. Dass ich wirklich nicht mehr funktionieren sollte. Unmöglich. Ich war nicht nur völlig verzweifelt, sondern auch stinkesauer auf meinen Körper. Ich konnte nicht glauben, dass die Dauer-Power-Serie nun plötzlich beendet sein soll. Und ich hatte die Befürchtung, dass ich schlimm krank sein müsste, so wie sich das alles anfühlt. So ging ich von Arzt zu Arzt, machte Untersuchung um Untersuchung. Von der diagnostischen Klinik zum Facharzt, vom 24-Stunden-EKG bis zum Kopf-MRT. Das war sehr aufwendig und anstrengend, aber die negativen Befunde, dass ich also definitiv nichts Schlimmes hatte, waren beruhigend und eine Art Sicherheit."

Leistung, Selbstwert, Erschöpfung (Beliebtheit)

In jeder Gesellschaft spielt Leistung beziehungsweise Leistungserbringung hinsichtlich der Bewertung durch die anderen Mitglieder der Gesellschaft, Gemeinschaft oder Gruppe eine große Rolle. Mitglieder, die eine interessante, in den Augen der anderen wertvolle Leistung erbringen können, können auch mit viel Wertschätzung und Anerkennung rechnen. Diese Anerkennung durch die anderen verstärkt tendenziell genau dieses Leistungsverhalten des Einzelnen. Möglicherweise wird der Einzelne nun seine Selbstbewertungsprozesse innerlich auch nach diesen äußeren Schemata ausrichten. Das bedeutet: Er selbst bewertet bestimmte Leistungen stärker oder weniger stark — je nach Reaktion aus der Gruppe, insbesondere von Menschen, die für ihn besonders wichtig sind.

Interessant ist nun, inwieweit der Mensch diesen Prozess von Übernahme reflektiert und so seine eigenen **Selbstbewertungsschemata** reflektiert und überprüft. Zum anderen ist aber vielleicht noch entscheidender: Inwieweit überprüft der Mensch, ob die damit verbundenen Leistungserwartungen, die andere und auch er selbst an seine Leistungsfähigkeit und -bereitschaft stellen, mit dem zusammenpassen, was er dauerhaft leisten möchte und leisten kann? Hier liegt eine große Quelle von Erschöpfung. Denn Menschen haben zu einem bestimmten Zeitpunkt Leistungserwartungen verinnerlicht, an denen sie sich messen und bewerten, obwohl diese Erwartungen für sie im Laufe der Zeit nicht mehr haltbar oder einfach nicht mehr dienlich sind.

▶ **BEISPIEL**

Ein junger Mann betreibt Leistungssport und ist darin sehr erfolgreich. Seine Anerkennung aus dem Freundeskreis, von seiner Freundin und seiner Familie beruhen stark auf diesen Erfolgen und seiner entsprechenden körperlichen und psychischen Verfassung. Er macht den Eindruck eines wirklichen Gewinnertyps. Im Laufe der Zeit kann er wegen einer hartnäckigen Verletzung seinem Leistungssport nicht mehr im gewohnten Maße nachkommen. Er beendet sein Studium erfolgreich und tritt in das Berufsleben ein. Die Ansprüche des Arbeitgebers an zeitliche Verfügbarkeit und seinen Einsatz sind wesentlich höher, als dies zu Studienzeiten der Fall war. Der Mann wird Vater und seine Frau erwartet von ihm, dass er sich mehr um sie und das Kind kümmert, sie beschwert sich sehr oft darüber, dass er zu wenig Zeit hat. Als Vater und Ehemann erhält er daher nur wenig Anerkennung. Im Beruf ist er Mittelmaß, für sportliche Aktivitäten hat er inzwischen nur noch wenig Zeit und kann dabei auf keinen Fall mehr die Rolle des erfolgreichen Leistungssportlers einnehmen. Nach ein paar Jahren merkt er, wie er in seinen Augen immer dicker und unsportlicher wird. Die Veränderungen an ihm selbst machen ihm schwer zu schaffen.

Dieser Mann hatte seinen **Selbstwert** sehr stark über seine **persönliche sportliche Leistungsfähigkeit** definiert und war dafür von seiner Gemeinschaft und der Gesellschaft stark anerkannt worden. Nun kann er in diesem Bereich keine besonders guten Leistungen mehr bringen und versinkt in seinen Augen im Mittelmaß. Sein Selbstwert gerät ins Wanken.

Wenn man es in dieser Situation nicht schafft, den **Selbstwert** von der Reaktion der Umgebung zu trennen oder die Selbstbewertung weniger von der Anerkennung der Außenwelt abhängig zu machen, dann läuft man Gefahr, in einen Erschöpfungsprozess zu geraten. Der Betroffene versucht, eine Leistung zu erbringen, die in der Familie, im beruflichen Kontext oder wo auch immer Anerkennung findet. Ihm selbst reicht jedoch diese äußerlich positive Bewertung nicht aus, um eine innere Selbstbewertung herzustellen, die es verhindert, dass er sich im Geben für andere verausgabt und dass er sich selbst (seine eigenen Bedürfnisse, seine wünschenswerten Grenzen, die er anderen setzen sollte, seine Erwartungen an andere etc.) wahrnimmt, in ihrer Wichtigkeit anerkennt und dann offensiv nach außen trägt. Vielmehr besteht die Gefahr, dass der betroffene Mensch nun in einem Anpassungsprozess Leistungen für seine Familie, für sein berufliches Umfeld etc. erbringt, die ihn eigentlich überfordern, da er sich nicht entsprechend wohlfühlt und dieses Geben mit einer Sättigung eigener innerer Bedürfnisse und Überzeugungen einhergeht. Er gerät also immer mehr in eine Schieflage und Disbalance bezüglich seines Energiehaushaltes, da er wesentlich mehr bedient, als er für sich im psychisch sättigenden Sinn vereinnahmen kann.

Zusammenfassend lässt sich feststellen, dass innere Antreiber ein Faktor für dauerhafte, massive Erschöpfung sein können. Beobachter von außen können gewöhnlich das „angetriebene" Verhalten der Betroffenen leichter erkennen, als es der Betroffene reflektieren kann, denn von außen ist es viel leichter als übertriebenes, auffälliges, irrationales Verhalten erkennbar. Genau darin liegt aber die Chance zur Prävention: eigene innere Antreiber (mit Hilfe von anderen) erkennen, reflektieren und steuern, um vorbeugend Burnout entgegen zu wirken. Dazu ist eine professionelle Unterstützung durch einen geeigneten Therapeuten oder Coach anzuraten.

ARBEITSHILFE ONLINE

Vertiefende Inhalte

Eine Reflexion zum Thema Selbstwert finden Sie auf Arbeitshilfen Online.

2.2.4 Persönliche Kraftquellen nutzen

Aufbauend auf den vorherigen Ausführungen möchte ich nach der Thematisierung der „Bilanz des Lebens", der Lebensbalancen im Allgemeinen und der Antreiber nun auf die Bedeutung der Kraftquellen eingehen. Um auf dem Weg eine persönlich stimmige und stimmende Balance in den verschiedenen Lebensbereichen zu finden und immer weiter zu entwickeln, gilt es Folgendes zu berücksichtigen.

2.2.4.1 Gesund und erfolgreich

Was nutzt einem Erfolgreichen, wenn er auf Dauer seine Gesundheit nicht erhalten kann oder sogar krank wird? Und was nutzt einem Gesunden, wenn er kaum Erfolg und Anerkennung hat? Deshalb gilt für mich, beides zu verbinden und Menschen dabei zu unterstützen, beide Qualitäten, die Gesundheit und den Erfolg im Leben (sowohl privat als auch beruflich), zu erreichen. Dass beide Qualitäten in einem menschlichen Leben auch auf Dauer verbunden werden können, zeigen viele Beispiele von aktiven Führungskräften. Berufliche Draufgängertypen, die noch keine vierzig Jahre alt sind, zähle ich nicht dazu. Bei ihnen kann es durchaus passieren, dass die Rechnung in Form von Krankheit noch zu zahlen ist.

Eine wichtige Frage ist die nach dem **Preis für den Erfolg**. Denn für alles im Leben müssen wir einen gewissen Preis bezahlen, ob wir wollen oder nicht. Der Preis für einen bestimmten Erfolg ist unterschiedlich. Dies hängt zum einen vom Erfolg ab, den wir anstreben. Zum andern ist sowohl das Erleben von Erfolg als auch die Wahrnehmung eines Preises von Mensch zu Mensch unterschiedlich. Gerade die jeweilige Kombination von Mensch und seinem angestrebten Erfolg ist dafür maßgeblich, welche Auswirkungen das Erfolgsstreben auf diesen Menschen haben wird. Setzt er sich zu hohe Ziele — und dies dauerhaft — und verausgabt sich dabei regelrecht über eine lange Zeit, dann hat er gute Chancen, seine Gesundheit in absehbarer Zeit zu verlieren — nachdem er sie zuvor „aufs Spiel" gesetzt hat. Er hat dann etwas Wichtiges verloren, nämlich seine Gesundheit, obwohl es zuerst „im Spiel" so aussah, als sollte er einfach nur Erfolg haben.

Gut für sich sorgen

Menschen lernen von Kindesbeinen an, mehr oder weniger gut für sich zu sorgen. So ist unsere Aufmerksamkeit als Erwachsene unterschiedlich stark ausgerichtet auf die Bedürfnisse, Erwartungen und vermutete Erfordernisse im Außen (also z. B. von Mitmenschen) oder die eigenen persönlichen Bedürfnisse, Wünsche, Sehnsüchte und Leidenschaften in mir selbst.

▶ **BEISPIEL**

Werner, 52, Projektmanager: „Damals dachte ich mir in etwa Folgendes: ‚Ich habe mich schon so gefreut heute Abend, meine Tochter nach langer Zeit wiederzusehen. Inzwischen lebt und arbeitet sie 400 Kilometer entfernt und wir sehen uns viel zu selten. Aber nach dem Anruf von meinem Chef gerade eben wird das heute Abend leider nichts. Sie wird sehr enttäuscht sein. Aber da müssen wir durch.' — Heute würde ich das anders machen. Meine Wertereihenfolge hat sich geändert. Ich würde heute meine Tochter bevorzugen. Das ewige selbstverständliche und eigentlich fremdgesteuerte „MÜSSEN" dieser Tage hat sich gewandelt in ein selbstgesteuertes „Können". Ich sorge jetzt besser für mich, indem ich mich und meine Bedürfnisse ernster nehme und viel öfter Vorrang gebe. Und meine Tochter endlich mal wieder zu sehen, ist für mich eigentlich verdammt wichtig."

Im Job scheint zunächst derjenige am besten zu funktionieren, der sich voll und ganz auf die beruflichen Erfordernisse und Aufgaben ausrichtet. Aber diese Vorgehensweise funktioniert nur so lange gut, solange sich das Umfeld des Berufstätigen stabilisierend darauf einrichtet. Wenn der Betroffene dauerhaft wesentliche Bedürfnisse nicht befriedigen kann, wird die Dauerleistungsfähigkeit fraglich. Eigene wesentliche Bedürfnisse dauerhaft zu unterdrücken, wird also eine dauerhafte Leistungsfähigkeit erschweren. Ziel ist daher eine gewisse Balance. Aus meiner Sicht ist entscheidend, ob der Mensch eine Balance erlebt, eine Ausgewogenheit von Anstrengungen, die ihn sichtlich Kraft kosten, und Tätigkeiten, die ihm vor allem Energie geben, die ihn nähren.

2.2.4.2 Kraftquellen und Krafträuber benennen und steuern

Persönliche Risikofaktoren als Krafträuber, die die Wahrscheinlichkeit erhöhen, eines Tages an massiver, dauerhafter Erschöpfung zu leiden

- Perfektionismus,
- Einzelkämpfer/in, alles alleine machen,
- alles kontrollieren wollen,
- sich für alles verantwortlich fühlen,
- sich unverzichtbar fühlen,
- nicht „Nein" sagen können,
- es immer allen recht machen wollen (Everybody's Darling),
- Harmoniesucht, Abhängigkeit,
- Schonhaltung, „Hilflosigkeit",
- hohe Erwartungen an sich selbst,
- hohe Empathiefähigkeit für die Gefühle und Erwartungen von anderen an den Betroffenen.

Eine hilfreiche Methode, um seine Lebensbalance konkret zu verbessern, ist die Gegenüberstellung von persönlichen Kraftquellen und Krafträubern. Stellen Sie sich dazu folgende Fragen:

Was nervt mich, kostet mich viel Kraft und ich fühle mich angestrengt, ausgelaugt oder ähnliches? Welche Tätigkeit, welche Situation, welche Menschen kosten mich viel Kraft? Was versuche ich mit relativ viel Aufwand zu vermeiden? Was kostet mich schon in der Vorstellung viel Kraft?

Und andererseits: Was gibt mir viel Kraft? Was macht mir so richtig viel Spaß? Wann spüre ich richtige Lebensfreude, sodass ich die ganze Welt umarmen könnte? Wann fühle ich mich unendlich glücklich und dankbar? In welcher Situation? Mit welchen Menschen? Was bringt mich zum Schmunzeln und bereitet mir Freude, wenn ich nur daran denke?

Diese Methode kann man auf der alltäglichen Ebene anwenden und dabei herausfinden, wo man viel Kraft bei Tätigkeiten verliert. Diese sollten daher besser von jemand anders übernommen werden, was durch ein Gespräch etc. in die Wege geleitet werden sollte. Man kann diese Übung aber auch anwenden für tiefergehende persönliche Reflexion, zum Beispiel im Hinblick auf gemeinschaftliche Verbundenheit mit Familie oder Freunden, mit Liebesbeziehungen, mit spiritueller Zugehörigkeit, persönlichen Freiheiten, mit wirklicher Selbstannahme (Zeit und Liebe für sich selbst). Ich wende diese Methode oft im Einzelcoaching oder in Führungskräfte-Workshops an. Hier als anregendes Beispiel ein unkommentiertes Ergebnis aus der Gruppenarbeit zum Thema „Meine Kraftquellen und Krafträuber" in einem Führungskräfte-Workshop:

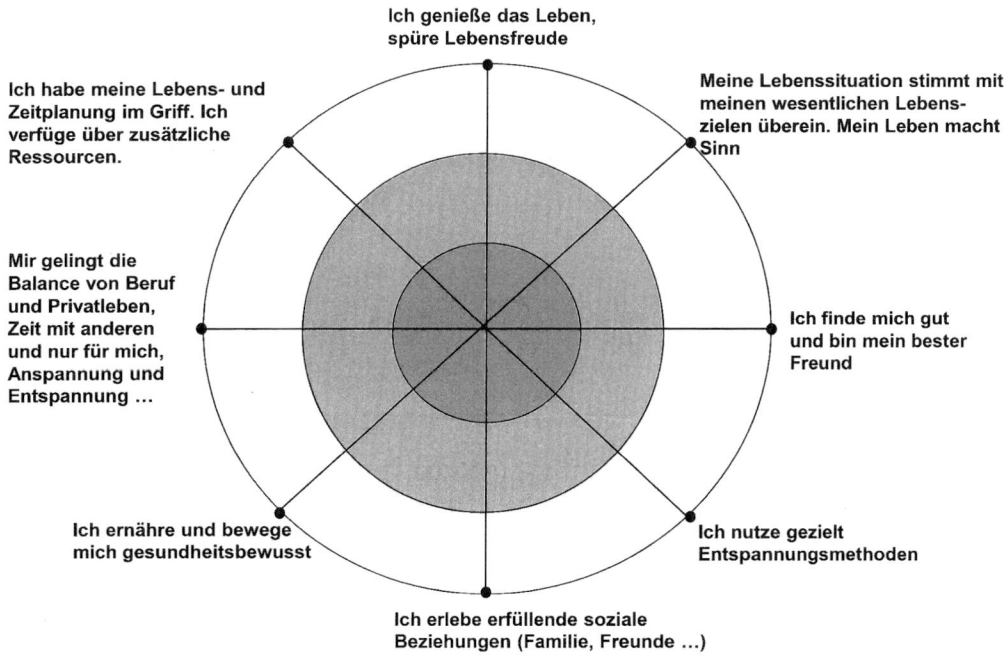

© Dr. Michael Spreiter 2010

Abb. 2.5: Wer seine Kraftquellen und Krafträuber identifiziert, kann sie danach auch gezielt verändern.

Das Nachspüren, Bewerten und Aufschreiben sind notwendige Schritte, um das eigene Leben im Sinne von mehr Lebensfreude und weniger Lebensverdruss besser zu balancieren. Je ehrlicher die Analyse, desto bessere Chancen haben die Verbesserungsmaßnahmen. Die individuellen Verbesserungsmaßnahmen erfordern Mut und Entschlossenheit, mit bisherigen kraftraubenden Gewohnheiten zu brechen, Konfliktbereitschaft und den Willen, das eigene Leben auch zulasten anderer zu verbessern. Denn realistisch betrachtet ergeben sich immer Änderungsbedarfe, die nicht einfach zu bewältigen sind, zum Beispiel die Konfrontation von Mitmenschen damit, dass man ihnen nun engere Grenzen in ihrem Verhalten setzt.

▶ **BEISPIEL**

Eine Führungskraft übernimmt seit mehreren Monaten einen Teil der Aufgaben eines Kollegen, weil dieser innerlich gekündigt hat und sich mit einem „goldenen Handschlag" verabschieden möchte. Um keinen Konflikt auf der nächsthöheren Hierarchieebene zu provozieren, leistet er circa 1,4 Jobs, obwohl er nur für 1,0 bezahlt wird. Dies ändert sich nach der Krafträuber-Analyse. Er spricht mit seinem Kollegen, setzt ihm die Grenzen und lässt wenige Tage später den Konflikt auf der nächsten Führungsebene eskalieren. Dies kostet ihn Energie und er berichtet im Einzelcoaching: „Das war dennoch der richtige Weg, denn viel länger hätte ich diese Doppeljob-Belastung nicht mehr ausgehalten. Und dann wäre mir alles auf die Füße gefallen. So habe ich noch das Rettungsseil gezogen und fühle mich erleichtert. Jetzt merke ich erst richtig, wie mich diese Dauerüberlastung gerädert hat. Meine Frau ist begeistert von mir."

Empfehlenswert sind das Niederschreiben der Änderungsziele und die Begrenzung auf zunächst maximal drei Veränderungen: lieber weniger Veränderungen angehen, diese aber auch tatsächlich realisieren. Am besten ändert man zeitnah etwas, was ohne großen Aufwand geschehen kann. Zum Beispiel kann man etwas reparieren lassen, was einen täglich in der Handhabung nervt. Damit ist der erste Schritt gemacht und wichtigere Maßnahmen können folgen. Halten Sie sich nicht mit Kleinigkeiten auf. „Think big — change big" kann dabei das Motto sein. Teilen Sie Ihren engsten Vertrauten mit, wozu (nicht warum) Sie die Veränderungen wünschen und was es Ihnen bedeutet.

Kraftquelle Souveränität

Souveränität ist eine innere Kraft, die aus der Beziehung zu mir selbst erwächst, wenn diese Beziehung von starker Verbundenheit geprägt ist. Souveränität mit dem Bewusstsein der Selbstbestimmung bedeutet weniger Beeinflussbarkeit und Abhängigkeit von außen. Wer sich selbst grundlegende Wertschätzung und eine seelisch sättigende Selbstannahme schenkt, wird Angriffen und mangelndem positivem Zuspruch von außen eher Stand halten können.

► **BEISPIEL**

Eine Führungskraft trifft in Bezug auf seine Kollegen, also andere Führungskräfte, eine Entscheidung, die seinen Kollegen und ihm das Leben nicht leichter machen: Er sagt die Teilnahme an einem wichtigen, gemeinsamen Meeting, das lange von allen vorbereitet wurde, ab, weil er familiäre Prioritäten setzt. Er unterrichtet seine Kollegen frühzeitig davon und weiß, dass seine Haltung und seine Begründung nur bei etwa der Hälfte der Kollegen Verständnis finden werden. Anfeindungen, Neid etc. schlagen ihm entgegen. Er bleibt jedoch bei seiner Haltung und seiner Entscheidung und geht nicht auf die Reaktionen der Kollegen ein. Dass seine Entscheidung inklusive der Erläuterung von vielen anderen nicht mitgetragen wird, akzeptiert er und weiß, dass er auch negative Reaktionen, möglicherweise auch langfristige Nachteile in der Zusammenarbeit mit Kollegen, ertragen können muss. Da für ihn die Selbst-Treue aber an erster Stelle steht, reagiert er souverän. Die Reaktionen der anderen können ihm nichts anhaben, da er mit sich im Klaren ist und in Selbstverantwortung und Selbsttreue seine Entscheidung getroffen hat. Auch in diesem Fall gilt, dass innere Klarheit hilft, damit man sinnlose anstrengende Auseinandersetzungen mit anderen Menschen bleiben lassen kann.

Kraftquelle Liebe

Die möglicherweise stärkste Kraftquelle ist die Liebe, und zwar die Liebe zu sich selbst und auch zu anderen, in allererster Linie jedoch die Selbstliebe, die eine tiefe Selbstannahme beinhaltet. Diese geht weit über eine Akzeptanz hinaus und beinhaltet ein Völlig-mit-sich-einverstanden-sein und sich selbst ohne jedes Wenn und Aber anzunehmen, so wie man ist. Diese tiefgründige Geborgenheit in sich selbst hat nichts mit Egoismus oder Egozentrismus zu tun. Sie ist die wertvolle Basis für jede Fremdliebe, Mitgefühl und eine liebevolle Ausstrahlung als Führungskraft, die Strenge nicht ausschließt, aber bei Mitarbeitern gewöhnlich keine Angst verursacht.

Balancierte Selbstliebe hilft die eigenen Bedürfnisse wahrzunehmen, sie ausreichend zu berücksichtigen und gut für sich selbst zu sorgen, wenn man Leistung erbringt, und sich somit auch gegen eine dauerhafte Überforderung zu schützen, die schließlich in einer dauerhaften, massiven Erschöpfung endet.

> *Das einzig Wichtige im Leben*
> *sind die Spuren der Liebe,*
> *die wir hinterlassen, wenn wir gehen.*

> *Albert Schweitzer*

Kraftquelle Geborgenheit

▶ **BEISPIEL**

Ein Klient berichtet: „Ich kann mich gut daran erinnern, dass ich abends vor dem Schlafengehen immer nochmal auf den Balkon ging, um frische Luft zu schnappen und in den Himmel zu schauen. Mein Gefühl war sehr oft: Einerseits liegen in der Wohnung meine Frau und mein kleines Kind und dieses Zusammenleben ist wirklich anstrengend und fordert mich als Mann, Vater, Geldbeschaffer, Hausmeister und Rasenmäher voll und ganz. Andererseits gibt es in dieser anstrengenden Situation eine sehr tiefe Geborgenheit, wenn ich daran denke, jetzt gleich vom Balkon aus in das Schlafzimmer zu gehen und neben meiner Frau einzuschlafen. Und in einer Familie geborgen zu sein. Zu wissen, dass ich ein ganz wichtiges Mitglied dieser Familie bin, dass andere auf mich zählen. Und dass ich mich auf die beiden verlassen kann. Und dass ich ihnen wichtig bin."

Dieses Beispiel verdeutlicht, wie wichtig und kraftspendend für viele Menschen die Geborgenheit in einer Familie ist. Dabei ist wichtig festzuhalten, dass diese Geborgenheit objektiv nicht existiert, sondern immer subjektiv erlebt wird. Das bedeutet, das Geborgenheitsgefühl ist ein Produkt von uns selbst und nicht ein objektiver Zustand. Jeder Mensch, der dieses Geborgenheitsgefühl spürt und zulässt, egal mit welcher Begründung und Berechtigung, kann davon profitieren. Emotionale Geborgenheit, egal aus welchen Gründen, ist eine wesentliche Kraftquelle, die es Menschen ermöglicht, Kraft zu schöpfen aus einem Sicherheitsgefühl, das uns im Alltag wie aus einem Hintergrund zuruft: Du bist in Sicherheit, egal was du tust.

Problembewältigungen werden gewöhnlich anstrengender erlebt, wenn man sich einsam und allein fühlt, als wenn man sich bei gleicher Problemstellung in einer Gemeinschaft befindet, selbst wenn diese keinen direkten Beitrag leistet für die Problemlösung.[25] Deshalb: Nehmen Sie sich ausreichend Zeit für stärkende soziale Beziehungen. Diese wertvollen Beziehungen brauchen Pflege und damit Zeit. Diese muss organisiert werden und sollte im Terminplaner A-Priorität erhalten. Selbstverständlich verlassen einen Freunde und Familienmitglieder nicht sofort, wenn man sie eine Weile vernachlässigt. Aber man sollte nicht austesten, wann es tatsächlich der Fall ist.

---

[25] Siehe Untersuchungen zum Sense of Coherence und zu Resilienz: Elder, Glen H.,; Conger, Rand D., Children of the Land: Adversity and Success in Rural America, University of Chicago Press, 2000.

Glaube als Kraftquelle

Eine Klientin berichtete: „Ich glaube an Gott und ich habe mich auch in der schlimmsten Zeit jeden Abend im Gebet bei Gott für alles bedankt, was mir an Positivem widerfahren ist. Mein Glaube gibt mir auch jetzt viel Kraft und Halt."

So oder ähnlich äußern sich viele gläubige Menschen im Einzelcoaching und meiner Erfahrung nach ist es unwichtig, an welchen Gott oder an welche Kraft die Menschen glauben. Aber wenn sie glauben, dann können sie diese Vorstellung nutzen, um Hoffnung für die Zukunft zu schöpfen, denn diese vorgestellte Kraft hat mehr Macht, als ich es als Gläubiger besitze. So kann aus einer als ausweglos erlebten Lage die Hoffnung entstehen, dass diese Macht es schafft.

Unvergesslich ist für mich der Bericht im Fernsehen, als mehrere US-amerikanische Geiseln aus monatelanger Haft befreit wurden und die professionellen psycho-therapeutischen Betreuer der US-Streitkräfte sehr erstaunt waren über die emotionale Stabilität einer weiblichen Geisel. Diese Frau war wie die anderen Geiseln monatelang in Dunkelheit gefangen gehalten und mit Todesängsten konfrontiert worden. Sie war jedoch bei gleichen äußerlichen Bedingungen in einer wesentlich besseren psychischen Verfassung. Die Interviews durch die Psychologen ergaben: Sie hatte bei aller Qual immer ihren Gott darum gebeten, dass sie eines Tages aus dieser Gefangenschaft freikommen würde und das Baby ihrer Tochter in den Arm nehmen könne. Zur Zeit des Kidnappings war ihre Tochter schwanger und sie verband sich mental immer wieder mit dem Zielzustand, dieses unbekannte Baby liebevoll im Arm zu halten. Es hat ihr sehr viel Kraft verliehen, so der Bericht.

▶ **BEISPIELE**

Ein Klient berichtete, dass er aus seiner Depression und dem monatelangen Burnout kurzfristig aussteigen konnte, als er erfuhr, dass seine Freundin schwanger ist. Er widmete sich ab diesem Zeitpunkt sehr stark dem neu entstehenden Leben und führte somit ein anderes eigenes Leben. Ähnliche Erfahrungen gibt es auch von Klienten, die die Geburt ihres Kindes beschreiben. „Nachdem die Geburt bereits über zehn Stunden andauerte und meine Frau sehr unter den Anstrengungen litt, betete ich zu Gott und bat ihn: ‚Lass dieses Kind zur Erde kommen, ich werde immer für meinen Sohn da sein und mich um ihn kümmern. Bitte lass ihn gesund herauskommen.' Als er dann kam, war ich so glücklich, schwor der Depression ab und ließ mich auf das Leben ein, auf dieses Wagnis Leben, das ich vorher nicht mehr eingehen wollte. Ich sagte nach langer Zeit endlich doch ‚JA' zum Leben."

2.2.5 Ängste annehmen und bewältigen

Erschöpfungsprozesse sind immer mit Ängsten verbunden. Alleine die körperlichen Symptome wie leichte Ermüdbarkeit, Schwächegefühl und Schwindel verunsichern und beängstigen den Betroffenen. Nach jahrelanger Anspannung und Überspannung ist für manchen Erschöpften nunmehr Entspannung und Vertrauen nötig. Dies verursacht zusätzlich **Ängste**, da der Betroffene damit nicht vertraut ist.

Angst, Angst vor der Angst und wie man sie überwindet

Quer durch alle Branchen und über alle Hierarchiestufen hinweg werden Führungskräfte, wenn man sie auf das Thema „Angst" anspricht, in den meisten Fällen *leugnen*, eine solche zu spüren. Angst ist ein Thema, mit dem sich Führungskräfte im Allgemeinen nicht gerne beschäftigen — und schon gar nicht mit der eigenen Angst. Dies ist insoweit sehr verständlich, als die Beschäftigung mit der eigenen Angst im ersten Schritt nicht unbedingt leistungsfördernd wirkt. Andererseits bin ich davon überzeugt, dass Angst ein ständiger Begleiter von Führungskräften im beruflichen Alltag ist. Wie sollten dauerhafte Spitzenleistungen sonst möglich sein, wenn man nicht Führungskräfte dazu brächte, permanent Angst davor zu haben, Termine nicht einzuhalten, bestimmte Leistungen nicht zu erbringen oder dies zumindest nicht in der gewünschten Qualität zu tun? Ängste — vom Zuspätkommen zu einem wichtigen Termin bis hin zur Angst vor einem Versagen als Projektmanager in einem wichtigen Projekt — begleiten Führungskräfte durch ihren Alltag.

Häufige Ängste

Die häufigsten Ängste sind:
- Angst vor Verlust, zum Beispiel von Macht, einer erreichten hierarchischen Position, von Ansehen, Einfluss, Beherrschbarkeit,
- Ängste aufgrund unkontrollierbarer Komplexität und überfordernder Dynamik,
- Ängste aufgrund privater Enttäuschung und Entwurzelung (Verlust von Heimat, Freunden, Familie).

Meistens stellen sich Führungskräfte ihren Ängsten erst, wenn diese so intensiv geworden sind oder solch starke Auswirkungen auf ihre Leistungsfähigkeit haben, dass sie ihre Ängste nicht mehr ignorieren oder beschwichtigen **können.**

Es gibt keinerlei Stress ohne Angst. **Stress ist Angst**. Angst als mentale Denkform korrespondiert direkt mit der Wahrnehmung, dass man eine bevorstehende Aufgabe, die man erfüllen möchte, mit den zur Verfügung stehenden Ressourcen nicht bewältigen kann, dies aber sehr gerne und unbedingt schaffen möchte. In dieser Situation von mentaler Erkenntnis entsteht im Organismus eine emotionale Reaktion, die den Körper und die Psyche zu bestimmten Höchstleistungen befähigt, zum Beispiel durch das Ausschütten von entsprechenden Hormonen, die einen erhöhten Pulsschlag etc. auslösen. Diese Situation von Stress und Angst ermöglicht Höchstleistungen und erschöpft den Körper mehr, als wenn dieser keine Höchstleistung bringen würde. Von daher sind eine Dauerstressbelastung und ein unprofessioneller oder unreflektierter Umgang mit den eigenen Ängsten auf Dauer leistungs- und möglicherweise sogar gesundheitsgefährdend.

Der folgende Fall zeigt den erfolgreichen Top-Manager mit" Angst im Gepäck".

▶ BEISPIEL: Angst im Gepäck

Eigentlich wollte ich mit ihm eine Projektbesprechung durchführen. Aber jetzt steht die gestandene Führungskraft, ein Mann um die 40, zitternd und völlig beunruhigt vor mir und fragt nervös mit seinem Mobiltelefon fuchtelnd: „Kann ich mal einen Freund anrufen?" Der Chef von 120 Mitarbeitern ist offensichtlich völlig durch den Wind. Er kann nicht ruhig sitzen, seine Augen flattern hin und her. Als er aus dem Nebenraum zurückkommt, ist er etwas ruhiger. „Meine Frau hat angerufen", sagt er mit erfreuter Stimme und mir wird klar, dass seine Ängste von der zu befürchtenden Trennung herrühren. Seit einigen Jahren ist die Paarbeziehung in einer Krise. Jetzt hat sich durch den gemeinsamen Besuch eines Paartherapeuten die Trennungsabsicht seiner Frau verschärft. Sie möchte auch nicht mit ihm in Urlaub fahren und er hat für nächste Woche einen Wellnessurlaub für sich gebucht. Das macht ihm Angst, wenn er es sich auch nicht ganz eingestehen möchte. Aber jede Nacht schläft er schlechter, je näher der Tag kommt, an dem man getrennt in Urlaub geht.

Im Gespräch wird deutlich, dass Angstzustände den seit vielen Jahren sehr erfolgreichen Manager schon länger begleiten. Vor allem wenn er unterwegs ist in Madrid, Helsinki oder wo auch immer, bekommt er manchmal nachts massive Angstzustände. Inzwischen weiß er, wie er damit umgehen kann. Er konzentriert sich auf etwas anderes und erdet sich, indem er zum Beispiel einen Tisch anfasst und sagt „fest", eine Decke streichelt und sagt „weich", einen Apfel greift und sagt „rund" etc. (eine Erdungsübung, die im zügigen Tempo und in voller Konzentration auf die Sache durchgeführt werden sollte). Manchmal zieht er sich auch schnell etwas über, geht herunter zum Nachtportier und redet mit ihm über irgendetwas. Wenn er sich nach einer Weile besser fühlt und die Angst zurückgegangen ist, geht er wieder in sein Hotelzimmer. Oft ist er morgens schlecht beieinander, fühlt sich müde und gerädert. Er sagt, dass er eine Entzündung der Nasennebenhöhlen hat, die ihm zusätzlich zu schaffen macht (Entzündungen sind oft eine typische psychosomatische Reaktion auf den permanenten Megastress in Beruf und Familie). Zudem, gesteht er mir, habe er seinen Arzt um ein Antidepressiva gebeten, das der Mediziner erst nach viel Druck seinerseits verschrieben habe.

Angst und ihre Bewältigung

Jede Führungskraft, die unter Stress gerät, hat Angst, das liegt in der Natur der Sache. Denn Angstzustände, wenn auch nur in leichter Form, sind die innere Antwort auf ein Stresserleben. Sie führen dazu, dass wir uns mehr anstrengen, uns auf dieses Thema konzentrieren und unsere Kräfte mobilisieren. Jeder Manager kennt den Zustand, intensiv an einem Thema zu arbeiten und Termindruck zu haben. Wer sich diesem mit Angst begleiteten Zustand für längere Zeit hingibt, der wird in seiner Aufmerksamkeit einen sehr hohen Anteil an Ängstlichkeit haben. Konkret bedeutet das zum Beispiel: Wer bis abends ein Konzept fertiggestellt und versendet haben muss, damit es am nächsten Morgen von einem Gremium begutachtet werden kann, der fokussiert sich zum Beispiel einen ganzen Nachmittag lang auf die Fertigstellung dieses Dokumentes. Möglicherweise bindet er andere Menschen ein, von denen er abhängig ist etc. Er schafft es eventuell nicht, die Arbeit bis zum Abend abzuschließen, weil ihm noch eine Zuarbeit fehlt und diese erst ganz früh am nächsten Morgen geleistet werden kann — wenn auch so, dass er seine Konzeption noch rechtzeitig abliefern kann. Dennoch wird er während des gesamten Abends gestresst sein — mehr oder weniger. In einer solchen Situation befindlich, beschreibt eine Führungskraft Folgendes: „Als ich zur Sporthalle fuhr, war meine ganze Gedankenwelt noch voll mit diesem Projekt. Ich dachte nochmals über viele verschiedene Dinge nach — ob diese wirklich so in Ordnung und berücksichtigt worden waren. Ich hatte Probleme, mich auf den Verkehr zu konzentrieren und als ich schließlich in der Sporthalle ankam, packte ich meine Sportsachen und ging zu meinen Kollegen. Nach dem Sport, etwa zwei Stunden später, ging es mir so, dass ich mich fragte, warum ich überhaupt eine solche Angst aufgebaut hatte. Ich fand, dass ich gar kein großes Problem hätte, dass es lediglich am nächsten Morgen noch eine Kleinigkeit zu tun gäbe und das Thema dann erledigt sein würde. Aber ehrlich gesagt hatte ich gar keine Lust mehr darüber nachzudenken, sondern fühlte mich einfach gut."

Dieses Beispiel zeigt uns, dass durch eine Umfokussierung der Aufmerksamkeit und durch einen Abbau der Stresssymptomatik im Körper mithilfe von Sport eine andere körperliche und geistige Verfassung geschaffen werden kann, die unserem Organismus wesentlich angenehmer erscheint.

Angst und Panikattacken — und wie damit umgehen

Ein Klient berichtet: „Ich stehe mitten im Bahnhof, dort vorne irgendwo muss das Gleis sein, wo mein Zug abfahren soll. Mir strömen Menschenmassen entgegen, die zur Arbeitsstelle drängen. Keine Ahnung, wo so viele Menschen herkommen, aber ich habe panische Angst. Alle kommen auf mich zu und ich stehe einfach da, mit meiner Tasche und meinem Koffer. Mit der Zeit habe ich mich an diese schlimmen Angstzustände gewöhnt, es nimmt mich nicht mehr so stark mit wie am Anfang. Ich weiß, dass ich es wahrscheinlich überleben und durchstehen werde. Es nimmt mich in Beschlag und mein ganzer Körper ist außer Rand und Band. Aber es wird nur eine Frage der Zeit sein, bis es wieder besser wird, bis er sich beruhigt. Und selbst wenn ich dieses Mal bewusstlos werde und stürze, wird mich wahrscheinlich irgendjemand auflesen und ich werde ins Krankenhaus gebracht. Ich bin inzwischen wirklich etwas abgestumpft. Nach der soundsovielten Attacke ist der innere Aufstand, der Alarmzustand nicht mehr so intensiv wie am Anfang."

● PRAXISTIPP: Soforthilfe bei akuten Angstzuständen

Hilfreich kann bei solchen massiven Angstzuständen sein:
- Um-Fokussieren, das heißt, dass ich meine Aufmerksamkeit gezielt auf irgendetwas anderes lenke, das mich sehr in Beschlag nimmt,
- andere Menschen ansprechen,
- etwas Intensives riechen (z. B. Ammoniak aus einem Fläschchen, das man immer bei sich trägt),
- eine scharfe Chili kauen,
- die eigene Atmung steuern und Partien des Körpers intensiv spüren,
- bei einer nicht so starken Angstattacke bewusst gehen, einen Schritt vor den anderen setzen, die Schritte ganz aufmerksam setzen und zu sich sprechen, wie zum Beispiel in folgender Weise: wenn der rechte Fuß aufsetzt „Ich" sagen, wenn der linke Fuß aufsetzt, „bin" sagen und so ganz bewusst und langsam einen Schritt vor den anderen setzen und dabei weitersprechen „Ich — bin …".

Umgang mit Ängsten

Aus meinen eigenen Erfahrungen und aus zahlreichen Berichten von Klienten kann ich feststellen, dass Ängste intensive Krafträuber für den menschlichen Organismus darstellen. Dies ist biologisch und physiologisch verständlich, da Ängste den Sinn erfüllen, unseren Körper in einen Alarmzustand zu versetzen, um besonders leistungsfähig zu sein. Wohldosiert und in einem sinnvollen Zusammenhang (z. B. im Falle eines Angriffs) haben diese Ängste eine positive Funktion für unser Leben und Überleben.

Menschen, die sich häufig in Stresssituationen befinden, also Ängste benutzen, um sich in einen höheren Alarmzustand zu versetzen, aus dem heraus sie dann mehr Leistung erbringen, können sich auf Dauer damit erheblich schwächen, da ein zu häufiger Alarmzustand den Körper überfordert und auf Dauer schwächt. Menschen, die häufiger Panikattacken erlebt haben, wissen um diesen Mechanismus sehr genau. Oft berichten diese Klienten, dass sie nach einer Panikattacke völlig erschöpft sind und viel Regeneration brauchen. Starken Angstzuständen folgen sehr oft depressive Phasen. Eine wirkliche Erholung ist in dieser Zeit jedoch kaum möglich, denn in den depressiven Phasen beschäftigt sich der Organismus vor allem auf mentaler Ebene immer noch mit den vorausgegangenen Ängsten. Diese Ängste sind vor allem mental gespeist, da sie aus meiner Sicht keine Emotionen sind, sondern eine Art des Denkens. Und zwar in der Weise, dass der Mensch etwas wahrnimmt und dazu einen Gedanken entwickelt, der bedrohlich wirkt (völlig unerheblich ist dabei, ob dieser Gedanke vernünftig oder unvernünftig ist).

Für Führungskräfte aller Branchen und Hierarchien ist es völlig normal, dass sie sich tagtäglich mit Ängsten anfeuern, die sie selbst produzieren, um noch mehr Leistung zu erbringen. Es ist kein Wunder, wenn diese Angstproduktion irgendwann einmal aus dem Ruder läuft und die Führungskraft diesen Ängsten nicht mehr Herr wird. Meist entwickeln Führungskräfte und auch andere Menschen Ängste, um sich immer mehr anzutreiben und noch bessere Leistungen zu erbringen, um anderen zu gefallen bzw. die Anerkennung anderer Menschen nicht zu verlieren. Diese Kompetenz, sich mit Ängsten selbst so anzutreiben, dass man noch leistungsfähiger wird, entsteht oft unbewusst. Dadurch wird ein autonomer Prozess innerhalb des menschlichen Organismus in Gang gesetzt, der von der mentalen Ebene auf unsere Psyche und unseren Körper wirkt. Die Auswirkungen dieser Ängste kennen wir alle in Form von Gefühlen (Bedrohungsgefühl) und körperlichen Auswirkungen (Schweiß, Zittern, verengte Pupillen, höherer Spannungszustand in den Muskeln, erhöhter Blutdruck etc.).

Wer diesen persönlichen Angstproduktionsprozess unbewusst über viele Jahre betreibt und damit erfolgreich ist, muss ihn deswegen noch nicht zwangsläufig beherrschen. Deshalb laufen diese Angstproduktionsprozesse bei sehr gestressten Managern oft aus dem Ruder. Das bedeutet: Die Angstzustände werden zu stark und verselbstständigen sich dermaßen, dass z. B. ein Facharzt für psychosomatische Medizin von „generalisierter Angst" sprechen würde.

Entwickeln wir Ängste, um unseren Alarmzustand und unsere Leistungsfähigkeit zu steigern, und gewinnen hernach eine Auseinandersetzung, sodass wir stolz sind und uns darüber freuen, dann wird für gewöhnlich in unserem Organismus kein depressiver Zustand entstehen, sondern Freude über unsere Leistungsfähigkeit sowie Selbstwertschätzung. Falls eine dauerhafte Angstproduktion zur inneren Feststellung führt, dass wir nicht leistungsfähig und erfolgreich, sondern unzufrieden mit unserer Leistungserbringung sind und darüber hinaus wahrnehmen, dass es Unzufriedenheit bei Menschen gibt, die uns wichtig sind, kann dies sehr wohl zu einer depressiven Verstimmung führen. Auf diese Art und Weise führen Angstzustände in der Folge oft zu depressiven Erscheinungen.

Alle Führungskräfte, die bereits an solchen leichten oder auch schweren Angststörungen leiden, können selbst dieser Entwicklung entgegenwirken, indem sie Folgendes unternehmen:

1. Sich an diese Ängste gewöhnen, sie beobachten und aushalten. Auf diese Weise wird man sich an Angststörungen und ihre negativen Begleiterscheinungen gewöhnen und mit der Zeit die Angst vor ihnen verlieren bzw. die Angst vor der Angst wird sich abschwächen.

2. Man kann Mentaltechniken erlernen, um über das Denken diese Angstzustände zu steuern oder zumindest stark abzumildern. Dabei hilft die Erkenntnis, dass diese Ängste eigentlich für eine positive Leistungssteigerung unseres Organismus gemeint sind, dass sie aber möglicherweise im Moment nicht hilfreich sind, sondern uns bei einer Leistungserbringung stören und deshalb zurückgestellt werden können. Dazu bedarf es eines Mentaltrainings, am besten mit einem professionellen Begleiter, der darin seit Jahren erfahren und erfolgreich ist. In diesem Sinne kann man sich bei der Angst bedanken, dass sie unterstützend wirken möchte, und sie dann stoppen, indem man sich bei ihr bedankt und ihr sagt, dass sie zu einem späteren Zeitpunkt einen Platz bekommt. Diesen Zeitpunkt bestimmt man aber selbst und nicht die Angst. Dies erreicht man jedoch nur mit einem gewissen Training.

3. Es ist wichtig, vertraute Personen, die möglicherweise eine solche Panikattacke miterleben, darin einzuweisen, dass sie dann auf gar keinen Fall selbst in Angst verfallen, sondern sich hilfreich verhalten. Das bedeutet konkret: Sie sollen entspannt bleiben, einen festen Rahmen bieten, z. B. indem sie die Person ganz fest umarmen und festhalten oder ihr zumindest die Hand geben und diese fest drücken. Es ist wichtig, klare Anweisungen zu geben, die Situation zu strukturieren und eindeutig zu gestalten, z. B. indem man dem Panikklienten eine Anweisung gibt, wie etwa: „Halte dich an meiner Hand fest und gehe mit mir jetzt Schritt für Schritt bis zu diesem Baum." Jegliche eindeutige Strukturierung und klare Anweisung helfen dem Betroffenen, die Angst zu vermindern. Viele verschiedene körperliche Maßnahmen wie Bewegungen, die keinen Schwindel erzeugen, sondern Aufmerksamkeit benötigen, wie z. B. Hausarbeiten, Wandern etc., wirken sich günstig aus, da sie eine „erdende Wirkung" haben. Das bedeutet, das Bewusstsein konzentriert sich wieder stärker auf tatsächliche Körperereignisse und beschäftigt sich nicht zu stark mit den Angstzuständen, die gerade in den Gedanken und Gefühlen Raum greifen.

Eine verschlimmernde Wirkung auf den von einer Angstattacke Betroffenen haben meist Begleitpersonen, die selbst in Ängste verfallen und die ganze Situation dadurch verschärfen. Am besten ist ein Panikklient oder eine Führungskraft, die gerade eine Panikattacke erlebt, aufgehoben bei einem Freund, der ihm in der Situation tatkräftig zur Seite steht und ganz klare Anweisungen gibt, am besten in der Verbindung mit Humor, auch schwarzer Galgenhumor.

2.2.6 Unterstützung bei der Salutogenese: Umgang mit Ärzten, Therapeuten und Versicherungen

Das professionelle und hilfreiche Umgehen mit Burnout steckt in den Kinderschuhen, sowohl in der medizinischen als auch psychotherapeutischen Versorgung und bei der Versorgung durch Krankenkassen und andere Versicherungen. Dies führt häufig zu Schwierigkeiten bei der Inanspruchnahme und Durchsetzung der notwendigen Maßnahmen für den Betroffenen. Für alle Auseinandersetzungen mit Ärzten, Therapeuten, Krankenkassen, Versicherungen, Arbeitgebern etc. empfiehlt sich die Begleitung durch einen Menschen Ihres Vertrauens, der sich in Ihrem Interesse an Stellen durchsetzen und für Klarheit sorgen kann, wo Sie es zu dieser Zeit nicht können.

Für einen Menschen in schwerem Erschöpfungszustand ist es mindestens doppelt schwer, seine Ansprüche gegen unwillige und gegen den Kranken angehende Versicherungen und andere Institutionen durchzusetzen. Arbeitgeber, Versicherungen und Krankenkassen erscheinen dem Erschöpften oft als zusätzliche Belastung und subjektiv verständlicherweise oft als „bekriegender Feind, der meine Schwäche ausnutzt, um Leistungen zu verweigern, für die ich viele Jahre lang Beiträge gezahlt habe".

Zwischen Krankenkassen, Versicherungen und Ärzten kann man energetisch noch mehr verschlissen werden, wenn man sich nicht distanziert und möglichst professionelle Hilfe sucht. Daher folgender Tipp:

Zum Umgang mit Ärzten

Suchen Sie einen Arzt Ihres Vertrauens, der sich Zeit für Sie nimmt und Sie auch persönlich kennt oder kennenlernen möchte. Wenn Sie den Eindruck haben, dass Sie für den Arzt nur eine Nummer, ein durchlaufender Posten sind, dann verlassen Sie ihn. Klären Sie das am besten im Vorhinein ab.
Eine Möglichkeit ist die Akut-Einweisung in eine entsprechende Klinik gemäß § 107 SGB V. Diese Einweisung kann auch ein Allgemeinarzt vornehmen. Die

Notwendigkeit einer stationären Behandlung kann gegeben sein, wenn sich zum Beispiel die Krankheit ausreichend schwer oder akut darstellt, trotz ambulanter Maßnahmen die Beschwerden anhalten oder sich ausweiten, oder die Entlastung aus einem destruktiven Umfeld notwendig ist.

2.2.6.1 Umgang mit Therapie und Therapeuten

▶ **BEISPIEL**

Die Führungskraft eines mittelständischen Unternehmens war seit sechs Monaten arbeitsunfähig geschrieben, hatte dann aufgrund einer akuten Einweisung einen sechswöchigen Aufenthalt in einer Fachklinik und kam nun zum ersten Mal nach dem Klinikaufenthalt wieder in die Sprechstunde des Facharztes für psychosomatische Medizin, der ihn auch zuvor betreut hatte. In der Klinik hatten ihm die dortigen Ärzte und Therapeuten dringend geraten, weiterhin Einzeltherapien zu nehmen. Mit dieser Bitte trifft der Patient nun auf seinen Facharzt, der ihm davon aber dringend abrät. Der Facharzt versucht vehement klarzumachen, welche Vorteile die Gruppentherapie hat und dass es viel sinnvoller sei, wenn sich der Patient in die Gruppentherapie begäbe. Der Patient trennt sich daraufhin von dem Facharzt, sucht sich einen neuen Therapeuten — was leider viel zeitliche Verzögerung mit sich bringt — und macht es sich zum Ziel, Kontakte zu anderen Mitpatienten seines bisherigen Facharztes aufzubauen. Durch mehrere Gespräche stellt sich heraus, dass der Facharzt seit vielen Jahren nach der folgenden Methode verfährt: Er rechnet lieber für mindestens zehn Patienten in einer Gruppe Therapiesitzungen ab, die in der Höhe dem entsprechen, was er für eine Einzelsitzung beziehen kann. So kann der Facharzt in eineinhalb Stunden Gruppentherapie und mit wesentlich weniger Aufwand im Vergleich zu den jeweiligen Einzeltherapien ein Mehrfaches an Gebühren abrechnen.

Die Vorgehensweise des Facharztes scheint kein Einzelfall zu sein. Dieses Beispiel zeigt, wie wichtig es bei der Betroffenheit von massiver Erschöpfung ist, sich freundschaftliche Hilfe und Unterstützung von Menschen zu holen, die dem Betroffenen auch gegenüber Ärzten, Therapeuten und Versicherungen Unterstützung bieten und weiterhelfen.

Praktische Tipps

Viele Bedürftige lassen sich davon abschrecken, dass beliebte Therapeuten Wartelisten von vielen Monaten oder gar einen Annahmestopp verhängt haben. Sorgen Sie gut für sich und melden Sie sich einfach bei mehreren Therapeuten Ihrer

Wahl gleichzeitig für ein kostenloses Kennenlerngespräch an. Das ist besser, als sich monatelang zu grämen — die Wartezeit ist irgendwann vorbei. Falls Ihnen der erste Therapeut nicht zusagt, haben Sie dann noch weitere Möglichkeiten. Möglicherweise werden Sie auch vom Therapeuten früher berücksichtigt, freiberufliche Therapeuten können das nach eigenem Gutdünken machen. Deshalb: Nicht nur bei einem Therapeuten anfragen.

Nondirektive Verfahren, die voraussetzen, dass der Klient sehr stark aktiv wird und sich von sich aus einbringt, wie dies zum Beispiel bei einer Psychoanalyse der Fall sein kann, scheinen ungeeignet, da sie den depressiven bzw. erschöpften Klienten überfordern. Eine Managerin berichtet: „Jahrelang ging ich in eine Therapie, bei der der Therapeut immer nur dasaß und die Stunde ohne ein Wort geendet hat, wenn ich nicht aktiv wurde. Das hat mich völlig überfordert. Meine Beschwerden wurden eher schlimmer. Als ich später eine andere Therapie wählte, in der mir der Therapeut sogar konkrete Vorschläge machte, wie ich etwas ändern könne, fühlte ich mich wesentlich besser und diese Unterstützung half mir, meinen eigenen Weg zu finden und Schritt für Schritt in der Begleitung mit dem Therapeuten mich wieder besser im Leben zurechtzufinden."

In der starken Depression ist es für den Betroffenen unvermeidbar, sich anderen anzuvertrauen, auch einem Therapeuten. Man fühlt sich selbst dermaßen schwach, dass man dem Gegenüber kaum etwas entgegenzusetzen hat. Diesen möglicherweise als Abhängigkeit zu bezeichnenden Zustand muss man für eine Weile in Kauf nehmen, um sich jemandem anzuvertrauen, der dies nicht ausnutzt und einen dahin führt, dass man nach einer Weile wieder ganz auf eigenen Beinen stehend Entscheidungen treffen kann. Als Ziel muss immer im Mittelpunkt stehen, dass der Betroffene sein Leben wieder selbst meistert. Deshalb ist es empfehlenswert, zum einen die richtige Therapieform und zum anderen den richtigen Therapeuten auszuwählen. Dies sollte immer mit Unterstützung eines guten Freundes passieren, der einen in dieser Situation hilfreich begleiten kann.

2.2.6.2 Umgang mit Krankenkassen und Versicherungen

Schonen Sie Ihre Kräfte und nutzen Sie Profis, zum Beispiel Fachanwälte für Versicherungsrecht. Viele Betroffene nehmen die Auseinandersetzung ähnlich wahr wie dieser Klient: „Die spielen auf Zeit. Du wirst hin- und hergeschoben. So schnell wie der Versicherungsvertreter beim Vertragsabschluss war, so langsam ist die Versicherung jetzt, wenn sie etwas zahlen soll." Dies gilt für Krankenkassen bzw. -versicherungen ebenso wie für andere Versicherungen. Im Falle von **Versicherungen** (z. B. Berufsunfähigkeitsversicherung etc.) ist dazu zu raten, von Anfang an einen

Fachanwalt für Versicherungsrecht hinzuzuziehen. Die Versicherungsbedingungen sind so unterschiedlich und dermaßen komplex, dass es als Laie sehr schwer ist, sein Recht zu bekommen. Man sollte jedoch auch nicht den Fehler begehen, sich blind auf einen Fachanwalt zu verlassen. Dieser Anwalt ist nach einigen Kriterien streng auszuwählen, wie beispielsweise aufgrund fachlicher Erfahrung auf dem Gebiet oder Qualifikationsnachweisen durch eindeutige Weiterbildungsmaßnahmen. Auch hier kann ein guter Freund, der nicht von Erschöpfung betroffen ist, dem Erkrankten helfen, den richtigen Anwalt zu finden. Was dabei sehr hilfreich sein kann, ist eine entsprechende Rechtsschutzversicherung, die diesen Fall von Auseinandersetzungen mit Versicherungen einschließt.

Praktische Tipps

Nach Auskunft mehrerer Fachanwälte für Versicherungs- und Medizinrecht sollten Burnout-Gefährdete bzw. Betroffene, die eine Berufsunfähigkeitsversicherung abgeschlossen haben, Folgendes beachten:

Die Versicherungen werden das Verfahren über circa zwei bis drei Jahre hinschleppen können und beabsichtigen dies auch, da sich ihre Chancen auf Nichtzahlung erhöhen, wenn sie den Versicherten finanziell und moralisch „aushungern". Zunächst muss vom eigenen Anwalt eine Klageschrift mit umfassenden Unterlagen erstellt werden. Dann leitet der Richter diese Klageschrift weiter an die Versicherungen, die dazu Stellung nehmen können. Danach legt der Richter einen ersten gerichtlichen Termin zur Beweisaufnahme fest. Dies dauert gewöhnlich mindestens drei Monate. Anschließend wird im Beweisaufnahmeverfahren überprüft, in welchem Umfang der Kläger konkret und nachweisbar (die Beweise muss allesamt der Kläger, also der Burnout-Betroffene, vorlegen und nachweisen) vor Eintritt der Berufsunfähigkeit konkret in welchem Umfang und mit welcher Belastung gearbeitet hat. Der Umfang und die Intensität und Qualität, die nachgewiesen werden kann (zum Beispiel durch Zeugen, Unterlagen, Assistentin, Geschäftspartner, Kunden, Kalender etc.) werden als Grundlage dafür genommen, dass der Kläger danach mindestens zu 50 % nicht mehr in der Lage ist, genau dieser Tätigkeit nachzukommen.

Die Beweislast liegt insgesamt beim Kläger. Die Entscheidung des Gerichtes wird zum Großteil vom Urteil des Gutachters, den das Gericht bestellt, abhängen. In dem Beweisaufnahmeverfahren wird der Rechtsanwalt zusätzlich auf das Gesamtergebnis Einfluss nehmen können. Deshalb ist entscheidend, inwieweit man sich bei der Beauftragung des Gutachters mit den entsprechenden Vorgaben, was der Gutachter begutachten soll, durchsetzen kann. Die Auswahl des Gutachters ist kaum beeinflussbar. Es muss ein Gutachter sein, mit dem der Betroffene vorher noch nichts zu tun hatte, und man kann einen Gutachter auch nur ablehnen, wenn man eindeutig seine Befangenheit nachweisen kann. Deshalb ist die thematische Beauftragung sehr entscheidend. Hier muss unbedingt über den Richter Einfluss genommen werden, zu welchen Themen genau und zu welchen Fragestellungen ganz exakt ein Gutachten gegeben wird.

Nach Vorlegen des Gutachtens können die Parteien einen mündlichen Vortrag bzw. eine Befragung vor Gericht verlangen. Dies kostet noch einmal circa drei Monate Zeit. Zuvor ist für die Beauftragung und Durchführung des Gutachtens circa sechs Monate zu veranschlagen. Eine Berufung ist sehr selten. Wenn der Betroffene es allerdings mit verschiedenen Versicherungsgesellschaften zu tun hat, ist zu beachten, dass jeder einzelne Rechtsanwalt immer wieder jeden einzelnen vom Gericht festgesetzten Termin verschieben lassen kann, weil er andere Termine hat, Urlaub hat oder plötzlich erkrankt ist. So können die Versicherungsgesellschaften das Verfahren immer wieder strecken und versuchen, den Betroffenen hinsichtlich seiner finanziellen Belastbarkeit in die Defensive zu bringen.

In der Zwischenzeit muss der Betroffene nicht völlig tatenlos und einkommenslos sein. Er kann unabhängig von dem, was er an Einkommen erzielt, Aufträge erledigen, sollte jedoch auf keinen Fall das Pensum von 40 % der vorherigen Arbeitstätigkeit überschreiten. Es ist also wichtig, dass der Betroffene zu maximal 40 % im Umfang und Intensität seiner vorherigen Tätigkeit nachgeht.

Falls der Betroffene sich lieber vor Beginn eines gerichtlichen Verfahrens auf einen Vergleich mit den Versicherern einlassen möchte, sollte er bedenken, dass er wahrscheinlich nur einen Bruchteil der zu veranschlagenden Gesamtsumme erzielen kann. Die Versicherer lassen sich oft auf diesen Kompromiss ein, um sich ein kostspieliges langwieriges Verfahren zu ersparen.

Die Entscheidung hängt sehr stark vom Einzelfall ab, unter anderem vom Sachbearbeiter etc. Eine solche Verhandlung sollte immer von einem Rechtsanwalt stellvertretend für den Betroffenen geführt werden. In jedem Fall sollte man sich dabei nur von einem erfahrenen Fachanwalt vertreten lassen, der nachweislich dauerhaft erfolgreich tätig ist. Arbeitnehmer können hier auch Interessensverbände wie zum Beispiel die VdK nutzen.

ZWISCHENFAZIT

Zur erfolgreichen Vorbeugung von Burnout ist es hilfreich, die Anzeichen zu erkennen, sie ernst zu nehmen und wirksame Gegenmaßnahmen zu ergreifen. Dies beinhaltet erste Symptome wie Reizbarkeit, Desinteresse und verminderter Antrieb sowie körperliche Anzeichen richtig zu deuten und eine Gefährdung anzuerkennen. Burnoutgefährdung nimmt ab, wenn innere Konflikte und Stressoren so bearbeitet werden, dass die persönlichen Lebensbalancen in Bereichen wie Entspannung und Anspannung oder Geben und Nehmen in ein gesundes Gleichgewicht kommen. Je früher man mit der Vorbeugung beginnt, desto leichter kann man der massiven dauerhaften Erschöpfung entgegen wirken. Neben dem Arbeitsumfeld ist dabei das Privatleben ein wesentlicher Faktor. In allen Lebensbereichen gilt es nicht nur, das eigene Funktionieren in den Vordergrund der Lebensführung zu stellen, sondern auch das persönliche Wohlfühlen und Wohlergehen zu beachten. Wichtig ist, Stressoren nicht zu verstärken, sondern bewusst gegenzusteuern. Um einer Überforderung und damit einhergehender Burnoutgefährdung vorzubeugen, gilt es, Risikofaktoren (wie z. B. sich für unverzichtbar zu fühlen) zu erkennen.

Eine gesundheitsförderliche Selbstführung beinhaltet einen Ausgleich zwischen sich selbst, dem Umfeld und den eigenen Zielen, denn Antreiber wie das Streben nach Perfektion können eine gesunde Lebensbalance gefährden. Hier helfen Kraftquellen wie positive Selbstbewertung und starkes Zusammengehörigkeitsgefühl, um kräftezehrende Disbalancen im eigenen Leben auszugleichen.

2.3 Wirksame Burnoutprävention: Aufleuchten statt Ausbrennen

Zunehmende massive Erschöpfung ist bei Burnout-gefährdeten Führungskräften kein primär körperlich bedingtes Problem. Vielmehr verursacht gewöhnlich ein mentaler und emotionaler Konflikt die dauerhafte Überlastung und Erschöpfung. Deshalb sind auch vor allem Präventivmaßnahmen auf diesen beiden Ebenen zielführend. Selbstverständlich können zusätzlich verhaltensaktivierende Maßnahmen der gesundheitsförderlichen Bewegung oder auch Entspannungstechniken und organisatorische Verbesserungen des Alltagslebens mentale und emotionale Maßnahmen unterstützen. Im Sinn einer Salutogenese sind jedoch die mentalen und emotionalen Maßnahmen als vorrangig zu betrachten. [26]

---

[26] Salutogenese im Sinn von Erhalt und Entstehung, also Genese, von Gesundheit; vgl. Antonovsky 1997.

Die Begleitung durch einen jeweiligen Profi ist empfehlenswert. In einer Erschöpfung, in der man womöglich als Betroffener die eigene Situation nur schwierig durchblicken und einsortieren kann, kann eine externe professionelle Hilfe erleichternd und zielführend sein. Spezialisten, die einer betroffenen Führungskraft tatsächlich bei dieser Aufgabe effektiv helfen können, sind sowohl in der Medizin als auch in der Psychotherapie nach meinen über 10-jährigen Erfahrungen immer noch nicht in ausreichender Qualität und Quantität verfügbar. Nachdem inzwischen in der bundesdeutschen Gesellschaft die Bedeutung des Themas Erschöpfung und Burnout massiv zugenommen hat und es immer mehr Betroffene gibt, ist nun die Gesellschaft mit ihren verschiedenen Institutionen (Unternehmen, Ärzteschaft, Psychotherapeuten, Krankenkassen, Versicherungen, Hilfseinrichtungen wie Kliniken etc.) dabei, nachzurüsten, um den Anforderungen, die durch eine massive Zunahme der Erschöpften gegeben ist, gerecht zu werden. Für den einzelnen Betroffenen ist es deshalb wichtig, sich selbst auch helfen zu können, so gut es geht.

Im Folgenden werden Maßnahmen vorgestellt, mit denen Führungskräfte einer massiven, dauerhaften Erschöpfung (Burnout) vorbeugen können und aus einem Kreislauf der Verschlimmerung ihrer Erschöpfung aussteigen und entgegenwirken können.

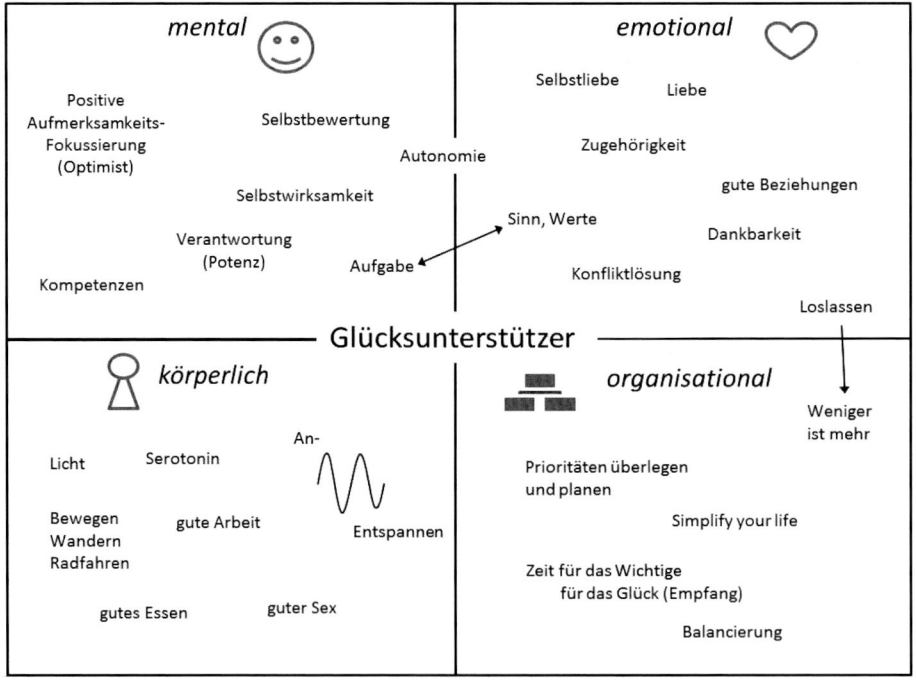

Abb. 2.6: So kann man zur Burnoutprävention Glücksunterstützer systematisch nutzen.

Die Maßnahmen sind in vier Bereiche gegliedert:

1. mentale Maßnahmen,
2. organisatorische Maßnahmen,
3. emotionale Maßnahmen und
4. körperliche Maßnahmen.

Aufgrund meiner Erfahrungen aus Einzelbegleitung und Führungsworkshops zu diesem Thema macht es Sinn, die Verbesserungsmaßnahmen in dieser Weise zu gliedern. Denn die körperlichen Verbesserungsmaßnahmen alleine, die von vielen Unternehmen zunächst in den Mittelpunkt ihrer Bemühungen des Gesundheitsmanagements gestellt werden, bewirken relativ wenig, wenn sie nicht mit Maßnahmen aus den anderen Bereichen kombiniert werden. Alleine durch eine bessere Ernährung oder mehr Bewegung wird es ein Betroffener kaum schaffen, massive dauerhafte Erschöpfungszustände zu verbessern, wenn er in seinem beruflichen Kontext und in seinem Privatleben erhebliche psychische Belastungen hat. Deshalb ist die Interdependenz, also die gegenseitige Beeinflussung dieser vier Verbesserungsbereiche, sinnvoll zu berücksichtigen. Dem mentalen Bereich ist dabei die größte Bedeutung zuzumessen. Entscheidend wird bei allen Präventivmaßnahmen sein, sie möglichst früh zu beginnen und das unnötige Leiden an dauerhafter, massiver Erschöpfung nicht unnötig weit zu treiben.

Wichtig ist es, die richtige Dosierung für sich persönlich zu finden. Es hilft nichts, nach Feierabend mit einer viel zu hohen Herzfrequenz zwanghaft Runde um Runde zu joggen oder mit einer üblen Laune Mitmenschen zu belasten, weil man eine zusätzlich psychisch belastende Diät durchführt. Ebenso wenig sinnvoll ist es, Bewegungsmaßnahmen oder Maßnahmen der Entspannung so zu betreiben, dass sie aufgrund der geringen Frequenz der Durchführung nicht für eine Verbesserung der Erschöpfungszustände wirksam werden können. Die richtige Dosis für sich selbst zu finden und die wirkungsvollsten Maßnahmen ist eine Aufgabe für die persönliche Gesundheitslandkarte und den persönlichen Masterplan zur gesunden Selbstführung (siehe Kapitel 2.3.5).

Aufleuchten statt Ausbrennen

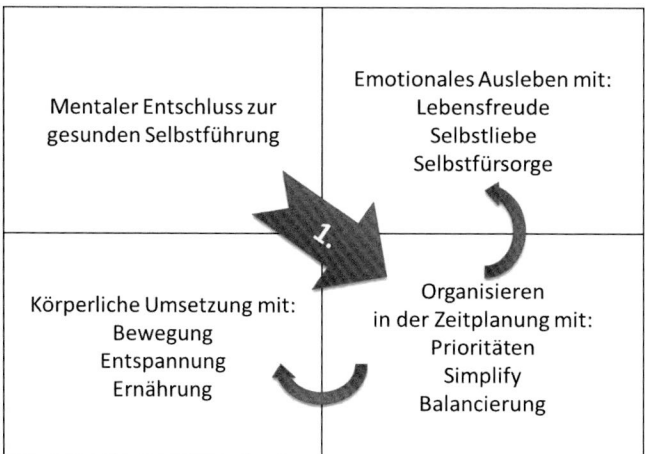

© Copyright Dr. Spreiter 2013

Abb. 2.7: So kann Burnoutprävention systematisch umgesetzt werden: Die Bewegung zur Burnoutprävention führt von oben links (mentale Entscheidung und Aufmerksamkeitsfokussierung etc.) nach unten rechts (Organisieren, Freiräume schaffen etc.) und dann zum körperlichen und emotionalen Bereich (Umsetzung der stärkenden, salutogenen Maßnahmen).

Idealtypisch findet zunächst aufgrund von Erkenntnis oder schmerzhaften bzw. leidvollen Erfahrungen ein mentaler Entschluss mit dem Ziel der gesunden Selbstführung statt. Dieser Entschluss braucht zur Realisierung im Alltag ein Organisieren in der täglichen Zeitplanung mit eindeutiger Prioritätensetzung, Vereinfachung der Lebensansprüche und einer kontinuierlichen Balancierung der Lebensführung. Demgemäß erfolgt dann die Umsetzung ins tägliche Leben in den Bereichen „körperlich", zum Beispiel durch gesunde Ausgleichsbewegung, professionalisierte Entspannung und unterstützende Ernährung, und „emotional", zum Beispiel durch mehr Zeit und Hinwendung zu Freunden, ausreichend unstrukturierte Zeit für sich selbst und seine Lieblingsmenschen, sodass durch eine verbesserte emotionale Selbstfürsorge die persönliche Lebensfreude und Selbstliebe intensiviert werden.

Die Faktoren für das mentale, emotionale, körperliche und organisationale Aufleuchten wirken nicht für sich getrennt in einer separierten Art und Weise, sondern meist sich gegenseitig beeinflussend, also interdependent. Hierzu ein Fallbeispiel:

▶ **BEISPIEL: Dankbarkeit**

Zunächst fasst Christoph die **Entscheidung (mental)** eine Dankbarkeitsübung zu machen. In einem Seminar hatte **er erlebt**, wie **positiv** diese ungewohnte Übung sich anfühlen (**emotional**) und wirken kann. Nach der Entscheidung sorgt er organisatorisch (**organisational**) für den passenden Rahmen. Jeden Abend beim Schlafengehen denkt er darüber nach, was an diesem Tag gut war und wofür er dankbar sein möchte. Er berichtet, dass es ihm sowohl **körperlich** als auch emotional gut tut, in dieser entspannten Dankbarkeit den Tag zu beschließen. Eine ganzheitliche Dankbarkeitsübung kann so ablaufen, dass man sich zuerst mental erinnernd für etwas bedankt (z. B. für Gesundheit), dies kann auch mantra-ähnlich erfolgen, indem man einfach immer wieder vor sich hinsagt: „Ich bin dankbar für meine Gesundheit." Wenn dies routinemäßig erfolgt, kann man dazu übergehen, seinen Körper zu spüren und emotional zu fühlen, am besten von den Fußsohlen bis hoch zu den Schultern im eigenen Tempo. Möglichst so, dass sich mit der Zeit ein Gefühl von Frieden, Zufriedenheit und dankbares In-sich-Gekehrt-Sein entsteht, aber ohne Leistungsdruck. Wenn es einmal nicht klappt, dann ist es einfach an diesem Tag so. Das Ganze ist gut zu organisieren, sodass möglichst wenige Störungen von außen und innen erfolgen.

2.3.1 Mentales Aufleuchten

Mentales Stressmanagement ist eine notwendige Kompetenz für Führungskräfte, um bei herausfordernden persönlichen Stresssituationen die Selbststeuerung zu behalten und mit Resilienz zu reagieren. Die Bewältigungsfähigkeit (coping competence) von dauerhaften und massiven Belastungen kann durch ein individuelles Stressmanagementprogramm verbessert werden. Stress in der Form von Distress, also einem intensiven, unangenehmen Spannungszustand, sollten Führungskräfte professionell begegnen und dabei ihre eigenen Ressourcen realistisch einschätzen und einsetzen können. Das Kennen der Stressoren und der reflektierte Umgang damit, inklusive einer Handlungskompetenzerweiterung, helfen mit Herausforderungen so umgehen zu können, dass sie nicht zur dauerhaften Überlastung werden. Dazu gehört unter anderem auch die Verbesserung der Selbstberuhigungskompetenz, um gezielt selbst Distress regulieren zu können. Hierzu gibt es verschiedene Angebote auf dem Markt. Meine Empfehlung: Lassen Sie sich von einem erfahrenen und nachweislich erfolgreichen Mentalcoach begleiten, der Ihr Vertrauen gewonnen hat.

Auf einige maßgebliche Punkte und Umsetzungsbeispiele für „mentales Aufleuchten" möchte ich kurz eingehen.

2.3.1.1 Aufmerksamkeitsfokussierung und Gedankensteuerung

Der größte Hebel beim mentalen Aufleuchten liegt in der Aufmerksamkeitsfokussierung und Gedankensteuerung. Menschen produzieren permanent Gedanken und selbst erfahrene Meditierende schaffen es kaum, in tiefer Meditation den Gedankenstrom abzustellen. Mit etwas Übung kann man jedoch den Geist und den Gedankenstrom beruhigen (z. B. durch Entspannungs- und Achtsamkeitsübungen).

Was Menschen denken, hat massive Auswirkungen auf ihren Zustand, auf ihr Stressempfinden, ihr Wohlbefinden und ihren wahrgenommenen Erschöpfungszustand oder ihr Leistungsvermögen. Dies erleben wir im Sport, im Alltag und im Berufsleben täglich. Deshalb befindet sich an diesem Punkt eine große Möglichkeit, sich selbst zu beeinflussen, und zwar in Richtung persönliche Gesundheit, Leistungskraft und Ressourcenstärkung. Ängste als Gedanken spielen dabei eine bedeutende Rolle (siehe Kapitel 2.2.5 Ängste annehmen und bewältigen). Bewusstes Stressmanagement ist ein Teil davon, zum Beispiel indem man stressverschärfende Gedanken mit Hilfe der „Stopp-Technik" bewusst stoppt.

Die Stopp-Technik

Sich bei depressiven Verstimmungen einen „Stopp" zu setzen, entspringt der mentalen Kraft. Es geht darum, bewusst und gezielt zu denken. Bemerken Sie, dass Ihre Gedanken den gefühlten Distress in Ihrem Organismus weiter verschärfen und dies nicht produktiv für eine gute Aufgabenbewältigung ist, dann stoppen Sie diese Gedanken mit einem „Stopp". Dies kann tatsächlich durch ein verbal lautes „Stopp" sein, aber auch durch ein visuelles Signal oder einen haptischen Griff, den Sie eintrainiert haben. Manche sind in ihrem Team dafür bekannt, dass sie plötzlich laut in ihre Hände klatschen oder „Halt" oder etwas Ähnliches rufen, wenn sie der negativ wirkenden Gedankenflut Einhalt gebieten. Manche haben bestimmte Aufkleber auf ihrem Bildschirm, um sich an den „Stopp" zu erinnern. Muten Sie sich bei Bedarf Ihren Mitmenschen mit solchen etwas ungewöhnlichen Verhaltensweisen zu und setzen Sie sich mental einen Stopp, um stressverschärfenden Gedanken Grenzen zu setzen.

In ähnlicher Weise gilt dies auch für das Verhalten von Mitarbeitern, Chefs und anderen, die durch ihr Verhalten Distress auslösen. Bieten Sie diesen Personen freundlich, aber bestimmt Einhalt und vereinbaren Sie eine Vorgehensweise, die Sie hier und jetzt entlastet. Das ist Ihr gutes Recht.

Zum mentalen Aufleuchten gehört es auch, Grübelkreisläufe durchbrechen zu können. Gerade bei Durchschlafstörungen empfiehlt sich Folgendes: Halten Sie einen Block neben dem Bett bereit, sodass Sie wirklich wichtige Erinnerungen auf diesem naheliegenden Block aufschreiben können. Vergegenwärtigen Sie sich, dass die Tiefschlafphase absolviert, also der Hauptteil der Nachtruhe erledigt ist. Lassen Sie daher nicht weiter stressverschärfende Gedanken zu, sondern beruhigen Sie sich selbst. Werden Sie sich bewusst, dass nächtliche Nachdenkanstrengungen so gut wie nie zu phänomenalen Lösungen geführt haben. Sie können auch sinnbildlich den belastenden Gedanken auf die Seite schieben und durch einen schönen, angenehmen Gedanken ersetzen, zum Beispiel aus dem Themenbereich Urlaub, Hobby o. ä.

ARBEITSHILFE
ONLINE

Vertiefende Inhalte

Reflexionen zu mentalem Aufleuchten finden Sie auf Arbeitshilfen Online.

Der mentale Entschluss

Viele Ergebnisse der modernen Hirnforschung und jahrelange Erfahrungen in psychosomatischen Fachkliniken zeigen, dass Menschen, die sich auf positive Aspekte von Ereignissen fokussieren, sich über gleiche Ereignisse mehr freuen und Misserfolge oder entgangene Chancen besser verkraften können als diejenigen Mitmenschen, die eher auf negative Aspekte von Ereignissen fokussiert und eher depressiv sind.[27]

Wer sich in einem dauerhaften, massiven Erschöpfungsprozess befindet, hat eine abgeneigte Haltung. Die Belastung, der er ausgesetzt war und die zur Erschöpfung geführt hat, bringt eine generalisierte Abneigung zu dem Leben an sich mit sich, denn der Betroffene befindet sich nicht in einer vitalen, lebensfrohen Verfassung, in der er immer mehr positive Reize aufnehmen möchte. Er hat im Gegenteil die Erfahrung gemacht, dass die Reize, die er aufgenommen hat, ihn erschöpft und geschwächt haben. Daher ist eine abgeneigte Haltung durchaus verständlich und sinnhaft. Wenn diese Person ihre „Hausaufgaben" macht und im Alltag dafür sorgt, dass sie sich erschöpfenden Situationen nicht mehr übermäßig aussetzt, kann sie sich wieder Stück für Stück in guter Fürsorge für sich selbst in einer zugeneigten Haltung zu ihrer Umwelt öffnen.

Das, was im Englischen mit „denied" beschrieben wird, ist typisch für viele Führungskräfte, die sich über lange Zeit zu sehr erschöpft haben und in einer abgeneigten Haltung vieles nicht mehr an sich heranlassen. Dazu gehören leider auch Bereiche des Lebens, die ihnen Kraft geben könnten — zum Beispiel Freunde, Familie, persönliche Interessen. Aufgrund der starken Erschöpfung schildern aber viele

---

[27] Unter anderem Gerald Hüther; auch Dr. Stefanie Brassen, Psychologin am Institut für Systemische Neurowissenschaften des Universitätsklinikums Hamburg-Eppendorf, in: Apotheken Umschau, Ausgabe 10/2012, Seite 8.

Führungskräfte, dass sie „einfach nur noch ihre Ruhe haben möchten". Nachdem man seine Erschöpfung auskuriert und wieder mehr Zuversicht gewonnen hat, wird man mental an einen Punkt kommen, an dem man sich entscheiden muss, ob man eher in der abgeneigten Haltung oder wieder in einer zuversichtlichen, zugeneigten Haltung auf seine Lebensgestaltung und seine Umwelt zugehen möchte.

Dazu gehört dann der **mentale Entschluss, gut für sich zu sorgen**. Dies bedeutet zum Beispiel, sich mit Freunden zu treffen, seinen Hobbies nachzugehen und anderen Menschen Grenzen zu setzen. Diese Durchsetzungsfähigkeit wird Schritt für Schritt nur möglich sein, wenn derjenige für sich innerlich beschlossen hat, wieder zugeneigt und mit Willenskraft auf das Leben zuzugehen. Um Burnout zu vermeiden, ist es wichtig, diese Willenskraft und die Entschlossenheit, für sich selbst sorgen zu wollen, nie zu gering werden zu lassen. Der Erhalt und Ausbau dieser zugeneigten, zuversichtlichen Haltung ist elementar für die Stärkung von Lebens- und Leistungsfreude. Eine solche Einstellung basiert auf einer mentalen Entscheidung — und zwar darauf, „Ja" zum eigenen Leben und den eigenen Bedürfnissen zu sagen, gepaart mit der Bereitschaft, persönlich dafür einzutreten. Es ist es eine emotionale Reaktion, die auf Vertrauen und Selbstliebe basiert.

Nicht sich einrichten in der Erschöpfung

Es ist sehr hilfreich, ein forderndes und förderndes Umfeld zu schaffen. Wer vor allem seine angebliche Krankheit fokussiert, zum Therapeuten und zur Selbsthilfegruppe geht, seine Tabletten schluckt, seine ganzen krankheitsassoziierten Gewohnheiten betreibt und auf diese fokussiert ist, der wird schwerer aus diesem Fokussierungskreis heraustreten können, um sich gesundheitsförderlichen Dingen zu widmen, als derjenige, der bewusst Baustein für Baustein diesen krankheitsfokussierenden Elementen weniger Gewicht gibt, sogar beiseiteschiebt oder zumindest weniger beachtet und auch entsprechend auf sein Umfeld einwirkt, sodass seine Umgebung ihn weniger mit seiner Krankheit annimmt, als vielmehr die gesundheitsförderlichen Aspekte fördert. Das **Sich-Einrichten in seiner Schwäche bzw. Krankheit ist systemstabilisierend für Erschöpfung und Depression**. Es macht keinen Sinn, wenn man erkrankt ist, Burnout zu beschönigen, aber es macht auch keinen Sinn, sich in seiner Krankheit dermaßen zu „suhlen", dass diese Krankheit und ihre Phänomene noch verstärkt werden. Es geht darum, die Angeschlagenheit und Schwäche zu würdigen, ihr aber auch nicht zu viel Raum zu geben. In achtungsvoller Weise der Krankheit oder der Schwäche gegenübertreten und bewusst mit dem eigenen Denken salutogen, also gesundheitsfördernd, auf sich selbst und seine Umgebung einwirken, kann jeder Mensch schaffen. Egal in welcher Lage. Wenn er es möchte und sich dafür entschieden hat.

Sehr häufig habe ich erlebt, dass Menschen sich nicht für eine gesundheitsförderliche Selbstentwicklung entscheiden, weil dies nicht kompatibel mit ihrem sozialen Umfeld wäre. So ist eine Klientin beim Abschlussgespräch in einer psychosomatischen Klinik sehr stark davon überzeugt, dass es ihr nun viel besser geht und sie ihr Leben stark positiv verändern wird. Auf detailliertere Nachfragen zu ihrem Umfeld, in das sie nun zurückkehren wird, bricht ihre Körperhaltung und ihre Mimik zusammen und sie gesteht: „Dann schaff ich es doch nicht. Das hält mein Mann nicht aus." Salutogene Lösungsformen können an einer Umsetzung in der subjektiven Realität der sozialen Umgebung des Einzelnen scheitern. Eine gute Therapie zeichnet sich dadurch aus, dass sie auch die Integration des Erreichten in das reale soziale Umfeld unterstützt und dem Klienten dabei effektiv hilft.

Clemens Kuby geht aufgrund seiner weltweiten Untersuchungen von mentalen Gesundungsprozessen bei persönlichen Krisenerfahrungen davon aus, dass **Gedanken die größte Kraft im menschlichen Organismus** und der größte schöpferische Impuls sind.[28] Deshalb seien **Mantren** (Mehrzahl von Mantra) wichtig, da sie durch täglich mehrmals intensives Wiederholen von Leitgedanken mentale Realität schaffen.

Störende Symptome wie Schlafstörungen, Mangel an Lebensfreude, körperliche Beschwerden oder dauerhafte Müdigkeit sollten **mental wahrgenommen** werden und nicht kontinuierlich verdrängt werden. Sie sind nutzbare Hinweise für einen Veränderungsbedarf. Eingefahrene Wege zu verlassen, fällt Menschen allerdings selbst dann schwer, wenn diese Wege dauerhafte massive Erschöpfung und dazugehörige Symptome verursachen. Grundsätzlich kann das damit verbundene Leid bzw. der Schmerz daher helfen, die Situation zu verändern. So ist ein Ziel von persönlicher Burnoutprävention zum einen das **Zulassen der Wahrnehmung von Erschöpfung** und zum anderen die mentale **Unterscheidung zwischen Herausforderung und Überforderung**.

Eine weitere **mentale Möglichkeit**, um dauerhafter massiver Erschöpfung vorzubeugen, ist die **Konfliktlösung**, und zwar die Lösung des grundlegenden Konfliktes, der den Betroffenen immer wieder in die Erschöpfung führt. Wer diesen inneren Konflikt löst, bevor dieser zu dauerhafter massiver Erschöpfung geführt hat, erspart sich viel Leid. Wie viel Leidensdruck es braucht, um den dahinterstehenden inneren Konflikt anzugehen und zu lösen, ist individuell unterschiedlich und auch von äußeren Unterstützungsfaktoren abhängig. Wer sich dem inneren Konflikt stellt, der die Erschöpfung bedingt, der kann den Freeze-Zustand, also das „Totstell-Verhalten", als Konfliktbearbeitungsmuster auflösen und aus der persönlichen Opferrolle heraustreten, wieder eigene Kompetenz und emotionale Selbstannahme erleben.

---

[28] Clemens Kuby: Mental Healing – Das Geheimnis der Selbstheilung. 2010. Kösel-Verlag.

Eine Möglichkeit der mentalen Selbststeuerung und der mentalen Prävention von Burnout ist die **bewusste Änderung persönlicher Leitsätze**, die massive Erschöpfung fördern. Besonders ehrgeiziges Arbeitsverhalten und gesteigertes Bedürfnis nach Anerkennung können durch persönliche Leitsätze wie „Ich muss immer besser sein als andere", „Ich muss immer funktionieren" oder „Ich darf keine Fehler machen" bedingt werden. Wer erfolgreich vorbeugen möchte, kann seine Leitsätze hinterfragen und möglicherweise umformulieren.

▶ BEISPIEL: Ich darf keine Fehler machen!

- **Ist es realistisch, dass ich keine Fehler mache?**
  Nein (... obwohl es natürlich schön wäre).
- **Ist dieser Leitsatz hilfreich?**
  Nein — denn ich konzentriere mich auf Details und verliere dabei den Überblick. Dadurch komme ich in Zeitverzug, werde hektisch und mache erst recht Fehler.
- **Enthält der Leitsatz Absolutheiten?**
  Ja, leider („keine").
- **Und nun?**
  Vorschlag für eine mögliche Umformulierung:
  Ich darf Fehler machen (auch wenn es mir schwer fällt!).

Selbstwirksamkeitsüberzeugung

Für die mentale Prävention von Burnout benötigt die Führungskraft **Selbstwirksamkeitsüberzeugung**. Wer als Führungskraft den Eindruck hat, dass er die Anforderungen aus der inneren und äußeren Erfahrungswelt nicht mehr im Griff hat und bewältigen kann, wird tendenziell überfordert und auf Dauer erschöpft, vor allem wenn für die Führungskraft nicht die benötigten Ressourcen zur Verfügung stehen. Wenn die Führungskraft zusätzlich den Eindruck hat, dass diese Anforderungen an ihre Leistungsfähigkeit Herausforderungen sind, die persönliches Engagement und Investition von Arbeitskraft gar nicht verdienen, dann werden die entsprechenden Tätigkeiten sehr anstrengend. Eine berufliche Tätigkeit, in der die betroffene Führungskraft keinen Sinn sieht, die sie als eine unstrukturierte und kaum vorhersehbare Anforderung einstuft und nicht weiß, mit welchen Ressourcen sie diese Anforderung bewältigen soll, wird zu einem energetischen Himmelfahrtskommando — erschöpft also die Führungskraft massiv.

Hingegen können Führungskräfte sehr viel und intensiv arbeiten, ohne im Sinne von Burnout zu erschöpfen, wenn sie das Gefühl des Vertrauens entwickeln, „dass erstens die Anforderungen aus der inneren und äußeren Erfahrenswelt ... strukturiert vorhersagbar und erklärbar sind, und das zweitens die Ressourcen zur Verfügung stehen, um den Anforderungen gerecht zu werden. Und drittens, dass diese Anforderungen Herausforderungen sind, die Investition und Engagement verdienen."[29]

Für Führungskräfte, die bereits unter massiven Erschöpfungssymptomen leiden, ist es wichtig, ihre Selbstwirksamkeitsüberzeugung wiederzuerlangen. Dazu kann es hilfreich sein, die eigenen Zielsetzungen nach unten zu korrigieren. Das heißt, eigene Ziele zu revidieren und sich ein Ziel vorzunehmen, das leichter erreichbar ist, damit wieder ein Gefühl der Selbstwirksamkeit und die entsprechende Überzeugung, dass man sein Leben und seine Arbeit im Griff hat, entstehen kann.

Mentale Konstrukte helfen auch, um Verständnis und geistige Klarheit für die persönliche Problemlandschaft zu entwickeln, zum Beispiel durch die bewusste Einordnung der persönlichen Anteile von Ängsten, depressiven Verstimmungen und Erschöpfung.

▶ BEISPIEL

Eine dauerhaft massiv erschöpfte Managerin berichtet mir, dass sie sich deutlich erleichtert fühlt, seit sie weiß, dass sie an Borreliose erkrankt ist. „Ich fühle mich wesentlich besser und habe jetzt Zuversicht. Nach diesen vielen Monaten totaler Erschöpfung weiß ich jetzt, dass es an einer Borreliose-Erkrankung liegt, die übergangen wurde. Jetzt weiß ich, wo ich dran bin", erzählt sie im Einzelcoaching. Die klare Diagnose gibt ihr offensichtlich Orientierung und einen definierbaren „Gegner", gegen den man nun antreten kann, um ihn zu besiegen. „Das hat mich wahnsinnig gemacht, dass ich mir nie wirklich erklären konnte, warum ich dermaßen kaputt bin", fasst sie zusammen.

Dies ist ein Beispiel für den Nutzen von hilfreichen mentalen Konstrukten.[30]

---

[29] Antonovsky 1993, zitiert von Gunther Schmidt auf dem Vortrag Kontextbezogenes Glück am 09.07.2011 in Heidelberg auf der Tagung „Positive Psychologie", Auditorium DVD.

[30] Ich möchte Ihnen nicht vorenthalten, dass sich später herausgestellt hat, dass die Managerin zwar entsprechende Erreger in sich trug, diese jedoch nicht die starke Erschöpfung verursachten. Als die Ursachenerklärung wieder diffus war, ging es der Managerin auch wieder schlechter. „Es zieht mich total runter, dass ich nicht weiß, woran es liegt und dass es womöglich irgendwie an mir liegt, dass ich so kaputt bin", resümiert sie.

2.3.1.2 Achtsamkeit leben

„Heute Morgen im Bett habe ich wieder darüber nachgegrübelt, wie mein Gesundheitszustand wirklich sein könnte. Ich habe darüber nachgedacht, was gestern, heute Morgen, heute Nacht wieder alles für Anzeichen da waren und was sie bedeuten könnten. Ich nehme wahnsinnig viele Dinge in meinem Körper wahr, die ich vorher niemals beachtet hätte. Obwohl ich schon bei so vielen Ärzten war, weiß ich immer noch nicht, was mit meinem Körper wirklich los ist." — So oder ähnlich berichten viele Erschöpfungs- oder Depressionsklienten, die durch das Nichtfunktionieren ihres Körpers im Vergleich zu vorher auf einmal ihren Körper sehr intensiv wahrnehmen. Wer dieses Vorgehen abwerten möchte, kann es hypochondrisch nennen. Aus meiner Sicht ist es eine sinnvolle Vorgehensweise ausgehend von der Verunsicherung durch das Nichtfunktionieren des Körpers, so wie es der Klient vorher gewohnt war. Der Vorteil dieses Vorgehens ist unter anderem, dass eine stärkere Achtsamkeit für den eigenen Körper und die körpereigenen Prozesse beginnt. Diese Achtsamkeit ist zuerst gewöhnlich stark angstbesetzt. Dies kann aber Schritt für Schritt zu einer intensiven, wohlwollenden Freundschaft mit dem eigenen Körper führen.

Dazu bedarf es allerdings mehr als nur Ärzte, die vermessungstechnisch unterwegs sind. Hilfreich sind Fachleute, die sich mit Körper, Physiologie etc. auskennen und dem Klienten die wunderbare Zusammenarbeit und Effektivität des Körpers, auch des sich im Moment nicht so gut anfühlenden Körpers des Klienten, mit seinen Beschwerden erklären können und die vielen funktionierenden Anteile mehr in den Mittelpunkt stellen. Dabei ist es absolut notwendig, dass die Beschwerden respektiert und geachtet werden, denn sie sind begründet und für den Klienten in allererster Linie präsent. Jeder Versuch, diese Phänomene, die dem Klienten zu schaffen machen, zu übergehen oder zu übertünchen, müssen im Sinne des Heilungsprozesses scheitern.

Hingegen kann eine Vorgehensweise, die Respekt und Wertschätzung gegenüber der „Krankheit" zeigt und immer mehr das Funktionierende und Positive der vielfältigen körperlichen Prozesse in den Mittelpunkt stellt, ein positives Verhältnis zu den köpereigenen Prozessen und sogar zur Krankheitsbildung als Hilfe für eine Wiedergesundung des Klienten erreichen.

Achtsamkeitspraxis im Alltag

Mit einer gesundheitsfördernden Achtsamkeitspraxis, die in den Alltag integriert wird, kann dann aktive Burnoutprävention betrieben werden. Im Alltag einer Führungskraft ist die Aufmerksamkeit häufig auf äußere Bedingungen und das Erkennen der Bedürfnisse anderer Personen — z. B. des Top-Managements, der Kunden, der Kollegen, der Mitarbeiter — ausgerichtet. Um für sich im Sinn gesundheitsförderlicher Selbstführung besser sorgen zu können, braucht es jedoch ausreichend Aufmerksamkeit für die eigenen Gefühle und Bedürfnisse. Wer als Chef zu intensiv in der Wahrnehmung des Außen gefangen ist, wird kaum eine innere Salutogenese herstellen können. Es geht um eine Art der Aufmerksamkeit, die am ehesten mit „sich selbst spüren" in die Umgangssprache zu übersetzen ist.

Um die Praxis der Achtsamkeit in den eigenen, beruflichen und privaten Alltag auf gesundheitsfördernde Weise zu integrieren, braucht es also auch diese Art Resonanz mit sich selbst, und gleichzeitig wird diese durch die Anwendung der Achtsamkeit gefördert. Man verbessert die Wahrnehmung der Verbundenheit mit sich selbst. Achtsamkeit kann durch Übungen immer weiter verbessert und verfeinert werden, vom persönlichen, innigen Gewahrsein der eigenen Verbundenheit bis hin zur spirituellen Disziplin, wie sie in buddhistischen Gemeinschaften praktiziert wird. Praktizierte Achtsamkeit beruhigt Seele und Geist, da sie die Aufmerksamkeit fokussiert auf ein inneres oder äußeres Geschehen, das die persönlichen Steuerungskompetenzen und Ressourcen nicht überfordert. In Gemeinschaft erfährt man zusätzlich den Rückhalt in der Gruppe, was als Kohärenzgefühl zusätzlich stärken kann.

ARBEITSHILFE ONLINE

Vertiefende Inhalte

Eine Übung zur Achtsamkeit finden Sie auf Arbeitshilfen Online.

Zum Erlernen von gesundheitsförderlicher Achtsamkeit ist es ratsam, mit einer intensiven Lehreinheit bei einem erfahrenen Achtsamkeitslehrer zu beginnen, der auch die zumindest mehrwöchige Begleitung bei der Umsetzung in den Alltag gewährleistet. Einmalige Wochenendkurse, Selbstlernmedien und ähnliche Vorgehensweisen halte ich für ungeeignet, um nachhaltige salutogene Effekte zu erreichen. Um Achtsamkeit zur Prävention von Burnout und zur Stärkung der eigenen Leistungsfähigkeit zu nutzen, sollte man zu Beginn keine zu hohen Erwartungen und Ansprüche an sich selbst stellen. Die Umsetzung von Achtsamkeit mit hohem spirituellem Anspruch in der Alltagswelt einer Führungskraft ist kaum möglich. Deshalb sollte die Anwendung von Achtsamkeit im Alltag in kleinen Schritten, aber konsequent und täglich erfolgen. Achtsamkeit muss nicht bedeuten, dass man nun alle Bedürfnisse, die man besser wahrnimmt, verfolgt und ihnen nachgeht. Vielmehr geht es um eine bewusstere Wahrnehmung der Bedürfnisse — auch derjenigen Bedürfnisse, die man zwar wahrnimmt, denen man aber aus bestimmten Gründen nicht freien Lauf lässt oder versucht, sie direkt in der Situation zu befriedigen. Allein die bewusste Wahrnehmung der eigenen Gefühle, Gedanken und Bedürfnisse hilft demjenigen, ein gesundheitsförderlicheres Leben zu führen und damit massiven, dauerhaften Erschöpfungszuständen vorzubeugen.

Eine von mehreren empfehlenswerten Methoden ist die Achtsamkeitsbasierte Stressreduktion (Mindfulness-Based Stress Reduction, MBSR), die Jon Kabat-Zinn grundlegend bereits in der 1970er Jahren in den USA als Programm entwickelt hat, um durch gezielte Lenkung der Aufmerksamkeit Stress bewältigen zu können.[31] Diese Methode der Achtsamkeit kann dazu führen, dass man das Hier und Jetzt besser wahrnehmen und genießen kann. „Was nutzt einem gestressten Manager die beste Eintrittskarte in ein Konzert, wenn er sich gar nicht richtig der Musik hingeben kann, weil er ständig an irgendetwas anderes denken muss. Als Student hatte ich weniger Geld und viel schlechtere Tickets, aber ich glaube, wir hatten viel mehr Spaß, weil wir in der Sache aufgegangen sind und uns die Musik voll reingezogen haben", resümiert ein über 50 Jahre alter Manager in der Coachingsitzung.

Der frühere erfolgreiche Geschäftsmann und jetzt als buddhistischer Mönch praktizierende Han Shan erklärte mir am Rande eines Vortrages in Frankfurt/Main im Sommer 2012, dass er die Form des Vipasana Yoga als Weg der Achtsamkeit besonders schätzt. „Das, was kommt, wird angenommen und beachtet" — aber ohne es zu bewerten oder etwas in verbissener Haltung ändern zu wollen. Er empfiehlt, viel mehr Vorstellungen loszulassen, und fasst zusammen: „Lass los und du hast zwei Hände frei." Dies dürfte den meisten Managern zu weltfremd und philosophisch erscheinen. Zugleich wissen aber die meisten Chefs, dass besonders verbissenes Verhalten in der Austragung von Konflikten, im Kampf um Kunden etc. unverhältnismäßig viel Kraft verbraucht und dass das Loslassen von bisherigen Lösungsmustern den Weg für neue Lösungsvarianten öffnet. Deshalb besuchen sie seine Vorträge in Deutschland. Han Shan hatte sein Firmenimperium, das er vor seinem Lebenswandel besaß, seinen Mitarbeitern vermacht, nachdem er einen spektakulären Autounfall mit seinem Sportwagen in Malaysia überlebt hatte. Er wurde buddhistischer Mönch, der täglich die Tugend des Bettelns pflegt. So gesehen kennt er beide Welten: die des vermögenden, hoch geachteten Inhabers eines Großunternehmens und die des in Achtsamkeit bettelnden Mönchs. Er stellt fest: „Achtsamkeit bedeutet: nicht einfach geschehen lassen, sondern meine Gedanken begleiten und beobachten. Bei mir sein und von da aus handeln. Nicht in einer weiten Umlaufbahn, sondern aus unserem Kern. Ich bin in mir und bei mir. Hier und jetzt. Ich bleibe bei mir und nehme nicht die Stimmung von anderen in mich auf." (Dies dürfte allerdings für Führungskräfte in bestimmten Business Kontexten schwierig werden ...) Zum Thema Burnout ergänzt er: „Unser Körper ist sehr wichtig für uns, aber gewöhnlich hören wir

---

[31] Kabat-Zinn, Jon (2006), Zur Besinnung kommen. Die Weisheit der Sinne und der Sinn der Achtsamkeit in einer aus den Fugen geratenen Welt, Arbor Verlag, Freiamt, 2006.

wenig auf ihn. Obwohl seine Mitteilungen uns wichtige Hinweise geben können. Ich empfehle, mit ihm zu reden, einen respektvollen, achtsamen Umgang mit ihm zu pflegen. Ebenso mit der eigenen Grundstimmung, den eigenen Gefühlen und Gedanken. Und den Sinneswahrnehmungen: was sehe ich, rieche ich ...“

2.3.1.3 Resilienz aufbauen

Das Leben einer Führungskraft ist wie für andere Menschen auf Dauer ohne verschiedene und unterschiedlich starke berufliche und private Krisen kaum vorstellbar. Private und berufliche Belastungen, wie Umstrukturierungen, Personalmangel, Projektschieflagen, Arbeitsplatzwechsel, Trennung, pubertierende Kinder, Krankheit oder Tod von nahestehenden Personen, Schulden und andere Konflikte gehören mehr oder minder zum Alltag. Entsprechende Situationen können Führungskräfte stark belasten und möglicherweise auch dauerhaft in Anspruch nehmen. Diese beruflichen und persönlichen Herausforderungen sind kaum zu vermeiden. Vielmehr stellt sich die Frage: Wie kann man als Führungskraft diesen Herausforderungen gerecht werden und sie meistern? Ähnliche Herausforderungen werden von verschiedenen Führungskräften unterschiedlich erlebt und bewältigt. Bereits in der frühen Kindheit bilden sich erste Strategien zur Stress- und Krisenbewältigung heraus. Diese werden in der individuellen Sozialisation weiter ausgebildet.

Untersuchungen zu Resilienz (psychische Widerstandsfähigkeit, Steh-auf-Männchen-Kompetenz) haben gezeigt, dass die Transformation von negativen persönlichen Erlebnissen in zukünftige Kompetenzen von bestimmten Faktoren abhängig ist. Die Forschungsarbeiten von Emmy E. Werner und ihren Forschungskollegen haben dabei Menschen von ihrer Kindheit bis zum Alter von 40 Jahren beobachtet. Es zeigte sich unter anderem bei Kindern, die schwierigen Bedingungen in ihrer Kindheit ausgeliefert waren (frühe Erfahrung mit Gewalt, Armut), dass ein Teil von ihnen Resilienz entwickeln konnte — also die Fähigkeit, sich nicht als Opfer zu fühlen, sondern aus den negativen Erfahrungen positive Erkenntnisse und Kompetenzen für ihre persönliche Zukunft zu entwickeln. Die Forschungsarbeiten sind besonders deshalb beeindruckend, weil sie im Gegensatz zu klassischen psychologischen Untersuchungen, die davon ausgehen, dass jemand mehr oder weniger durch eine ungünstige Kindheit geschädigt wird, nachweisen, dass schwierige Kindheitsbedingungen auch dazu führen können, dass sich jemand für sein Erwachsenenleben besondere Kompetenzen aneignet. Es wird zudem aufgezeigt, dass Resilienz erlernbar ist und Menschen damit mehr oder weniger ein psychisches Immunsystem für herausfordernde Situationen entwickeln können.[32]

---

[32] Werner, Emmy; Smith, Ruth: Journeys from childhood to midlife. Risk resilience and recovery, Cornell University Press, Ithaka and London 2001.

Dazu gibt es auch einige prominente Beispiele. Unter anderem hat Lance Armstrong, der bekannte amerikanische Radrennfahrer, trotz schwerer Krebserkrankung einen persönlichen Turnaround geschafft und mit nachweislicher Resilienz, auch wenn diese durch Dopingmittel unterstützt wurde, etwas erreicht, was auch von Experten für unmöglich gehalten wurde. Weitere Beispiele für Resilienz sind die englische Erfinderin von Harry Potter, Joanne K. Rowling, aber auch Walt Disney, Thomas Alva Edison, Frida Kahlo.[33] Ein weiteres Beispiel aus meinem persönlichen Umfeld ist der vielfache Deutsche Meister und Gewinner des olympischen Turniers in Peking, Alexander Leipold, der als deutscher Freistilringer nach mehreren Schlaganfällen erneut lernen musste, seine Finger zu bewegen und dann sogar wieder auf der Matte erfolgreich gerungen hat. Er war mit viel Erfolg bis Ende 2012 deutscher Bundestrainer der Freistilringer, verlängerte dann aber seinen Vertrag nicht mehr, weil er sich für mehr Familienleben und gegen seinen „Traumberuf" entschied.

Der Begriff Resilienz stammt aus dem Lateinischen, in dem resilire „abprallen" bedeutet. Häufig wird es mit der Qualität eines Stehaufmännchens verglichen. Im übertragenen Sinne münden übermäßige Belastungen darin, dass das Stehaufmännchen zu Boden gedrückt wird. Es verfügt jedoch über so viel Widerstandsfähigkeit und Kompetenzen, diese bedrückende Lage zu meistern, dass es nach dem Loslassen wieder in seine aufrechte Ursprungsposition zurückschnellt.

Die sogenannte Kauai-Studie mit fast 700 Kindern über einen Zeitraum von 40 Jahren erbrachte als bisher umfassendste Studie zum Thema Resilienz unter anderem folgende Ergebnisse.[34]

- Resilienz ist nicht angeboren, sondern erlernbar.
- Grundlagen für persönliche Resilienz liegen sowohl in der Persönlichkeit als auch in der Lebensumwelt.
- Resilienz verändert sich im Laufe der Zeit, Menschen sind nicht immer gleichmäßig widerstandsfähig.

Aktuelle Forschungen zum Thema Resilienz konzentrieren sich darauf, wie Menschen Rückschläge erfolgreich bewältigen und vorhandene Stärken und ihre Ressourcen besser nutzen können. Die aktuellen Forschungsergebnisse legen nahe, dass die Förderung von Resilienz und Genesungsprozessen eine stärkere Auswir-

---

[33] Bilinski, Wolfang: Phönix aus der Asche, Resilienz – Wie erfolgreiche Menschen Krisen für sich nutzen, Haufe-Verlag 2010, Seite 17–25.

[34] Werner, Emmy 2001, a. a. O.

kung auf die Leistungsfähigkeit von Menschen hat als die Vermeidung von Risikofaktoren und Stresserlebnissen.

Als Schlüsselfaktoren für Resilienz können verschiedene kognitive Fähigkeiten, organisatorische Fähigkeiten und soziale und emotionale Fähigkeiten benannt werden, u. a.

- realistische Zielsetzungen,
- eine gute Selbstfürsorge,
- Selbstwirksamkeitsüberzeugung,
- unterstützende Freunde und förderliche Familie,
- Offenheit und Optimismus,
- Verantwortungsübernahme und Täterrolle.

Die Einbindung in eine Gemeinschaft scheint Resilienz nachweislich zu erhöhen.[35] In jedem Fall sollte man sich bei der Verbesserung der persönlichen Resilienz darüber im Klaren sein, dass diese persönliche Fähigkeit nur verbessert werden kann, wenn man sich durch situative Bedingungen nicht in zu hohem Maße und dauernd überfordert. Denn die Lernphasen von Resilienz beruhen immer darauf, dass ein Mensch eine herausfordernde Situation bewältigt hat, auch wenn das für ihn eine Weile lang sehr anstrengend war. Aber schließlich hat er diese Herausforderung gemeistert und dadurch sein Selbstbewusstsein, seine Kompetenzen und seine Selbstwirksamkeitsüberzeugung gestärkt. Andererseits kann jemand trotz sehr hoher Resilienzwerte Burnout-gefährdet sein, wenn er sich durch eine Situation dauerhaft überfordert und sich damit eine schwere Niederlage aus persönlicher Sicht einhandelt. Jeder Mensch und jedes Menschen Möglichkeiten sind endlich.

Resilienz als zweischneidiges Schwert

Wer den Aufbau von Resilienz als Allheilmittel gegen Burnout betrachtet, läuft Gefahr, genau das Gegenteil zu bewirken. Meiner Erfahrung nach hatten viele Führungskräfte, bevor sie unter massiven, dauerhaften Erschöpfungszuständen litten, einen hohen Grad an Resilienz. Aber auch Resilienz als Fähigkeit, sich von Niederlagen zu erholen, Widerstand zu leisten bei extrem widrigen Situationen und aus Belastungen nicht als Opfer, sondern als lernender zukunftsorientierter Gestalter hervorzugehen, hat ihre Grenzen.

---

[35] Elder, Glen H.,; Conger, Rand D., a. a. O.

▶ **BEISPIEL**

„Schon in der ersten Schulklasse hat sich die Lehrerin gefragt, ob ich nicht gleich in die zweite Klasse wechseln sollte. Meine Großmutter hatte mit mir bereits im Alter von fünf Jahren gemeinsam die Tageszeitung gelesen. Vieles in der Schule war für mich langweilig und ich suchte mehr Herausforderungen. Auch im Sport war ich immer eine echte Kanone, in meinem Zimmer hingen unzählige Urkunden und Medaillen. Neben meinem anstrengenden Job habe ich noch jahrelang Leistungssport betrieben. Zuletzt habe ich in der zweiten Bundesliga gespielt. Das Studium habe ich mit 1,0 abgeschlossen und gleich danach promoviert. Mit 19 Jahren habe ich mit meiner ersten Freundin das erste Kind bekommen. Neben dem jungen Vatersein in einer gemeinsamen kleinen Wohnung mit wenig Geld habe ich durch acht verschiedene Nebenjobs mein Studium finanziert und immer wieder haben mich Freunde und Bekannte gefragt: Wie schaffst du das alles?", so berichtet eine Führungskraft, die im Alter von 41 Jahren völlig erschöpft und mit einer massiven Erschöpfungsdepression vor mir sitzt. „Ich dachte mir immer, dass die anderen eben Weicheier sind. Auch im Job wurde ich sehr schnell Führungskraft und sehr erfolgreich. Wenn die anderen in die Mittagspause gingen, hielt ich das für Schwäche. Ich bat jemanden, mir ein Sandwich mitzubringen, und habe einfach weiter gearbeitet. Weil es abends immer sehr voll war auf der Autobahn, arbeitete ich oft bis mindestens 20 Uhr. Ich hielt mich tatsächlich für unverwüstlich. Manchmal habe ich mich sogar gefragt, ob ich tatsächlich wie andere Menschen eines Tages sterben würde oder ob ich ganz unmögliche Sachen erreichen werde." Dieser Chef berichtete mir in mehreren Coaching-Sitzungen aus verschiedenen Situationen seines Lebens, in denen er immer wieder nach massiven Niederlagen aufgestanden ist und die er im Vergleich zu anderen spielend überwunden hat. Er selbst beschreibt das so: „Wenn die anderen jammerten und mit dem Schicksal haderten, überlegte ich nur, was ich aus dieser Situation lernen kann und was ich tun kann, damit mir das nie mehr passiert. Ich war nicht emotional verletzt, sondern dachte nur darüber nach, wie ich das beim nächsten Mal besser mache." Auch persönliche Umstände wie der Tod von nahen Angehörigen, Trennungen von der Partnerin oder Trennungen vom gemeinsamen Kind hat er nachweislich sehr gut überstanden und immer gute Lösungen gesucht und gefunden. Diese gebildete und überaus reflektierte Führungspersönlichkeit kann von keinem traumatischen Erlebnis berichten, das als Grund für sein Burnout herangezogen werden konnte. Nach einer steilen Karriere, zahlreichen Umzügen und Partnerwechseln war einfach die Batterie leer. So reflektierte er seine Situation zusammengefasst.

Noch einige Monate, bevor er immer mehr psychosomatische Phänomene wie Schwitzen, Schwindel, massive Schlafstörungen etc. hatte, hätte man ihn durchaus als Vorzeigemodell für Resilienz auf einer Managementtagung vorzeigen können. Die Realität beweist jedoch, dass auch Führungskräfte nur Menschen mit einem endlichen Leistungsvermögen sind. Besonders leistungsfähige Führungskräfte können auf Dauer einen hervorragenden Beitrag leisten. Wenn sie jedoch zu früh erschöpfen, weil sie ihre Leistungseinheiten überziehen, dann kann die Dauer ihrer Leistungsfähigkeit stark gemindert werden. Der Manager und das Unternehmen haben dann relativ wenig von der potenziell möglichen lebensbezogenen Leistungsfähigkeit der Führungskraft genutzt. „Bei weniger Drehzahl wäre mein Motor länger gut gelaufen", resümiert ein leitender Ingenieur. Und eine andere Führungskraft in einem meiner Workshops brachte das folgendermaßen auf den Punkt: „Wir haben hier als Projektmanager einen Marathonlauf vor uns, aber wir sprinten. Das kann auf Dauer nicht gut gehen." Deshalb empfehle ich Führungskräften, ähnlich wie Leistungssportlern, ihre Leistungsfähigkeit zu überprüfen, damit sie diese realistisch einschätzen können. Wenn dies erfolgt ist, sollten sie sich darum kümmern, diese Leistungsfähigkeit wiederum ähnlich wie ein Leistungssportler zu erhalten und auszubauen. Im nächsten Schritt geht es dann darum, dass die Führungskraft ihre persönliche Leistungsfähigkeit im tagtäglichen Wettkampf so dosiert, dass sie diese Leistung möglichst lange, am besten dauerhaft, erbringen kann. Weder der Gesellschaft insgesamt, noch den Unternehmen, noch den Führungskräften nutzt es, wenn diese Manager mit 50 Jahren dermaßen verbraucht sind, dass sie ihr Potenzial und ihre gesammelten Erfahrungen nicht mehr wirksam genug in das Wirtschaftsleben einbringen können.

Steh auf?

Resilienz sollte **wohldosiert** und individuell abgestimmt aufgebaut bzw. wiederhergestellt werden. Dies verdeutlicht unter anderem folgendes Fallbeispiel:

▶ **BEISPIEL**

Eine Führungskraft berichtet: Ich hörte das Lied von den Toten Hosen „Steh auf, wenn du am Boden liegst". Was der Sänger beschreibt, kann einem in der Genesungsphase irgendwann einmal helfen. Es ist stark motivierend und kann einem einen Kick geben. In der starken Erschöpfung, in der es noch darum geht, seine Wunden zu lecken, seine Hausaufgaben zu machen und die Selbstreflexion intensiv zu betreiben, hilft dieser Song wenig. Als ich ihn in meiner starken Erschöpfungsphase einmal hörte, dachte ich: „Nein, ich will jetzt nicht wieder aufstehen, wie ich es sooft gemacht habe, um nochmal einen Niederschlag einstecken zu müssen, sondern jetzt bleibe ich einfach liegen und akzeptiere meine Schwäche und mein Nicht-mehr-wollen."

Diese Einstellung ist mit Sicherheit in der starken Erschöpfung sinnvoller, als nun wieder „den Helden spielen zu wollen."

Die eigene Vergänglichkeit bedenken

Die eigene Vergänglichkeit zu bedenken kann helfen, die Relevanz von beruflichen Aufgaben und Herausforderungen neu zu bewerten und aus einer distanzierten Haltung heraus viele Dinge des Alltags psychisch nicht zu nahe an sich heranzulassen. Dazu ein Gedicht von Thich Nhat Hanh.

Wenn du die Vergänglichkeit voll einsiehst, wirst du dein Bestes tun
um deine Lieben hier und jetzt glücklich zu machen.
Der Vergänglichkeit bewusst, wirst du positiv, liebend und weise.
Vergänglichkeit ist eine gute Nachricht.
Ohne Vergänglichkeit wäre nichts möglich.
Durch die Vergänglichkeit stehen alle Türen für Veränderung offen.
Vergänglichkeit ist ein Werkzeug für unsere Befreiung.

Thich Nhat Hanh

Nach langwierigen und intensiven Präventionsmaßnahmen resümiert eine Führungskraft in der Coaching-Sitzung: „Mir ist deutlich geworden, dass die Art des Denkens mein Leben formt." Und er zitiert den Leitspruch einer Weiterbildungseinrichtung in Bensheim: *„Auf Dauer nimmt die Seele die Farben Deiner Gedanken an. "*

2.3.2 Organisatorisches Aufleuchten

„Es gibt nichts Gutes, außer man tut es", lautet eine alte Alltagsweisheit. Dies gilt auch für erfolgreiche Burnoutprävention. Alle mentalen, emotionalen und körperlichen Maßnahmen brauchen ein Gewicht im Leben des Betroffenen. Daher wird eine entsprechende Organisation und Strukturierung inklusive Zeitplanung benötigt, um den persönlichen Bedürfnissen für Körper, Seele und Geist gerecht zu werden und eine entsprechende gesunde Balance herzustellen. Ohne die organisatorische und strukturierte Umsetzung eines anderen Lebensstils ist eine erfolgreiche Burnoutprävention nicht möglich (vgl. Abb. 2.7). Zur besseren Strukturierung und Planung des Arbeitslebens können Sie alle bewährten Zeitplanmethoden verwenden, zum Beispiel auf Grundlage der Ausarbeitungen von Lothar Seiwert.[36]

---

[36] Seiwert, Lothar: Life-Leadership – So bekommen Sie Ihr Leben in Balance. Gabal Verlag, April 2002 sowie diverse Zeitmanagement-Ratgeber.

2.3.2.1 Gut organisieren, um „die Batterie zu schonen"

Aus eigener Erfahrung und aus zahlreichen Berichten von betreuten Führungskräften weiß ich, dass es enorm wichtig ist, sich gut zu organisieren, um in einem erschöpften Zustand nicht noch mehr Energie durch vermeidbaren Stress zu verlieren.

▶ **BEISPIEL**

„Als ich tief unten war in meinem Ausbrennen, hatte ich das Gefühl, dass die Batterie kaum mehr Power hat", berichtet ein leitender Ingenieur. „Wenn ich wieder mal einen Termin zu eng getaktet oder zu wenig Zeit für die Anreise zu einem Termin eingeplant hatte, bekam ich plötzliche Schweißausbrüche, mir wurde schlecht und ich bereute es sofort, dass ich nicht besser meine Zeit geplant hatte. Das ist mir eine Lehre für den ganzen Rest meines Lebens. Ich glaube, man spürt es niemals besser als in diesem Erschöpfungszustand, wie wichtig es ist gut zu timen und wie anstrengend es für den Körper ist, wenn man das tagtäglich nicht gut genug tut. Damals bekam ich es heftig am eigenen Leib zu spüren, wie sinnlos kraftraubend ein lasches Zeitmanagement ist."

Entsprechend empfiehlt es sich für erfolgreiche Burnoutprävention, die eigene Zeit im Sinn von professioneller Zeitplanung (ausreichend Pufferzeiten, Bündelung von ähnlichen Aktivitäten, erfolgreiche Delegation etc.) gut zu planen und zudem die richtigen Prioritäten zu setzen. Wer dem Thema Bewegung, Freunde treffen, Zeit für sich selbst und Entspannung immer nur Nachrang gewährt, sodass diese Vorhaben aufgrund des Vorrangs beruflicher Angelegenheiten regelmäßig nicht stattfinden, der wird gesundheitserhaltend bzw. erschöpfungsvorbeugend kaum vorankommen. Stattdessen kann er heftige psychosomatische Symptome erwarten, die dann aber möglicherweise den konsequenteren Umbau seines Zeitplanes in Zielrichtung eigene Gesundheit und Freude am Leben vorantreiben.

● **PRAXISTIPP**

Ich begleite immer wieder Führungskräfte, die Arbeit aus dem Büro am Wochenende mit nach Hause nehmen „müssen" und zugleich bedrückt wirken, da sie einen Konflikt mit der Familie erwarten. Ich empfehle in diesen Situationen: Treffen Sie eine Entscheidung. Wenn Sie zuhause arbeiten möchten, dann klären Sie das so bald wie möglich mit der Familie bzw. Ihrem Partner und legen Sie eine realistische Zeitspanne und eine Uhrzeit fest. So bedrückt Sie die noch zu erledigende Arbeit möglicherweise weniger, als wenn Sie diese vor sich herschieben und im Hinterkopf haben. Anbei ein konkretes Beispiel: „Hallo Liebling, ich möchte am Wochenende eine Arbeit fertigstellen, die ich im Büro nicht schaffe. Mein Vorschlag: Am Samstag von 16 bis 18 Uhr, wenn Du mit Ulli Tennis spielst. Bis Du einverstanden?" Wichtig ist, sich einen Tag in der Woche komplett freizuhalten, an dem keinerlei Büroarbeiten zuhause getätigt werden, um einmal pro Woche von der Geschäftigkeit Abstand zu gewinnen.

2.3.2.2 Zeitmanagement nutzen

Das persönliche Zeitmanagement sollte eine möglichst realistische Zeitplanung mit ausreichend Pufferzeiten, Zeiten für kraftspendende Pausen und einer persönlich nützlichen Priorisierung von Zeitblöcken beinhalten. Das bedeutet auch, frühzeitig und ausreichend Zeiten zu blocken für den dauerhaften Erhalt der Leistungsfähigkeit und der Leistungsfreude, also zum Beispiel für Freizeitvergnügen, Ausgleichsbewegung und lebensfreudesteigernde soziale Events. Aber: Es bedeutet nicht, die Freizeit dermaßen zeitplanerisch durchzutakten, dass zu wenig Zeit für das süße Nichtstun übrig bleibt, also für Zeit, die nicht durchstrukturiert ist. Dazu eine Führungskraft: „Meine Frau möchte immer etwas mit mir unternehmen am Wochenende. Das ist grundsätzlich toll. Aber manchmal denk ich mir, es ist die Fortsetzung des Business-Stresses mit anderen Mitteln."

● TIPP: Stille Stunde

Psychologen der Universität des Saarlandes belegen in einer Studie den Nutzen der „Stillen Stunde" im Büro. Für viele Chefs verläuft der Tag folgendermaßen: Zu oft klopft es an der Tür, klingelt das Telefon und noch während des gerade geführten Gesprächs blinkt das Symbol für neue Emails im Posteingang immer wieder auf. Derartige Unterbrechungen im Arbeitsprozess werden von den meisten als zeitraubend und belastend empfunden. Nicht alles ist delegierbar. Anspruchsvolle Arbeiten, Berichte oder konzentrierte Projektplanung sind unter solchen Umständen schwierig. Psychologen der Universität des Saarlandes untersuchten, welchen Einfluss die Einführung einer sogenannten „Stillen Stunde" auf die Arbeitsleistung hat. Im Rahmen einer Feldstudie begleiteten die Wissenschaftler 27 Manager zwei Wochen lang in ihrem Berufsalltag. Die Büroarbeiter sollten im Untersuchungszeitraum jeden Tag in einem Tagebuch festhalten, wie sie ihre eigene Leistung einschätzten, wenn sie eine Stunde täglich konsequent externe Reize wie Mails und Telefonate abstellten. Es zeigte sich, dass die Manager nicht nur die Arbeit, die sie innerhalb der „Stillen Stunde" erbrachten, als qualitativ hochwertiger einschätzten. Zusätzlich nahmen sie den gesamten Arbeitstag als zufriedenstellender und effizienter genutzt wahr.

In einer Nachbefragung drei Monate nach dem Feldversuch bewerteten die Teilnehmer die „Stille Stunde" nach wie vor sehr positiv. Viele hatten die bewusste Auszeit von Telefonaten, Emails und Bürogesprächen beibehalten. Was so einfach klingt — sich eine Stunde freizuhalten —, ist in der Praxis allerdings eine große Herausforderung. Die Wissenschaftler betonen, dass Führungskräfte und Mitarbeiter einige Selbstdisziplin benötigten, um die „Stille Stunde" konsequent umzusetzen.[37]

2.3.2.3 Realistische Ziele setzen

In der Organisation des persönlichen Lebens ist es weder dauerhaft gesundheitsförderlich, sich übertriebene Ziele zu setzen, noch sich selbst zu wenig abzufordern.[38]

Bei jungen Führungskräften, die sich in einer Art Euphoriephase (siehe Phasenmodelle zu Burnout in Kapitel 2.1.2.1) befanden, bevor ich sie wegen Erschöpfungsproblemen begleitete, konnte ich feststellen, dass diese gewohnt waren, sich mit extrem hohen Zielsetzungen zu Höchstleistungen zu motivieren. Wenn die High Potentials jedoch nach einer bestimmten Zeit unvermeidbar an ihre persönlichen Grenzen von Leistungserbringung gelangten, fiel es ihnen enorm schwer, die Gewohnheiten bezüglich Zeit- und Zielmanagement so zu verändern, dass sie konform zur aktuellen Leistungsfähigkeit waren. Eine unrealistische Zeit- und Zielplanung sorgt dann für zusätzliche Konflikte und psychische Belastungen. In einem Fall hatte sogar der gut gemeinte Vorschlag des Geschäftsführers einer weltweit führenden Unternehmensberatung für seinen Berater, er solle einfach ein Jahr Auszeit, also ein Sabbatical, nehmen, die Wirkung, dass der sichtlich erschöpfte Berater seine Zeit- und Zielplanung weiter verdichtete. Selbst die Erkrankung an einer Gürtelrose und eine halbseitige Gesichtslähmung konnten den Berater nicht davon abhalten, seine Planungen zu verschärfen, anstatt durch eine realistische Vorgehensweise die Leistungsfähigkeit dauerhaft zu erhalten.

ARBEITSHILFE ONLINE

Vertiefende Inhalte

Reflexionen zu organisationalem Aufleuchten finden Sie auf Arbeitshilfen Online.

---

[37] Informationsdienst Wissenschaft, online, April 2013; König, C. J., Kleinmann, M. & Höhmann, W. (2013): A field test of the quiet hour as a time management technique. European Review of Applied Psychology.

[38] Vgl. Csikszentmihalyi, Mihaly: Flow – der Weg zum Glück, Herder, Freiburg, 2006.

2.3.3 Emotionales Aufleuchten

Auch wenn Erschöpfungserfahrungen und Depressionen als emotional sehr belastend erlebt werden, hat Burnoutprävention ihren Anfang im Mentalen. Die moderne Hirnforschung zeigt eindeutig, dass emotionale Prozesse immer auf eine Einschätzung der Situation folgen. Zuerst orientiert sich der Mensch und macht sich Gedanken, dann erfolgt eine emotionale Reaktion.[39] Deshalb ist die gedankliche Steuerung von Gefühlen ein wichtiger Beitrag zur emotionalen Burnoutprävention und zur gesundheitsförderlichen Selbstfürsorge. Eine erfolgreiche Vorbeugung oder Behandlung von Burnout ist jedoch ohne emotionales Aufleuchten mit Liebe, Selbstannahme und dem Gefühl von Geborgenheit aufgrund von Zugehörigkeit nicht möglich. Auch das Ausleben von Gefühlen wie Wut und Lebensfreude gehören dazu (vgl. Abb. 2.7).

2.3.3.1 Verantwortung für die eigenen Gefühle übernehmen

Um sich emotional zu stärken und nicht unnötig Kräfte zu verlieren, ist es wichtig, Verantwortung für die eigenen Gefühle zu übernehmen, auch für die unangenehmen.

▶ **BEISPIEL**

Eine in Trennung lebende Führungskraft beschreibt, wie anstrengend sie es findet und wie viel Ärger es in ihr verursacht, dass ihr Mann ihr immer noch Handwerkerrechnungen an die neue Adresse senden lässt, obwohl sie aus dem gemeinsamen Haus bereits ausgezogen ist. „Das ist eine Unverschämtheit. Was erlaubt der sich? Ich hab dem Handwerker gesagt, er bekommt das Geld, aber ich habe die ganze Auseinandersetzung wieder am Hals ...", schildert sie das Geschehen aus ihrer Sicht. Von außen ist leicht zu erkennen, dass sie sich um ein Problem kümmert, das eigentlich nichts mit ihr zu tun hat (ihr Mann hat den Handwerker für ein Haus beauftragt, in dem nur noch er wohnt). Objektiv betrachtet bräuchte sie nicht auf das Schreiben des Handwerkers zu reagieren. Subjektiv steigt sie in ein Kommunikationsschema mit ihrem Mann ein, das ihr nicht gut tut. Sie ärgert sich über sein Verhalten, obwohl es nützlicher wäre, es zu ignorieren und sich abzugrenzen.

---

[39] Vergleiche Gerald Hüther, Wolfgang Roth, Michael von Brück, Damit das Denken Sinn bekommt: Spiritualität, Vernunft und Selbsterkenntnis. Verlag Herder; Aufl. 6 (2008).

Menschen ist es immer wieder unklar, **dass sie alle Gefühle selbst herstellen**. Es macht sicherlich einen gewissen Sinn, für eigene negative Gefühle, wie zum Beispiel Ärger und Wut, andere Menschen verantwortlich machen zu können. Das kann entlasten. Aber auf Dauer führt es zu einer gewissen emotionalen Unselbstständigkeit.

Spätestens seit unserer Geburt reagieren wir auf Reize aus der Außen- und Innenwelt mit Gefühlen. Es bahnen sich emotionale Reiz-Reaktions-Verläufe in unser Gehirn, die sich stabilisieren, aber auch nach vielen Jahren in ihrer Prägung wieder verändert werden können.[40] Nachweislich sind Gefühle nicht genetisch bedingt und unveränderbar, sondern sie werden tagtäglich von Menschen produziert. Übernimmt man die Verantwortung für die persönliche Gefühlsproduktion und nimmt sich die Freiheit, die eigene emotionale Reaktion selbst zu bestimmen, dann kann man auf Situationen anders reagieren, in denen man sich zuvor geärgert hatte. Ein Beispiel wäre, indem man sich auf die eigenen positiven Ziele konzentriert und sich emotional mit diesen verbindet (im oben beschriebenen Fall: die baldige Scheidung mit einer guten materiellen Versorgung und mit der dauerhaften Trennung auf allen Ebenen), sodass einzig und allein die Frage entsteht: Wie gehe ich im Hinblick auf meine persönlichen Ziele mit dieser gegebenen Situation um? Und dann würde auch der Klientin klar werden: „Ich werde auf den falsch adressierten Brief gar nicht reagieren. Der hat mit meinen Zukunftszielen nichts zu tun. Ich kümmere mich um meine neue Wohnung. Das zählt." Somit steigt man aus der leidenden Opferhaltung aus und wird zum Verantwortung übernehmenden Täter seines Lebens. Zur visuellen Unterstützung kann man sich in solchen Fällen vorstellen, zwischen sich und dem potenziell negativ verursachenden Reiz eine massive Milchglasscheibe hochzuziehen. Als sprachliches Mantra kann weiterhin helfen: „Ich bin verantwortlich für alle meine Gefühle. Ich entscheide, welche ich beachte und verstärke."

Gerade diese bewusste positive Verstärkung von Gefühlen ist ein wichtiger Baustein zur erfolgreichen Burnoutprävention durch emotionales Aufleuchten. Das heißt konkret: Erfolge ausgiebig genießen und mehr beachten als Misserfolge. Sich nicht emotional fertigmachen, sondern bei Niederlagen analysieren, woran es lag, und dann mit einem emotional positiven Ausblick in die Zukunft gehen.

---

40 Vgl. Gerald Hüther, Bedienungsanleitung für ein menschliches Gehirn, Vandenhoeck & Ruprecht; Auflage: 10. (2010), Göttingen u. Gerald Hüther, Die Macht der inneren Bilder. Wie Visionen das Gehirn, den Menschen und die Welt verändern, Vandenhoeck & Ruprecht; Auflage: 7. (2011), Göttingen.

2.3.3.2 Loslassen

Bei vielen erschöpften Klienten ist es so, dass sie emotional noch an **etwas Vergangenem festhalten und sich damit beschäftigen**. So spielen zum Beispiel **vergangene Trennungen** von Partnern eine große Rolle.

▶ **BEISPIEL**

Eine Führungskraft berichtete, dass sie nach über einem Jahr intensiver Trauer nun verstanden habe, dass die „schöne Zeit mit ihrem Exmann nie mehr zurückkommt". In dem zurückliegenden Geschäftsjahr war die Führungskraft nach eigenen Angaben „stark angeschlagen". Sie hatte immer wieder über Erschöpfungszustände berichtet und massiven Ärger im Unternehmen bekommen, weil sie nicht mehr so leistungsfähig war, wie es ihre berufliche Umgebung gewohnt war. Nun kann die Führungskraft reflektieren, dass die Trennung doch viel mehr emotionale Belastung bewirkt hatte, als sie sich selbst von Vernunftwegen her eingestehen wollte. „Ich dachte mir, dass ich ja schon seit Jahren über die Trennung nachgedacht hatte und dass deshalb dieser Schritt, der ja auch von mir ausging, nicht solche schwerwiegenden Auswirkungen auf mich hätte. Nun habe ich nach über einem Jahr der tatsächlichen Trennung mit meinem Herzen verstanden, dass ich loslassen sollte, und mir ist vom Gefühl her klargeworden, dass die schöne Zeit, die ich mit meinem Exmann hatte, nie mehr wiederkommen wird. Selbst wenn ich eines Tages wieder mit ihm zusammenleben sollte, dann wird diese Zeit, diese schöne Zeit, die wir einmal hatten, nie mehr wieder stattfinden. Seit ich mich von diesem Wunsch, die alte Zeit wiederzubekommen, verabschiedet habe, geht es mir viel besser. Und ich spüre, wie ich wesentlich gelassener werde."

An diesem Beispiel wird deutlich, wie wir Menschen immer wieder viel Energie verbrauchen, weil wir vergangene Verluste und Verletzungen emotional nicht loslassen, sondern noch an ihnen klammern und an der Vergangenheit festhalten. Da wir die Vergangenheit und die Wunschvorstellungen, die sich auf die Vergangenheit beziehen, nicht beeinflussen können, ist dies für unseren emotionalen Zustand immer ein Spiel, das uns viel Kraft kostet und das keinerlei Gewinn bringt. Deshalb ist es wichtig, von den Gedanken und auch von dem emotionalen Wunsch her, die Vergangenheit sowie die damit verbundenen Wunschvorstellungen loszulassen. Viel wichtiger ist es, die eigenen Wunschvorstellungen neu zu formulieren, Bilder damit zu verbinden, die in der Zukunft liegen, und dann einen Plan zu schmieden, wie wir unsere Wünsche und Bedürfnisse in der Zukunft erfüllen können.

2.3.3.3 Emotionale Belastungen aufheben

Andauernde emotionale Belastungen, wie z. B. die Trennung vom Lebenspartner, wirken grundsätzlich erschöpfend. Wie stark und wie lange eine solche Erschöpfung wirkt, hängt von der Bearbeitung der belastenden Situation ab.

▶ **BEISPIEL**

Eine Managerin lebte noch mehrere Jahre mit ihrem Mann in der gemeinsamen Wohnung, obwohl sie sich getrennt hatten. Nachdem ihr Mann eine dauerhafte Beziehung mit einer jüngeren Frau eingegangen war und seiner Ehefrau dies eingestanden hatte, hatten sich beide getrennt. Inzwischen ist die Managerin nach mehreren Jahren des gemeinsamen Zusammenlebens aus der gemeinsamen Wohnung ausgezogen. Sie ist immer noch sehr wütend und voller Hass und hat möglichst viel Mobiliar mit in die neue Wohnung genommen, um ihren Mann zu schädigen. Außerdem, so berichtet sie im Einzelcoaching, denkt sie ständig darüber nach, wie sie ihn weiterhin schädigen kann, weil sie diese unbändige Wut in sich spürt. Auch nach Jahren ist sie noch voller Groll, weil ihr Mann sie betrogen hat. Dies ist menschlich emotional verständlich, jedoch schädlich für die Managerin. In ihrem Beruf bekommt sie nach eigenen Angaben immer mehr Probleme. Sie arbeitet als Geschäftsführerin und bedauert die immer schlechter werdenden Ergebnisse. Offensichtlich ist sie mit einem Großteil ihres Energiehaushaltes emotional mit der Trennung beschäftigt. Beide hatten sich kennengelernt, als sie 18 Jahre alt war, und hatten mit 21 Jahren geheiratet. Sie waren über 30 Jahre verheiratet, als ihr Mann ihr gestand, dass er eine jüngere Geliebte hat.
Die Bearbeitung einer solchen massiven emotionalen Belastung ist unumgänglich. Aber dass diese Managerin seit vielen Jahren darunter leidet und dass sich sehr wenig verbessert hat, zeigt an, dass die bisherige Bearbeitungsweise nahezu unwirksam war.

Was kann man daraus lernen? Auch bei massiven emotionalen Konflikten ist es wichtig, für sich selbst gut zu sorgen und mithilfe eines professionellen Unterstützers (geeigneter Psychotherapeut) diese massive Enttäuschung, Kränkung etc. so zu bearbeiten, dass die emotionale Belastung spürbar behoben wird. Schwere emotionale Belastungen brauchen mehrere Monate. Es gibt auch traumatische Erfahrungen, die einen Menschen emotional ein ganzes Leben lang intensiv beschäftigen. Zielsetzung für den Einzelnen sollte immer sein, mithilfe von professioneller Unterstützung diese emotionale Belastung relativ zeitnah so zu minimieren, dass ein Leben wieder möglich wird, indem man selbst emotional aufladen kann, wieder Freude am Leben empfindet und so gut für sich selbst sorgt, dass man selbst und das eigene Glück im Mittelpunkt des Lebens stehen — und nicht mehr die Enttäuschung aus der Vergangenheit.

Das persönliche Scheitern kann man als Anstoß nehmen zur Neuausrichtung. Dabei dient der emotionale Schmerz als Impuls für die Veränderung und Transformation. Deshalb muss zuerst der Schmerz zugelassen und ausgelebt werden, dann erst können neue Verhaltensweisen im Denken, Fühlen und Handeln transformiert werden.

Lieber früh traurig als später depressiv

Ein Klient berichtet: „Ich hatte das Gefühl, dass ich nun alle Tränen weinte, die ich seit vielen Jahren immer wieder unterdrückt hatte. Ich habe mir über Jahrzehnte hinweg Traurigkeit nicht zugestanden, obwohl es genügend Anlässe gegeben hätte. Der Tod meines Großvaters, die Trennung von meiner Frau, das Abserviert-Werden als Abteilungsleiter und noch einige mehr."

So oder ähnlich berichten viele Klienten nach einer Phase der Selbstreflexion und in der Depression. Insbesondere Manager sind es häufig nicht gewohnt zu weinen. Sie sind selbst davon überrascht, dass sie unkontrolliert weinen. Klienten berichten zum Beispiel davon, dass sie morgens in der Küche bei der Zubereitung des Frühstücks völlig unkontrolliert in Tränen ausbrechen und nichts dagegen tun können. In einer Phase von Erschöpfungsdepression kann dieses unkontrollierte Weinen sehr häufig eintreten und auch lange dauern. Möglicherweise wird der Mensch monatelang von diesen Traurigkeitsgefühlen und dem unkontrollierten Weinen begleitet. Besser für den Klienten ist es in den meisten Fällen, wenn er diese Traurigkeit einfach zulässt und sich sozusagen „ausweint". Viele Klienten fühlten sich nach einer solchen Phase, die meistens mehrere Wochen oder Monate dauert, viel besser. Die Wahrgebungen[41] und Empfindungen der Betroffenen sind selbstverständlich unterschiedlich. Ein Klient berichtete mir: „Nachdem ich mit meinem Psychotherapeuten zu dem Thema inneres Kind gearbeitet hatte, fühlte ich bei diesen Weinattacken immer wieder, wie der kleine Norbert in mir diese Tränen aussandte. Ich hatte das Gefühl, ihn über viele Jahre unterdrückt zu haben und konnte seine Traurigkeit gut verstehen. Ich ließ ihn einfach ausweinen und tröstete ihn. Und ich gab ihm das Versprechen, ab sofort besser für ihn zu sorgen. Danach ging es mir wesentlich besser. Ich konnte den Kleinen ausweinen lassen und ihn in meine Arme nehmen und Schutz anbieten. Das tat sehr gut."[42]

---

[41] Wahrgebung deshalb, weil Wahrnehmung gemäß modernen Erkenntnissen der Hirnforschung ein aktiver, gestaltender Prozess des Menschen ist und man Objekten eine subjektive Bedeutung gibt, also der Prozess der bisher sogenannten Wahrnehmung weniger perziptiv ist, sondern vielmehr gestaltend. Siehe u.a. Gerhard Roth, Aus Sicht des Gehirns. Suhrkamp, Frankfurt 2003.

[42] Literaturhinweis: Chopich, Erika J.; Paul, Margaret : Aussöhnung mit dem inneren Kind, Ullstein, 2011, und der Film „The Kid" mit Bruce Willis.

2.3.3.4 Burnoutprävention und Selbstführung mit positiver Selbstbewertung

Eine der größten Herausforderungen für Führungskräfte bei der Vorbeugung von einem Burnout ist die positive Selbstbewertung. Dies klingt zunächst vielleicht unglaublich. Hunderte von Stunden der Führungskräfteberatung zeigen mir aber: Führungskräfte machen ihre Selbstbewertung, also ob sie sich selbst als wertvoll und liebenswert betrachten oder nicht, von ihrem beruflichen Erfolg abhängig. „Führungskräfte können sich gewöhnlich nicht besonders gut leiden und sich selbst akzeptieren, wenn sie nicht gut funktionieren im Sinne von beruflichem Erfolg", fasst es ein Kollege zusammen. Diese Abhängigkeit der Selbstbewertung von Leistungsmerkmalen kann fatale Folgen haben.[43]

▶ **BEISPIEL**

Der Bereichsleiter eines Konzerns sitzt vor mir und berichtet, dass er neben seinen massiven Schlafstörungen, die ihn seit vielen Monaten begleiten, nun auch Schwindelattacken verspürt, die ihm das Leben schwermachen. Eine ärztliche Untersuchung hat ergeben, dass es keinen physiologischen Grund für diese Schwindelzustände gibt. Er berichtet, dass er oft schon morgens starke Schwindelgefühle hat und damit verbunden Ängste davor, die Kontrolle zu verlieren und zu Boden zu stürzen. Dies korrespondiert damit, dass er in seinem Beruf auch die Befürchtung hat, die Kontrolle zu verlieren. Er hatte sich auf die vakante Vorstandsposition im Hause beworben und sich berechtigte Hoffnungen gemacht, als Vorstand berufen zu werden, zumal er seit vielen Jahren sehr erfolgreich im Konzern tätig ist. Mit wenig Wertschätzung, keinerlei Feedback zu seiner Bewerbung und der Antwort, dass man lediglich Externe für die Auswahl zum Vorstand zulasse, wurde er beschieden. Da die Wirtschaftslage in den letzten Monaten immer schlechter wurde, herrscht ein in seiner Wahrnehmung immer rauerer Ton unter den Kollegen und er ist nicht nur sichtlich emotional verletzt und enttäuscht, sondern fragt sich auch konkret, ob er das Unternehmen verlassen soll. Aufgrund seines Alters (über 50) und seiner familiären Situation ist ein Wechseln in ein anderes Unternehmen nicht angezeigt. Obwohl diese Führungskraft seit vielen Jahren nachweislich hervorragende Arbeit für das Unternehmen geleistet hat, sehr anerkannt ist (Beweis: Ergebnisse aus dem unternehmensintern durchgeführten 360-Grad-Feedback) und nun eine bittere Niederlage bezüglich eines möglichen hierarchischen Aufstiegs er-

---

[43] Zum einen ist die persönliche Leistungsfähigkeit nicht nur von der Person selbst abhängig, sondern von einer ganzen Reihe externer Faktoren wie fachlicher Unterstützung, Eignung der Umgebungsorganisation, Wettbewerb etc. Zum anderen kann jeder Manager auch nur so erfolgreich handeln, wie ihm entsprechende Ressourcen zur Verfügung gestellt werden.

leben musste, arbeitet die Führungskraft in einer solch verschleißenden Art und Weise weiter, dass sie im Unternehmenssinn hervorragend funktioniert und ihre persönlichen Bedürfnisse und ihr Wohlbefinden weit hintenanstellt — und damit sich gefährdet.

Von außen betrachtet ist es nur schwer nachvollziehbar, wie ein Mensch, der nicht unter der Bedrohung von Schusswaffen zu dieser Leistung gezwungen wird, sich freiwillig dermaßen selbst ausbeutet und erschöpft, und das auch noch trotz der Verweigerung des hierarchischen Aufstiegs durch die Unternehmensleitung und trotz seiner massiven körperlichen Beschwerden. Erklärbar ist dies unter anderem damit, dass dieser Mensch sich selbst nur o. k. findet, wenn er diese Leistung absolviert. Seine Daseinsberechtigung hängt daran, erfolgreich zu funktionieren. Mit der Zeit haben sich Führungskräfte in vielen Fällen davon entfernt, gut zu spüren, was sie als Mensch für ihr Wohlbefinden brauchen, und sich diese Wünsche wirklich zu erfüllen. Viele Führungskräfte haben eine berufliche Sozialisation durchlaufen, die sie darauf abrichtet, dass sie möglichst schmerzunempfindlich hinsichtlich des persönlichen Wohlbefindens werden und mit einer hohen Opferbereitschaft dafür sorgen, dass sie funktionieren.

Im vorliegenden konkreten Fall ist es so, dass die Führungskraft in den nächsten vier Monaten dermaßen ausgebucht ist, dass kaum Zeit für persönliche Bedürfnisse wie Bewegung, Freunde treffen etc. besteht. Obwohl die Führungskraft sichtlich erschöpft vor mir sitzt und mit mir reflektieren möchte, wie sie ihren Zeitplan so optimieren kann, damit es ihr persönlich besser geht, findet sie kaum Eintragungen im Kalender, die sie streichen möchte. Als Außenstehender ist das schwer nachzuvollziehen.

An diesem Beispiel wird deutlich, wie eingefahren Verhaltensmuster sein können, die über viele Jahre in Bezug auf persönliche Zeitplanung und Lebensorientierung verinnerlicht wurden. Dem Außenstehenden erscheint es ganz offensichtlich, dass dieser Mensch nun mehr Zeit für sich selbst, seine Bedürfnisse und sein Privatleben verwenden sollte. Der Betroffene selbst findet jedoch keinen Ausweg, weil er die gewohnten Verhaltensweisen nicht verlassen kann, zumindest nicht in einem Ausmaße, dass es eine wesentliche Veränderung des Lebensstils bedeuten würde.

So sind Burnout-Gefährdete gewöhnlich **Opfer ihrer eigenen Werte und Verhaltenssysteme**. Und die gilt es zu durchbrechen, um sich selbst vor einer massiven, dauerhaften Erschöpfung zu schützen. Wem das nicht gelingt und wer infolgedessen einen regelrechten Burnout erleidet, der wird sich kaum darauf berufen können, dass er dies in bester Absicht für das Unternehmen gemacht hat. Die gewöhnlichen Reaktionen von Seiten der Unternehmensführung gehen dann meist in eine andere Richtung: Es wird betont, dass man diesen Einsatz nie verlangt habe und dass man es sogar für möglicherweise unverantwortlich hält, mit welchem Einsatz diese Führungskraft gesundheitsschädigend tätig war, und man wird es bedauern, dass es denjenigen so stark gesundheitlich getroffen hat.

2.3.3.5 Erwartungen senken

Hohe Erwartungen aus dem sozialen Umfeld und die Akzeptanz und Verinnerlichung dieser Erwartungen können ein Menschenleben sehr anstrengend machen, zum Beispiel in Bezug auf Partnerschaft und Ehe. Möchte man eine solche Beziehung, von der man sich lebenslangen Halt und Zusammenhalt erwartet und dies dem anderen versprochen hat, aufrechterhalten, obwohl es aufgrund von starken Enttäuschungen und persönlichen Veränderungen in der Motivstruktur und den Bedürfnissen nicht mehr gut zusammenpasst, dann kann das sehr anstrengend und erschöpfend werden. In der Fachklinik ist ein Mann um die 50 zu beobachten, der seit Tagen berichtet, dass seine Familie, also Frau und Kinder, zu Besuch kommen. Sichtlich freut er sich darauf. In den letzten Wochen, seit er in der Klinik ist, geht es ihm von Woche zu Woche besser. Nun hat der Therapeut ein gemeinsames Gespräch mit der gesamten Familie vorgeschlagen. Als er die Familie zum gemeinsamen Mittagessen in der Klinikkantine mitbringt, wirkt er sichtlich belastet und bedrückt. Auf Nachfrage ist nichts Besonderes passiert. Im gemeinsamen Gespräch mit dem Therapeuten wird danach deutlich, wie sehr ihn seine Rolle als Vater und Mann belastet und dass er dies sich selbst und anderen nicht eingestehen möchte.

„Lebe ich mein Leben oder ein Leben, das andere von mir erwarten?"

Das Drama vieler leistungsfokussierter Menschen ist, dass sie denken (und vielleicht bereits als Kind vermittelt bekamen), man muss etwas leisten, um geliebt zu werden. Fortan ziehen sie ihre Daseinsberechtigung hauptsächlich daraus, für andere da zu sein — also für andere DASEIN zu müssen, um DASEIN zu dürfen. Der Sinn und Wert des eigenen Lebens werden also an das persönliche Funktionieren gebunden. Das kann fatale Folgen haben für die Lebensführung und die Lebensqualität des Betroffenen.

► **BEISPIEL**

Eine betreute Führungskraft resümiert nach monatelanger Zusammenarbeit: „In einer Phase massiver Erschöpfung kann man zu der Erkenntnis gelangen, dass man weder jemand anders noch sich selbst etwas beweisen muss, sondern dass man sich annehmen kann, so wie man ist. Mit allen Ecken und Kanten, mit allen Unzulänglichkeiten, mit nachweisbaren Schwächen etc. Einfach sich selbst voll und ganz akzeptieren, so wie man ist, und zu einhundert Prozent annehmen. Diese komplette **Selbstannahme** kann man auch Liebe nennen, Selbst- oder Eigenliebe. Sie ist wesentliche Voraussetzung für die Liebe zu anderen Menschen, bei der man sich nicht verliert." Und sie erinnert sich: „Ich habe mich gefragt: Lebe ich mein Leben oder ein Leben, das andere von mir erwarten?"

Die Managerin geht inzwischen bewusst mit ihren Bedürfnissen und Gefühlen um und blickt zurück: „Diese Frage habe ich mir in der tiefen Erschöpfung des Öfteren gestellt und immer wieder entdeckt, dass ich die Neigung habe, ein Leben zu gestalten, das den Erwartungen und Vorstellungen von Menschen, denen ich es recht machen möchte, entspricht. Diese Erwartungen oder Wünsche dienen nicht immer meiner Befriedigung und meinem Wohlergehen. Diese Einsicht musste ich wirklich schmerzlich gewinnen. Sie scheint trivial, ist es aber nicht. Ich bin mir sicher, dass sehr viele Menschen, Hunderttausende alleine in Deutschland jeden Tag nach dem Prinzip leben: Ich gestalte meinen Alltag so, dass er anderen gefällt.

Abzuwägen ist jedoch auch bei gesunden Menschen, die zurzeit keine Erschöpfung haben, ob der Preis für eine solche Lebensführung nicht zu hoch ist. Denn meist wird der Preis nicht abgewogen, solange man selbst einigermaßen gesund ist und diese Lebensführung einigermaßen erfolgreich umsetzen kann. Erst an dem Punkt, wo die Gesundheit und starke körperliche oder psychische Probleme auftreten, wird über diese Frage irgendwann einmal in einem schmerzlichen Gesundungsprozess nachgedacht. Von daher ist die Erschöpfung und die sie begleitenden körperlichen Probleme eine tolle Unterstützung für uns, ein noch besseres Leben zu führen. Auch wenn das der Betroffene erst einmal nicht so einzuschätzen vermag, da die schmerzhaften Prozesse im Vordergrund seines Erlebens stehen."[44]

---

[44] Genehmigter Mitschnitt

„Liebe deinen Nächsten höchstens so wie dich selbst" – wie wichtig es ist, **sich selbst zu lieben** und von ganzem Herzen anzunehmen, zeigt folgendes Fallbeispiel:

▶ **BEISPIEL**

In einer Gruppensupervision berichtet eine Geschäftsführerin davon, dass sie sich im Moment besonders ausgelaugt fühlt. Ersichtlich ist die attraktive, körperlich durchtrainierte Geschäftsfrau müde und wirkt abgekämpft. Dies ist auch der Grund, warum sie an der Gruppe teilnimmt: Sie fühlt sich seit Monaten dermaßen erschöpft, dass sie ihren Aufgaben kaum mehr nachkommen kann. Dies stellt für sie eine sehr große Belastung dar. Sie gibt in der Gruppe preis, dass sie sich nicht wertvoll fühlt, wenn sie nicht als Mutter, als Tochter ihres pflegebedürftigen Vaters und als Geschäftsfrau ihre Aufgaben zur vollständigen Zufriedenheit erledigen kann. Es stellt sich heraus, dass sie zurzeit bei ihrer Mutter wohnt und sich 24 Stunden lang pro Tag um sie kümmert, da sich ihr Vater zurzeit mit einem Herzleiden in einer Klinik befindet. Um ihre Mutter zu umsorgen, ist sie nun vorübergehend zu ihr gezogen. Zugleich hat sie seit einigen Wochen eine neue Wohnung angemietet, da sie sich von ihrem Mann räumlich getrennt hat. Er hat seit einigen Monaten eine Geliebte und ihr dies auch eingestanden. Emotional kann sie sich aber nach eigenen Angaben aus der langen Ehe mit ihrem Mann (über 20 Jahre verheiratet) nicht lösen. Sie fühlt sich auch immer noch verpflichtet, im Geschäft ihren Beitrag zu leisten, und dies noch dazu in einer Art und Weise, dass es den Geschäftserfolg und das Befinden der Mitarbeiter nicht stört. Zugleich fühlt sie sich als Mutter noch den bereits erwachsenen Kindern verpflichtet. Auf die Frage eines Teilnehmers, wann sie sich denn einmal Zeit für sich selbst nehme, zuckt sie mit den Achseln. „Wenn ich mich einmal kurz hinsetze, um einen Kaffee zu trinken, beginnt sofort mein Hirn zu rattern, und ich werde unruhig, weil ich weiß, was ich heute noch alle zu erledigen habe, und das duldet keinen Aufschub." Ein anderer Teilnehmer fragt, welche Bedürfnisse sie denn hat, denen sie schon lange nicht mehr nachgegangen ist. Sie zuckt wieder die Achseln, denkt nach und antwortet: „Wenn ich über mich nachdenke, dann ist einfach nur Leere."

Dies ist typisch für Menschen, die es seit vielen Monaten oder sogar Jahren gewohnt sind, nicht über ihre Bedürfnisse, ihre Befindlichkeit, ihre Wünsche und Sehnsüchte nachzufühlen und nachzudenken. Deshalb sollte in einer solchen Situation damit begonnen werden, es wieder zu erlernen. Dies ist tatsächlich vergleichbar mit dem Laufen lernen von kleinen Kindern, denn derjenige hat etwas verlernt und kann es sich nun erst wieder durch kleine Schritte aneignen. Deshalb ist es illusorisch, diesen Menschen Druck zu machen oder sie sogar auszulachen oder in einer anderen Art und Weise abzuwerten. Vielmehr ist es anerkennenswert, dass sie so viel für andere geleistet haben. Nun ist es aber auch Zeit, im Sinne einer guten Balance für sich selbst besser zu sorgen. Denn der Satz aus der Bibel, leicht abgewandelt, hat nach wie vor Gültigkeit: Liebe deinen Nächsten (höchstens) wie dich selbst.

An dieser Stelle möchte ich noch einmal betonen, dass eine der besten Methoden, um Burnout vorzubeugen, ist: gut für sich selbst zu sorgen, indem man seine Gefühle, Bedürfnisse, Sehnsüchte etc. wahrnimmt, sie wirklich spürt und dann in einer adäquaten Weise dafür sorgt, sie zuzulassen bzw. umzusetzen. Jeder Burnout-Betroffene und jeder massiv dauerhaft erschöpfte Mensch ist ein Spezialist dafür, dauerhaft zu funktionieren, ohne das eigene Leiden in bestimmten persönlichen Mangelzuständen zu spüren. Diese Fähigkeit kann für eine gewisse Weile sinnvoll und nützlich sein, aber sie sollte zeitlich begrenzt sein und der Weg sollte immer wieder zurückgefunden werden zu einem Leben, das Freude bereitet, das von dem betroffenen Menschen selbst als sinnvoll und Freude bereitend erlebt wird. Wer in seiner Lebensführung für sich sorgt, indem er gut für seine Bedürfnisse sorgt und sich selbst und anderen bestimmte Grenzen setzt, sodass er viel Lebensfreude erlebt und es ihm richtig gut geht, der wird kaum durch viel Arbeit Gefahr laufen, eine massive, dauerhafte Erschöpfung im Sinne von Burnout zu erleben. Eigene Bedürfnisse wahrzunehmen und danach zu handeln kann durch Achtsamkeitsübungen erleichtert werden.

2.3.3.6 Genusstraining und die Entdeckung des Müßiggangs

Ein weiterer Ansatzpunkt bei der regenerativen Stressbewältigung ist das sogenannte Genusstraining. Es geht hier um den Ausgleich von Belastungen, zugleich sollen regenerative Aktivitäten aufgebaut werden. Dabei kommt es entscheidend darauf an, sich auf ausgleichende Aktivitäten einzulassen, diese zu genießen und Spaß daran zu haben. Dies betrifft bei weitem nicht nur das Genießen von Speisen. So kann auch das „süße Nichtstun", der „Müßiggang" und die „leere Zeit" als wichtige Quelle der Regeneration entdeckt werden. Sinnlichkeit schafft über die Körpererregung Freude. Dies kann bei einem morgendlichen Spaziergang, barfüßig über vom Tau benässten Gras geschehen, aber ebenso bei einer leckeren Tasse Tee mit dem Nachspüren im Gaumen oder einem Lieblingsgericht, das einem spürbar auf der Zunge zergeht. Auch der laue Wind auf der Haut am Sommerabend oder die steife Brise am Wintermorgen kann bei wirksamem Hinfühlen und Spüren die sinnliche Wahrgebung intensivieren und den Fokus der Aufmerksamkeit von gedanklichen Geschäftsbelangen wegführen hin zu sinnlichen Eindrücken, die man in persönlichen Lauten des Gefallens oder Missfallens ausdrücken kann. Es lohnt sich, dies wieder mehr zu betreiben, um die Balance zwischen Geist und Sinnlichkeit/Körperlichkeit zu verbessern. Eine Volksweisheit benennt es folgendermaßen: „Wer nicht genießt, wird ungenießbar."

Um Freude zu erleben, hilft das aktive „Sicheinverleiben" oder „Reinziehen" von sinnlichen Wahrnehmungen und von Vorstellungen, sodass Genuss entsteht. Genießen ist eine aktive Bewegung des Geistes, eine Entscheidung und sie führt zu Freude, die dann emotional erlebt wird: ein wunderbares Zusammenspiel von Geist, Körper und Seele. Mensch kann es nutzen — und genießen.

2.3.4 Körperliches Aufleuchten

„Es kommt darauf an, den Körper mit der Seele und die Seele durch den Körper zu heilen."

Oscar Wilde

2.3.4.1 Entspannung

Führungskräfte sind gewöhnlich Profis im Hinblick auf Anspannen, Anstrengen und Erbringen von Leistung. Im Hinblick auf Entspannen sind sie hingegen oft Amateure. Um jedoch dauerhaft viel leisten zu können, also anzuspannen und sich anzustrengen, bedarf es auch der Kunst, sich regelmäßig zu entspannen und mit dieser Erholung die Bereitschaft und Fähigkeit im Organismus zu unterstützen, danach wieder eine anspannende bzw. anstrengende Leistung erbringen zu können.

Diese Disbalance zwischen Sich anstrengen bzw. Anspannen-Können auf der einen Seite und dem Entspannen bzw. Auftanken-Können auf der anderen Seite entspricht gewissermaßen einer anderen Disbalance: nämlich sich einerseits wie ein Vollprofi mit allen verfügbaren Kräften für bestimmte Ziele, Interessen und Erwartungen anderer Menschen einzusetzen und andererseits wie ein „blutiger Amateur" zu agieren, wenn es darum geht, eigene Bedürfnisse (z. B. nach Entspannung und Entlastung) wahrzunehmen und ihnen nachzugehen, um sich selbst einfach nur glücklich zu machen.

Entspannung bedeutet jedoch nicht unbedingt nichts tun, sondern kann gerade für einen zuvor gestressten Manager bedeuten, den eigenen Organismus mit bestimmten Aktivitäten in einen anderen, entspannteren Zustand zu führen. Autogenes Training, Progressive Muskelentspannung und andere aktive Entspannungstechniken wie Yoga, Qi Gong und Tai Chi sind dafür grundsätzlich empfehlenswert, ihr tatsächlicher Wert für den Einzelnen muss jedoch jede Führungskraft für sich selbst in Erfahrung bringen.

Im Folgenden finden Sie einige Entspannungsmöglichkeiten, die sich in meiner über 10-jährigen Praxis in der Zusammenarbeit mit Führungskräften bewährt haben. Für die Wirksamkeit von Entspannungsmethoden ist es generell wichtig, dass man für sich persönlich einen möglichst geschützten Raum schafft. Das heißt: In einem Raum, den ich kenne, der z. B. in meiner Privatwohnung liegt und den ich mit Entspannung verbinde (z. B. das Schlafzimmer) und in dem ich optimale entspannende Bedingungen herstellen kann (z. B. angenehme Wärme, angenehmes Licht, angenehme Düfte etc.), habe ich eine viel höhere Wahrscheinlichkeit, gut entspannen zu können, als tagsüber in einer Fußgängerzone auf einer Bank sitzend. Entscheidend für die Wirksamkeit von Entspannungsübungen ist auch die Häufigkeit der Übung. Wer bestimmte Entspannungsmethoden über eine längere Zeit eingeübt hat, der kann diese auch in einem ICE, einem Flugzeug oder an anderen Stellen praktizieren und eine entspannende Wirkung erzielen. Man sollte jedoch nicht mit solch herausfordernden Situationen beginnen, sondern zunächst optimal entspannende Bedingungen herstellen.

Die Regelmäßigkeit von Entspannungsübungen hilft dem Organismus zudem, sich auf die Entspannung einzulassen. Wer täglich zu einem ähnlichen Zeitpunkt mit ähnlichen Bedingungen seine Entspannungsübungen vollzieht, der wird bald feststellen, dass der Organismus durch diese Konditionierungen immer schneller in die Entspannung gelangt. Wenn die Entspannung einmal nicht so gut gelingt (z. B. nach einem besonders hektischen Arbeitsalltag), sollte man dies einfach so hinnehmen und sich auf die Übung am nächsten Tag freuen. Auf keinen Fall sollte man mit der Übung oder der eigenen Entspannungsleistung hadern, da dies für die Entspannung nicht zuträglich ist. Eine alte buddhistische Weisheit besagt: „Nichts ist entspannender, als das anzunehmen, was ist."

Nutzen Sie Tricks und Hilfsmittel, um die Entspannung zu unterstützen. Wer in bequemer Joggingkleidung besser entspannen kann als in der Geschäftskleidung oder in einer Jeans mit hohem Gürtel, sollte diese Kleidung wählen. Ebenso hilfreiche Dienste können eine Wärmflasche, eine Wolldecke, eine Knierolle und andere Hilfsmittel leisten. Versuchen Sie bei der Entspannung nicht den Helden zu spielen, sondern sich einfach nur gutzutun und alle Hilfsmittel, die Ihnen ebenfalls guttun, zu nutzen.

Die professionelle Fähigkeit, entspannen und Entspannungsprozesse im Organismus steuern zu können, kann massiver, dauerhafter Erschöpfung vorbeugen. Wer jedoch Entspannungstechniken nur dazu nutzt, um sich danach noch mehr und noch intensiver auszupowern, also durch eine Überanstrengung die Vorteile der Entspannung wieder zunichtemacht, der wird aus Entspannungskompetenzen keinen Nutzen zur Vorbeugung von Burnout ziehen.

Welche Entspannungsmethode wie intensiv auf den einzelnen Menschen wirkt, ist unterschiedlich. Deshalb ist es sinnvoll, sich auf eine persönliche Entdeckungsreise hinsichtlich der Anwendung von Entspannungstechniken zu begeben. Probieren Sie verschiedene Entspannungstechniken aus, und zwar nicht nur einmal, sondern mehrfach. Die Wirksamkeit von Entspannungstechniken ist meist nicht bei der ersten Anwendung erfahrbar, sondern erst nachdem man sich auf die Methode einige Male eingelassen hat. Treffen Sie erst danach eine Entscheidung, mit welcher Entspannungsmethode Sie dauerhaft arbeiten möchten. Wer z. B. versucht, Yoga bei einem Kurs zu erlernen, der mit Fortgeschrittenenübungen beginnt und auf einen muskulösen, verspannten Menschen in der Gruppe keine Rücksicht nimmt, der wird an Yoga wahrscheinlich keine Freude haben. Genau dem gleichen Menschen kann es jedoch passieren, dass er, wenn auf ihn eingegangen wird, mit der Zeit sehr viel Freude und Nutzen aus den Yogaübungen zieht.

Da Führungskräfte gewöhnlich jeden Tag unter Stress stehen, reicht es nicht aus, Erholung auf den Urlaub oder das Wochenende zu verschieben. Erholungsdefizite lassen sich nicht en bloc abbauen. So wie wir täglich anspannen und Leistung oder sogar Hochleistung erbringen, so braucht unser Organismus auch jeden Tag die Erholung und Entspannung, um dann wieder Spannung aufbauen zu können und leistungsfähig zu sein. Deshalb ist die Entspannung eine tägliche Aufgabe. Führungskräfte brauchen daher Strategien für die tägliche Entspannung.

Entspannung sollte dabei nicht verwechselt werden mit Passivität. Wer sich einfach nur auf das Sofa legt, vor sich hindöst oder passiv fernsehschaut, wird möglicherweise keine bedeutende Entspannung erfahren, sondern sich danach möglicherweise in einem noch maladeren Zustand befinden. Entspannen bedeutet vielmehr, aktiv und gezielt eine Entspannung des Organismus herbeizuführen. Viele Führungskräfte kennen die Erfahrung, dass man nach einem langen Arbeitstag in einem müden Zustand nachhause kommt, trotzdem die Laufschuhe anzieht und eine Runde Joggen geht. Wer nach circa einer Stunde vom Joggen zurückkommt und sich dann wesentlich besser fühlt als zuvor, versteht, dass Entspannung und Erholung nicht an der Passivität gemessen werden.

Im Sinne von Stressabbau ist es wichtig, etwas zu tun, was dem Betroffenen Spaß macht. Dazu kann es gehören, sich mit einem guten Freund beim Squash auszupowern oder einfach nur zuhause ein warmes Bad zu nehmen. Wer gut auf seinen eigenen Organismus hört und ihn ernst nimmt, wird von ihm erfahren, was ihm guttut und was nicht. Neben Waldspaziergängen, sportlichen (am besten pulskontrollierten) Aktivitäten, Rad fahren, Schwimmen gehen, mit dem Kanu paddeln gibt es noch zahlreiche andere Möglichkeiten, sich aktiv Entspannung zu verschaffen.

Progressive Muskelentspannung

Eine hervorragende Methode, um die Anspannung und Entspannung von körpereigenen Muskeln zu professionalisieren, stellen die verschiedenen Formen von progressiver Muskelentspannung (PME) oder progressiver Muskelrelaxation (PMR) dar. Auf der Grundlage der Arbeiten des amerikanischen Arztes Jacobson wurden verschiedene Formen dieser Methode weiterentwickelt. Interessierte sollten die verschiedenen Varianten ausprobieren und sich dann für die ihnen am zuträglichsten erscheinende entscheiden. Einen Überblick über die progressive Muskelentspannung geben verschiedene Fachbücher, die sowohl Übungsvarianten anbieten als auch Übungs-CDs oder -DVDs beinhalten.[45] Progressive Muskelentspannung unterscheidet sich von anderen Methoden der Selbstentspannung durch die psychophysiologische Muskelarbeit, um stressbedingte körperliche und seelische Anspannungen gezielt eigenständig zu lockern. Durch abwechselnde An- und Entspannung wird das Loslassen und somit das Lösen der psychischen und muskulären Anspannung erreicht.

Da es bei Führungskräften keine Anspannung und Anstrengung über einen längeren Zeitraum gibt, die nicht mit einer Muskelanspannung bis hin zu Verkrampfung einhergehen, macht es Sinn, diesen Bereich zu professionalisieren. Im Führungsalltag heißt das Folgendes: Der Manager sitzt in einem Meeting und spannt verschiedene Muskeln und Muskelpartien an, ohne dass ihm das bewusst ist. Allein bestimmte Angriffe auf seine Vorschläge oder Konflikte, die sich in ihm anbahnen, führen dazu, dass er Muskeln verspannt. Dies können z. B. der Unterschenkelmuskel sein, aber auch Rückenmuskeln oder der Nacken. Durch verschiedene äußere Bedingungen, wie z. B. einen ungünstig geformten Stuhl oder Sessel oder eine zu eng getragene Krawatte, können zusätzlich Muskelanspannungen bewirkt werden. Mit der progressiven Muskelentspannung erlernt man, muskuläre Verspannungen besser zu spüren, sie professionell zu verstärken, um schließlich eine sich sehr angenehm anfühlende Entspannung bewusst herbeizuführen. Seit über zehn Jahren praktiziere ich mit Führungskräften diese Methode und das Feedback ist zu über 80 Prozent wie bei den folgenden Führungskräften. „Ich spüre jetzt leichter, wenn ich irgendwo im Körper verkrampft bin. Oft sitze ich im Flugzeug, in der Bahn oder im Auto und bin z. B. in der Schulter verkrampft, ohne dass ich das früher so wahrgenommen hätte. Nun merke ich es und kann durch die progressive Muskelentspannung bewusst die Verspannung lösen. Das fühlt sich super an", so beschreibt eine Führungskraft ihre Erfahrungen mit der progressiven Muskelrelaxation. Ein anderer Manager berichtet: „Seit ich diese PME fast jeden Tag praktiziere,

---

45 Dr. Friedrich Hainbuch, Progressive Muskelentspannung, GU Verlag, Gräfe und Unzer Verlag, München 2009.

sagt mir mein Physiotherapeut, dass sich mein Muskeltonus deutlich verringert hat. Neulich hat er mir bestätigt, dass ich früher einen Betonrücken und -nacken hatte und dass ich inzwischen viel weicher geworden wäre."

ARBEITSHILFE
ONLINE

Vertiefende Inhalte

Eine Übung zur progressiven Muskelentspannung finden Sie auf Arbeitshilfen Online.

Autogenes Training

Autogenes Training dient der Selbstentspannung und mentalen Ausrichtung mit der Möglichkeit der Selbstbeeinflussung (Autosuggestion). Der Übende stellt zum Beispiel in der Haltung des „Droschkenkutschers" selbst körperliche Entspannung her und richtet sich dann mental aus. Dies kann individuell bedarfsgerecht erfolgen und sollte immer nur nach dem Erreichen einiger Entspannungsstufen (zumindest das Spüren körperlicher Schwere und Wärme) praktiziert werden. Nach dem Erlernen der Methode des Autogenen Trainings kann diese Technik ohne Therapeuten oder sonstige Hilfsmittel durchgeführt werden.

In diesem Zustand körperlicher Entspannung wird das vegetative Nervensystem positiv mental beeinflusst. Auf autosuggestivem Weg werden Übungen erlernt und bestimmte Leitsätze ständig wiederholt, mit denen auf die Körperfunktionen (beispielsweise Herzschlag und Herzfrequenz) eingewirkt werden kann.[46]

Yoga

Yoga ist die wohl bekannteste asiatische Entspannungstechnik, ein etwa 2000 Jahre altes philosophisch-religiöses Meditationssystem aus Indien. Yoga kann auch zur Prävention und Therapie von Burnout genutzt werden. Eine bekannte Variante ist das Hatha-Yoga. Durch Atmung, bestimmte Körperübungen und Achtsamkeit werden Körper, Seele und Geist beeinflusst. Ziel ist, sie in eine harmonische Balance zu bringen. Ebenso wie bei der progressiven Muskelentspannung geht es um bewusste An- und Entspannung, die sich positiv auf den Muskeltonus auswirkt.[47]

---

[46] http://www.imedo.de
[47] Ebda.

Qi Gong

Der Begriff Qi Gong ist eine Sammelbezeichnung für unterschiedliche Übungen und trainiert Atem und die Achtsamkeit. Durch gezielte Atem- und Körperbewegungen soll eine innere Reinigung von Körper und Psyche erreicht werden. Der Atemfluss wird als fühlbare umlaufende Lebensenergie verstanden, wobei der Geist den Atem leitet.[48]

Tai Chi

Tai Chi ist eine asiatische Bewegungsmeditation und sanfte Selbstverteidigungstechnik. Praktiziert werden langsame, weiche und harmonische Bewegungen, welche Ruhe, Ausgeglichenheit, Konzentration und Ausdauer bewirken sollen. Neben dem Entspannungseffekt kann man durch die aktiven Bewegungselemente Stress abbauen.[49]

Fernöstliche Entspannungsmethoden wie Yoga, Thai-Chi oder Qi Gong werden in den europäischen Staaten immer beliebter. Wer sich dafür intensiv interessiert, sollte einen entsprechenden Kurs z. B. bei einer Krankenkasse, bei einer Volkshochschule oder einem privaten Institut buchen und darauf achten, dass der Lehrer nicht nur ein Meister seines Faches ist, sondern die Techniken auch gut vermitteln kann.

Zu einer anderen Kategorie von Entspannungsübungen gehören die klassischen Stressabbau-Übungen von Humphrey. Prof. Dr. J. H. Humphrey hat spezielle Übungen für den Stressabbau in Arbeitssituationen entwickelt und gibt an, dass über 90 % derjenigen Personen (Führungskräfte, Büromitarbeiter, Lehrer etc.), die diese Übungen regelmäßig in Arbeitssituationen einsetzen, eine sofortige Erleichterung von Stresssymptomen verspüren.

ARBEITSHILFE
ONLINE

Vertiefende Inhalte

Eine Übung zum frühzeitigen Stressabbau in Arbeitssituationen finden Sie auf Arbeitshilfen Online.

---

[48] Ebda.

[49] Ebda.

2.3.4.2 Ernährung

Allein durch eine gesunde Ernährung wird man Erschöpfungssymptome nicht verhindern können. Andererseits wird eine ungünstige Ernährungsweise alleine auch nicht Burnout hervorrufen. Trotzdem ist gesundheitsförderliche Ernährung ein wichtiger Baustein zur Unterstützung von Vitalität, Resilienz und Widerstandskraft gegen Belastungen des Organismus und somit nützlich, um persönliche Erschöpfung im Sinne von Burnout vorzubeugen.

Ernähren bedeutet sich nähren. Das heißt, sich selbst etwas Gutes zu tun, sich selbst Energie zuzuführen und die Basis für ein schönes und gutes Leben zu legen. Ernährung, bezogen auf Nahrungsaufnahme, bedeutet deshalb, sich wertvolle und angenehme Nahrungsmittel zu gönnen, die das eigene Leben bereichern. Dieser Reichtum sollte jedoch so begrenzt werden, dass er nicht zu einer körperlichen Fülle führt, die für den Organismus bedrückend oder irgendwie schädlich wirkt. In unserer Zeit von relativ wenig Bewegung und relativ vielen Sitzjobs mit stundenlangen Meetings bzw. „Sitzungen" ist es schwer, besonders im Alter ab 40 Jahren, sein Idealgewicht zu halten. Was aber gewöhnlich gut machbar ist, ist das eigene Körpergewicht in einem Bereich zu halten, der gesundheitlich unschädlich ist und eine gesundheitsorientierte Lebensführung erleichtert.

Gesundheitsförderliche, erschöpfungsvorbeugende Ernährung

Wie sollte eine solche gesundheitsförderliche, erschöpfungsvorbeugende Ernährung aussehen? Zunächst einmal ist das Ernährungsverhalten als Ganzes zu berücksichtigen. Wer bereits zum Frühstück oder bereits in der Mittagspause nur irgendwelche Nahrungsmittel in sich hineinschlingt, die er kaum beachtet und von denen er nur versorgt werden möchte, erfährt nicht so viel Lebensfreude bei der Nahrungsaufnahme wie jemand, der sein Essen mit ausreichend Zeit auswählt, zubereitet und dann beim Aufnehmen in den Organismus genießt. Deshalb ist es hilfreich, im Allgemeinen beim Thema Ernährung auf Qualität zu achten und nicht die Quantität in den Vordergrund zu stellen. Nach den Erkenntnissen der Deutschen Gesellschaft für Ernährung e.V. (DGE) nehmen die meisten Deutschen zu wenig Frischkost zu sich, also z. B. Obst, Gemüse und Salat. Eine Tomate ist nicht nur lebendiger als Tomatenketchup und ein Apfel lebendiger als Apfelmus, sondern sie beinhalten auch wichtige Vitalstoffe, die unser Organismus zum Aufbau von Belastungsfähigkeit benötigt.

Wie Professor Peter Stehle, der Präsident der Deutschen Gesellschaft für Ernährung e.V. (DGE) betont, sollte jeder Einzelne für sich **die richtige Mischung** in Sachen Lebensmittelauswahl und gesundheitsfördernder Ernährung finden. „Wenn Sie den richtigen Weg zu Ihrer ausgewogenen Ernährung finden, dann leistet sie einen wesentlichen Beitrag zu Wohlbefinden und Gesundheit."[50] Es gibt zahlreiche Ernährungsratgeber mit verschiedensten Ernährungstipps. Nachfolgend finden Sie einige grundlegende, fundierte Tipps für eine gesunde Ernährung:

- Ersetzen Sie Weißbrot langsam durch echtes Vollkornbrot.
- Essen Sie viel Obst und Gemüse; probieren Sie mal neue Sorten.
- Essen Sie regelmäßig und in Ruhe.
- Essen Sie jeden Tag eine warme Mahlzeit mit Gemüse.
- Achten Sie darauf, nicht zu viele Fertigprodukte zu essen. Diese enthalten meist viel Fett und Zusatzstoffe.
- Hören Sie auf zu essen, wenn Sie satt sind.
- Genießen Sie ihr Essen!
- Trinken Sie ausreichend.[51]

Tatsächlich trinken viele Führungskräfte nach meiner Beobachtung tagsüber viel zu wenig Wasser und zu viel Alkohol und gesüßte Getränke (inklusive Fruchtsäfte). Vordergründig scheint ein Fruchtsaft ein gesundes Getränk zu sein, man sollte jedoch nicht den Zuckergehalt von Fruchtsäften unterschätzen, auch wenn sie nicht zusätzlich gesüßt wurden. Spätestens wenn man als Führungskraft nach vielen Meetings und einem anstrengenden Tag des Abends Kopfweh bekommt und diesen Kopfschmerz dann durch einige Gläser Wasser eliminieren kann, weiß man, wie wichtig die Aufnahme von Wasser für den gesamten körperlichen Organismus ist.

Für ein frühzeitiges Sättigungsgefühl empfiehlt es sich, vor dem Essen etwas zu trinken (am besten zwei Gläser Wasser) und sich dann bei der Mahlzeit auf das Essen zu konzentrieren, langsam zu kauen, gut einzuspeicheln und das Nahrungsmittel mit allen Sinnen zu genießen. So kann aus einem Wegschlingen ein freudiges Erlebnis in der Mittagspause werden!

Vermeiden Sie Fertigprodukte, so gut es geht, da sie neben vielen verschiedenen Zusatzstoffen auch Inhaltsstoffe enthalten können, die Sie eigentlich gar nicht zu sich nehmen wollten (z. B. Pferdefleischskandal im Februar 2013). Gute Erfahrungen habe ich persönlich gemacht mit einer „schnellen und gesunden Küche", die auch eine Führungskraft abends zubereiten kann. Es empfiehlt sich z. B. in einem Wok frisches Gemüse kurz anzubraten und mit einer ordentlichen Portion Fleisch (Qualität ist dabei wichtiger als der Preis) zuzubereiten. Meiner Erfahrung nach

---

[50] Prof. Peter Stehle in „Ernährung", Herausgeber: Techniker Krankenkasse, 2009.

[51] Dr. Gunda Backes, „Ernährung", Herausgeber: Techniker Krankenkasse 2009, Seite 6.

ist eine Mahlzeit des Abends mit Fleisch, das sättigt, oder Fisch und Gemüse eine hervorragende Maßnahme, um Gewicht zu halten oder zu reduzieren und sich gleichzeitig sehr lecker und gesund zu ernähren. Die Erfahrung der langjährigen Zusammenarbeit mit Führungskräften zeigt, dass im Allgemeinen mehr Vitalstoffe, mehr Wasser und mehr qualitatives Eiweiß in Form von gutem Fleisch und Fisch und andererseits weniger Kohlenhydrate (Gebäck, Nudeln, Brot etc.) und Alkohol zu sich genommen werden sollten, v. a. nicht abends.

Eine Diät ist selten geeignet, da nach der Diät meist ein sogenannter Rebound einsetzt und nach kurzer Zeit das alte Gewicht wiederhergestellt ist. Bei den Mahlzeiten werden in der Literatur zwischen drei und fünf Mahlzeiten pro Tag empfohlen. Vermieden werden sollten jedoch die kleinen Zwischenmahlzeiten zwischen den großen Mahlzeiten, z. B. in Form von Süßigkeiten etc. Diese kleinen Zwischenmahlzeiten bringen oft zusätzliche Kalorien, die der Körper dann in Form von „Hüftgold" (Übergewicht) im Körper ablagert. Dies ist ebenfalls nicht zuträglich für den Stoffwechsel, da es unserem Organismus besser tut, wenn er zwischen den Mahlzeiten verdauen kann und nicht schon wieder eine neue Nahrungszufuhr bekommt.

● **TIPP**

Statt einer Diät hilft oft wesentlich besser:
- **Richtig kauen.**
- **In Ruhe essen.**
- **Nach 18 Uhr möglichst keine Kohlenhydrate mehr zu sich nehmen.**
- **Sieben Tage lang alles aufschreiben, was man zu sich nimmt.**

Für Führungskräfte, die viel unterwegs sind, empfiehlt es sich, noch folgende Regeln zu beachten:

- Hungern Sie nicht den ganzen Tag, das führt abends zwangsläufig zu Heißhungerattacken. Essen Sie lieber bis zu fünf kleine Portionen über den Tag verteilt.
- Wenn Ihnen die Zeit für warme Mahlzeiten fehlt, dann essen Sie belegte Brote, Obst und Salate. Diese liefern Energie und Vitamine.
- Für die Kantine: Wählen Sie mehr Beilagen und weniger Fleisch. Sparen Sie v. a. an Sahnesoßen und Frittiertem.
- Greifen Sie lieber zu belegten Vollkornbrötchen oder Döner-Kebab statt zu Fertigpizza und Pommes Frites. [52]

---

[52] Ebda.

Alkohol und Zucker als Suchtmittel

Zur Vorsicht ist beim Genuss von Alkohol zu raten. Natürlich ist es am Abend angenehm, ein Glas Rotwein oder ein Bier zu trinken. Jedoch sind alkoholische Getränke immer auch massive Kalorienträger. Zu viel Alkoholgenuss beinhaltet aber nicht nur viele Kalorien für den Körper, sondern auch die Gefahr, mit der Zeit süchtig zu werden. Eine Sucht muss sich nicht in exzessiven Alkoholtrinkverhalten äußern, sondern eine Sucht liegt bereits dann vor, wenn der Konsum von alkoholischen Getränken zwar in Maßen, aber kontinuierlich geschieht. Zuträglich ist er für den Körper auch in einer niedrigeren Dosis nicht.

Alkohol ist ein reines Genussmittel und sollte nicht zur Einleitung von körperlicher Entspannung oder zur Betäubung in Problemsituationen missbraucht werden. Selbstverständlich ist es für eine Führungskraft nach einem langen, harten Arbeitstag verständlich, „ein paar Bier" oder ähnliche Getränke zu sich zu nehmen. Es besteht jedoch die Gefahr der Gewöhnung und des Suchtverhaltens. Die von der Deutschen Gesellschaft für Ernährung tolerierten Mengen von Alkohol liegen für Frauen bei 10g Alkohol pro Tag und für Männer bei 20g Alkohol pro Tag. Diese Mengen sollten aus gesundheitlichen Gründen nicht überschritten werden. 10g Alkohol beinhaltet z. B. ein Glas Bier (0,3 Liter Inhalt).[53]

Dies betrifft ebenso die Aufnahme von Zucker. Zucker ist in verschiedenen Formen (Saccharose, Dextrose, Glucose, Fructose, Laktose, Maltose, Honig, Traubenzucker u. a.) in vielen Nahrungsmitteln versteckt. Wer sich daran gewöhnt, täglich viel Zucker zu sich zu nehmen, entwickelt ein suchtähnliches Verhalten. Wenn man es sich zur Gewohnheit gemacht hat, nach dem Mittagessen etwas Süßes zu sich zu nehmen, wird man auf dieses Verhalten konditioniert und vermisst dann den Zucker, wenn das Süße einmal fehlt. Der Körper wurde über einen längeren Zeitraum daran gewöhnt, dass es nach der Mittagsmahlzeit etwas Süßes gibt und wartet nun sozusagen auf die Zuckerzufuhr. Zucker hat eine energetisierende Wirkung auf den Körper und dies verleitet dazu, z. B. am Nachmittag oder am Abend auf Zucker zurückzugreifen und etwas Zuckerhaltiges zu sich zu nehmen, um den eigenen Energiehaushalt zu verbessern. Dies kann mit der Zeit zu einem suchtähnlichen Verhalten führen und dazu, dass täglich zu viel Zucker aufgenommen wird. Dies erhöht die Gefahr von Übergewicht und Diabetes.

---

[53] Ebda., S.22

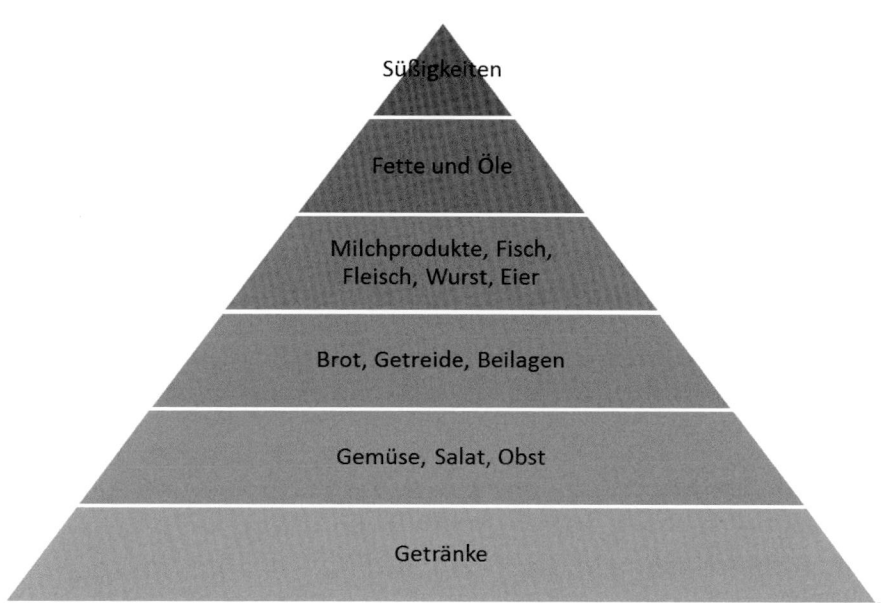

Abb. 2.8: Lebensmittelpyramide. Quelle: Eigene Darstellung.

Ernährung ab 40

Im Laufe des Lebens ändern sich die Körperzusammensetzung und die Leistungsfähigkeit. Dies kann jede Führungskraft feststellen, wenn sie reflektiert, wie sie mit 30 bzw. mit 50 Jahren beruflich aktiv war. Mit zunehmendem Alter verlangsamen sich der Stoffwechsel und auch die Verdauung. Die Folge: Ein Mann mit 20 Jahren braucht circa 3.000 Kilokalorien pro Tag, ein 50 Jähriger bei gleicher Anstrengung und Belastung rund 500 Kilokalorien weniger, nämlich 2.500 Kilokalorien. Wer nun nicht in die Übergewichtsfalle laufen möchte, muss entweder mehr verbrauchen durch zusätzliche Bewegung oder er muss sein Essverhalten und seine Ernährung anpassen. Setzt die Führungskraft auf das Motto „Weniger ist mehr" und damit auf qualitativ hochwertige, in der Portion reduzierte Ernährung, dann hat er gute Chancen, das Gewicht zu halten und sich zugleich gesund zu ernähren.

Eine spezielle Nahrung braucht man dazu nicht. Es gilt das Gleiche wie bei der bereits beschriebenen gesundheitsförderlichen Ernährung. Sinnvoll ist das Zusichnehmen von Lebensmitteln mit einer hohen Nährstoffdichte (viele Vitamine und Mineralstoffe, aber wenig Energiegehalt). Frisches Gemüse, Obst und tatsächliche Vollkornprodukte sind bestens geeignet. Frisch zubereitete Lebensmittel haben zudem den Vorteil, dass sie Vitamine und Mineralstoffe beinhalten, die in intensiv bearbeiteten Nahrungsmitteln (v. a. Fertiggerichten) möglicherweise vernichtet wurden. Auf spätes Abendessen sollte auf jeden Fall verzichtet werden, da eine späte Mahlzeit nur schwer verdaut werden kann und leicht zu Übergewicht führt, weil die entsprechenden Kohlenhydrate kaum mehr verarbeitet werden können. Besonders sinnvoll ist die Vorbeugung von Altersdiabetes und Herz-Kreislauf-Erkrankungen. Dazu sollte u. a. viel Wasser getrunken werden (insgesamt 1,5–2 Liter Getränke pro Tag). Hierzu empfiehlt es sich, ein Getränk, am besten Wasser, in Sichtweite aufzubewahren, sodass man immer wieder daran erinnert wird. Durch die Ernährungsweise und andere Faktoren des Lebensstils (Bewegung, beruflicher Stress etc.) kann jede Führungskraft beeinflussen, ob ihre natürlichen Abbauvorgänge eher beschleunigt verlaufen oder eher gebremst. Eine möglichst hohe Fitness und ein möglichst positives Allgemeinbefinden helfen uns in der Prävention von massiven, dauerhaften Erschöpfungszuständen.

TIPP

Hilfreiche Kontakte, um die persönliche Ernährung zu optimieren, sind u. a.:
- Deutsche Gesellschaft für Ernährung e.V., Godesberger Allee 18, 53175 Bonn, www.dge.de
- Bundeszentrale für gesundheitliche Aufklärung, Ostmerheimer Straße 220, 51109 Köln, www.bzga.de
- aid infodienst Verbraucherschutz, Ernährung, Heilsbachstraße 16, 53123 Bonn, www.aid.de

Außerdem bieten viele Gesundheitskassen hilfreiches und verständlich aufbereitetes Informationsmaterial an.

ARBEITSHILFE ONLINE

Vertiefende Inhalte

Diese Websites zur Ernährung finden Sie auch unter Arbeitshilfen Online.

2.3.4.3 Gesunde Ausgleichsbewegung

Durch Bewegung alleine kann man selbstverständlich Burnout nicht verhindern. Aber Bewegung kann eine wichtige Rolle spielen, um Stresssituationen im Organismus abzubauen und den Körper so tüchtig zu machen, dass er hohen Anforderungen eher standhält. Unter anderem kann Bewegung auch bewirken, dass das Selbstbewusstsein der betroffenen Führungskraft steigt und er eine höhere Resilienz aufbaut.

Bewegung sollte in erster Linie als Ausgleichsbewegung stattfinden. Das bedeutet: Im Gegensatz zu der überwiegend sitzenden Haltung im Büro (z. B. bei Besprechungen) und der liegenden Haltung nachts beim Schlafen ist unser aller Körper aufgrund seines Aufbaus dafür geschaffen, sich zu bewegen und zwar in aufrechter Haltung. Dies findet inzwischen bei vielen Führungskräften zu wenig statt. Deshalb ist eine gesunde Ausgleichsbewegung sinnvoll und hilfreich, um den Gesamtorganismus fit zu halten und zusätzlichen Erkrankungen (v. a. der Skelettmuskulatur, Rückenbeschwerden etc.) vorzubeugen. Denn ein stark belasteter Manager wird noch mehr belastet, wenn er tagtäglich spürt (mit Schmerzen oder ohne), dass er immer bewegungsunfähiger wird und sein Körper „nicht mehr so richtig mitmacht" (Originalton eines Managers mit zunehmenden Rückenbeschwerden).

Bewegung als Präventivmaßnahme gegen Erschöpfungszustände

Bei Bewegung als Präventivmaßnahme gegen Erschöpfungszustände geht es nicht darum, sich irgendwie zu bewegen. Auf gar keinen Fall sollte man sich im gleichen Modus von Hektik und persönlicher Ausbeutung wie im fordernden Arbeitsalltag bewegen. Wer z. B. sonntagvormittags durch den Wald joggt, kann hin und wieder Menschen treffen, die einen sehr angespannten Eindruck machen, bisweilen einen roten Kopf haben, scheinbar unter Atemnot leiden und sehr angestrengt durch den Wald hetzen. Diese Form von Bewegung ist absolut kontraproduktiv zur Prävention oder auch Behandlung von Burnout.

Gesunde, präventive Bewegung mit der Zielsetzung Verhinderung von dauerhaften, massiven Erschöpfungszuständen orientiert sich immer am Status quo des Betroffenen. Deshalb ist auch anzuraten, dass man sich ein persönliches Programm auf Basis eines Fitnesschecks erstellen lässt. Dabei sollte man sich jedoch nicht in die Hände eines leistungsorientierten Fitnesstrainers begeben, sondern sich vielmehr einem Spezialisten anvertrauen, der auf gesunde Ausgleichsbewegung spezialisiert ist.

Diese gesunde Ausgleichsbewegung orientiert sich v. a. an den oft einseitigen Belastungen des Körpers während der Arbeitszeit. Das viele Sitzen, Fehlhaltungen, Übergewicht etc. sorgen dafür, dass der Körper einseitig überlastet wird. Dazu ist die passende Form von Ausgleichsbewegung zu finden, die sowohl Bewegung als auch Dehnung und Entspannungsformen beinhaltet. Ab 50 Jahren sollte man spätestens auf jeden Fall täglich Dehnungs- und Bewegungsübungen machen, um seinen Körper beweglich zu halten. Ansonsten beginnt automatisch eine gewisse Versteifung.

Vorteile dieser Bewegungsformen sind u. a., dass sich der Betroffene besser und kompetenter fühlt und dass es sein Selbstbewusstsein stärkt, wenn er Dinge vollbringen kann und über eine Beweglichkeit verfügt, über die er zuvor nicht verfügt hat. Außerdem sind bei einer dauerhaften, angenehmen Bewegung in sozialen Gruppen deutlich positive Auswirkungen auf die Stimmung des Betroffenen festzustellen. Nicht umsonst gehören solche Bewegungsformen, wie z. B. gemeinschaftliches Nordic Walking u. ä., zu den Standardprogrammen in Fachkliniken für Psychosomatik und Psychotherapie, um antidepressiv zu wirken.

Auch bei der gesundheitsförderlichen Ausgleichsbewegung empfiehlt sich die Zusammenarbeit mit wirklichen Profis. Mit einem professionellen Bewegungsberater kann man aufgrund einer ganzheitlichen Diagnose ein individuelles Bewegungs- und Dehnungstraining ausarbeiten, das schon nach wenigen Wochen wesentliche und dauerhafte Besserungen zeigen kann.

2.3.5 Projektleiter der eigenen Gesundheit – die persönliche Landkarte

Aufbauend auf den vorangegangenen Ausführungen zu Lebensbalancen, Lebensbilanzierung, Antreiber, Kraftquellen und zu den Bereichen mentales, emotionales, körperliches und lebensorganisatorisches Aufleuchten möchte ich Sie nun dazu einladen, die ehrenwerte Aufgabe der Leitung eines sinnvollen Projektes zu übernehmen: Ihren persönlichen Weg zu Erfolg und möglichst dauerhafter Gesundheit. Sie bestimmen für sich selbst das Ziel und das Vorgehen, die Ressourcenverwendung etc. Ich gebe Ihnen dazu einige Anregungen mit auf Ihren Weg.

Bitte gehen Sie an dieses Projekt nicht so heran, wie Sie es aus Ihrem beruflichen Kontext gewohnt sind. Setzen Sie sich nicht unter Druck, verbinden Sie die Leitung des Projektes immer mit den angenehmen Zielvorstellungen, zum Beispiel von einem Leben, in dem Sie noch besser Ihre persönlichen Bedürfnisse nach beruflichem Erfolg und persönlichem Wohlbefinden und dauerhafter Leistungsfreude verbinden können. Vorstellbar ist als handlungsleitende Vision ein Leben, in dem Sie so gut und entschlossen für sich sorgen, dass Menschen in Ihrem Umfeld Ihre Grenzsetzungen akzeptieren und Sie genügend Freiraum für Ihre eigenen Bedürfnisse haben. Ein solches Bild könnte zum Beispiel so aussehen: Sie freuen sich bei der morgendlichen Fahrt ins Büro auf die Zusammenarbeit mit Ihren Mitarbeitern und Kollegen, ja sogar auf Ihren Chef. Und Sie haben eine gewisse Vorfreude auf den Sporttermin am Abend mit anschließender Massage. Am Wochenende steht eine kleine Fahrradtour mit drei Kumpels an und am Sonntag kommt die Tochter oder der Sohn endlich wieder einmal zu Besuch. All diese schönen und auch die herausfordernden Angelegenheiten meistern Sie zu Ihrer Zufriedenheit und sind selbst stolz auf sich. Sie freuen sich darüber, dass Sie inzwischen stabil so ein glückliches Leben führen.

Bitte beachten Sie, dass Sie für ein erfolgreiches Projekt **Unterstützer und Kooperationspartner** brauchen, zum Beispiel einen Fitnesstrainer, der Ihnen möglicherweise ehrlich und unverblümt mitteilt, wie untertrainiert Sie sind und wie viele Kilogramm Übergewicht Sie mit sich herumschleppen. Aber auch gute Freunde sind wichtig, die Ihnen deutliche warnende Worte sagen, wenn Sie in Gefahr sind, sich dauerhaft zu überlasten.

Berücksichtigen Sie bitte die **Auswirkungen von Systemen**, in denen Sie Teil des Ganzen sind, allen voran Ihre Firma, aber auch Vereine etc. Überprüfen Sie, ob Sie tatsächlich länger Teil dieses Systems bleiben wollen oder ob Sie zumindest Ihre Haltung zu diesem System ändern. Oder ob Sie sich mit der Teilhaberschaft an einem solchen System arrangieren und damit zufrieden sind, wie es ist, gemäß dem Motto: „Love it — leave it — or change it". Lassen Sie aber auf keinen Fall den Leitsatz gelten: „Freeze yourself to survive the system." Denn das „freeze" im Sinne des Totstellreflexes sollte in Zukunft nicht mehr zu Ihren Optionen für eine glückliche Lebensweise gehören.

Bedenken Sie bitte, dass Sie erst dann wirklich gut für andere da sein können, wenn es Ihnen selbst so richtig gut geht. Erst wenn sinnbildlich Ihre Schale überläuft, kann das Wasser auch auf die Schalen anderer Menschen überlaufen.

Wie in allen Veränderungsprojekten ist es auch bei diesem nützlich, sich den gewünschten Weg, das Ziel und das relevante Umfeld vor Augen zu führen — zum Beispiel in Form einer persönlichen Landkarte.

ARBEITSHILFE
ONLINE

Vertiefende Inhalte

Eine Anleitung zur persönlichen Landkarte sowie einen Masterplan für das persönliche Aufleuchten finden Sie auf Arbeitshilfen Online.

ZUSAMMENFASSUNG

Niemand ist Burnout ausgeliefert. Obwohl Anforderungen an den Einzelnen im Privat- und Berufsleben steigen und stressbewirkende Rahmenbedingungen sich verschärfen, kann jede Führungskraft eigener massiver Erschöpfung entgegenwirken, wenn sie gezielt Maßnahmen des „Aufleuchtens statt Ausbrennens" anwendet. Während die Burnout-Gefährdung zugenommen hat, ist eine entsprechende Zunahme an Kompetenzen im Umgang mit Erschöpfung nicht zu erkennen. Dem können Manager jedoch begegnen, indem sie sich in den vier Bereichen mental, organisational, emotional und körperlich entsprechend befähigen. Die Maßnahmen reichen von mentaler Aufmerksamkeitsfokussierung, Resilienzaufbau und Achtsamkeitsverbesserung über organisationale Entschleunigung und emotionale Selbstannahme bis hin zu effektiven Maßnahmen der körperlichen Ausgleichsbewegung.

Insgesamt geht es um das Erreichen und Bewahren von persönlichen Lebensbalancen, die jede Führungskraft in einem persönlich zugeschnittenen Masterplan für sich umsetzen kann. Dabei hilft in jedem Fall die Inanspruchnahme von professioneller Hilfe.

ARBEITSHILFE ONLINE

Vertiefende Inhalte

Als weiteres Zusatzmaterial auf Arbeitshilfen Online finden Sie:

- Weitere Fallbeispiele
- Checkliste für Burnout-Symptome und -Warnsignale

3 Mitarbeiterführung und Burnoutprävention

3 Mitarbeiterführung und Burnoutprävention

MANAGEMENT SUMMARY

Die Führungskraft verfügt in ihrem Verantwortungsbereich über wesentlichen Einfluss bei der Vorbeugung von Burnout und zur Gestaltung salutogener Entwicklungen.

Der Chef sollte sich jedoch mit dieser Aufgabe nicht persönlich überfordern, sondern

1. sich auf die wirksamsten Erfolgsfaktoren konzentrieren und
2. eine Organisationsentwicklung in seinem Verantwortungsbereich anstoßen und begleiten, die nachhaltig von der Mitarbeitern getragen wird und dem Wert Gesundheit eine hohe Bedeutung im Team und in der täglichen Zusammenarbeit gibt.

In diesem Kapitel erfahren Sie zudem, wie man als Chef Unterstützungs- und Analyseinstrumente zur Burnoutprävention nutzt und gesunde Führung konkret im Berufsalltag verankert.

3.1 Bedeutung und Möglichkeiten der Führungskraft

3.1.1 Gesunde Führung – drei Einflussebenen

Bei gesundheitsorientierter Führung, die sich salutogen auf Mitarbeiter auswirkt und Burnout vorbeugt, ist zu unterscheiden zwischen

- der **Unternehmensführung** (zum Beispiel Geschäftsführung),
- dem **Personalmanagement** (das auch für Personal- und Organisationsentwicklungsmaßnahmen zuständig ist und für alle Personalmanagementinstrumente) und
- der **personalen Führung durch die direkte Führungskraft** (direkte persönliche Mitarbeiterführung).

Die Unternehmensführung und das Personalmanagement haben allgemeine Steuerungsfunktionen, die für die Umsetzung von gesundheitsorientierter Führung wichtig sind, zum Beispiel im Hinblick auf das Entlohnungs- und Anreizsystem und alle wichtigen Personalentwicklungs-, Beurteilungs- und Managementinstrumente. Somit schaffen Unternehmensführung und Personalmanagement Strukturen und Rahmenbedingungen für gesundheitsorientiertes Führen.

Das unmittelbare Führungsverhalten der direkten Führungskraft, die personale Führung, die direkt die Einstellungen und Verhaltensweisen einzelner Mitarbeiter beeinflusst — unter anderem durch die Steuerung und Koordination der Zusammenarbeit in und zwischen Gruppen — ist bei der Umsetzung von gesundheitsorientierter Führung besonders entscheidend. Das offizielle Ziel von Mitarbeiterführung ist es, das Verhalten von Mitarbeitern im Sinne der Organisationsziele zu steuern und zu optimieren. Somit ist es für die Führungskraft wichtig, sowohl den Unternehmenszielsetzungen gerecht zu werden als auch den gesundheitsförderlichen Bedürfnissen der Mitarbeiter und den eigenen persönlichen Bedürfnissen als Führungskraft. In der Führungsforschung zeigt sich erst in den vergangenen Jahren ein zunehmendes Interesse, die Bedeutung des Führungsverhaltens auf die gesundheitliche Entwicklung von Mitarbeitern zu untersuchen.[1]

In zahlreichen Führungsratgebern und anderer Führungsliteratur ist dabei immer wieder die Rede von Wertschätzung, Empowerment, Zutrauen und anderen Empfehlungen der Autoren. Aber was bedeutet das konkret für den Führungsalltag? Für eine Führungskraft, der selbst immer öfter die Kraft ausgeht und die von ihrem Chef, vom Wettbewerb und anderen situativen Bedingungen eine Menge Druck empfindet und nun hervorragende Ergebnisse bringen muss, aber gleichzeitig sich selbst und seine Mitarbeiter gesund führen soll?

Die Änderung von persönlichen Verhaltensweisen im personalen Führungsverhalten reicht gewöhnlich nicht aus, um ein gesundes Führungssystem aufzubauen. Dazu sind auch Änderungen in der Organisation, z. B. im Unternehmen, notwendig. Ansonsten kann es passieren, dass eine Führungskraft, die sich nun auch noch gesunde Führung als Aufgabe vorgenommen hat, selbst von Burnout betroffen ist, da sie innerhalb der Bedingungen des bestehenden Umfeldes mit dieser Zielsetzung an ihre Grenzen stößt. Um die Führungskräfte nicht zu überfordern, indem man ihnen eine zusätzliche Aufgabe als umfassender Gesundheitsmanager im Verantwortungsbereich überstülpt, ist es wichtig, sie einerseits von der Wichtigkeit

---

[1] Vgl. Vincent S.: Gesundheits- und entwicklungsförderliche Führungsverhaltensanalyse: Validierung einer Kurzversion. In Badura, B. et al.: Fehlzeitenreport 2011. Führung und Gesundheit. Heidelberg, Seite 49–60.

und dem Nutzen der Burnoutprävention bzw. von gesundheitsorientiertem Führen zu mehr und dauerhafter Leistungsfähigkeit zu überzeugen, als auch ihnen Kompetenzen zu übertragen, die es möglich machen, diese Aufgabenstellung zu erfüllen.

3.1.2 Relevanz der Führungskräfte für Burnoutprävention in ihrem Verantwortungsbereich

Führungskräfte sind nicht nur hinsichtlich der geschäftlichen Zielerreichung, sondern auch beim Thema Burnoutprävention die Schlüsselfiguren für die gesundheitsorientierte Führung der Mitarbeiter. Einerseits können sie ihre Funktion als Dreh- und Angelpunkt für gesunde Zusammenarbeit nicht abstreifen, andererseits sind sie Vorbilder und können sich der unterschiedlichen Rollenverantwortung nicht entledigen. Das zeigt unter anderem die Bestandsaufnahme der Rollen, die einer Führungskraft zum Thema gesundheitsorientierte Führung zukommen:

- Vorbild,
- Multiplikator,
- Förderer,
- Wertevermittler,
- Gestalter von Beziehungen zwischen Menschen im Verantwortungsbereich und darüber hinaus und
- Gestalter von Rahmenbedingungen, die gesundheitsförderlich oder hinderlich wirken.[2]

Führungskräfte wirken durch ihr eigenes Verhalten permanent als Vorbild für ihre Mitarbeiter. Dies bestärkt die Wichtigkeit, dass Führungskräfte zunächst sich selbst gesund führen, um ein gutes Vorbild für Mitarbeiter im Sinne von gesunder Selbstführung zu sein. Dies beinhaltet, wie in Kapitel 2 beschrieben, unter anderem die persönlichen Verhaltensweisen bezüglich mentaler, emotionaler, körperlicher und organisatorischer Fitness. Ein Chef, der selbst meist gut gelaunt und mit einer Lebensfreudeausstrahlung, Respekt und Empathie für seine Mitarbeiter führt, wird eine andere Wirkung auf seinen Verantwortungsbereich entfalten als ein Vorgesetzter, der mit Pessimismus, Launenhaftigkeit, Unberechenbarkeit und inkonsequentem Führungsverhalten in seinem Verantwortungsbereich für Angst, Unsicherheit und Leistungsminderung sorgt. Wie wichtig das Vorbildverhalten der Führungskraft ist, zeigt unter anderem eine Untersuchung von Ilmarinen, die belegt, dass „gutes Führungsverhalten und gute Arbeit von Vorgesetzten der einzige

---

hochsignifikante Faktor ist, für den eine Verbesserung der Arbeitsfähigkeit zwischen dem 51. und 62. Lebensjahr nachgewiesen wurde."[3]

Als Ansprechpartner vor Ort sind Führungskräfte in der Pflicht, sich den gesundheitsrelevanten Themen ihrer Mitarbeiter zu stellen — und zwar nicht nur passiv, sondern auch aktiv auf Mitarbeiter zugehend, wenn sie als Führungskräfte Anzeichen erkennen, die auf Probleme hinweisen und wert sind, mit dem Mitarbeiter besprochen zu werden. Es macht einen Unterschied in der gesundheitsförderlichen Führungspraxis, ob eine Führungskraft darauf wartet, bis sich ein Mitarbeiter mit gesundheitlichen Problemen meldet oder ob ein Chef auf Mitarbeiter zugeht, wenn er den Eindruck hat, dass jemand leichter reizbar, weniger belastbar, weniger kooperativ und möglicherweise auch leistungsschwächer geworden ist. Je früher das Gespräch, umso besser die Chancen, präventiv handeln zu können. Dabei ist die grundsätzliche Einstellung entscheidend, wonach die Führungskraft die Ansprache in Frageform durchführt und nicht mit Behauptungen — also nicht in der Form wie „Mensch Müller, ich habe neulich gesehen, wie angespannt Sie waren, früher haben Sie so was doch locker weggesteckt. Mensch, reißen Sie sich zusammen, das wird schon wieder", sondern vielmehr in einer Form wie „Ich hatte bei unserer letzten Besprechung den Eindruck, dass … und mich würde interessieren, wie Sie sich selbst fühlen und ob Sie Unterstützung von mir erwarten."

In größeren Unternehmen spricht nichts dagegen, wenn sich Mitarbeiter direkt an die entsprechenden Beauftragten im Unternehmen wenden, wie zum Beispiel an Beauftragte in psychosozialer Beratung o. ä. Trotzdem ist die Führungskraft diejenige, die meist so nahe am Mitarbeiter ist, dass sie Veränderungen im Gesundheitszustand frühzeitig bemerken kann, und entsprechend frühzeitig handeln sollte, um präventiv erfolgreich sein zu können.

3.1.2.1 Schlüsselrolle Führungskraft

Führungskräfte haben **bei der Vorbeugung von Burnout** nicht nur für sich selbst, sondern auch für ihre Mitarbeiter und damit **für ihren gesamten Verantwortungsbereich eine Schlüsselrolle**.

Sie sind unter anderem zuständig für die **Arbeitsabläufe, die Aufteilung von Aufgaben und die Arbeitsmenge**, die jeweils zu bewältigen ist. Somit können sie einzelne Mitarbeiter überfordern, unterfordern oder auch fördern. Zudem prägen Manager ganz erheblich das Teamklima. Gestalten sie ein angenehmes, **leistungs-**

---

[3] Ilmarinen, 2002, Seite 245.

und gesundheitsförderliches Teamklima, führt dies zu Wohlbefinden und guten Leistungen bei den Mitarbeitern. Außerdem ist die Führungskraft vor Ort der wichtigste **Ansprechpartner** für Mitarbeiter, die ihrem Chef auch Sorgen, Probleme und Nöte mitteilen möchten. Hierbei hat die Führungskraft eine besonders wichtige Funktion, da sie durch offene, vertrauensvolle Gespräche mit den Mitarbeitern frühzeitig erfahren kann, ob ein Mitarbeiter Burnout-gefährdet ist oder gesundheitliche Probleme hat, die im Zusammenhang mit anderen zum Beispiel psychosozialen Belastungen zu einem Burnout führen könnten. Zur wichtigen Schlüsselrolle der Führungskraft gehört auch sein Verhalten als Vorbild. So wie der Chef mit seiner Arbeitsbelastung umgeht, wie lange und intensiv er arbeitet, wie er Rücksicht auf sich selbst und andere nimmt, all das wirkt als Vorbildverhalten auf Mitarbeiter. Wie geht er mit Pausen um und wie viele Überstunden absolviert er? Wie verhält er sich mit Dienstreisen? All diese Fragen beantwortet die Führungskraft durch ihr Verhalten und gibt somit ein Vorbild für ihre Mitarbeiter. Auch bei den betriebsübergreifenden Maßnahmen im Gesundheitsmanagement von Organisationen kommt dem Chef eine Schlüsselrolle zu. Denn nur in dem Rahmen, in dem er die Maßnahmen zulässt und unterstützt, werden auch die Effekte von betrieblichem Gesundheitsmanagement in seinem Verantwortungsbereich ankommen und wirksam werden.

▶ **BEISPIEL**

In einem Konzern wird von der Konzernleitung beschlossen, dass jede Führungskraft mit ihrer Einheit einen Workshop zum Thema Gesundheitsmanagement durchführen muss. Dies ist auch in den Zielvereinbarungen mit allen Führungskräften geregelt. Eigentlich sollte dieser Workshop einen ganzen Tag dauern, in der Durchführung sind jeder Führungskraft aber bestimmte Freiheiten eingeräumt. Eine Führungskraft aus dem Vertriebsbereich vertraute mir an, dass er mit seinen Vertriebsmitarbeitern vereinbart hat, dass man lediglich über dieses Thema redet und dann zum Tagesgeschäft übergeht, da man eine hohe Auslastung im operativen Geschäft hat. Damit konterkariert die Führungskraft den Wunsch der Geschäftsführung nach Umsetzung von Maßnahmen im Gesundheitsmanagement. Das Beispiel zeigt, wie groß der Einfluss von operativen Führungskräften auf die Wirksamkeit von betriebsübergreifenden Maßnahmen des Gesundheitsmanagements und der Burnoutprävention sind.

Negative Auswirkungen kann eine Führungskraft durch Beleidigungen und persönliche Kritik vor versammelter Mannschaft erreichen. Dauerhafte Kränkungen von einzelnen Mitarbeitern können diese im wahrsten Sinne des Wortes krank machen. Hingegen hat die Führungskraft auch Einflussmöglichkeiten, in dem sie zum Beispiel sich regelmäßig und in persönlichen Gesprächen über das Befinden der Mitarbeiter informiert und ihre Mitarbeiter als Menschen wahrnimmt. Wer sich gezielt und authentisch um seine Mitarbeiter kümmert, hat gute Chancen, dass diese ihm früher etwas anvertrauen und besser mit der Führungskraft zusammenarbeiten, wenn es um das Thema Burnoutprävention geht.

Wie wichtig die Führungskraft in Bezug auf Führung und Gesundheit sowie Burnoutprävention ist, zeigt die empirische Tatsache, dass eine ganze Reihe von Führungskräften ihren Krankenstand mitnimmt, wenn sie den Verantwortungsbereich wechseln. Das bedeutet: Chefs, die einen überdurchschnittlich hohen Krankenstand in ihrer Mitarbeiterschaft haben, erreichen diesen überdurchschnittlichen Krankenstand bei einem Stellenwechsel meist nach spätestens zwei bis drei Jahren im Team wieder, obwohl in dem neuen Verantwortungsbereich der Krankenstand zuvor niedriger war.[4]

3.1.2.2 Vorleben von gesundheitsorientierter Selbstführung

In der Top Job-Trendstudie „Gesunde Führung" der Universität Sankt Gallen wird festgestellt: „In Unternehmen, in denen die Geschäftsführung auf ihre eigene Gesundheit achtet, haben die Mitarbeiter um 8 % bessere Werte im Bereich psychischer Gesundheit als in anderen Unternehmen. Zugleich schätzt das mittlere Management in diesen Fällen die gesunde Führungskompetenz der Geschäftsführung um 62 % positiver ein." Und weiter: „In Unternehmen, in denen die Geschäftsführung gesund führt, ist auch die gesunde Führung des mittleren Managements um 90 % und die gesunde Führung des unteren Managements um 32 % verbessert."[5]

Über den direkten Chef hinaus spielt auch die Geschäftsführung eine wichtige Rolle. „Auch wenn der direkte Vorgesetzte den größten Einfluss auf die Mitarbeitergesundheit hat, prägt gerade in kleinen und mittelständischen Unternehmen das Gesundheitsverhalten der Geschäftsführung die Gesundheitskultur im Unternehmen. Die Vorbildwirkung der Geschäftsleitung in punkto Gesundheitsverhalten ist damit nicht zu unterschätzen für die Gesundheit im Unternehmen."[6]

Vertiefende Inhalte

Auf Arbeitshilfen Online finden Sie den Link zur Top Job-Trendstudie „Gesunde Führung" der Universität Sankt Gallen.

---

[4] Bundesverband Deutscher Psychologinnen und Psychologen: Führung und Gesundheit – wie Führungskräfte die Gesundheit der Mitarbeiter fördern können, S. 4. Berlin 2013.

[5] Bruch und Kowalevski 2013, S.18.

[6] Ebda., S. 17.

Gesunde Selbstführung

Manager nehmen auch beim Thema Burnoutprävention und Gesundheitsförderung eine Doppelrolle ein, zum einen durch die Selbstfürsorge, die zugleich Voraussetzung für eine wirksame Fremdfürsorge bezüglich der Mitarbeiter ist. Die Selbstfürsorge ist bei vielen Chefs verbesserungsbedürftig, gerade wenn es um ihre Erhaltung und Verbesserung der eigenen Gesundheit und Lebensbalancen geht. Statt vorbildhafter Selbstfürsorge im Hinblick auf Burnoutprävention und Gesundheitsförderung handeln viele Manager nach dem Prinzip „Von mir verlange ich mehr als von meinen Mitarbeitern" und wirken so als negatives Vorbild. Denn diese Haltung von Chefs und das damit verbundene Verhalten können nicht nur schädlich für die eigene Gesundheit sein, sondern auch schädliche Vorbildwirkung für die Mitarbeiter im Umgang mit ihrer Gesundheit entfalten.

„Mitarbeiter nehmen die Inkonsistenz im Verhalten ihrer Führungskraft wahr, wenn diese ihnen bei Krankheit nahelegt, zu Hause zu bleiben und sich auszukurieren, selbst aber krank zur Arbeit kommt. Für die Mitarbeiter erweckt dieses Verhalten den Anschein, als erwarte die Führungskraft implizit und unausgesprochen auch von ihnen, ihre gesundheitlichen Beschwerden und Unbefindlichkeiten zu übergehen und trotzdem zu arbeiten. Die Glaubwürdigkeit der Führungskraft leidet stark darunter. Führungskräfte sollten sich daher zunächst selbst gesund führen. Damit schaffen sie Vertrauen und sind authentisch in ihrer gesunden Führung der Mitarbeiter." [7]

Sabine Gregersen fasst die Ergebnisse gesundheitspsychologischer Forschung mit besonderer Berücksichtigung der Beiträge von F. Franke und J. Felfe im Fehlzeitenreport 2011 wie folgt zusammen. Danach sind für die gesundheitsförderliche Selbstführung von Führungskräften besonders relevant:

- Die Bereitschaft der Führungskraft, sich mit der eigenen Gesundheit und gesundheitlichen Risiken auseinanderzusetzen und bereit zu sein festzustellen, wenn etwas gesundheitlich nicht stimmt. (Gesundheitsbezogene Achtsamkeit)
- Die Führungskraft kennt gesundheitsförderliche Verhaltensweisen und Maßnahmen und setzt diese für sich selbst erfolgreich um. Der Chef weiß also, wie er übermäßigen Belastungen vorbeugen kann. (Gesundheitsbezogene Selbstwirksamkeit)
- Für den Manager hat Gesundheit einen hohen Stellenwert im Vergleich zu anderen Werten und diese hohe Bewertung wird genutzt, um gesundheitliche Risiken am Arbeitsplatz, auch hinsichtlich psychischer Belastungen, abzubauen. (Gesundheitsvalenz). [8]

---

[7] Ebda.

[8] Vergleiche Franke, F./Felfe, J.: Diagnose gesundheitsförderlicher Führung – das Instrument „Health-oriented Leadership". In: Badura, B. et al.: Fehlzeitenreport 2011. Führung und Gesundheit. Heidelberg. Seite 3-13.

Die Studienergebnisse von Franke und Felfe zeigen, dass sich gesundheitsorientierte Selbstführung mit ihrer Vorbildwirkung positiv auf die Gesundheit der Mitarbeiter auswirkt. „Wenn Mitarbeiter ihre Führungskraft nicht als Vorbild für Gesundheit sehen, berichten sie vier Monate später eine fast vierfach erhöhte Irritation und mehr als doppelt so viele psychosomatische Beschwerden verglichen mit Mitarbeitern, die in ihrer Führungskraft ein Vorbild sehen."[9] Sabine Gregersen stellt dazu fest: „Die gesundheitsorientierte Selbstführung dient als Vorbild und Anregung für die Mitarbeiter ... dabei bewirkt die gesundheitsförderliche Vorbildfunktion, dass sich die Mitarbeiter ebenfalls gesundheitsförderlicher verhalten."[10]

Die **Führungskraft kann sich ihrer Vorbildfunktion nicht entledigen**. So wie man nicht nicht kommunizieren kann (Watzlawick), so kann eine Führungskraft nicht nicht als Vorbild wirken. Dies gilt unter anderem für den Umgang mit der eigenen Gesundheit und Belastungen als auch für den Problembewältigungsstil und das Konfliktverhalten.

Der Chef als Unruhestifter oder „Führen im Auge des Taifun"

Im Einzelcoaching berichtete mir ein Bereichsleiter von verschiedenen Zusatzaufträgen durch seinen Vorstand. Die Zahlen waren seit einigen Jahren stetig schlechter geworden, wobei der Bereich meines Coachees sehr gut in der Zielerfüllung lag. Nachdem er von der zusätzlichen Belastung durch den Vorstand erzählt hat und ich seinem Tonfall entnehme, dass er davon nicht begeistert ist, frage ich nach, ob der Vorstand durch die aktuelle Situation etwas unruhig wird und sich mit Zusatzarbeiten für seine wichtigsten Mitarbeiter entlädt. Er nickt und stimmt mir zu, dass die meisten Zusatzaufgaben aus seiner Sicht keinen Sinn machen und höchstens eine scheinbare Kontrolle der Situation vorgaukeln könnten.

Tatsächlich kann die zusätzliche Aufgabenverteilung des Vorstandes für diesen eine psychische Entlastung bringen. Er sieht, dass sich seine Leute für ihn noch mehr ins Zeug legen, er hat also eine starke Truppe im rauen Kampf um Marktanteile. Zudem kann für ihn eine Abreaktion hilfreich sein, da er als Vorstand auch nur ein Mensch ist und in angespannten wirtschaftlichen Situationen selbst psychische Anspannung aufbaut. Für ein Unternehmen ist in jedem Fall ein Top-Manager, der in Krisen mehr oder wenig sinnlos um sich wirbelt und andere Manager mit seiner Unruhe ansteckt, weniger hilfreich als ein Leader, der sich — bildlich gesprochen — in das Auge des Taifuns stellt und kraftvolle Ruhe ausstrahlt. Dies bedeutet keineswegs lethargisch zu sein, sondern beherrscht.

---

[9] Ebda.

[10] Sabine Gregersen, Führungsverhalten – Auswirkungen auf die Gesundheit, Seite 128, in: Zukunft der Arbeit, Arbeit und Gesundheit, BKK Gesundheitsreport 2011.

Denn wer will eine Situation maßgeblich beeinflussen und lenken, wenn er zuvor noch nicht einmal sich selbst und sein Wirken als Leader bewusst und gezielt lenken kann? Bedenkt man, welche Auswirkungen ein Vorstand als wirbelnder Unruhestifter von ganz oben auf eine ganze Organisation über die verschiedenen Hierarchieebenen hat, dann kann man jedem Unternehmen nur wünschen, dass es viele ausgleichende Führungspersönlichkeiten im Middle-Management hat, die ihre Mitarbeiter vor diesen Auswirkungen weitgehend schützen.

Ich möchte aber auch eine Lanze für die einsamen Vorstände brechen. Denn einfach ist es nicht, auf höchster Ebene und im permanenten Druck von außen die Aufgabe mit der notwendigen inneren Ruhe zu bewältigen. Mein Tipp an Vorstände und andere Eigentümer von Top-Management-Positionen: Schaffen Sie sich ein unterstützendes Umfeld mit Familie und Freunden, das Ihnen die Souveränität und innere kraftvolle Ruhe erleichtert. Diese wichtigen Führungsqualitäten können Sie nur selbst entwickeln, aber Freunde und Familie können es erleichtern.

Selbstverständlich wird auch in diesem Zusammenhang eine Führungskraft nur wirklich gut für ihre Mitarbeiter Burnoutprävention und Gesundheitsförderung betreiben können, wenn sie selbst in einem gesunden Zustand ist, der zusätzliche Belastungen von außen verträgt. Bei meinem Wirken in Unternehmen stelle ich immer wieder fest, dass Chefs, die selbst massiv erschöpft oder anderweitig gesundheitlich deutlich angeschlagen sind, über wenig Bereitschaft verfügen, um sich für Mitarbeiterbelange zu interessieren. Deshalb kommt gesunde Selbstführung immer vor gesunder Führung von Mitarbeitern.

3.1.3 Führungsstil als Einflussfaktor

Dass das Führungsverhalten ein wichtiger Faktor ist, zeigen viele Untersuchungen: „Ein wichtiger Einflussfaktor auf die Leistungsfähigkeit und Gesundheit der Beschäftigten ist **gesundheitsförderliches und mitarbeiterorientiertes Führungsverhalten**. Dies wird zukünftig umso bedeutsamer, da Führungskräfte und Unternehmen zusätzlich vor der Herausforderung stehen, dass Beschäftigte aufgrund des demographischen Wandels und der Erhöhung des Renteneintrittsalters länger im Erwerbsleben stehen und durchschnittlich immer älter sein werden."[11] Auch Ulrike Stilijanow resümiert in ihrem Beitrag für den Stressreport Deutschland 2012: „Das Führungsverhalten hat sich mittlerweile als ein relevanter Einflussfaktor für die Mitarbeitergesundheit erwiesen. Zahlreiche Studien zeigen, dass die Mitarbeiterführung mit dem psychischen Befinden und der körperlichen Gesundheit der Mitarbeiter zusammenhängt und darüber hinaus auch die Arbeitszufriedenheit und Arbeitsfähigkeit

---

[11] REWE Group, Gesundheitsmanagement, 2013, Seite 10.

beeinflussen kann."[12] Somit bestärkt sie die Bedeutung des Führungsverhaltens für Burnout und erfolgreiche Burnoutprävention. Als wichtige gesundheitsförderliche Führungsmerkmale zur Burnoutprävention betont sie zum Beispiel **soziale Unterstützung der Mitarbeiter, die Gewährung von Mitbestimmungs- und Beteiligungsmöglichkeiten sowie Anerkennung und Wertschätzung.**[13]

Auch im Stressreport Deutschland aus dem Jahr 2012 zeigt sich ein signifikanter Zusammenhang zwischen der Ressource „Hilfe/Unterstützung vom direkten Vorgesetzten" und der Anzahl der Gesundheitsbeschwerden. Mitarbeiter, die in der umfassenden Beschäftigtenbefragung angeben, dass sie häufig von ihrem direkten Vorgesetzten unterstützt werden, berichten deutlich weniger von gesundheitlichen Beschwerden als Mitarbeiter, die manchmal, selten oder nie Unterstützung von ihrem Chef erhalten (siehe dazu auch folgende Abbildungen).[14]

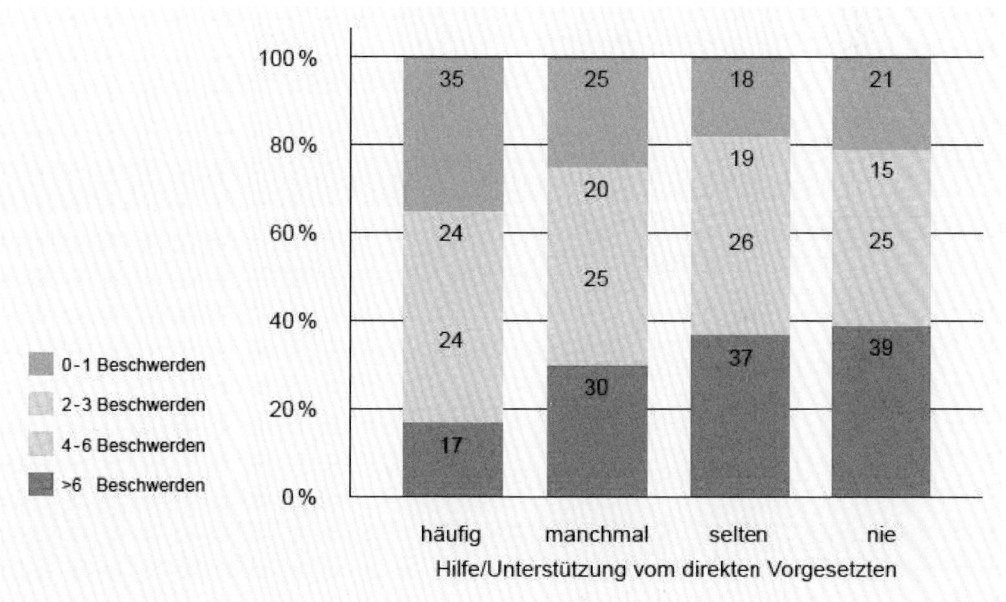

(n = 17562)

Abb. 3.1: Anzahl Beschwerden & Hilfe/Unterstützung vom direkten Vorgesetzten
Quelle: Bundesanstalt für Arbeitsschutz und Arbeitsmedizin (BAuA)(Hrsg): Stressreport Deutschland 2012, S. 124

---

[12] Ulrike Stilijanow, in: Lohmann-Haislah, 2013, Seite 123.

[13] Vergleiche auch Gregersen et al., 2011; und Badura et al., 2011.

[14] Stressreport; vgl. auch Ulrike Stilijanow: Führung und Gesundheit, in: Lohmann-Haislah, 2013, Seite 123.

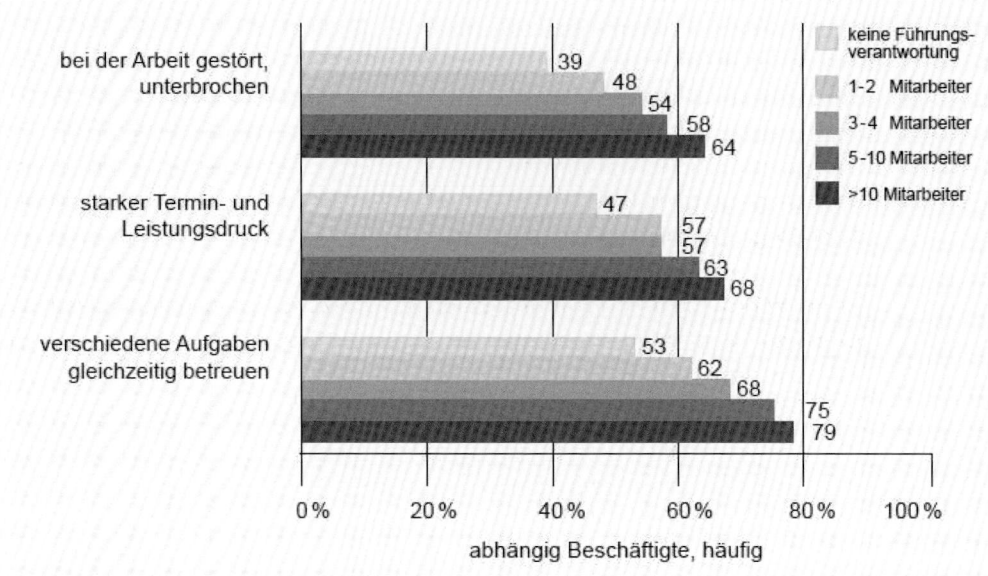

(n = 17562)

Abb. 3.2: Ausgewählte Arbeitsanforderungen & Anzahl der geführten Mitarbeiter
Quelle: Bundesanstalt für Arbeitsschutz und Arbeitsmedizin (BAuA) (Hrsg): Stressreport Deutschland 2012, S. 125

3.1.3.1 Gesundheitsförderlicher Führungsstil

In ihrer Literaturstudie „Führungsverhalten — Auswirkungen auf die Gesundheit"[15] hat Sabine Gregersen aufgezeigt, dass in den entsprechenden Untersuchungen bis 2011 die gesundheitsförderliche Wirkung von sozialer Unterstützung durch den Vorgesetzten als Ressource am häufigsten erforscht und bestätigt wurde. Als Führungsstile werden der transformationale Führungsstil und zu einem geringeren Anteil auch der transaktionale Führungsstil als positiv für die gesundheitliche Entwicklung der Mitarbeiter bewertet, wie auch der mitarbeiterorientierte Führungsstil. Bei dem **mitarbeiterorientierten Führungsstil** begegnet die Führungskraft dem Mitarbeiter mit „Wertschätzung, Achtung und Offenheit, ist bereit zur Kommunikation und zeigt Einsatz und Sorge für den Einzelnen."[16]

---

[15] Gregersen, Sabine, 2011, Führungsverhalten – Auswirkungen auf die Gesundheit, in: Zukunft der Arbeit, Arbeit und Gesundheit, BKK Gesundheitsreport 2011.

[16] Ebda, S. 125.

Unter **transformationalem Führungsstil** werden sechs Dimensionen von Führungsverhalten zusammengefasst: „Charisma, Einfluss durch Vorbildlichkeit, Einfluss durch Verhalten, Motivation durch begeisternde Visionen, Förderung des kreativen und unabhängigen Denkens, individuelle Unterstützung und Förderung."[17]

Der **transaktionale Führungsstil** wird durch drei Dimensionen gekennzeichnet: „Leistungsorientierte Belohnung, Führung durch aktive Kontrolle und Führung durch Eingreifen im Ausnahmefall."[18]

Bei der **Wirksamkeit von Führungsstilen** ist zu beachten, dass unter anderem die jeweiligen Persönlichkeitseigenschaften der geführten Mitarbeiter eine wesentliche Rolle spielen. Es ist davon auszugehen, dass das Führungsverhalten sich nicht direkt auf die Gesundheit und Burnoutprävention der Mitarbeiter auswirkt, sondern mittelbar über Einflussgrößen wie Arbeitsbedingungen und Arbeitszufriedenheit. Dazu gehören selbstverständlich auch die ausführlich beschriebenen Faktoren wie Autonomie, soziale Unterstützung, Sicherheit, Wertschätzung etc.

Nach Auffassung von Sabine Gregersen liegt die **Vorhersagekraft** von Führungskonzepten hinsichtlich Burnout und Depersonalisierung bei circa 9–15 % und bezüglich des Wohlbefindens, das über den Faktor Arbeitszufriedenheit gemessen wird, bei ca. 40–50 %.[19]

ARBEITSHILFE
ONLINE

Vertiefende Inhalte

Auf Arbeitshilfen Online finden Sie den Link zur Literaturstudie „Führungsverhalten — Auswirkungen auf die Gesundheit" von Sabine Gregersen.

Merkmale eines gesundheitsförderlichen Führungsstils

Ulrike Stilijanow fasst in ihrem Beitrag „Führung und Gesundheit" im **Stressreport Deutschland 2012** zusammen: „…was gesundheitsförderliche Führung ausmacht, ist …. **ein unterstützender, wertschätzender und partizipationsorientierter Umgang mit den Mitarbeitern sowie eine förderliche Gestaltung der Arbeitsbedingungen, z. B. durch klare Zielvorgaben und konstruktives Feedback.** Bei der praktischen Umsetzung dieser Erkenntnisse besteht aber noch deutliches

---

[17] Ebda, S. 125.

[18] Ebda, S. 128.

[19] Ebda, S. 126.

Verbesserungspotential."[20] Zu dem **Führungsstil, der Burnout vorbeugt** und die psychische Gesundheit von Mitarbeitern fördert, gehört auf Seiten der **Führungskraft, dass diese selbst ausreichend Unterstützung von ihren Führungskräften erhält, über ausreichend Ressourcen verfügt, und somit auch über genügend zeitliche Kapazitäten, um gesundheitsförderliche Führung umsetzen zu können**. Im Stressreport der Bundesanstalt für Arbeitsschutz und Arbeitsmedizin wird jedoch darauf hingewiesen: „Tatsächlich ist aber gerade die Tätigkeit von Führungskräften durch Zeitmangel und ein hohes Maß an Anforderungen gekennzeichnet."[21]

Ein gesundheitsorientierter Führungsstil beinhaltet aber nicht nur Anerkennung und Wertschätzung für die Mitarbeiter, sondern auch klare **Kritik in der Sache**. Ein reiner Schmusekurs durch die Führungskraft führt gewöhnlich dazu, dass diese mit der Zeit erschöpft wird, da sie ihre Interessen hintenanstellt. Da Führungskräfte immer bestimmten Erwartungen von ihren eigenen Führungskräften ausgesetzt sind und Ziele zu erfüllen haben etc., werden sie zwischen dem Erwartungsdruck von oben und den Erwartungen ihrer Mitarbeiter zerrieben, wenn sie es nicht schaffen, sich von beiden so zu distanzieren, dass sie ihren eigenen Interessen gerecht werden. Ein gesundheitsorientierter Führungsstil sollte also sowohl **den Interessen und Bedürfnissen der Führungskraft als auch denen der Mitarbeiter Rechnung tragen**.

Um herauszufinden, welche Merkmale einen „gesunden Führungsstil" kennzeichnen, hat die **SAP AG** (eines der Mitglieder im Unternehmensnetzwerk zur betrieblichen Gesundheitsförderung in der Europäischen Union e. V.) in Workshops Führungskräfte mit der Frage konfrontiert: „Was brauche ich am Arbeitsplatz als Mensch, damit ich mich gesund, balanciert und in meiner Kraft fühle?" Die Manager wurden nach förderlichen Rahmenbedingungen und nach ihrer persönlichen best and bad practice befragt. Die Ergebniszusammenfassung wurde in Ich-Form aus Sicht eines Managers formuliert: „Ich hatte das Vertrauen meiner Führungskraft und Handlungsfreiheiten. Ich fühlte mich wertgeschätzt und hatte das Gefühl, einen wichtigen Beitrag zu leisten. Der Teamspirit war gut. Die Aufgabe machte Sinn und ich hatte Perspektiven." Dr. Natalie Lotzmann, Head of Health and Diversity der SAP AG, führt zum Thema Prävention aus: „Freude bei der Arbeit [ist] dabei der größte Schutzfaktor vor Stresssymptomen mit seinen negativen Auswirkungen auf Gesundheit und Lebensfreude."[22] Lotzmann fasst zusammen: „Gute Führung bedeutet letztlich, genau diese Arbeitsbedingungen für Mitarbeiter zu schaffen, die man sich selbst auch wünscht."[23]

---

[20] Ulrike Stilijanow: Führung und Gesundheit, in: Lohmann-Haislah, 2013, Seite 127.

[21] Ebda, S. 128.

[22] Bundesanstalt für Arbeitsschutz und Arbeitsmedizin, Kleinschmidt, 2012, S. 15.

[23] Ebda.

Dem widerspreche ich jedoch mit dem Hinweis, dass Führung individualisiert stattfinden sollte, um dem persönlichen Führungsbedarfsprofil des Mitarbeiters möglichst gerecht zu werden. Denn im Detail sind die Führungsbedürfnisse unterschiedlich zwischen der Führungskraft und den einzelnen Mitarbeitern. Die Projektion des persönlichen Führungsbedarfs von Chefs auf ihre Mitarbeiter bringt meist Konflikte mit sich, da sie den wirklichen Bedürfnissen dieser Individuen nicht gerecht wird.

Im Grundsatz lässt sich zusammenfassen, dass

- Wohlwollen und Vertrauen durch die Führungskraft,
- persönliche Wertschätzung,
- die Überzeugung von Selbstwirksamkeit,
- ausreichende Handlungsfreiheiten (Autonomie),
- ein förderliches Teamklima mit Teamspirit (klarer gemeinsamer Orientierung) und gegenseitiger Unterstützung,
- eine als sinnhaft erlebte Tätigkeit und
- persönliche positive Perspektiven

wichtige Faktoren einer gesundheitsorientierten Führung sind, die Burnout vorbeugen und zugleich salutogen wirken.

3.1.3.2 Gesundheits- und entwicklungsförderliches Führungsverhalten

In der wissenschaftlichen Forschung zum Thema gesundheitsförderlicher Führungsstil hat S. Vincent ein theoretisches Rahmenmodell zur gesundheits- und entwicklungsförderlichen Führungsverhaltens-Analyse (GEFA) entwickelt.[24] Anhand der Befragung von über 3.000 Mitarbeitern wurde festgestellt, dass Mitarbeiter, deren Chefs ein geringes Maß an überforderndem Führungsverhalten und ein hohes Maß an entwicklungs- und unterstützungsorientiertem Führungsverhalten aufwiesen, das beste Befinden bekundeten. Entsprechend zeigten die Mitarbeiter, deren Vorgesetzte sie stark überforderten, wenig unterstützten und kaum entwicklungsorientiert führten, die stärksten Beeinträchtigungen hinsichtlich ihrer Gesundheit, unter anderem Burnout. Vincent unterscheidet in seinem Modell überfordernde Führung, entwicklungsorientierte Führung und unterstützungs-

---

[24] Vincent, S., 2011, Gesundheits- und entwicklungsförderliche Führungsverhaltensanalyse: Validierung einer Kurzversion. In: Badura B. et al.: Fehlzeiten-Report 2011. Führung und Gesundheit. Heidelberg, Seite 49–60.

orientierte Führung. Basierend auf diesem Rahmenmodell hat er folgende Einflussgrößen als besonders wichtig für gesundheitsförderliche Führung definiert:

- **Unterstützungsorientierte Führung**: Unterstützung/Information, Klarheit/ Transparenz, Anerkennung/Feedback, Konfliktmanagement, Kooperation. Bei diesem Führungsstil wird die Unterstützung und Information der Mitarbeiter durch ihren Chef betont, sowie die dadurch geschaffene Transparenz bezüglich Zielen und anderen Informationen. Durch klares Feedback an die Mitarbeiter entsteht unter anderem auch Anerkennung. Die Kooperation mit den Mitarbeitern und das aktive Konfliktmanagement sind weitere wesentliche Bestandteile dieses Führungsstils, der sich unter anderem daran orientiert, dass die Führungskraft ihren Mitarbeitern mitteilt, wie gut sie ihre Arbeit verrichten.
- **Entwicklungsorientierte Führung:** Dieser Führungsstil steht für Komplexität/ Variabilität, Handlungsspielraum/Autonomie, Partizipation der Mitarbeiter, Vertrauen in die Fähigkeiten der Mitarbeiter. Unter anderem wird dieser Führungsstil davon geprägt, dass der Chef die Mitarbeiter intensiv beteiligt, unter anderem bei Veränderungsprozessen.

Vincent stellt als weiteren wichtigen Faktor dar, dass eine Führung mit hohen Anforderungen gesundheitsförderlich wirkt. Bei dieser quantitativen und qualitativen Führung werden Mitarbeiter häufig unter Zeitdruck gesetzt. Dieser Beitrag ist diskussionswürdig, da mit Sicherheit ein zu hohes Maß an Zeitdruck auf Mitarbeiter als negativer Stressor wirkt, und damit auf keinen Fall salutogen. Gewisse Anforderungen und zeitweise leichte Überforderungen können hingegen wie bereits bekannt leistungssteigernd und Resilienz aufbauend wirken.[25]

Unterstützungs- und entwicklungsorientierte Führung nach Vincent:

Entwicklungsorientierte Führung bedeutet:

- Bei Komplexität/Variabilität: Übertragen Sie Ihren Beschäftigten Aufgaben, die den Einsatz von vielfältigen Fähigkeiten und Fertigkeiten erfordern und durch die sich Ihre Beschäftigten weiterentwickeln können.
- Bei Handlungsspielraum: Erweitern Sie die Handlungsspielräume Ihrer Beschäftigten. Lassen Sie die Beschäftigten selbst entscheiden, wie sie ihre Aufgaben bearbeiten, und übertragen Sie ihnen weitgehend die Planung, Ausführung und Kontrolle ihrer Arbeit.

---

[25] Siehe dazu auch die Untersuchungsergebnisse von Professor Bruch, St. Gallen.

- Bei Partizipation: Beteiligen Sie Ihre Beschäftigten an der Gestaltung von Veränderungen sowie an Entscheidungen, die ihre Arbeit oder Arbeitsplatzumgebung betreffen, und greifen Sie die Ideen und Vorschläge der Beschäftigten auf.
- Bei Vertrauen in die Fähigkeit der Beschäftigten: Zeigen Sie Vertrauen in die Fähigkeiten und Handlungen Ihrer Beschäftigten und trauen Sie ihnen zu, dass sie eigenverantwortlich und selbständig gute Leistung bringen.

Unterstützungsorientierte Führung bedeutet:

- Bei instrumenteller Unterstützung: Seien Sie ansprechbar, wenn Probleme bei der Arbeit auftreten, und unterstützen Sie Ihre Beschäftigten im Arbeitsprozess, wenn sie Schwierigkeiten haben. Informieren Sie ausreichend und stellen Sie alle zur Aufgabenerfüllung relevanten Informationen zur Verfügung.
- Bei Klarheit/Transparenz: Erläutern Sie Hintergründe von Entscheidungen und verdeutlichen Sie den Sinn bestimmter Aufgaben. Sorgen Sie für eindeutige Zuständigkeiten und Verantwortlichkeiten, stellen Sie sicher, dass Ihre Beschäftigten ihre Aufgaben verstanden haben. Formulieren Sie Aufgabenanforderungen und Erwartungen an Ihre Beschäftigten klar und deutlich.
- Bei Anerkennung/ Feedback: Würdigen Sie die Arbeit und das Engagement Ihrer Beschäftigten durch Lob und Anerkennung. Geben Sie regelmäßig Rückmeldung und lassen Sie Ihre Beschäftigten wissen, wie gut sie ihre Arbeit machen.
- Bei Konfliktmanagement: Sprechen Sie Konflikte an, suchen Sie mit den Beteiligten nach Lösungen und führen Sie bei Konflikten Lösungen herbei, die die verschiedenen Interessen berücksichtigen.
- Bei Kooperation: Ermutigen Sie die Beschäftigten, sich gegenseitig zu unterstützen, Probleme gemeinsam zu lösen und ihr Wissen untereinander auszutauschen.
- Bei Karriereunterstützung: Fördern Sie das berufliche Vorankommen Ihrer Beschäftigten und beraten Sie, wie sie ihre beruflichen Ziele erreichen können.
- Bei Integrität/Fairness: Gehen Sie offen und ehrlich mit Ihren Beschäftigten um und halten Sie sich an Absprachen und Vereinbarungen. Achten Sie darauf, dass die Aufgaben der Beschäftigten gerecht verteilt sind, und achten Sie auf Gleichbehandlung der Beschäftigten.
- Bei Fürsorge: Erkundigen Sie sich nach dem Wohlergehen Ihrer Beschäftigten und ermutigen Sie sie, eine gute Balance zwischen Berufs- und Privatleben zu finden. Sprechen Sie einzelne Beschäftigte an, wenn Sie den Eindruck haben, dass sie überbelastet sind, und achten Sie darauf, dass Beschäftigte zu Hause bleiben, wenn sie krank sind.

Überfordernde Führung vermeiden Sie:

- bei quantitativer Überforderungsgefahr, indem Sie Ihren Beschäftigten nicht zu viele Aufgaben übertragen, Sie sie nicht ständig unter Zeitdruck setzen und von ihnen nicht dauerhaft ein zu hohes Arbeitstempo erwarten.
- bei qualitativer Überforderungsgefahr dadurch, dass Sie Ihren Beschäftigten keine Aufgaben übertragen, die zu schwierig sind und sie inhaltlich überfordern.[26]

Modell gesundheits- und entwicklungsförderlicher Führung nach Vincent

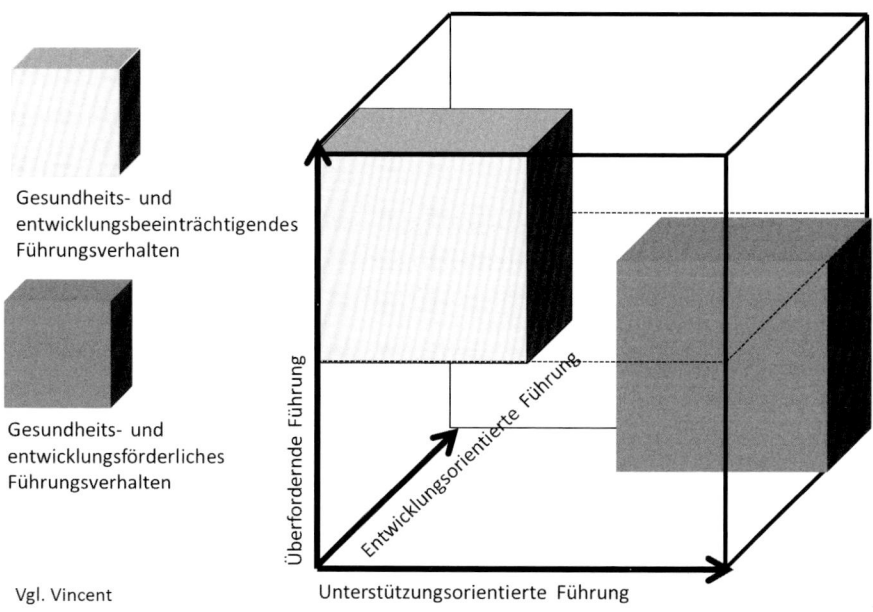

Gesundheits- und entwicklungsbeeinträchtigendes Führungsverhalten

Gesundheits- und entwicklungsförderliches Führungsverhalten

Vgl. Vincent

Überfordernde Führung

Entwicklungsorientierte Führung

Unterstützungsorientierte Führung

Abb. 3.3: Modell gesundheits- und entwicklungsförderlicher Führung nach Vincent
Quelle: eigene Darstellung in Anlehnung an Vincent, 2011, Gesundheits- und entwicklungsförderlicher Führungsverhalten, in: Badura, 2011

---

[26] Vgl. Vincent, S. Gesundheits- und entwicklungsförderliches Führungsverhalten. Ein Analyseinstrument. In B. Badura, H. Schröder, J. Klose & K. Macco (Hrsg.), Fehlzeitenreport 2011: Zahlen, Daten, Analysen aus allen Branchen der Wirtschaft. Schwerpunkt: Führung und Gesundheit. Berlin: Springer.

3.1.3.3 Ergebnisorientierter und inspirierender Führungsstil

In der Top Job-Trendstudie „Gesunde Führung" des Instituts für Führung und Personalmanagement der Universität Sankt Gallen wird zwischen „ergebnisorientierter Führung", „inspirierender Führung" und einem Führungsstil „ergebnisorientierte und inspirierende Führung" unterschieden. Dabei wird festgestellt: „Ergebnisorientierte Führung verbessert die psychische Gesundheit im Unternehmen um 41 %." Nach der Definition der Studie beinhaltet ergebnisorientierte Führung (auch transaktionale Führung genannt), „dass Führungskräfte klar und transparent kommunizieren, ihren Mitarbeitern ein differenziertes Feedback geben und regelmäßig bei guter Leistung loben, aber auch konstruktive Kritik bei schlechter Leistung äußern".[27]

Ein Ergebnis der Studie mit 96 Unternehmen (überwiegend aus dem Dienstleistungsbereich) und 15.544 Mitarbeitern[28] lautet: „Bei Unternehmen mit einer stark ausgeprägten ergebnisorientierten Führung ist die psychische Gesundheit der Mitarbeiter um 41 % verbessert gegenüber Unternehmen mit schwach ausgeprägter ergebnisorientierter Führung. Wenn Führungskräfte ihren Mitarbeitern **wertschätzend begegnen, offen kommunizieren und ihnen überdies ein regelmäßiges Feedback zu ihrer Arbeitsleistung geben**, wirkt sich dies positiv auf die psychische Gesundheit der Mitarbeiter aus."[29]

Gemäß dieser Studie verbessert die sogenannte „Inspirierende Führung" die psychische Gesundheit im Unternehmen um 44 %. Wobei unter „inspirierender Führung (auch transformationale Führung genannt) verstanden wird, „dass **Führungskräfte selbst ein Vorbild für hohen Einsatz und großes Engagement sind, ihren Mitarbeitern ein inspirierendes Bild der Zukunft aufzeigen, sie individuell unterstützen und sie zum Mitdenken anregen.**"[30]

Einen zusätzlichen positiven Effekt auf die psychische Gesundheit im Unternehmen stellen Bruch und Kowalevski fest, wenn beide zuvor beschriebenen Führungsstile kombiniert werden. „In Unternehmen, in denen beide Führungsstile stark ausgeprägt sind, ist die psychische Gesundheit zusätzlich um 16 % verbessert gegenüber Unternehmen, bei denen nur die ergebnisorientierte Führung stark ausgeprägt ist.

---

[27] Bruch und Kowalevski 2013, S. 14.

[28] Prof. Dr. Heike Bruch und Sandra Kowalevski vom Institut für Führung und Personalmanagement der Universität St. Gallen haben im Auftrag von compamedia die Befragungsergebnisse von 15.544 Mitarbeitern, 264 Geschäftsführungsmitgliedern sowie den Personalleitern aus 96 mittelständischen Unternehmen analysiert.

[29] Ebda.

[30] Ebda.

Dieser Effekt tritt ebenfalls bei einem Vergleich mit Unternehmen auf, die vornehmlich auf eine inspirierende Führung setzen; hier kommen allerdings nur 9 % hinzu."[31]

Die von Bruch und Kowalevski beschriebene „Gesunde Führung" ist gemäß der Top-Job-Trendstudie am wenigsten stark unter den zuvor genannten Führungsstilen ausgeprägt. Bei lediglich 2 % der untersuchten Unternehmen ist dieser Führungsstil „sehr gut" ausgeprägt. Nach Definition der Studie bedeutet Gesunde Führung, „dass Führungskräfte achtsam mit sich und ihren Mitarbeitern umgehen. Gesund führende Führungskräfte merken, wenn Mitarbeiter Pausen brauchen, achten auf gesundheitliche Warnsignale, fühlen sich verantwortlich für die Gesundheit ihrer Mitarbeiter und sind ein gutes Vorbild in punkto Gesundheit."

Trotzdem zahlt sich gesunde Führung nach Auffassung der Autoren aus, da „die psychische Gesundheit der Mitarbeiter ... bei Unternehmen mit einer stark ausgeprägten gesunden Führung zusätzlich um 14 % verbessert [ist] gegenüber Unternehmen, die zwar eine gute Führung als Fundament haben, nicht jedoch gesund führen."[32]

● PRAXISTIPP

Um eine Mitarbeiterführung hin zur Vorbeugung von Burnout und zur Förderung von Gesundheit, Arbeitsfreude und Leistungsfähigkeit zu bewerkstelligen, braucht es ausreichend **viele und intensive Gespräche mit den Mitarbeitern**, nicht nur in Meetings, Projektbesprechungen und den klassischen Mitarbeitergesprächen, sondern **regelmäßig von Mensch zu Mensch** mit Fragestellungen wie:

- Wie geht es Ihnen in Ihrer Aufgabe?
- Wie fühlen Sie sich im Team?
- Wie balanciert fühlen Sie sich im Moment?
- Wie geht es Ihren Mitarbeitern?

Es empfiehlt sich eine Bewertungsskala von 0 bis 10 anzuwenden und die Mitarbeiter sich selbst einschätzen zu lassen. Wenn ein Mitarbeiter sich zum Beispiel in Bezug auf sein Wohlfühlen im Team nur bei „6" einschätzt, dann können sich Fragen anschließen wie: „Was können Sie selbst, Kollegen aus dem Team oder auch ich als Ihr Chef tun, damit Sie sich wie „8" fühlen würden? ...Was davon haben Sie schon ausprobiert? ...

---

[31] Ebda, S. 15.

[32] Ebda.

Es braucht eine sich wohlfühlende, möglichst authentische Führungskraft, die regelmäßig orientierendes Feedback gibt, um Mitarbeiter erfolgreich bei der Vorbeugung von Burnout und bei der Förderung von Gesundheit, Arbeitsfreude und Leistungsfähigkeit zu unterstützen. Deshalb sollten sich alle **Chefs zuallererst um ihr eigenes Wohlbefinden und eine salutogene persönliche Lebensbalance kümmern**. In diesem Sinne ist der folgende Leitsatz zu sehen, der den Schreibtisch eines Firmeninhabers ziert: „Wenn es irgendjemandem in diesem Raum besser geht als mir, läuft hier grundlegend etwas schief."

Schwäche in der Führung

Dass **„Schwäche in der Führung"** nicht nur den Burnout-Gefährdungspegel nach oben treibt, sondern auch noch **Unternehmen viel Geld kostet**, musste die Unilever Deutschland Holding AG feststellen. Die Gesundheitsbefragung 2008 zeigte, dass Unilever in Deutschland 21 Tage pro Mitarbeiter und Jahr, also ca. 10 % der Jahresarbeitszeit, durch Absentismus und Präsentismus verlor. Absentismus bezeichnet dabei die Abwesenheit vom Arbeitsplatz, also Fehlzeiten der Mitarbeiter, während Präsentismus den Zustand bezeichnet, dass ein Mitarbeiter zwar am Arbeitsplatz anwesend ist, aber nur einen relativ geringen Teil seiner möglichen Leistung erbringt und damit die Produktivität mindert. Im Fall von Unilever Deutschland war das Verhältnis von Absentismus zu Präsentismus 1:3, erklärt der zuständige Unilever-Betriebsarzt Dr. Olaf Tscharnezki. Die Kosten beziffert er auf ca. 250 € pro Tag und somit den „Gesamtschaden" auf ca. sieben Millionen Euro. „80 % der Befragten, die trotz Krankheitsgefühlen zur Arbeit erschienen, berichteten von sehr viel Stress, 60 % litten an Schlafstörungen, 40 % hatten so etwas wie eine Depressive Verstimmung", berichtet Tscharnezki. Er fasst auch zusammen, dass ein wichtiger Grund für die hohe Stressbelastung und somit die Burnout-Gefährdung „eine Schwäche in der Führung" war.

Die Geschäftsleitung reagierte und legte ein umfangreiches Programm zur Unterstützung der Führungskräfte auf. **Ressourcenorientierte Führung, der Umgang mit Veränderungen, konstruktive Gespräche mit Mitarbeitern** und andere Themen wurden daraufhin in den Workshops bearbeitet und den Führungskräften zur Förderung eines gesundheitsförderlichen Führungsstils vermittelt.[33]

---

[33] Carola Kleinschmidt, a. a. O., S. 20.

TIPP: Zusatzaufwand durch Gesunde Führung

Der Mehraufwand an Führungsarbeit, den eine Führungskraft zu leisten hat, wenn sie gesundheitsförderliche Führung in ihrem Verantwortungsbereich umsetzen möchte, lässt sich in engen Grenzen halten, wenn die Führungskraft **konsequent das Thema Gesundheit in die üblichen Personalgespräche integriert. Dadurch werden die Mitarbeitergespräche, Meetings, Entwicklungsgespräche, Projektbesprechungen etc.** kaum länger dauern, aber den wichtigen Gesichtspunkt Gesundheit zusätzlich intensiver berücksichtigen.

3.1.3.4 Salutogene Rollen der Führungskraft

Es gibt verschiedene salutogene Rollen einer Führungskraft. Als **Wertevermittler** ist die Führungskraft wirksam, wenn sie dem Thema Gesundheitsförderung und Burnoutprävention im täglichen Führungshandeln Bedeutung gibt. Zum Beispiel, wenn sie im wiederkehrenden Mitarbeitergespräch Mitarbeiter danach fragt, wie ihr Pausenverhalten ist, wie ihr Umgang mit dem Zeitmanagement ist, wie sie sich bei Stress verhalten. Durch sein Führungsverhalten lebt er Werte vor und prägt die Kultur seines Verantwortungsbereiches. Dabei spielt unter anderem eine wichtige Rolle, wie gut er zu seinen Mitarbeitern steht, auch wenn diese Fehler begehen, wie authentisch er die gesundheitsförderlichen Werte vorlebt, wie konsequent er selbst die vereinbarten Spielregeln zur Förderung von Gesundheit und zur Prävention von Burnout selbst einhält und wie er in konfliktären Situationen innerhalb seines Verantwortungsbereiches mit dem Wertekonflikt, auf der einen Seite Ergebniserreichung und auf der anderen Seite Gesundheitsorientierung, umgeht.

Als **Gestalter von Rahmenbedingungen** liegt die Verantwortung der Führungskraft zum Beispiel in der Arbeitszeitgestaltung. Diese sollte gesundheitserhaltend oder zumindest nicht zu lange gesundheitsbelastend gestaltet werden. Es ist wesentlich, Konflikte zu klären, jedoch in einer wertschätzenden Art und Weise, die sachlich durchaus konsequent sein sollte. Die ausreichende Zurverfügungstellung von Arbeitsmitteln und Ressourcen aller Art (wie zum Beispiel genügend Arbeitskräfte für die Bewältigung von Aufgaben) ist eine wichtige Rahmenbedingung, die die Führungskraft beeinflussen kann. Außerdem ist in der Zusammenarbeit die Gewährung von Partizipation von Bedeutung, also dass Mitarbeiter sich in für sie ausreichendem Maß an Vorgängen beteiligen und bei starker Belastung auf Unterstützung aus dem Team hoffen können. Die Zusammensetzung von gut zusammenarbeitenden Teams spielt dabei eine wichtige Rolle und diese Aufgabe fällt ebenfalls in den Verantwortungsbereich der Führungskraft. Auch wenn derjenige Teamleiter hauptsächlich für die Zusammensetzung des Teams verantwortlich ist, so ist doch der darüber angeordnete Abteilungsleiter mit verantwortlich, um zumindest diesen Prozess zu monitoren. Zudem können Besprechungen so eingerichtet werden, dass sie eher leistungsförderlich und gesundheitsdienlich verlaufen, z. B. indem die Besprechungskultur dahingehend verändert wird, dass eine klare Agenda vorliegt und dass zunächst eine Entspannungsübung durchgeführt wird, die hernach zu einer konstruktiveren und konzentrierteren Zusammenarbeit während der Besprechung führt.

Eine wesentliche Einflussmöglichkeit für die Führungskraft als „Rahmenbedingungsschaffer" ist der Umgang mit Veränderungsprozessen. Veränderungsprozesse sind einer der größten Stressoren für Mitarbeiter, die regelmäßig und häufig darüber klagen, dass sie zu vielen und auch intensiven Veränderungsprozessen ausgesetzt sind und dies sie als Mitarbeiter überfordert. In dem Verantwortungsbereich der Führungskraft liegt es, solche notwendigen Veränderungsprozesse so durchzuführen, dass sie möglichst wenig negativen Stress verursachen und förderlich für die gemeinsame Zusammenarbeit verlaufen. Dazu ist es unter anderem hilfreich, auf der Ebene von Sinn und Nutzen das Team für die Veränderung zu gewinnen und eine hohe Beteiligungsbereitschaft zu erzeugen. Im Veränderungsprozess sollte immer wieder die Sinnhaftigkeit betont werden und ausreichend Transparenz geschaffen werden, damit die Offenheit und Beteiligungsbereitschaft gewahrt werden.

Als **Gesundheitsförderer** kann die Führungskraft Weiterbildungswünsche zum Thema Gesundheitsförderung oder Burnoutprävention für die Mitarbeiter unterstützen, kann ihnen mehr Verantwortung übertragen, die ihre Selbstwertschätzung fördern und auf Anliegen der Mitarbeiter ernsthaft eingehen. Die **Führungskraft als Mensch** wirkt unverhinderbar. Gemäß dem Axiom von Paul Watzlawick, demgemäß man nicht nicht kommunizieren kann, kann eine Führungskraft sich ihrer Wirkung als mehr oder weniger authentischer und überzeugender Mitmensch nicht entziehen. Das grundlegende zwischenmenschliche Verhalten und das Sozialverhalten wirken sich permanent auf das Team aus. Mitarbeiter nehmen meist sensibel wahr, ob ihr Chef tatsächlich Zeit für sie hat und sie eine gewisse Bedeutung bei ihrem Chef haben. Zwar sollte der Chef seine Zeit für Mitarbeiterkommunikation begrenzt halten, da er ansonsten seinen anderen Aufgaben nicht gerecht wird, aber er sollte ausreichend Zeit zur Verfügung stellen, damit Mitarbeiter ihn erreichen und Klärungen mit ihm herbeiführen können. Dazu sind bestimmte Vorgehensweisen, Kommunikationskanäle und bestimmte Erreichbarkeitszeiten sinnvoll. In Teams, in denen diesbezüglich feste Regeln bestehen, tun sich die Mitarbeiter und Führungskräfte meistens leichter, als wenn Mitarbeiter nicht wissen, wo sich ihr Chef befindet und wie sie ihn am besten zu einem dringenden Problem wo erreichen können. Dies gilt insbesondere für Führungskräfte, die häufig international unterwegs sind und selbst sehr stark in das operative oder strategische

Geschäft eingebunden sind. Da sich nicht alle Problemlagen von Mitarbeitern per Email ausreichend behandeln lassen, ist es sinnvoll, als Führungskraft auch per Telefon zu bestimmten Zeiten erreichbar zu sein.

Unter anderem zeigt des Weiteren das **persönliche Konfliktverhalten von Führungskräften** massive Auswirkungen auf die gesundheitsförderliche Zusammenarbeit im Team. Wer von seinem Team als Chef eine produktive Konfliktlösung einfordert, die konsequent in der Sache und wertschätzend unter den Teammitgliedern verlaufen soll, selbst sich aber ganz anders verhält, wird als Mensch das Team nicht überzeugen können und die gesundheitsförderlichen Bemühungen als Führungskraft automatisch begrenzen. Dazu ist es hilfreich, dass in Feedbacksystemen in den Organisationen bezüglich der Führungskräfte auch nachgefragt wird, wie Mitarbeiter ihren Chef im Bereich von Gesundheitsförderung und Burnoutprävention erleben, speziell im Bereich Konfliktverhalten. Dieses Feedback kann die Führungskraft nutzen, um ihr Verhalten weiter zu verbessern.

Wer als Führungskraft selbst schlank ist, beste Gesundheitswerte hat, viermal im Jahr einen Marathon läuft und vor Gesundheit äußerlich nur so strotzt, aber entsprechend verächtlich mit Mitarbeitern umgeht, die Übergewicht haben bzw. sich nicht so eloquent und sportlich bewegen, wird möglicherweise eine eher demotivierende Wirkung erzielen. Entscheidend ist, wie dieser sportliche, durchtrainierte Chef mit seinem Status im Team umgeht. Nutzt er seinen Fitnessstatus, um sich über andere zu stellen, wird das bei den meisten Mitarbeitern erfahrungsgemäß demotivierend wirken. Wenn er aus seinem attraktiven gesundheitlichen Zustand keine Höherbewertung seiner eigenen Person ableitet, sondern sich in seinem Verantwortungsbereich auf gleicher Ebene von Mensch zu Mensch bewegt, dann wirkt er auf Mitarbeiter eher motivierend, da sie ihn nicht als „Angeber" erleben, sondern als Vorbild.

Handlungsfelder für Führungskräfte

Zur Prävention von Burnout und zur dauerhaften Unterstützung der psychischen Gesundheit von Mitarbeitern können Führungskräfte in drei Handlungsfeldern aktiv werden, die von der Bundesanstalt für Arbeitsschutz und Arbeitsmedizin so definiert werden:

1. Ressourcen der Mitarbeiter aktiv stärken (Gesundheitsförderung).
2. Belastungen und Stresssituationen aktiv vermeiden (Prävention).
3. Betroffenen Mitarbeitern hilfreich und lösungsorientiert zur Seite stehen (Unterstützung).[34]

---

[34] Ebda., Seite 11.

Neben Arbeitsorganisation und -atmosphäre kann die Führungskraft direkt auf Ressourcen und Belastungen der Mitarbeiter Einfluss nehmen. Die Führungskraft kann z. B. die berufliche Qualifikation von Mitarbeitern überprüfen und dauerhaft überforderten Mitarbeitern einen neuen Lösungsvorschlag für ihre Tätigkeit unterbreiten. Sie kann frühzeitig mit dem Mitarbeiter Reflexionsgespräche über sein Aufgabenspektrum und seine persönliche Belastungs- bzw. Überlastungssituation führen. Aber auch notwendige Qualifikationsmaßnahmen können von der Führungskraft im Mitarbeitergespräch thematisiert werden. Zudem geht es um Weiterbildungsmaßnahmen hinsichtlich körperlicher und mentaler Gesundheit, damit Mitarbeiter dazu gut informiert sind und Handlungskompetenz besitzen.

Praxistipps zum Auf- und Ausbau von Ressourcen

1. **Auszeit respektieren:** Respektieren Sie die Auszeit von Mitarbeitern, egal, ob es nur um den Feierabend geht oder um einen mehrwöchigen Urlaub. Es ist wichtig, dass Sie Ihren Mitarbeitern ungestörte Zeit für andere Interessen gewähren und diese Auszeiten sogar schützen. Dies bedeutet: Emails, Telefonate etc. nur in wirklichen Notsituationen. Ansonsten sollten Sie die mit dem Team vereinbarten Auszeiten respektieren. Halten Sie Ihre Mitarbeiter auch dazu an, gegenseitig diese Auszeiten zu berücksichtigen. Das Abschalten von der beruflichen Tätigkeit und das Sich-Zuwenden zu anderen Interessen hat eine wichtige ausgleichende Funktion für jeden leistungsstarken Mitarbeiter. Ermöglichen Sie die Vereinbarkeit von privaten Themen mit beruflichen Anforderungen. Dies betrifft zum Beispiel familiäre Situationen wie Alleinerziehung, pflegebedürftige Angehörige etc. Dabei helfen flexible Arbeitszeiten und unterstützende Maßnahmen im Team auf Zeit.

2. **Gelebtes Talentmanagement:** Mitarbeiter, die Aufgaben nachgehen können, die sie am besten beherrschen und mit denen sie am erfolgreichsten sind, arbeiten nicht nur erfolgreicher, sondern auch mit einem höheren Zufriedenheitsgrad, der salutogen wirkt und damit Burnout vorbeugt. Helfen Sie Mitarbeitern, eine realistische Einschätzung zu ihren eigenen Fähigkeiten und Kompetenzen zu entwickeln. Bieten Sie ihnen gezielt Weiterbildungsmaßnahmen an, um sich bedarfsgerecht zu qualifizieren, und zwar rechtzeitig. Betreiben Sie eine Personalentwicklung, die den Zielen und den Mitarbeitern gerecht wird und Rechnung trägt. Als Chef kann man die bestehenden Aufgaben und mögliche neue Herausforderungen niemals 100 % passgenau den bestehenden Mitarbeitern zuordnen. Aber man kann versuchen, ein Optimum im Team gemeinsam zu entwickeln. So kann die Basis geschaffen werden für möglichst wenig negativen Stress, der durch Überforderung oder Lustlosigkeit entsteht. Wenn Sie ausreichend Autonomie bei der Ausübung der Tätigkeit zulassen, haben Sie die besten Chancen, dass Identifikation und Engagement steigen und somit eine gesunde Grundlage

für das Engagement der Mitarbeiter gelegt ist. So können Sie auch die Leistungskraft und die Widerstandsfähigkeit der Mitarbeiter erhöhen.[35]

3. **Angebote nutzen:** Sprechen Sie mit Ihren Mitarbeitern über die Möglichkeit, firmeninterne und auch externe Unterstützungsmaßnahmen zur Burnoutprävention und zum Auf- und Ausbau von Gesundheit und Leistungsfähigkeit zu nutzen, z. B. zu den Themen Entspannungstechniken, Rückenschule, Stress- und Zeitmanagement. Begleiten Sie die Mitarbeiter mental bei diesen Maßnahmen, indem Sie vor der Teilnahme des Mitarbeiters mit ihm über seine Zielsetzungen reden und nach der Teilnahme Ihres Mitarbeiters über den Erfolg, den er durch die Teilnahme erreicht hat.

4. **Der Chef als Vorbild:** Auch wenn es manchmal schwer fällt — leben Sie das vor, was Sie von Ihren Mitarbeitern erwarten. Wer auch in extrem turbulenten Zeiten die Nerven behält, gelassen, aber souverän wirkt, gewinnt bei den Mitarbeitern Anerkennung und Überzeugungskraft. Wer selbst leicht in Unruhe gerät, dann aus Sicht der Mitarbeiter ungerechte Entscheidungen trifft, der wird seine Überzeugungskraft schwächen und es schwer haben, Mitarbeiter in Richtung Gesundheitsförderung und Burnoutprävention zu überzeugen. Die innere Einstellung und Haltung der Führungskraft strahlt immer auf die Mitarbeiter in seinem Umfeld aus. Dieser Wirkung kann sich der Chef nicht entziehen. Deshalb ist es für die Führungskraft auch wichtig, vorbildlich zu handeln und z. B. für alle sichtbar Pausen zu machen, die der Chef auch im Sinne von Gesundheitsförderung von seinen Mitarbeitern erwartet. Gesundheitsförderliche und Burnout-präventive Maßnahmen, die vom Team festgelegt wurden, sollte der Chef zuvorderst erfüllen, da dies die größten Auswirkungen darauf hat, ob die Mitarbeiter diese Vereinbarungen auch ernst nehmen und umsetzen. Vorbildliches Verhalten kann man als Chef auch zeigen, indem man firmeninterne, übergreifende Gesundheitsprogramme aktiv unterstützt.

5. **Gesundes Team:** Ein Team, in dem die einzelnen Mitarbeiter an der richtigen Position sind, die über ausreichend Handlungsfreiraum bei ihrer täglichen Arbeit verfügen und gemeinsam einen Sinn in ihrer Tätigkeit sehen, können hervorragende Leistungen erbringen und ein hohes Maß an Anforderungen aushalten. Dies wird nicht nur in Studien wie der des Bundesministeriums[36] bestätigt, sondern auch von Leistungssportteams aufgezeigt. Deshalb ist jeder Chef gut beraten, dies zu fördern. Es reicht jedoch nicht alleine die Aufforderung an die Mitarbeiter, dass diese gut zusammenarbeiten sollen, sondern gute Kooperation sollte auch belohnt werden — und zwar mehr als

---

[35] Ebda., Seite 12–13.

[36] Bundesministerium für Arbeit und Soziales: Unternehmenskultur, Arbeitsqualität und Mitarbeiterengagement in den Unternehmen in Deutschland, 2008.

Konkurrenz. Gegenseitige Unterstützungsmaßnahmen im Team, informelle Treffen des Teams zu bestimmten Anlässen und der Umgang mit innovativen Ideen innerhalb des Teams sind Anzeichen für Teamatmosphäre und können vom Chef positiv beeinflusst werden.

ARBEITSHILFE
ONLINE

Vertiefende Inhalte

Auf Arbeitshilfen Online können Sie mithilfe eines Führungs-Checks Ihre persönliche Führungsarbeit reflektieren und optimieren.

3.2 Erfolgsfaktoren für gesunden Erfolg

Selbstverständlich ist es für Führungskräfte vorrangig, dass sie sich zunächst **selbst gesund führen**. Denn ihre Gesundheit und Leistungsfähigkeit ist die Grundlage für ihren persönlichen Erfolg und den Erfolg ihres Verantwortungsbereiches. Um Mitarbeiter gesund zum Erfolg zu führen, sind einige Maßnahmen notwendig.

Zum einen sollte das Topmanagement als Vorreiter und maßgeblicher Unterstützer von Maßnahmen zur gesundheitsorientierten Führung gewonnen werden. Die Geschäftsführungsmitglieder wirken immer als **Vorbild**, unabhängig davon, ob sie das wollen oder nicht. Zudem unterstützt ein ganzheitliches betriebliches Gesundheitsmanagement die Maßnahmen von Führungskräften, die gesundheitsorientierte Führung in ihrem Verantwortungsbereich umsetzen. Auch der **Sinn von Arbeit** spielt eine wesentliche Rolle bei der erfolgreichen Umsetzung von gesunder Führung. Nehmen Mitarbeiter für das Gesamtunternehmen keine Sinnhaftigkeit mehr wahr, dann wird es für die Führungskraft als beispielsweise Abteilungsleiter schwierig, gesundheitsorientierte Führung in der Abteilung dauerhaft erfolgreich umzusetzen. Diese Faktoren gilt es von der Führungskraft über das Topmanagement als positive Unterstützungsmaßnahmen einzufordern. Aber was kann die Führungskraft selbst in ihrem Verantwortungsbereich durch Maßnahmen der gesundheitsorientierten Führung, die Burnout vorbeugt, erreichen?

Kohärenzgefühle und Selbstwirksamkeitsüberzeugungen stärken

Einen grundlegenden Beitrag zum Thema Salutogenese mit dem gesundheits- und leistungsförderlichen Faktor Kohärenz/Selbstwirksamkeitsüberzeugung von Menschen lieferte Aaron **Antonovsky** durch seine Forschung bereits im vergangenen

Jahrhundert. Eine Untersuchung von Antonovsky an Gruppen mit unter anderem KZ-Überlebenden führte ihn zu der Frage, welche Eigenschaften und Ressourcen diesen Menschen geholfen hatten, unter den Bedingungen der KZ-Haft sowie in den folgenden Jahren ihre körperliche und psychische Gesundheit relativ weitgehend zu erhalten. Er ging im Sinn heutiger Positiver Psychologie der Frage nach: Wie entsteht Gesundheit?

Antonovsky entwickelte die **Salutogenese** als ein Konzept der Entstehung von Gesundheit. Er ging bereits davon aus, dass generalisierte Widerstandsressourcen zur Verfügung stehen können (vgl. die moderne Resilienzforschung!), die zur Bewältigung von Stressoren und das durch sie hervorgerufene Spannungserleben genutzt werden. Als wichtigsten Faktor für Salutogenese bezeichnete Antonovsky den **„sense of coherence" (SOC), ein „Kohärenzgefühl"**. Antonovsky im Original: „Das Kohärenzgefühl ist eine globale Orientierung, die ausdrückt, in welchem Ausmaß eine Person ein durchdringendes, dynamisches Gefühl des Vertrauens darauf hat, dass

- die Stimuli, die sich im Verlauf des Lebens aus der inneren und äußeren Umgebung ergeben, strukturiert, vorhersehbar und erklärbar sind;
- die Ressourcen zur Verfügung stehen, um den Anforderungen zu begegnen, die diese Stimuli stellen;
- diese Anforderungen Herausforderungen sind, die Anstrengung und Engagement lohnen."[37]

Modern umformuliert wird das Kohärenzgefühl nach Antonovsky von drei Komponenten gebildet, jeweils als subjektive Empfindungen:

1. **der Verstehbarkeit** (Meine Welt erscheint mir verständlich, nachvollziehbar geordnet; auch Probleme und Belastungen, die ich erlebe, kann ich in einem Zusammenhang verstehen)
2. **der Handhabbarkeit bzw. Bewältigbarkeit** (Das Leben stellt mir Aufgaben, die ich lösen kann. Ich verfüge über Ressourcen, die ich zur Bewältigung meiner Lebensaufgaben und meiner aktuellen Probleme nutzen kann.)
3. **dem Gefühl von Bedeutsamkeit bzw. Sinnhaftigkeit** (Anstrengungen sind sinnvoll. Es gibt Ziele und Projekte, für die es sich zu engagieren lohnt.)[38]

---

[37] Antonovsky, Aaron: Salutogenese. Zur Entmystifizierung der Gesundheit. 1997, S. 36.
[38] Ebda.

Kohärenz ist das Gefühl bzw. die geistige Haltung, dass es Sinn im Leben gibt, dass man mit seinem Leben nicht einem unbeeinflussbaren Schicksal ausgeliefert ist. Sie wird unterstützt von Intelligenz, Bildung, Wissen und Können bezüglich Bewältigungsstrategien und Ich-Stärke, die nach Antonovsky eine der zentralen emotionalen Widerstandsressourcen darstellt. Damit einher geht emotionale Sicherheit, Selbstvertrauen und ein positives Selbstwertgefühl.

Diese Überzeugung von Selbstwirksamkeit und das Kohärenzgefühl von Mitarbeitern sollten von Führungskräften nicht geschwächt oder zerstört werden, weil man sonst einen der wichtigsten Faktoren für psychische Gesundheit und Leistungsfähigkeit beschädigen würde.

▶ **BEISPIEL: Leistungssportler als Führungskraft und Selbstwirksamkeit**

Die Führungskraft, ein erfahrener Leistungssportler, war mehrfach deutscher Meister und sogar Weltmeister in seiner Disziplin. Nun ist er Mitte 30, immer noch körperlich gut trainiert und hat den Eindruck, in absehbarer Zeit völlig erschöpft zu sein. Grund ist seiner Meinung nach die ausweglose Situation im Beruf. Als hochdotierter Manager ist er für einen Bereich zuständig, der einem zunehmenden internationalen Wettbewerbsdruck ausgeliefert ist. Die Geschäftsleitung möchte in engem zeitlichem Abstand über die wirtschaftlichen Kennziffern (wie EBIT) informiert werden. Aufgrund des Preisverfalls an den internationalen Märkten bleibt ihm in seiner Managementposition nichts anderes übrig, als die Kosten weiter zu senken. Diese Kostensenkungen haben zur Folge, dass die personelle Ausstattung von Quartal zu Quartal dünner wird. Zudem beklagt er die schlechte Qualifikation seiner Mitarbeiter, da seit Jahren kaum fachliche Weiterbildung stattgefunden hat und er so für eine Durchsetzung gegenüber Wettbewerbern im internationalen Kampf um Kunden und Preise kaum Chancen sieht. Als engagierte Führungskraft mit viel Elan und Entschlossenheit ist er vor circa zwei Jahren in diesem Unternehmen angetreten, neue hochgesteckte Ziele für diesen Bereich zu erreichen. „Meine erste große Ernüchterung nach mehreren Monaten war, feststellen zu müssen, dass die gesamte Mannschaft unterqualifiziert ist. Ich habe das Gefühl, neben meiner ausfüllenden Tätigkeit als Führungskraft zusätzlich noch operative Tätigkeiten machen zu müssen, da sie meine Mitarbeiter einfach aufgrund mangelnder Kompetenzen nicht tun können. Das zerreißt mich innerlich", so beschreibt der Manager die Situation in seinem Verantwortungsbereich. „Ich bin sowohl die Führungskraft, die wie ein Coach am Spielfeldrand das Spiel beobachtet und versucht, Impulse zu setzen. Aber ich muss immer wieder aufs Spielfeld rennen und den Spielern zeigen, wie man einen Freistoß schießt, wie man ein Tackling macht etc. Das laugt mich völlig aus, denn die Ziele, die ich mir gesetzt habe und wofür ich stehe, scheinen mir unerreichbar. Selbst bei meinem vollen Einsatz geht mir immer mehr die Puste aus, weil ich einfach die vielen Mängel, die da sind, nicht alleine beheben kann. Zugleich bekomme ich viel Druck von oben und bin mir selber nicht grün, weil ich es nicht leiden kann, wenn ich meine eigenen Zielsetzungen nicht erreiche."

Im Gespräch wird deutlich, dass sich der ehemalige Leistungssportler ganz wesentlich **selbst bewertet im Hinblick auf das Erreichen von beruflichen Zielsetzungen**. Wenn er diese nicht erreicht und die Geschäftsführung ihm zusätzlich Druck macht, dann intensiviert er seine Anstrengungen. Wenn diese Anstrengungen aber keinerlei Aussicht auf Erfolg haben, weil er die Defizite seiner Mitarbeiter nicht alleine bzw. ohne ein entsprechendes Budget beheben kann, dann wirken seine **hohen Zielsetzungen** nicht mehr motivierend, sondern **demotivierend** und erschöpfend. Auch das Austauschen von Mitarbeitern oder die Neueinstellung von hochqualifizierten Spezialisten sind ihm versagt. Dadurch gibt es für ihn keinen sichtbaren Lösungsweg. In dieser Situation können **Führungskräfte an sich selbst verzweifeln, werten sich ab und beschleunigen somit einen Erschöpfungsprozess**, der darin münden kann, dass sie mit zunehmenden psychosomatischen Erkrankungen schließlich Burnout erleiden und dauerhaft, massiv erschöpft sind.

In dem Gespräch mit der Führungskraft wird deutlich, dass sich ihre Selbstwirksamkeitsüberzeugung maßgeblich im Laufe der Führungsposition verändert hat. Während er als Leistungssportler, aber auch als gestandener Ingenieur und Führungskraft in den ersten Berufsjahren der Überzeugung war, dass er „alles im Griff" hat, erscheint ihm nun die Situation nicht mehr beherrschbar. Er hat in der aktuellen Situation nicht die Überzeugung, dass er mit den ihm zur Verfügung stehenden Mitteln die selbstgesteckte Herausforderung bewältigen kann.

Die Selbstwirksamkeit und die Selbstwirksamkeitsüberzeugung spielen bei Erschöpfungsprozessen eine wesentliche Rolle. Viele Führungskräfte **verlieren** diese **leistungsfördernde Selbstwirksamkeitsüberzeugung,** wenn sie die Ebene des fachlichen, operativ tätigen Mitarbeiters tauschen gegen die **Rolle der Führungskraft**. Denn ein fachlicher Mitarbeiter kann sehr viel leichter seinen Verantwortungsbereich unter Kontrolle halten und Selbstwirksamkeitsüberzeugung aufbauen, als dies eine Führungskraft kann, die von ihren Mitarbeitern und vielen verschiedenen **Rahmenbedingungen abhängig** ist, um tatsächlich erfolgreich in ihrem Verantwortungsbereich sein zu können.

Im Folgenden erhalten Sie einen Überblick über wichtige Erfolgsfaktoren für gesunden Erfolg.

Wertschätzung und Anerkennung

Wertschätzendes Führungsverhalten wirkt sich positiv auf die Arbeitsfähigkeit von Mitarbeitern aus.[39] Mitarbeiter, die sich von ihren Chefs akzeptiert, fair behandelt und anerkannt fühlen, haben weniger körperliche Beschwerden, weniger depressive Verstimmungen und ein besseres Wohlbefinden als diejenigen ihrer Kollegen, die sich nur gering akzeptiert und wertgeschätzt fühlen.[40] Zudem klagen Mitarbeiter, die sich von ihren Chefs sozial unterstützt fühlen (durch konkrete Hilfestellungen oder wahrgenommenes Interesse bei Problemlagen) weniger über gesundheitliche Beschwerden als Mitarbeiter ohne oder mit nur geringer sozialer Unterstützung durch ihre Chefs.[41]

In einer finnischen Längsschnittstudie über einen Zeitraum von mehr als 10 Jahren wurde gezeigt, dass unbefriedigende Anerkennung und Wertschätzung am Arbeitsplatz das Risiko einer Verschlechterung der Arbeitsfähigkeit sogar mehr als verdoppeln.[42] Diese Untersuchungsergebnisse von Ilmarinen und Tempel zeigen, was in Unternehmen und anderen Organisationen täglich zu erleben ist: nämlich die Demotivation von Mitarbeitern durch Führungskräfte, die zu wenig mit Wertschätzung und Anerkennung führen, Mitarbeitern zu wenig Freiraum lassen, ihnen keine Sicherheit oder zu wenig Sicherheit vermitteln und zu wenig Orientierung bieten sowie zu wenig Gemeinschaft innerhalb des Teams herstellen.

In zahlreichen Mitarbeiterbefragungen von Unternehmen, die ich betreue, wird immer wieder an einer der vordersten Stellen von Mitarbeitern moniert, dass sie zu wenig Anerkennung erhalten. Wer nahezu täglich in Organisationen mit Führungskräften arbeitet, macht die Erfahrung, dass Mitarbeiter eher ihren Chef mit viel Einsatz und Engagement unterstützen, wenn sie den Eindruck haben, dass sich ihre Führungskraft ehrlich für sie als Mensch interessiert und ihren Wert schätzt.

Im Projekt „Psychische Gesundheit in der Arbeitswelt — psyGA-transfer" unter Leitung des BKK Bundesverbandes wird resümiert: „Beschäftigte, die das Gefühl haben, dass sie für ihre Leistung und ihr Engagement **angemessen anerkannt und wertgeschätzt werden, sind weniger gestresst und gesünder als Beschäftigte**, die Wertschätzung vermissen."[43]

---

[39] Ilmarinen und Tempel, 2002.

[40] Rixgens, Badura und Behr, 2008.

[41] Lohmann-Haislah, 2013.

[42] Ilmarinen und Tempel, 2002.

[43] Kleinschmidt Carola, 2012, a. a. O., S. 14

! ACHTUNG

Um sich dem Thema adäquat zu widmen, halte ich eine **Unterscheidung zwischen Wertschätzung und Anerkennung** für wichtig.
Wertschätzung steht für die persönliche, leistungsunabhängige Haltung von Mensch zu Mensch, die von Wohlwollen, einem respektvollen, achtsamen Umgang und einem den Wert des Menschen schätzenden Verhalten geprägt ist.
Anerkennung ist die leistungsbezogene positive Bewertung eines Menschen.

Über eine angemessene leistungsbezogene Anerkennung hinaus ist es für Manager hilfreich, eine **Wertschätzungskultur** zu gestalten.

„Mitarbeiter schätzen den dialogischen, fairen und von Wertschätzung geprägten Austausch mit der Führungskraft — und schöpfen daraus Vertrauen, Zuversicht und Kraft für ihre Arbeit. Den Zeitaufwand, den Sie in diese Gespräche stecken, zahlt sich deshalb vielfach aus", resümiert Carola Kleinschmidt in der Projektstudie „Psychische Gesundheit in der Arbeitswelt"[44] Zu einer solchen Wertschätzungskultur gehören neben dem entsprechend überzeugenden Führungsverhalten des Chefs auch eine entsprechende faire Gehalts- und Personalpolitik.

Mitarbeiter wünschen sich, dass ihre Leistung angemessen gratifiziert wird. Diese Gratifikation kann in Form von Geld erfolgen. Wichtig ist Mitarbeitern aber eher die persönliche Anerkennung und Wertschätzung, die ihnen durch die direkte Führungskraft zuteilwird. Dass das monetäre Einkommen nur eine zweitrangige Rolle (insbesondere bei höheren Einkommen) bei der Gratifikationswahrnehmung spielt, zeigen Auswertungen der Entlohnungsstudien von der Unternehmensberatung Kienbaum. Diese subjektiv wahrgenommene Angemessenheit von Gratifikation in Bezug auf die persönlich erbrachte Leistung spielt eine große Rolle für die Zufriedenheit der Mitarbeiter mit ihrer Tätigkeit und für ihre Gesundheit und Leistungsfähigkeit. Wird der Unterschied zwischen subjektiv wahrgenommenem Arbeitseinsatz und der Belohnung als zu groß empfunden, kann für den betroffenen Mitarbeiter ein Gratifikationsproblem entstehen, das zu Demotivation und Erschöpfung führt.[45]

---

[44] Ebda.

[45] Vgl. Siegrist in Kapitel 2.

Orientierung und Sicherheit

Sicherheit ist ein Grundbedürfnis von Menschen. Der Schutz durch die eigene Führungskraft ist ein grundsätzliches Bedürfnis von Führungskräften und Mitarbeitern. Die Rücksichtnahme auf ihre Gesundheit und der **Schutz ihrer Gesundheit** sind Mitarbeitern ebenfalls wichtig, ebenso die **Sinnhaftigkeit** ihrer Arbeit und ein festes sowie **verlässliches Einkommen**, am besten in einer unbefristeten Beschäftigung. Sie möchten auch ihre kreativen Fähigkeiten in ihre Arbeit einbringen können und diese weiterentwickeln. Und sie möchten **Anerkennung** erhalten und sich in **sozialen Beziehungen am Arbeitslatz weiterentwickeln** können. Dies sind die wesentlichen Gesichtspunkte der Studie von Fuchs unter dem Titel „Was ist gute Arbeit?"[46]

Arbeitsplatzunsicherheit, die von Mitarbeitern so wahrgenommen wird, ist hingegen eine Belastung. Diese subjektive Wahrnehmung kann durch wirtschaftliche Unsicherheiten, Wirtschaftskrisen und eine zunehmende Hinterfragung der eigenen Fähigkeiten im Hinblick auf immer höher werdende Anforderungen entstehen. Wie wichtig es ist, Mitarbeitern **Orientierung** und eine gewisse realistische Sicherheit, zum Beispiel anhand von Perspektiven zu vermitteln, um deren psychische Gesundheit positiv zu beeinflussen, zeigt unter anderem die bereits genannte Studie der Universität Sankt Gallen. Danach beeinflussen Unternehmen, die ihren Mitarbeitern Entwicklungs- und Karriereperspektiven bieten, deren psychische Gesundheit ausgesprochen positiv. Mitarbeiter, die die verschiedenen Karrierepfade im Unternehmen kennen und einen individuellen Entwicklungspfad haben, sind um 43 % psychisch gesünder als Mitarbeiter, bei denen dies nicht so ist.[47]

In Veränderungsprozessen ist dies aus meiner Erfahrung besonders wichtig. Veränderungen bringen Unsicherheiten für die Betroffenen mit sich, zum Teil existenzielle Unsicherheiten. In diesen Fällen ist es wichtig, dass die Führungskraft so viel ehrliche Orientierung und Sicherheit gibt wie möglich, aber auch keine nicht haltbaren Versprechungen macht, um Enttäuschung und darauf folgendes Misstrauen zu vermeiden.

ARBEITSHILFE ONLINE

Vertiefende Inhalte

Auf Arbeitshilfen Online finden Sie den Link zur Studie „Was ist gute Arbeit?" von Tatjana Fuchs.

---

[46] Vgl. Fuchs, 2006.
[47] Bruch und Kowalevski, 2013, S. 6.

Autonomie — Gemeinschaft

Ein weiterer wichtiger Erfolgsfaktor für salutogene Führung ist die Autonomie, also der Freiheitsgrad in der Gestaltung von Arbeitsprozessen, was durch Untersuchungen wie die folgende gezeigt wird. Die Bertelsmann AG (Gütersloh) hat als eines der ersten Unternehmen in einer konzerninternen Studie nachgewiesen, dass ein Führungsstil, der **Autonomie** gewährt und **transparent kommuniziert**, gesundheitsförderlich wirkt.[48] Dieser Führungsstil wurde von den Mitarbeitern als gesunde Führung empfunden und wirkte sich direkt positiv sowohl auf die Leistung der Mitarbeiter aus als auch auf die Ertragskraft des Unternehmens. In einer umfassenden Mitarbeiterbefragung gaben die Mitarbeiter und Führungskräfte an, was aus ihrer Sicht den „Schutz der Gesundheit" im Führungsverhalten ihrer Chefs ausmacht. Die Befragten gaben an, dass der **Freiheitsgrad in der persönlichen Arbeitsgestaltung** die größte Rolle spielt, um sich als Mitarbeiter vom Unternehmen und der direkten Führungskraft in seiner Gesundheit unterstützt zu fühlen. An zweiter Stelle liegt die **Transparenz und Einschätzbarkeit der Unternehmensstrategie und somit dem Gefühl von Sicherheit für den eigenen Arbeitsplatz.** Der ehemalige Vice President Human Resources, Personal- und Gesundheitspolitik, Zentrales Personalwesen der Bertelsmann AG, Dr. Franz Netta, konnte zudem feststellen, dass die am besten geführten Bereiche im Konzern eine Krankenquote hatten, die fast 30 % unter dem Firmendurchschnitt lag. Zugleich lag die Krankenquote in den schlecht geführten Bereichen 46 % über dem Firmendurchschnitt. Zu der Untersuchung wurden die 163 größten Bertelsmann Unternehmen herangezogen. Der Vergleich zeigt auf beeindruckende Art und Weise, dass gesundheitsförderlich geführte Betriebe zugleich die Betriebe mit der höchsten Umsatzrendite sind. Eine repräsentative Studie des Bundesministeriums für Arbeit und Soziales kommt zu einem ähnlichen Ergebnis.[49]

In einer zusätzlichen Analyse fanden die Gesundheitsexperten von Bertelsmann heraus, dass die gesundheitsförderlichen Führungsfaktoren auch den Grad der Identifikation von Mitarbeitern mit dem Unternehmen positiv beeinflussen und Motivation und Leistung verbessern. Das Unternehmen hat aus den Erkenntnissen die Konsequenz gezogen, dass Führungskräfte mit unbefriedigendem Führungsverhalten auch weiterhin am wirtschaftlichen Erfolg durch eine erfolgsbezogene Entlohnung beteiligt, aber nicht mehr weiter befördert werden.[50]

---

[48] Kleinschmidt Carola a. a. O., Seite 12.

[49] Bundesministerium für Arbeit und Soziales (2008): Unternehmenskultur, Arbeitsqualität und Mitarbeiterengagement in den Unternehmen in Deutschland, Abschlussbericht zum Forschungsprojekt 18\05.

[50] Kleinschmidt Carola, 2012, a. a. O., S. 12.

Wie die Autonomie auf einer Seite, so ist auf der anderen Seite das Gemeinschaftserleben für das erfolgreiche Arbeiten wichtig. Eine der vielfältigen Widerstandsressourcen im Sinn von Antonovsky ist neben individuellen, kulturellen und gesellschaftlichen Ressourcen der **soziale Zusammenhalt**, den ein Mitarbeiter erlebt. Hierzu zählt zum Beispiel die Überzeugung, dass man von Kollegen und Mitarbeitern unterstützt wird, wenn neue Herausforderungen auftreten, die man bisher in dieser Art und Weise noch nicht bewältigt hat. Die Stressforschung zeigt, dass hohe Erwartungen und Herausforderungen von Mitarbeitern und Führungskräften besser bewältigt werden, wenn sie ein Gefühl des Zusammenhalts haben. Das bedeutet: In herausfordernden Situationen glauben sie daran, dass sie Unterstützung finden werden, zum Beispiel bei Mitarbeitern, Kollegen oder Vorgesetzten. Gerade in einer Zeit, in der soziale Bindungen in der Familie und im sonstigen privaten sozialen Umfeld fragiler werden bzw. Erwartungen steigen (zum Beispiel an „erfüllende Partnerschaften", siehe Scheidungsquote und Paar-Trennungsraten) und entsprechend Enttäuschungen von Einzelpersonen größer werden, kommt dem Zusammenhalt on the job eine besonders große Bedeutung zu. Wer nur über geringen sozialen Rückhalt im Privatbereich verfügt, der ist — in Abhängigkeit seiner individuellen Dispositionen, zum Beispiel bezüglich Resilienz — vulnerabler und eher anfällig Erschöpfung zu erleiden als ein Mitarbeiter, der seine Belastung und Erschöpfung so begrenzt, dass er noch ausreichend Energie für sein soziales Privatleben zur Verfügung hat und dort auch wieder energetisch auftanken kann, zum Beispiel durch die Wertschätzung und Anerkennung im Freundeskreis oder in der Familie. Ungeachtet dessen können Familien und Freundschaften selbstverständlich auch Belastungsfaktoren darstellen und zusätzlich zu Erschöpfung beitragen. Dies liegt jedoch primär im Verantwortungsbereich des Mitarbeiters.

Gesundheitsförderliche Arbeitsorganisation

Führungskräfte sollten ihre Mitarbeiter bei der Ausbalancierung von herausfordernden Hochleistungsphasen und **Entspannungsphasen unterstützen**. Dazu gehört sowohl eine gesundheitsförderliche Pausenkultur während des Arbeitsalltags als auch Schutz vor ständiger Erreichbarkeit und Nichtbelastung am Sonntag und abends.

In der Top Job-Trendstudie „Gesunde Führung" der Universität Sankt Gallen wird festgestellt: „In 44 % der befragten Unternehmen gibt es nach anstrengenden Veränderungsphasen gezielte Auszeiten zur Regeneration. Das verbessert die psychische Gesundheit der Mitarbeiter um 23 %, die Unternehmensleistung steigt um 6 %." Zudem wird auf Basis von 96 Unternehmen festgestellt: „In 45 % der Unternehmen sind Auszeiten und Reflexionsmomente in der Unternehmenskultur verankert. Hier ist die psychische Gesundheit der Mitarbeiter um 22 % verbessert, die Unternehmensleistung steigt um 10 %."[51]

Für „sinnhafte Tätigkeiten mit viel Handlungsspielraum" plädiert Carola Kleinschmidt in dem Bericht zum Projekt „Psychische Gesundheit in der Arbeitswelt" und fordert einen „klaren und unterstützenden Rahmen" dafür.[52] Tätigkeiten, die als sinnhaft wahrgenommen werden und ein **Gefühl von Bedeutsamkeit bzw. Sinnhaftigkeit** vermitteln, machen Anstrengungen sinnvoll und somit weniger erschöpfend.[53]

▶ **BEISPIEL: Sinn**

Ein Mitarbeiter bekennt: „Es gibt zwar Kennzahlen zu Zielvereinbarungen, aber der Sinn und Wert fehlt mir, und dann macht es einfach keinen Spaß, sich hier ins Zeug zu legen. Ich mach jetzt immer früher Schluss."

Entsprechend sollte auch Zielmanagement von Führungskräften betrieben werden. Ziele sollten unter anderem erreichbar, verständlich und attraktiv sein. Da sich Zielsetzungen oder bestehende Rahmenbedingungen oft ändern, ist es hilfreich, mit dem Mitarbeiter einen Modus für solche Updates abzustimmen und ihm das Gefühl zu vermitteln, dass es einen gewissen Schutz für ihn innerhalb dieser tätigkeitsbezogenen Unsicherheit gibt. Konkret heißt das: Was kann der Mitarbeiter tun, wenn es hakt? Wen kann er ansprechen? Wie sieht eine Fall back solution oder ein Plan B aus?

Zu einer Burnout vorbeugenden Arbeitsorganisation gehört auch die **ressourcenadäquate Mitarbeiterbeauftragung**. In der Top Job-Trendstudie „Gesunde Führung" wird festgestellt: „Führungskräfte sollten darauf achten, Aufgaben so zu verteilen, dass die Ressourcen der Mitarbeiter mit dem Anspruchsniveau und ihren Fähigkeiten in Einklang stehen. Eine Schlüsselrolle spielen hierbei die wahrgenommenen Entwicklungsperspektiven."[54]

Dabei können die Herausforderungen etwas über dem bisher geleisteten Standard des Mitarbeiters liegen, sie sollten ihn aber nicht als dauerhafte Überforderung belasten. Die Unterstützung der Ressourcen jedes einzelnen Mitarbeiters ist daher ein weiterer Erfolgsfaktor für eine salutogene Führung.

---

[51] Bruch und Kowalevski 2013, S. 6.

[52] Carola Kleinschmidt, 2012, a. a. O., S. 14.

[53] Vgl. Antonovsky 1997, a. a. O.

[54] Bruch und Kowalevski 2013, S. 7, Top Job-Trendstudie „Gesunde Führung" der Universität Sankt Gallen.

Individuelles Profil des Führungsverhaltens

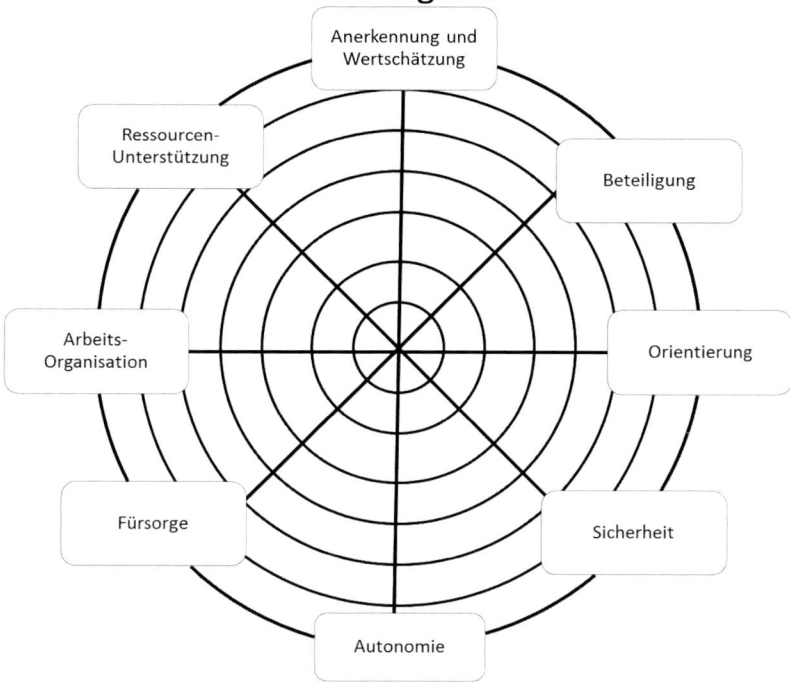

Abb. 3.4: Mit Hilfe dieses Charts können Führungskräfte ihr eigenes Führungsverhalten reflektieren

Im Folgenden wird auf die einzelnen Erfolgsfaktoren vertiefend eingegangen.

3.2.1 Anerkennung und Wertschätzung

Persönliche Anerkennung und Wertschätzung sind für Mitarbeiter essentielle Bedingungen, um leistungsfähig zu sein und Burnout vorzubeugen. **Ich unterscheide Anerkennung und Wertschätzung** im Arbeitsalltag in folgender Weise: Anerkennung findet durch die Führungskraft oder Kollegen statt, indem ein Mitarbeiter für eine bestimmte Leistung anerkannt wird. Das bedeutet, ihm wird es zugeschrieben, eine bestimmte Leistung vollbracht zu haben, und dies wird mit positivem Feedback belohnt. Hingegen definiere ich Wertschätzung als das Verhalten von Führungskräften oder Kollegen, mit dem sie zeigen, dass sie diesen Menschen als Mensch wertschätzen, unabhängig von seinen beruflichen Leistungen. Die Fähigkeit zur Wertschätzung von Mensch zu Mensch ist unterschiedlich ausgeprägt. Wer gemäß seiner Glaubenshaltung (unabhängig von seiner Religion) Respekt und Wertschätzung für alle Menschen hat, tut sich leichter als Menschen, die intensiv Bewertungen, insbesondere Abwertungen, von anderen Menschen vornehmen.

3.2.1.1 Aufmerksamkeit für den Mensch Mitarbeiter

Zu dieser wichtigen Dimension von gesundheitsorientierter Führung gehört, dass die Führungskraft **Interesse und Aufmerksamkeit** für den Mitarbeiter hat.

▶ **BEISPIEL**

Eine Führungskraft hat zur Weihnachtsfeier eingeladen. In seinem großen Team herrscht eine recht fröhliche Stimmung zum Jahresende. Er schreitet durch die Reihen und gratuliert jedem Mitarbeiter und bedankt sich für die Leistung im vergangenen Jahr. Als er dies auch bei einer erfahrenen Mitarbeiterin tut und sich gleich danach nach dem Wohlbefinden ihrer Kinder erkundigt, erstarren alle Mienen der herumstehenden Mitarbeiter. Er war sich dessen nicht bewusst, dass diese Mitarbeiterin vor ca. drei Monaten ihren Sohn durch einen tödlichen Verkehrsunfall verloren hat. Auch nette und anerkennende Führungskräfte können so bei Mitarbeitern in der zwischenmenschlichen Beziehung viel kaputt machen, wenn sie zu wenig Interesse und Aufmerksamkeit für diese aufbringen.

„Mein Chef schenkt mir zu **wenig Aufmerksamkeit** als Mitmensch, er hört oft nicht wirklich zu. Ich habe nicht das Gefühl, dass er mich als Mensch wahrnimmt. Er zeigt mir nur: Funktioniere und störe mich nicht." So beschwert sich ein Teamleiter beim externen Berater: „Mein Chef hat kaum mehr Zeit für uns, seine direkt unterstellten Teamleiter scheinen ihn nicht mehr wirklich zu interessieren. Früher war das mal anders, da hatte er zwischendurch auch mal Zeit für ein Wort von Mensch zu Mensch. Das hat viel verändert in unserer Zusammenarbeit. Ich habe nicht mehr den Eindruck, dass er uns wirklich versteht. Er ist abgehoben und seine Entscheidungen sind oft nicht mehr nachzuvollziehen. Es macht nicht so viel Spaß, **für jemanden zu arbeiten, dem man nicht wichtig ist**."

Chefs, die gesunde Führung betreiben, geben großzügig ehrlich gemeinte Anerkennung und schätzen den Mitarbeiter als Mensch. Wer dies als Chef nicht empfindet, sollte es auch nicht vortäuschen. Wirkliche Wertschätzung eines Mitarbeiters als Menschen bedeutet: Ich als Chef **interessiere mich für ihn als Mensch und beachte sein Befinden**. „Er ist mir nicht egal als Mensch, nach dem Motto: Hauptsache, er funktioniert. Nein, sein **Wohlergehen** liegt mir mehr oder weniger am Herzen, ohne dass ich auch Verantwortung für seine Lebensführung übernehme", resümiert ein Manager. „Einer meiner wertvollsten Mitarbeiter arbeitet sehr viel.

Manchmal schicke ich ihn abends nach Hause, auch wenn er nicht will, weil ich ihn vor sich selber dann schütze. Wir haben ihm sogar einmal, als er eine IT-Umstellung mit vielen Überstunden über Monate erfolgreich gewuppt hat, einen Wellness-Kurzurlaub spendiert übers verlängerte Wochenende mit seiner Frau. Da hat er sich gefreut."

3.2.1.2 Anerkennung durch Einbeziehung des Mitarbeiters

Neben der grundlegenden Wertschätzung (von Mensch zu Mensch) spielt auch das ergebnisbezogene Lob und die Anerkennung eine wichtige Rolle, u. a. durch das **Einbeziehen der Mitarbeiter in Entscheidungen**, weil man damit Wertschätzung ausdrückt. Wenn ich als Chef einen Mitarbeiter nach seiner Meinung frage, ist er mir wertvoll, wenn ich ihn einbeziehe, auch. Hierbei ist relevant, wie der Mitarbeiter bei wichtigen Entscheidungen einbezogen wird, wie er beteiligt und wie er mit Informationen versorgt wird. Diese Wertschätzung von Mitarbeitern drückt sich auch darin aus, wie ein Chef mit seinen Mitarbeitern Gespräche führt: Ist der **Gesprächsführungsstil** eher partnerschaftlich oder eher autoritär? Findet das Gespräch auf gleicher Augenhöhe statt? Mitarbeiter nehmen gewöhnlich recht sensibel wahr, ob sie für ihren Chef wirklich von Interesse sind, auch als Mensch, oder ob sie nur nach ihrer Leistungserbringung beurteilt werden. Diese Bedürfnisse von Mitarbeitern nach persönlicher Wertschätzung und Anerkennung inklusive Beteiligung, Aufmerksamkeit etc. sind in der Gesellschaft der Bundesrepublik Deutschland im 21. Jahrhundert zurzeit relevant für die Vorbeugung von dauerhafter Erschöpfung und zur Leistungsfähigkeit. Dies ist in anderen Ländern nicht in diesem Maße der Fall.

All diese Punkte werden nur wirksam in ihrer salutogenen und erschöpfungsvorbeugenden Wirkung, wenn sie von der Führungskraft gezeigt werden und vom Mitarbeiter wahrgenommen werden. Deshalb ist eine immer wiederkehrende Überprüfung der Führungsverhaltensweisen sinnvoll, zum Beispiel durch regelmäßiges Feedback in Einzelgesprächen, in Teambesprechungen oder auch über Instrumente wie das 360-Grad-Feedback.

Mitarbeiter nehmen erfahrungsgemäß die **Art und Weise der Anerkennung** durch ihre Führungskraft sensibel wahr. Zum Beispiel stellte ein erfahrener Mitarbeiter in Bezug auf seinen Chef fest: „Er schleudert immer mit Anerkennung um sich. Er lobt mich, manchmal über den grünen Klee. Aber wenn es darum geht, ein neues Projektteam zu besetzen oder wenn er sich Rat bei wichtigen Entscheidungen einholt, dann bin ich immer außen vor. Deshalb kann er mich gern haben, denn ich habe nicht das Gefühl, dass ich wirklich wertvoll für ihn bin. Das hat mich dazu gebracht, nur noch mein Ding zu machen und Ideen, die ich gut finde, einfach nur für mich zu behalten."

Eine Frage, die sich Mitarbeiter immer wieder stellen, ist: „Merkt das mein Chef überhaupt?" Deshalb empfiehlt sich für Führungskräfte, ihren Mitarbeitern mitzuteilen, wenn sie bei ihnen etwas Besonderes bemerken. So schildert ein erfahrener Mitarbeiter aus dem IT-Bereich mit über 50 Jahren Folgendes: „Es hat mir totale Freude bereitet, als mich neulich mein neuer Chef Sonntagabend nach 21 Uhr anrief, um mir mitzuteilen, dass er es ausgesprochen toll findet, dass ich bis zum Wochenende noch eine wichtige Projektvorbereitungsaufgabe erledigt habe. Es war wirklich ein schwieriger Job und ich musste viel abstimmen, aber ich habe es geschafft. Und er hat es gemerkt. Meine Frau sagte zu mir, dass ich strahle wie ein Honigkuchenpferd und dass sie es nicht glauben kann, dass ein Lob meines Chefs mich in einen Zustand versetzt, als wäre ich gerade in der ersten Klasse von meiner Lehrerin vor der gesamten Klasse für eine tolle Leistung gelobt worden."

Fürsorge vor instrumentalisierter Ausbeutung

Die **leistungsbezogene Anerkennung** von Mitarbeitern sollte jedoch nicht **instrumentalisiert** werden, um kurzfristig mehr **Performance** mit dem Mitarbeiter zu generieren, ihn zugleich aber hinsichtlich **Burnout zu gefährden**. Einer der Ausgangspunkte von Burnout-Entwicklungen ist häufig ein vermindertes Selbstwertgefühl. Das **Verlangen nach äußerer Anerkennung**, um den inneren Mangel an Selbstliebe, Selbstakzeptanz und Selbstwertempfinden auszugleichen, ist in vielen „Burnout-Karrieren" der **Katalysator für Überforderungs-Szenarien**. Wer in schwierigen Lebenslagen, wie zum Beispiel bei Verlusten, Trennungen vom Partner oder massiven Problemen mit den Kindern, viel arbeitet und dafür viel Anerkennung als Mitarbeiter erhält, kann sich in gewisser Weise ablenken und bestimmten inneren Konfrontationen zumindest vorläufig aus dem Weg gehen. Wenn Chefs das ausnutzen, um Mitarbeiter „vor ihren Karren zu spannen", und deren Leistungsbereitschaft und -fähigkeit dauerhaft übermäßig abfordern, ist das Burnout-gefährdend. Im Sinn einer guten **Fürsorge** durch den Chef hilft dieser seinem Mitarbeiter, eine dauerhaft tragbare Balance zu gestalten (ohne dauerhafte berufliche Überforderung zum Zweck des Selbstwerterhalts), und erntet dafür das Vertrauen und den menschlichen Respekt seines Mitarbeiters.

Eine wirksam positive Selbstbewertung des Mitarbeiters kann nur bedingt über mehr oder weniger oberflächliche Anerkennung (zum Beispiel bezüglich Zielerfüllung) durch den Chef geschehen. Ein leicht kränkbares Selbst bzw. ein **vermindertes Selbstwertgefühl** als Schwachpunkt erhöht die **Anfälligkeit für eine dauerhafte,**

massive Erschöpfung. Da ein geringer innerer Selbstwert zu einer **Abhängigkeit von äußerer Anerkennung** und Wertschätzung führen kann und somit die Bereitschaft steigt, sich für Fremdanerkennung zu erschöpfen, erhöht sich auch die Burnout-Selbstgefährdung. So fragte ein Mitarbeiter, nachdem sein Arbeitskollege wegen Burnout langfristig ausfiel: „Warum hat er sich derart ausgebeutet bis zum Zusammenbruch, obwohl es keine äußere Notwendigkeit dazu gab? Wir haben ihn immer wieder versucht auszubremsen. Aber er sagte immer: Ich muss."

An der Fürsorge der Führungskraft liegt es, ob er einen solch persönlich disponierten Mitarbeiter ausnutzt bis zur totalen Erschöpfung oder ob er ihm rechtzeitig salutogene Grenzen setzt und zu einer professionellen psychosozialen Beratung rät.

3.2.1.3 Wertschätzende Kommunikation

Mitarbeiter in Mensch-zu-Mensch-Berufen leiden wesentlich häufiger an Burnout als Mitarbeiter, die zum Beispiel in der Produktion einer Herstellerfirma eher mit Materialen und Maschinen zu tun haben. Dies zeigt, dass ein wesentlicher Faktor von massiver, dauerhafter Erschöpfung in den modernen **Arbeitsbeziehungen** liegt. Wie bereits aufgezeigt, erschöpfen selbstverständlich Führungskräfte eher, wenn sie in einem widrigen sozialen Umfeld ihre Leistung erbringen sollen. Wer selbst einen unzufriedenen Chef hat, der auch noch schwer berechenbar ist und wenig Orientierung gibt, wer dazu noch Mitarbeiter führen soll, die sowohl in Quantität als auch in ihren Kompetenzen dem vorgegebenen Leistungsziel nicht gerecht werden, der kann als Chef leichter erschöpft werden, insbesondere wenn er noch private Beziehungsprobleme hat, wenig Kontakt zu Freunden und stark auf sich allein gestellt ist. Weil das soziale Umfeld solch großen Einfluss darauf hat, ob Führungskräfte massiv und dauerhaft erschöpfen oder nicht, kommt der Kommunikation, und insbesondere der **wertschätzenden Kommunikation, eine hohe Bedeutung zum Erhalt und zur Förderung der persönlichen Gesundheit und Leistungsfähigkeit** zu.

Im Rahmen seiner Möglichkeiten und seiner Verantwortung ist die Führungskraft dafür zuständig, **wertschätzende Kommunikation** in ihrem Verantwortungsbereich zu fördern und weitgehend vorzuleben. Teams, Projektgruppen und andere berufsbezogene Gruppen weisen eine **erhöhte Resilienz** auf, wenn sie die **Unterstützung einer Gemeinschaft** (zum Beispiel von Arbeitskollegen) vermuten oder erleben.[55]

---

[55] Bilinski 2010.

Im beruflichen Alltag spielen zwischenmenschliche Beziehungen eine große Rolle. Der Erfolg oder Misserfolg von Projekten und anderen geschäftlichen Vorhaben hängt davon ab, wie gut die Menschen miteinander kommunizieren und in Beziehung stehen. Dabei kann nicht alles glatt laufen, sodass jeder Beteiligte immer zufrieden ist. Wer Konflikte durch einen recht brachial-dominanten Konfliktlösungsstil bearbeitet, wird tendenziell zum Außenseiter. Wer Konflikte zu sehr vermeidet und sich zu wenig mit seinen Interessen und Bedürfnissen durchsetzen kann, erschöpft früher oder später. Deshalb suchen Führungskräfte zum Teil aus tiefsitzender Enttäuschung, zum Teil aus heftigem virulenten Ärger oder auch aus anhaltender Frustration nach Lösungswegen aus emotional belastenden und konflikthaften Beziehungen mit Kollegen, Vorgesetzten, Mitarbeitern etc.

Gewaltfreie Kommunikation nach Rosenberg

Die Gewaltfreie Kommunikation nach Marshall B. Rosenberg schlägt eine Art und Weise der Kommunikation vor, die eine **aktive und empathische Vorgehensweise** zwischen den Menschen favorisiert — und zwar ohne dass einer der Beteiligten die eigenen Anliegen zurückstecken muss, sondern jeder in Übereinstimmung mit seinen Werten und Bedürfnissen leben kann, ohne die Anliegen anderer Menschen abzuwerten oder zu bekämpfen. Nach **Marshall Rosenberg gibt es vier Schritte,** in denen Menschen in der **Gewaltfreien Kommunikation** ihre Anliegen ausdrücken und die anderen Personen diese zuhörend aufnehmen, ohne verpflichtet zu sein, diese zu erfüllen:

- Beobachtung äußern statt einer bewertenden Interpretation,
- Gefühl ausdrücken statt einer Beschuldigung,
- Bedürfnis formulieren statt einer Position,
- eine Bitte äußern statt einer Forderung.[56]

Das Kommunikationsmodell der Gewaltfreien Kommunikation nach Rosenberg **verzichtet weitestgehend auf Vorwürfe, Schuldzuweisungen und Bewertungen der Situation sowie auf die Abwertung von beteiligten Personen**. Dies erleichtert die Konfliktlösung. Die Aufmerksamkeit richtet sich viel mehr auf die Gefühle und Bedürfnisse der beteiligten Menschen. Rosenberg geht davon aus, dass die Grundbedürfnisse von Menschen nach Wertschätzung und Anerkennung, Sicherheit und Zugehörigkeit universell sind und Menschen verbinden. Im Unterschied zu bestimmten Verhandlungsstrategien etc. setzt Rosenberg auf die Verbundenheit der Menschen in ihren Grundbedürfnissen. Deshalb ist für die Anwendung der vier

---

[56] Rosenberg, Marshall B.: Gewaltfreie Kommunikation. Eine Sprache des Lebens. Paderborn Junfermann Verlag, Paderborn 2009.

Schritte Beobachtung, Gefühl, Bedürfnis und Bitte die empathische Grundhaltung zu sich selbst und zu anderen Menschen sowie deren Anliegen erfolgsentscheidend. Der amerikanische Konfliktforscher und Psychologe Rosenberg hat die Methode bereits in den 1960er Jahren entwickelt. In seinen Feldstudien hat er festgestellt, dass die **Lösung von Konflikten auch in schwierigen Krisensituationen leichter fällt, wenn Menschen ihr Mitgefühl nutzen**. Einer der Kernsätze von Rosenberg ist: „Es geht darum, eine einfühlsame Verbindung zu uns selbst und zu anderen aufzunehmen."[57]

Diese Aussage zeigt den Konflikt an, der sich ergibt, wenn man im modernen Business die Gewaltfreie Kommunikation nach Rosenberg einführen und umsetzen möchte. Führungskräfte sind es bis zum heutigen Tag viel mehr gewohnt, keine einfühlsame Verbindung zu sich selbst zu haben und auch nicht zu anderen aufzunehmen. Viel mehr lernen Führungskräfte — und sie werden danach im Unternehmen auch sanktioniert —, dass sie bestimmte eigene Bedürfnisse und Anliegen (zum Beispiel nach mehr Entspannung, Anerkennung) nicht äußern und mit der Zeit auch möglicherweise nicht mehr bewusst wahrnehmen. Die erfolgreichen Führungskräfte im System Unternehmen sind häufig diejenigen, die über ihre eigenen Bedürfnisse und die anderer Menschen hinweggehen und einen hohen Leistungsoutput im Sinne ihres Topmanagements erbringen, ohne Rücksicht auf Verluste bei ihrem emotionalen Wohlbefinden und zu einem Großteil auch bei demjenigen anderer Menschen, wie Mitarbeiter, Kollegen, Lieferanten. Bei aktueller Betrachtung ist festzustellen, dass besonders einfühlsame, empathische Führungskräfte das Nachsehen haben, weil sie sich auf persönliche Anliegen und Bedürfnisse ihrer Mitarbeiter einlassen und bei der ergebnisorientierten Zielerreichung nicht so erfolgreich sind wie ihre Managementkollegen, die unabhängig von Bedürfnissen und Anliegen ihrer Mitarbeiter Ziele erreichen, dies von ihren Mitarbeitern einfordern und durchsetzen. So steht jede Führungskraft vor der Aufgabe, wie sie Kommunikation in ihrem Verantwortungsbereich gewaltfreier im Sinne von Rosenberg und wertschätzender im Sinne von Brüggemeier (siehe unten) umsetzen kann, ohne massiv unter psychischen Druck zu geraten, weil sie ihre kennzahlenorientierten Ergebnisse mit dem gleichen Team nicht mehr erreicht.

Da Konflikte immer dort entstehen, wo menschliche Bedürfnisse dauerhaft unerfüllt bleiben, wie zum Beispiel Bedürfnisse nach Zugehörigkeit, Wertschätzung und Anerkennung, Respekt, Autonomie und Empathie, ist es grundsätzlich interessant für Führungskräfte, auf Bedürfnisse der Mitarbeiter besser einzugehen, sodass das Konfliktpotenzial bei individuellen Mitarbeitern und zwischen Mitarbeitern verringert wird. Mit dem Vorgehen der Gewaltfreien Kommunikation können Mitarbeiter

---

[57] Rosenberg, Marshall B.: Das können wir klären! Wie man Konflikte friedlich und wirksam lösen kann. Junfermann Verlag, Paderborn 2007.

gegenseitig mehr Akzeptanz, Verständnis und Wertschätzung erreichen, sodass sie **besser miteinander Konflikte lösen und gemeinsame Aufgaben bewältigen können**.

Wertschätzende Kommunikation im Alltag

Im Alltag gibt es einen einfachen Maßstab dafür, ob die eigene Kommunikation mit dem Mitarbeiter gelungen ist, nämlich die Reflexionsfrage: „Habe ich den anderen gut dastehen lassen?"

Ein hilfreiches Prinzip zur Selbstverantwortung und aktiven Kommunikation in der Zusammenarbeit ist: „**Hier achtet jeder auf sich und teilt sich mit**." Dies impliziert, dass man nicht unter Mitarbeitern erwarten kann, dass der Kollege einem die Wünsche quasi von den Lippen abliest. Und es geht darum, dass der Fokus der Aufmerksamkeit vor allem beim Einzelnen selbst liegt und nicht beim Verhalten des anderen. Konkret: Wenn etwas im Team anders läuft, als ich das erwarte, dann ist es weniger hilfreich, sich sofort auf diesen störenden Verlauf zu konzentrieren und einen „Schuldigen" zu attackieren, sondern es ist hilfreicher, zunächst die eigene Unzufriedenheit wahrzunehmen und mit dieser dann in eine wünschende Kommunikation mit dem anderen einzutreten. In einer solchen Auseinandersetzung können Führungskräfte und Mitarbeiter die „**VW-Regel**" anwenden: *Aus* **V***orwürfen werden* **W***ünsche formuliert.* Auf diese Weise ist die Wahrscheinlichkeit von erfolgreicher Kommunikation auf Dauer höher.

Ein nützlicher Ansatz zur „Wertschätzenden Kommunikation im Business" ist der von Brüggemeier[58], der Ansatzpunkte liefert, wie man gemäß der Grundlagenarbeit von Rosenberg Gewaltfreie Kommunikation im Berufsalltag nutzen kann.

▶ **BEISPIEL: Wertschätzung erleichtert Veränderungsprozess**

In einem Wellnesshotel war die Anzahl der Übernachtungsgäste für die Geschäftsführung unbefriedigend. Da mehrere Aufforderungen der Geschäftsführung an die Mitarbeiter in den verschiedenen Arbeitsbereichen ohne Effekte und Verbesserungen der Übernachtungszahlen blieben, sollte nun eine Organisationsentwicklungsmaßnahme eingeleitet werden. Bei den entsprechenden Vorbereitungsgesprächen stellte sich heraus, dass insbesondere die Mitarbeiter aus den Bereichen Yoga und Entspannung massiven Widerstand gegen die, wie sie

---

[58] Brüggemeier, B.: Wertschätzende Kommunikation im Business – Wer sich öffnet, kommt weiter – Wie Sie die Gewaltfreie Kommunikation im Berufsalltag nutzen. Junfermann Verlag, Paderborn 2011.

es nennen, „Kommerzialisierung" ihres Wirkens leisten. Die Mitarbeiter, vor allem aus dem Bereich Yoga, hatten damit Probleme, ihre Berufsanschauung und ihre persönlichen Werte, die sie mit ihrer beruflichen Tätigkeit verbinden, in den Dienst von geschäftlichen, ausschließlich profitorientierten Zielen zu stellen.

Mit dieser Haltung und Handlungsbereitschaft waren die Mitarbeiter von ihren jeweiligen Führungskräften zum Workshop geschickt worden. Teilnehmen mussten alle Mitarbeiter des Hauses. In den Workshops waren jeweils circa 12 Mitarbeiter. Durch das geschickte und menschenorientierte Vorgehen gelang es dem Moderator, anhand einer „Affektbilanz" die Akzeptanz der Mitarbeiter dafür zu gewinnen, dass sie bereit waren, über die geschäftliche Zielsetzung überhaupt nachzudenken und möglicherweise irgendeinen persönlichen beruflichen Beitrag ins Auge zu fassen. Ein Ergebnis der Affektbilanz pro Teilnehmer war, dass selbst der Yogalehrer, der uneingeschränkt betonte, dass er nicht bereit sei, sich „kapitalisieren und kommerzialisieren" zu lassen, nun die Bereitschaft zeigte, durch seine für ihn authentische Haltung zum Yoga und seiner wie er es nannte „göttlichen Ausstrahlung" einen positiven Einfluss zu nehmen auf die Gäste, sodass man daraus die Hoffnung schöpfen konnte, dass diese überaus positiv betreuten Gäste gerne wiederkommen oder durch Empfehlungen für zusätzliche Belegungszahlen sorgen. Dieser Lösung und Beteiligung an den Geschäftszielen konnte der Mitarbeiter erst zustimmen, nachdem er vom Moderator als Mensch mit seinen persönlichen Werten und Lebensanschauungen gewürdigt wurde. Dies war offensichtlich vorher durch die Führungskraft nicht geschehen. Deshalb erschien dieser Mitarbeiter auch mit einem starken Widerstand und einem sehr starken Kooperationsunwillen beim Workshop.

Dieses Fallbeispiel zeigt, dass, wenn man Mitarbeiter für Veränderungsprozesse einnehmen möchte, es wichtig ist, diese zunächst persönlich durch **persönliche Wertschätzung und Akzeptanz ihrer Werthaltungen** und anderer Persönlichkeitsmerkmale zu gewinnen. Erst dann werden sie offen sein für eine Unterstützung und Mitgestaltung von geschäftlichen Zielen und diese aktiv unterstützen.

3.2.2 Orientierung und Sicherheit

Mitarbeiter können durch **Offenheit, Durchschaubarkeit und Zugänglichkeit ihrer Führungskraft ein Sicherheitsgefühl entstehen** lassen, das ihnen die Möglichkeit gibt, die persönliche Leistung zu steigern und einem persönlichen Burnout vorzubeugen. Wer als Mitarbeiter nicht weiß, ob er in absehbarer Zeit noch in dieser Organisation arbeiten kann, welche Auswirkungen Veränderungsmaßnahmen auf seine berufliche Tätigkeit haben oder mit wem er in absehbarer Zeit unter welchen Bedingungen zusammenarbeiten wird, dieser Mitarbeiter wird möglicherweise massiv verunsichert, kann seine Leistungspotenziale nicht mehr zur Entfaltung bringen und wird möglicherweise durch diese massive Verunsicherung erschöpft. Dem kann eine Führungskraft entgegenwirken, indem sie Orientierung gibt, d. h., die abwägbaren Entwicklungen des Unternehmens insgesamt, aber insbesondere des eigenen Verantwortungsbereiches, den Mitarbeitern darzustellen und offen zu kommunizieren. Selbstverständlich können Informationen, die nicht an Mitarbeiter weitergegeben werden dürfen, diesen nicht zur Verfügung gestellt werden. Aber auch ohne diese Informationen bleiben den Führungskräften gewöhnlich genügend Möglichkeiten, um eine ehrliche und offene Kommunikation im Hinblick auf eine Orientierung für die Mitarbeiter zu gewährleisten.

> **BEISPIEL**

In einer Bank hat ein Topmanager über Jahre hinweg von Konkurrenzinstituten Nachwuchsführungskräfte abgeworben und sie in seinem Verantwortungsbereich systematisch aufgebaut und unterstützt. Dies geschah oft mit dem klaren Bekenntnis, dass er denjenigen systematisch fördern und ihm dauerhaft eine unterstützende Zuwendung hinsichtlich Karriere zukommen lassen wird. Nun ist der Fall eingetreten, dass der Mutterkonzern in ökonomische Schieflage gekommen ist und auch der Topmanager massiv Stellen abbauen muss. Gemäß dem Sozialplan sind nun viele der Nachwuchsführungskräfte betroffen, die der Manager in den letzten Jahren eingestellt hat, da diese Nachwuchsführungskräfte erst seit relativ kurzer Zeit zum Unternehmen gehören (Betriebszugehörigkeit) und oft Singles sind. Nach einer Beratung mit seinem persönlichen Coach tritt er vor die versammelte Führungsmannschaft von über 50 Führungskräften, die er selbst führt, und verkündet die absehbare Entwicklung für seinen Verantwortungsbereich. Diese Orientierung, die er gibt, ist alles andere als positiv. Aber durch seine aufrechte, ehrliche Kommunikation erreicht er es, dass die voraussehbare Entwicklung von den Führungskräften seines Bereiches akzeptiert und er trotz aller schlechten Nachrichten als deren Führungskraft geachtet wird, was daran liegt, dass er fair, offen und ehrlich mit ihnen umgegangen ist. Auch in den Trennungsgesprächen bekommt er positives Feedback von den von ihm angestellten Nachwuchsführungskräften: Ihnen sei bewusst, dass er sie nicht getäuscht hat und die Entwicklung nicht absehen konnte. Sie bedanken sich für eine faire und offene Zusammenarbeit und bedauern die Trennung.

Führungskräfte sind immer limitiert hinsichtlich der Vermittlung von Orientierung und Sicherheit. Jeder Manager kann aber das Beste dafür tun, dass durch Transparenz, Offenheit, Durchschaubarkeit, Zugänglichkeit und Erreichbarkeit in seinem Verantwortungsbereich möglichst positive Voraussetzungen dafür gegeben sind, dass Mitarbeiter Vertrauen, ein Sicherheitsgefühl und eine klare Orientierung entwickeln können.

Persönlich stimmige Grenzen für Offenheit, Transparenz, Erreichbarkeit und Zugänglichkeit

Selbstverständlich muss jede Führungskraft persönlich stimmige Grenzen für Offenheit, Transparenz, Erreichbarkeit und Zugänglichkeit ziehen. Denn die Selbstfürsorge steht auch hier vor der Fremdfürsorge für die Mitarbeiter. Wer es als Manager schafft, die Grenzen so zu setzen, dass es ihm damit gut geht und auch seinen Mitarbeitern, der hat schon viel erreicht. Welche **Dosis an Offenheit** etc. jeweils stimmt, kann nur der betroffene Chef selbst **situativ bestimmen** und muss dies **angesichts sich ändernder Situationsbedingungen immer wieder überprüfen**.

Was nicht passieren sollte, ist die Minimierung von Zugänglichkeit, Transparenz etc. aufgrund von dauerhafter, massiver Überlastung der Führungskraft. Denn dann wählt der Chef nicht die richtige Dosis, sondern reagiert nur noch und wird somit seine Wirksamkeit als Manager zur Vorbeugung von Burnout bei Mitarbeitern und zur Gesundheits- sowie Leistungsfreudeförderung einbüßen. Vielleicht wird er sogar zum Negativbeispiel und wirkt dann stress- und überlastungsverschärfend. Davon gibt es noch zu viele Manager.

▶ **BEISPIEL**

Ein gestandener Manager aus der Stahlproduktion praktiziert seit Jahren einen Führungsstil, der von „lieber selbst machen", Kontrolle und Intransparenz geprägt ist. Aufgrund schwer erarbeiteter Erfolge traut sich kaum jemand gegen ihn anzugehen, weil er die volle Rückendeckung der Geschäftsleitung genießt. Da er inzwischen mit einem Alter von über 50 Jahren nicht mehr die Kraft besitzt, sich ständig gegen Widerstände und schwierige Rahmenbedingungen durchzusetzen, gerät er in eine persönliche Krise. Er zweifelt an seinen Fähigkeiten. Die erste Reaktion ist jedoch eine weitere Einschränkung seiner Informationspolitik. Er gibt noch weniger Orientierung und Sicherheit und spürt diese selbst immer weniger, wie er im Einzelcoaching eingesteht. Er ändert also nicht seinen inadäquaten Führungsstil, sondern intensiviert ihn noch nach dem Motto: Mehr vom Gleichen. Dies ist menschlich, hat aber massive negative Auswirkungen auf ihn — und auf die Gesundheit und Leistungsfähigkeit seiner Mitarbeiter.

Einführung einer Feedback-Kultur

Regelmäßiges Feedback gibt Managern und Mitarbeitern die Möglichkeit, ihre Erwartungen und Wünsche zu äußern, sich Rückmeldungen (Ergebnisfortschritt, Befindlichkeitsverlauf, Beanspruchungssituation etc.) zu geben und gemeinsames Vorgehen (z. B. die nächsten Schritte oder auch die veränderte Gesamtausrichtung) abzustimmen, upzudaten oder zu vereinbaren. Durch ein solches Vorgehen und eine entsprechende Feedbackkultur können Sicherheit und klare Orientierung auf Seiten von Führungskraft und Mitarbeiter generiert werden und somit ein Beitrag zur Burnoutprävention geleistet werden.

Auch wenn es in der Organisation bereits Instrumente wie das 360-Grad-Feedback gibt, macht es Sinn, die Feedback-Kultur im eigenen Verantwortungsbereich weiter zu verbessern, um eine nachhaltige Wirkung in Richtung Burnoutprävention und Gesundheitsförderung zu erreichen. Dabei sollten von Anfang an die betroffenen Mitarbeiter zu Beteiligten gemacht werden, indem man sie als Führungskraft dafür gewinnt, die Feedback-Kultur im Miteinander des Alltags weiter zu verbessern. Dazu sollte der Sinn und der Nutzen bzw. Wert dieses Vorhabens erläutert und die Mitarbeiter wirklich dafür gewonnen werden. Der Sinn einer weiter verbesserten Feedback-Kultur liegt auf der Hand: Es verbessert sich der emotionale Austausch unter den Mitarbeitern, sodass es weniger Interpretationen und Raum für Fehlinterpretationen des Verhaltens anderer gibt, sondern mehr Klarheit und Orientierung für alle Beteiligten. Selbstverständlich ist es dafür wichtig, dass das Feedback in bestimmter Qualität geleistet wird. Wer seine Mitarbeiter dafür gewonnen hat, eine verbesserte Feedback-Kultur einzuführen und sie vom Sinn und Nutzen überzeugt hat, wird sich mit der Qualifizierung der Mitarbeiter hinsichtlich Feedback-Qualität nicht mehr allzu schwer tun.

Sinn, Nutzen und Vorteile einer qualitativ hochwertigen Feedback-Kultur

Qualitativ hochwertige, gezielte Rückmeldungen dienen in der täglichen Kommunikation und in verschiedensten beruflichen Situationen dazu, die **Selbstwahrnehmung** des Feedback-Empfängers zu verbessern und sein Verhalten zu beeinflussen. Feedback ist im Arbeitskontext ein wirksames Vorgehen zur Verbesserung der Kommunikation durch Mitteilung von eigenen Bedürfnissen und Wahrnehmungen und zur Vermeidung von Missverständnissen. So hilft Feedback in der Führung von Mitarbeitern und in der kollegialen Kommunikation, um über **Rückmeldeprozesse Fehler zu begrenzen und Beziehungen und gegenseitiges Verständnis zu verbessern**.

Je offener und ehrlicher Mitarbeiter wertschätzend einander mitteilen, wie sie einander wahrnehmen, umso besser kann jeder sein **Selbstbild überprüfen** und gegebenenfalls anpassen. Auch das **eigene Verhalten und seine Auswirkungen** können in einer qualitativ hochwertigen Feedback-Kultur besser **reflektiert** werden. Jedes Verhalten wird von Bedürfnissen und Wünschen bedingt. Hinter jedem Verhalten steht eine mehr oder weniger klare Absicht. Dieses Verhalten hat eine Wirkung und wird von anderen unterschiedlich erlebt und beurteilt. Durch offenes Feedback kann der Empfänger erfahren, wie er auf andere wirkt. Er kann nun überlegen, ob er das so will und kann gegebenenfalls sein Verhalten verändern.

Auf diese Weise können auch **Beziehungen in der Zusammenarbeit verbessert** werden. Durch qualitativ hochwertiges Feedback können Wünsche und Bedürfnisse, Befürchtungen und Hilfsangebote offengelegt werden. Durch die geschützte, wertschätzende Ansprache von persönlichen Schwächen, Bitten, Ängsten und Verletzungen können **Vertrauen und Gemeinschaftsgefühl** wachsen und somit die individuelle und die kooperative Leistungsbereitschaft und -fähigkeit verbessert werden.

In der täglichen Zusammenarbeit unter Stress werden viele **Gefühle und Bedürfnisse** nicht ausgedrückt, sondern **unterdrückt.** Eine zu lange Anstauung kann destruktive Wirkung auf die Gemeinschaft des Teams entfalten. Dies gilt insbesondere für alle **Konflikte.** Im qualitativ hochwertigen Feedback können Gefühle gezeigt und Beweggründe und Bedürfnisse erklärt werden, sodass Verständnis, Klarheit und eine befreite Zusammenarbeit die Folge sind.

Es gibt mehrere Möglichkeiten und Verfahrensweisen, eine solche Verbesserung der Feedback-Kultur im Verantwortungsbereich zu gestalten. In jedem Fall muss jedoch die Führungskraft sich vorbildlich verhalten, um Wirksamkeit und Nachhaltigkeit zu erreichen. Wer als Führungskraft seinen eigenen Weg für seinen Verantwortungsbereich in enger Zusammenarbeit mit seinen Mitarbeitern finden möchte, kann sich unter anderem an folgenden Punkten orientieren:

1. Die **klassischen Feedbackregeln** und ihre erfolgreiche Umsetzung. Zum Beispiel:
   - Feedback in „Ich"-Form geben, nicht in „Du"- oder „Sie"-Form, zum Beispiel: „Ich habe es so erlebt, dass…"
   - Die eigenen direkten Erlebnisse konkret schildern, keine Interpretationen.
   - Möglichst zeitnah die Rückmeldung geben.
   - Das Feedback sollte immer hilfreich und wohlwollend sein, auch wenn es kritisch ist und eine Unzufriedenheit ausdrückt.
   - Der Feedback-Nehmer sollte aktiv zuhören und die Botschaft erst einmal wirken lassen, auf keinen Fall sich sofort rechtfertigen, vergleichen o. ä.
2. Die Nutzung von **hilfreichen Zusatzregeln**, wie zum Beispiel der **VW-Regel**, gemäß der man aus einem Vorwurf (V) einen Wunsch (W) formuliert.
3. **Hoher Beteiligungsgrad der betroffenen Mitarbeiter,** zum Beispiel in Workshops, in denen man sich untereinander Feedback gibt und zum Beispiel ein-

übt: „Was ich mir von Ihnen/dir in Zukunft weniger wünsche: …; was ich mir von Ihnen/dir in Zukunft mehr wünsche: …; und was ich mir in Zukunft von Ihnen/dir besonders/zusätzlich wünsche: …"

4. Nutzung von Elementen aus dem **Appreciative Inquiry** Ansatz. Appreciative Inquiry ist ein Ansatz aus der Team- und Organisationsentwicklung, der eine wertschätzende Grundhaltung beinhaltet und z. B. mit Hilfe wertschätzender Erkundung umgesetzt wird.

5. Das Vorhaben sollte mit einer **klar nach innen und außen kommunizierten** positiven Absicht und mit prominenter Unterstützung (z. B. Geschäftsführung) transportiert werden. Je weiter oben in der Hierarchie der Entwicklungsprozess begonnen werden kann, umso besser. Eine **vorbildliche, überzeugende Geschäftsführung**, die kaskadenförmig selbst diese Feedback-Kultur vorlebt (zum Beispiel in der Kommunikation mit ihrer ersten Führungsebene und mit ihrer Assistenz), ist der **beste Promotor**.

6. Nachhaltig erfolgreicher als eine zeitlich begrenzte intensive Kampagne ist die **dauerhafte Integration und Bewahrung in der täglichen Kommunikation**, bei der auch Fehler und Rückschläge in Maßen tolerierbar sind. Statt von einer „Einführung" sollte man deshalb auch eher von einem „sich entwickeln dürfen" sprechen.

▶ **BEISPIEL: Keine Zeit für Mitarbeiter und fehlende Abstimmung mit Frustfolgen**

Der Mitarbeiter hatte sich schon seit Tagen darauf gefreut, mit seinem Chef zusammen zu dem Meeting zu fahren. Einzig und allein aus dem Grund, weil er dann **in Ruhe mit ihm über einige Dinge sprechen** konnte, die seit vielen Wochen immer wieder aufgeschoben wurden und ihm als Mitarbeiter das Leben schwer machen. Denn Mitarbeiter brauchen eine **klare Orientierung,** um effektiv und mit einer gewissen Sinnerfüllung arbeiten zu können. Der Mitarbeiter hatte große Hoffnung, nun endlich einige Fragen mit seinem Chef klären zu können, damit er danach zielgerichtet loslegen konnte. Allerdings verlief die Autofahrt anders, als sich der Mitarbeiter das vorgestellt hatte. Obwohl die Fahrt zur Zentrale über eine Stunde dauerte, gab es nur zwei Minuten am Schluss der Fahrt, die der Mitarbeiter seinem Chef abtrotzen konnte. Die restliche Zeit der Fahrt führte die Führungskraft ein Telefongespräch nach dem anderen über das Autotelefon. Doch damit nicht genug: Nachdem sie das Auto verlassen hatten und zügig zum Meeting gingen, stellte sich heraus, dass in dem Gespräch mit abteilungsübergreifenden Gesprächspartnern das eigene Team denkbar schlecht abgestimmt und vorbereitet war, sodass sie ihren Standpunkt und ihre Wünsche nur sehr unzureichend einbringen konnten. Zum Beispiel hatte der Kollege aus der gleichen Abteilung, der jedoch an einem anderen Standort saß, eine völlig konträre Meinung zu der des Mitarbeiters, sodass im Ergebnis die Positionen und die Wünsche für die eigene Abteilung kaum Berücksichtigung beim Ergebnis des Meetings fanden. Der Mitarbeiter fuhr völlig frustriert mit einem anderen Kollegen nach Hause, da der Chef aufgrund eines Anschlusstermins alleine von dannen zog. Die Mitarbeiter tauschten im Auto ihre Frustrationen aus, wobei sich alle einig waren, dass die Führungskraft zu wenig Zeit für ihre Mitarbeiter hat und die Orientierung und Abstimmung im Team viel zu kurz kommt.

Durch ein solches Vorgehen der Führungskraft wird nicht nur sehr viel Arbeitszeit dafür verwendet, dass die Mitarbeiter untereinander ihren Frust austauschen, sondern es wird auch viel Ineffizienz geschaffen, weil es den Mitarbeitern an **Orientierung und Koordination** mangelt, was durch die Führungskraft verursacht wird.

Vertrauen

Vertrauen entsteht gewöhnlich in unsicheren Situationen, in denen beispielsweise ein Mitarbeiter positive Erfahrungen in der Beziehung zu seiner Führungskraft macht. Der **Vertrauensbildungsprozess braucht Belastungsproben und eine hohe Anzahl von Interaktionen.** Enttäuschungen sind dabei unvermeidbar, aber man kann die Täuschungen, denen der einzelne Mensch erlegen ist, analysieren und daraus lernen. Grundlagen von Vertrauen sind immer Erfahrungen, die der Mensch gemacht hat. Tiefgehendes Vertrauen basiert gewöhnlich auf einer gemeinsamen Wertebasis. Deshalb ist es für Führungskräfte, wenn sie einen positiven Vertrauensbildungsprozess in ihrem Verantwortungsbereich erreichen wollen, hilfreich, dass sie in unsicheren Situationen der Belastungsprobe standhalten und authentisch und möglichst ehrlich handeln. Um eine Vertrauenskultur im gesamten Verantwortungsbereich zu unterstützen, hilft die eigene Vorbildfunktion. Man sollte darüber hinaus aber auch **Vertrauensbrüche sanktionieren.** Denn nur über die Sanktionierung wird ein System konsequent und beständig. Für den Aufbau einer Vertrauenskultur hat die Führungskraft maßgebliche Vorbildfunktion.

3.2.3 Autonomie – Gemeinschaft – vertrauensvolles Teamklima – Fairplay

Autonomie entfalten zu können in einer Gemeinschaft, die zusammenhält und in einem vertrauensvollen Teamklima Fairplay lebt, beugt massiv Burnout vor und fördert Gesundheit und Leistungsfähigkeit.

3.2.3.1 Autonomie

In der bereits erwähnten Studie „Gesunde Führung" werden Selbstbestimmung und Selbstbefähigung als wichtige Treiber der Mitarbeitergesundheit benannt.[59] Die Autoren der Job-Top-Trendstudie stellen fest: „Für die Gesundheit im Unternehmen ist es wichtig, dass die Führungskräfte die Selbständigkeit ihrer Mitarbeiter fördern, ihr Selbstbewusstsein und ihr Vertrauen in die eigenen Fähigkeiten stärken und ihnen zutrauen, dass sie ihre Aufgaben innerhalb ihres Entscheidungsspielraums professionell erledigen. Die Kernelemente Selbstbestimmung und Selbstbefähigung der Mitarbeiter sind wichtige Treiber der Mitarbeitergesundheit. … Unternehmen, die auf Empowerment von Mitarbeitern setzen, verbessern deren psychische Gesundheit um 31 % im Vergleich zu Unternehmen, die in diesem Bereich Nachholbedarf haben."[60] Im Projekt „Psychische Gesundheit in der Arbeitswelt — psyGA-transfer" unter Leitung des BKK Bundesverbandes wird resümiert: „Übertragen Sie Ihren Mitarbeitern mit den Aufgaben auch Ihr Vertrauen. Unterstützen Sie, dass sie ihre Arbeitsabläufe und Arbeitszeit **autonom** gestalten. … dass Mitarbeiter ein sehr gutes Gefühl dafür haben, an welchen Stellen sie fähig sind, selbstorganisiert zu arbeiten — und wann sie Vorgaben der Führungskraft als hilfreich empfinden."[61] Eine zusätzliche moderne Herausforderung stellt sich an Mitarbeiter und Führungskräfte, wenn diese zum Beispiel in **Matrixorganisationen über viele Angelegenheiten nicht mehr selbstständig entscheiden können, obwohl diese das Ergebnis ihrer Arbeit beeinflussen.**

▶ **BEISPIEL**

Ein Ingenieur hat als Projektleiter ein Projektziel mit Timeline und Ressourcen vereinbart. Im Projektverlauf treten Probleme auf, die er eigentlich lösen könnte, wenn er Durchgriffsrechte hätte. Er muss hingegen in aufwendigen Abstimmungsprozessen über mehrere Kontinente und Businesseinheiten versuchen, eine gemeinsam akzeptierte Lösung zu erreichen. „Das ist unglaublich anstrengend für mich. Eigentlich bin ich Ingenieur und möchte auch so arbeiten. Aber ich fühle mich wie ein Administrator, der ständig irgendwelche Probleme lösen soll, auf die er keinen vollen Zugriff hat. Ich muss acht Leute fragen, bevor ich eine Sache entscheiden darf, und habe 15 Jahre Berufserfahrung", berichtet der erschöpfte Ingenieur, der mit seiner Handlungsautonomie unzufrieden ist, insbesondere im Hinblick auf die verantwortungsvolle Position, die er innehat.

---

[59] Bruch & Kowalevski 2013, S. 16.
[60] Bruch & Kowalevski 2013, S. 16.
[61] Kleinschmidt Carola, 2012, a. a. O., S. 14.

3.2.3.2 Gemeinschaft und Zugehörigkeit

Das soziale Umfeld in der Organisation kann auch entlastend und stärkend auf Mitarbeiter und Führungskräfte wirken. Gewöhnlich ist es für Mitarbeiter belastend, wenn sie insbesondere von ihrem Chef zu wenig Unterstützung erhalten. Wer als Mitarbeiter hohen Anforderungen ausgesetzt ist und diese erfüllen oder Ziele erreichen möchte, nimmt herausfordernde Situationen als belastend wahr, wenn ihm die Unterstützung aus dem Team oder insbesondere von seinem Chef fehlt. In der Untersuchung von Fuchs[62] „Was ist gute Arbeit?" stellen 48 % der befragten Mitarbeiter fest, dass sie zu wenig Unterstützung durch ihre Vorgesetzten erhalten. Wer sich als Mitarbeiter mit Aufgabenstellungen, Problemen und Überlastung von seinem Chef allein gelassen fühlt, wird in seiner Leistungsfähigkeit und in seiner Motivation beeinträchtigt. Hingegen erleben Mitarbeiter, die in herausfordernden Arbeitssituationen und sogar bei Fehlern, die sie begehen, noch Unterstützung durch ihren Chef erfahren, ihre Arbeit weniger als Stress.[63]

Die Unterstützung durch die Führungskraft und durch das Team sind ein wirksamer Stresspuffer und damit wirksam für eine Burnoutprävention. Soziale Unterstützung im Team reduziert nicht nur die subjektiv wahrgenommene Belastung und stärkt die Gesundheit im Sinne von Burnoutprävention, sondern sie schwächt auch negative Auswirkungen ab. Gewöhnlich haben Mitarbeiter, die ausreichend soziale Unterstützung und Gemeinschaft im Team erleben, mehr Stressresistenz, sie sind mit sich selbst und mit ihrer Arbeit zufriedener.

Die **Unterstützung durch** eine **Führungskraft** wird für Mitarbeiter erlebbar, wenn

- der Mitarbeiter in einer konkreten Belastungssituation, in der er die Unterstützung der Führungskraft braucht, die Erfahrung macht, dass seine Führungskraft in dieser Situation tatsächlich für ihn da ist;
- Mitarbeiter sich darauf verlassen können, dass ihre Führungskraft zu ihnen hält, wenn es Probleme gibt oder sie einen Fehler begangen haben;
- Mitarbeiter mit ihren Problemen, Sorgen und Herausforderungen zu ihrer Führungskraft kommen können und diese sich das anhört;
- die Führungskraft antizipativ Mitarbeiter entlastet und unterstützt, bevor diese in eine dauerhafte, massive Überforderung geraten.

---

[62] Fuchs, 2006.
[63] Ebda.

▶ **BEISPIEL**

Der Geschäftsführer eines Kleinunternehmens hat in den letzten Monaten seinen Leiter Organisation und IT massiv genutzt. Es standen unter anderem erhebliche IT-Infrastrukturveränderungen an, z. B. durch die Anschaffung einer neuen Software. Außerdem gab es zahlreiche organisatorische Änderungen, die vor allem von diesem Mitarbeiter und Teamleiter getragen wurden. Oft arbeitete er auch am Wochenende und bis spät in die Nacht, damit termingerecht die Aufgaben erledigt wurden. Der Mitarbeiter freut sich über die Anerkennung, die ihm zuteilwird, stellt aber keinerlei Forderungen, weder monetärer Art noch in irgendeiner anderen Form. Er ist ein bescheidener Mensch, der froh ist, für dieses Unternehmen tätig zu sein und identifiziert sich sehr stark mit seiner Aufgabe. Der Geschäftsführer hat ihm nun ein persönlich stimmiges Geschenk überreicht: die Unterlagen vom Reisebüro, damit er mit seiner Frau über ein verlängertes Wochenende einen Wellnessurlaub am Meer genießen kann. Der Geschäftsführer bedankt sich für seinen ganz besonderen Einsatz und wünscht ihm eine gute Erholung. Der Familienvater ist sichtlich gerührt und nimmt das Geschenk gerne an.

Solche Beispiele zeigen, dass **Führungskräfte nicht immer auf eine Forderung von Mitarbeitern warten** müssen. Der Geschäftsführer vertraute mir in einem Vieraugengespräch an, dass der Mitarbeiter schon leicht angegriffen war und die dauerhafte Überlastung Spuren gezeigt hat. Deshalb hat er gehandelt und nicht darauf gewartet, dass der Mitarbeiter nach weiteren Überlastungen irgendwann einmal zu ihm kommt. Die Schmerzgrenzen von Mitarbeitern sind oft sehr hoch. Diese Schmerzgrenzen zu testen, ist aber oft weder für die Mitarbeiter noch für den Chef oder den Arbeitgeber sinnvoll. Diese Auszeit kam offensichtlich genau zu dem richtigen Zeitpunkt, da in einigen Monaten weitere große Herausforderungen anstehen. So kann der Mitarbeiter sich nun regenerieren, und zwar nicht nur an diesem verlängerten Wochenende. Der Geschäftsführer hat festgelegt, dass der Mitarbeiter in den nächsten Monaten die Arbeitszeit reduzieren muss, und hat ihn in einem Vieraugengespräch dafür gewonnen, dass er zunächst einmal weniger Arbeitszeit einsetzt. Wochenenden sollen nun komplett freigehalten werden und es gibt eine Tagesobergrenze für die Berufstätigkeit. So kann der Geschäftsführer in einer guten Fürsorge seinem Mitarbeiter etwas Gutes tun und ebenso sich selbst. Erfahrungsgemäß sind solche Mitarbeiter sehr dankbar für solche Maßnahmen. Und diese einzelnen Erlebnisse führen oft dazu, dass die Bindung an das Unternehmen noch höher wird und vor allem die Vertrauensbeziehung zur Führungskraft. Jeder kann sich vorstellen wie dieser Mitarbeiter reagieren wird, wenn sein Geschäftsführer ihn das nächste Mal um einen besonderen Einsatz für das Unternehmen bittet.

Angst und Gemeinschaft

Das Führen von Mitarbeitern durch Angst ist mehr oder minder immer gesundheits-schädlich. Ängste sind im Topmanagement und im Mittelmanagement sehr stark vertreten, da sie motivierende Werte haben. Jedoch wirkt ein Übermaß an Angst, zum Beispiel dauerhafte Angstzustände vor unkontrollierbaren Situationen (wie überbordende Dynamik und Flexibilitätsanforderungen, Arbeitsplatzverlust), eher lähmend. Die **Leistungsfähigkeit** nimmt dann nicht zu, sondern sie **nimmt unter massiven Angstzuständen ab** (Yerkes-Dodson-Gesetz[64]). Ein produktiver und konstruktiver Umgang mit Ängsten und Konflikten im Verantwortungsbereich unterstützt das Gemeinschaftsgefühl und das Gefühl der Zugehörigkeit zur Gruppe für den Einzelnen. Wer Angst hat, zum Beispiel davor, seinen Aufgaben nicht mehr gewachsen zu sein oder keine Anerkennung in der Gruppe oder bei seinem Chef zu erreichen, der fühlt sich nicht mehr zugehörig und dieses **Zugehörigkeitsgefühl** und die damit verbundene Erwartung von Zusammenhalt und Unterstützung wird verringert. In diesem Zusammenhang ist es für den Einzelnen wichtig zu lernen, zwischen Herausforderung und Überforderung zu unterscheiden. Dafür muss jeder Einzelne die Verantwortung tragen. Die Führungskraft kann in ihrem Verantwortungsbereich dabei den Einzelnen unterstützen und durch Vermeidung von zu viel Überlastung und damit verbundenen Angstzuständen den Gemeinschaftsimpuls und das Zusammengehörigkeitsgefühl aller Mitarbeiter bestärken. Wer es in einem Team zulässt, dass die Teammitglieder im Einzelnen oder als Gruppe Anforderungen ausgesetzt sind, denen sie sich nicht gewachsen fühlen, minimiert die mögliche Leistung dieses Teams. Diese Erkenntnis ist anhand von verschiedenen Teams im Leistungssport leicht erkennbar und sie gilt auch für berufsbezogene Teams. Wer es als Führungskraft schafft, dass einzelne Teammitglieder und womöglich das gesamte Team **Freude an der gemeinsamen Arbeit** haben und zudem noch die Arbeitsfreude am Erreichen von gemeinsamen Zielen zu unterstützen, der kann mit einer hohen Leistungsfähigkeit rechnen.

---

[64] Das Yerkes-Dodson-Gesetz (nach Robert Yerkes und John D. Dodson, 1908) bezieht sich auf die kognitive Leistungsfähigkeit in Abhängigkeit von unterschiedlichen Erregungsniveaus. Zwischen der physiologischen Aktivierung und der Leistungsfähigkeit besteht ein umgekehrt U-förmiger Zusammenhang. Bei Unterforderung bleibt der Mensch hinter seinen Möglichkeiten zurück. Durch ein gesundes Maß an emotionaler Aktiviertheit kann die Leistung bis zu einem Spitzenwert erhöht werden. Wird das Erregungsniveau über das förderliche Maß gesteigert, sinkt die Leistung wieder ab.

Zusammenarbeit und Gemeinschaft

Wie wichtig die Gemeinschaft und der soziale Zusammenhalt bzw. die soziale Unterstützung für die einzelnen Mitarbeiter durch die Kollegen ist, wurde bereits ausgeführt. Für die Führungskraft, die eine **Gemeinschaftskultur** in ihrem Verantwortungsbereich fördert oder nicht, stellen sich folgende **Fragen**:

- Gibt es in der Zusammenarbeit im Team Zeit und Raum für Wünsche und Bedürfnisse der Kollegen? Oder werden systematisch menschliche Belange den ökonomischen Zielen und Vorgehensweisen so untergeordnet, dass das Motto „Funktionieren, egal wie" dominiert?
- Fühlt sich der Mitarbeiter als individueller Mensch wahrgenommen und gewürdigt bzw. respektiert?
- Betrachtet ihn sein Chef nur als Funktionseinheit, die Gehalt bekommt, um möglichst störungsfrei Aufgaben zu erledigen?

Die VW-Regel

Eine nützliche Regel bei der Kommunikation im Team ist die bereits genannte VW-Regel. Nach Maßgabe dieser Regel werden **Vorwürfe (V) in Wünsche (W) umformuliert**. Vorwürfe wirken meist auf den Gegenüber negativ und bringen ihn in eine entsprechend negative Kommunikationshaltung, da das Gegenüber auf Vorwürfe oft mit Gegenvorwürfen, Widerstand, Ausreden, Legitimationen oder Begründungen antwortet. Hingegen sind Wünsche und die Äußerung von Wünschen gewöhnlich eine erfolgreichere und rücksichtsvollere Art, um dem Gegenüber mitzuteilen, was man möchte oder was einen stört, und ein entsprechendes Angebot zu machen. Anstatt dem Kollegen vorzuwerfen: „Immer lässt du dein Zeug auf meinem Schreibtisch liegen!" kann eine Bitte, die als Wunsch geäußert wird, erfolgreicher sein: „Bitte nimm deine Sachen, die du bei mir auf dem Schreibtisch liegen gelassen hast, sofort wieder weg und denke bitte beim nächsten Mal daran, sie nicht bei mir liegen zu lassen. Danke." Bei dieser VW-Regel reicht es nicht, sie sich einmal zu vergegenwärtigen, sondern ihre Verinnerlichung und Nutzung erfordert Übung und Disziplin. Gewöhnlich ist sie aber auf Dauer so erfolgreich, dass sich der Aufwand, sie im Team einzuführen und umzusetzen, lohnt.

3.2.3.3 Vertrauensvolles Teamklima und Fairplay

Um eine effektive Burnoutprävention zu gewährleisten, ist es wichtig, dass die Führungskraft mit jedem einzelnen Mitarbeiter im Gespräch bleibt und für Überlastungsanzeichen sensibel ist. Um sich selbst dabei als Chef ein Stück weit zu entlasten, bietet es sich an, das Thema **Burnoutprävention zum Thema für das gesamte Team** zu machen. Wer es schafft, die Mitarbeiter bei diesem Thema als Mitstreiter zu haben, kann sich selbst entlasten und die Kompetenzen seiner Mitarbeiter nutzen. So helfen Besprechungen mit dem ganzen Team, um zu klären, wer gerade mit welchen Aufgaben und Projekten beschäftigt ist, wie hoch die Arbeitsauslastung ist und wer noch welche Unterstützung braucht. Das Teamklima hilft, die gegenseitige Unterstützung zu verstärken. So kann man auch gemeinsam mit den Mitarbeitern klären, wie man Überlastungen beim Kollegen erkennt und am besten damit umgehen kann, und so im Sinne einer guten Organisationsentwicklung Sensibilität und Handlungskompetenz, die gemeinsam abgestimmt ist, für das Thema Burnoutprävention entwickeln. Es kann sich dadurch ein Team bilden, in dem niemand unter sozialen Druck gerät, wenn er durch seine Arbeit dauerhaft überlastet ist, sondern im Gegenteil Hilfe in Anspruch nimmt und sich auch mit Schwäche oder Überlastung zeigt.

Die **Nutzung des gesamten Teams für einen produktiven Umgang mit Burnoutgefährdeten Kollegen** kann durch bestimmte Spielregeln, die man gemeinsam im Team festlegt, untermauert werden. Dabei spielt das Fairplay eine wichtige Rolle, also zum Beispiel, dass sich Kollegen nicht auf Kosten von anderen Mitarbeitern durch Lügen oder Betrug eine Entlastung verschaffen, die nicht angemessen ist. Andererseits sollte es erlaubt oder sogar gewünscht sein, persönliche Überlastungen im Team anzusprechen oder Aufgaben, die einen nach eigener Auffassung in eine dauerhafte Überlastung bringen würden, abzulehnen. Der Wert Gesundheit kann so ganz pragmatisch im Team gelebt werden. Wer Gesundheit und Erschöpfungszustände im Team thematisiert und frühzeitig damit konstruktiv und produktiv umgeht, ist mit seinem Team im Vorteil.

3.2.4 Arbeitsorganisation

In der Arbeitsorganisation ist oft schon die **Weichenstellung für massive, dauerhafte Überlastung von Mitarbeitern** angelegt (oder eben nicht). Deshalb empfiehlt es sich für Führungskräfte, diesen wichtigen Bereich bei der systematischen Vorbeugung von Burnout in ihrem Bereich nicht außer Acht zu lassen. Noch so viel gutes Zureden oder freundliche, einfühlsame Gespräche etc. nutzen einem Mitarbeiter wenig und helfen ihm nicht bei der Vorbeugung von Burnout, wenn er zugleich einer Aufgabenstellung gerecht werden soll, die er nur mit einer massiven, dauerhaften Überlastung und folgenden Erschöpfung bewältigen kann. In den vergangenen Jahren wurden viele Arbeitsabläufe überarbeitet und die Prozessoptimierung hat oft dazu geführt, dass die Arbeit für einzelne Mitarbeiter wesentlich verdichtet, dynamisiert und flexibilisiert wurde. Dies hatte in vielen Fällen eine subjektive Überlastung von Mitarbeitern zur Folge.

Darin liegt eine Quelle von Burnout. Diese Optimierung von Arbeitsprozessen im Sinne der Ökonomie wurde in vielen Fällen aufgrund von internationalem Wettbewerbsdruck und anderen wirtschaftlichen Erfordernissen notwendig, um eine bestimmte Zielsetzung für das Unternehmen (zum Beispiel dauerhafte Rentabilität) zu erreichen. Wer neben den Rentabilitätszielen und anderen Unternehmenskennzahlen der ökonomischen Vorgaben auch dem Wert Gesundheit und Burnoutprävention Rechnung tragen möchte, ist aufgefordert, dies auch in seinen Arbeitsprozessen und der gesamten Arbeitsorganisation abzubilden — was für einigen Konfliktstoff mit dem Topmanagement sorgen könnte (siehe dazu das Kapitel 3.6.2.2 Führen nach oben).

Schon bei der Planung und Entwicklung von Arbeitsabläufen können Führungskräfte dafür sorgen, dass die psychischen Belastungen für die Mitarbeiter möglichst gering gehalten werden und das Wohlbefinden der Mitarbeiter im Sinne von Arbeitsfreude gefördert wird. Dazu ist eine Einbeziehung der Mitarbeiter, soweit dies möglich und sinnvoll ist, ratsam. Mit einer gesundheitsförderlichen Arbeitsorganisation, die zumindest nicht zulässt, dass Mitarbeiter **dauerhaft** massiv überfordert werden, kann die Führungskraft eine wesentliche Grundlage zur Burnoutprävention legen. Dabei ist es nicht notwendig, die Arbeit der einzelnen Mitarbeiter möglichst belastungsarm zu gestalten. Im Gegenteil: Es ist gesundheitsförderlich, wenn Mitarbeiter Herausforderungen bewältigen, die sie zuvor noch nicht in dieser Art und Weise bewältigt haben. Damit können sie Selbstvertrauen gewinnen oder in einer unterstützenden Umgebung neue Leistungen erzielen und darüber ihr Selbstwertgefühl und ihre Selbstwirksamkeitsüberzeugung verbessern.

Gesundheitsorientierte Arbeitsorganisation

Ansatzpunkte zur Optimierung der **Arbeitsorganisation** hinsichtlich Burnoutprävention sind[65]:

- Komplexität der Aufgaben
- Variabilität der Aufgaben
- Soziale und emotionale Anforderungen
- Notwendigkeit zur Kooperation
- Kontrolle über die Aufgaben
- Möglichkeiten zur Unterstützung
- Zeitdruck und Zeitmanagement
- Qualität und Verfügbarkeit von Material und Werkzeug

---

[65] in Anlehnung an Fuchs, 2006.

- Qualität und Verfügbarkeit von Informationen und Dokumenten
- Unterbrechungen oder Ablenkungen
- Multitasking-Anforderungen und Multiprojektmanagement
- Zielmanagement (zum Beispiel unklare Ziele oder Ziele, die zu Konflikten führen)
- Schlecht vorhersehbare Arbeitsergebnisse
- Kein, wenig oder unklares Feedback
- Ungelöste Konflikte und andere soziale Stressoren
- Kooperationszwänge ohne Möglichkeit, selbst alleine eine Entscheidung treffen zu können
- Soziale Unterstützung im Netzwerk
- Wechselnde Unternehmensstrategien
- Nicht nachvollziehbarer Sinn von Zielsetzungen und Projekten bzw. Maßnahmen
- Zukunftsaussichten (z. B. Aufstiegschancen, Arbeitsplatzsicherheit)
- Kontrolle und Einfluss (z. B. Mitbestimmungsmöglichkeiten und Entscheidungsfreiraum)
- Informationsmanagement im Unternehmen (z. B. erfährt die Öffentlichkeit eine wichtige unternehmensbezogene Nachricht, bevor es die Mitarbeiter erfahren)
- Status und Anerkennung (wie steigt man in Anerkennung und Gratifikation auf?)

Hilfreich ist es selbstverständlich immer, nicht nur in Bezug auf Burnoutprävention, wenn Prozesse, Strukturen und Aufgaben klar geregelt und für alle Mitarbeiter verständlich sind. Workflows, die irgendwo im PC versteckt sind und von fast niemandem benutzt werden, sind sinnlos. Um die Autonomie, die gegenseitige Unterstützung und andere positive Faktoren, die präventiv gegen Burnout wirken, zu unterstützen, empfiehlt sich möglicherweise eine dezentrale, selbstorganisierende Organisationsform, in der Mitarbeiter aufgrund umfassender Informationen relativ selbstorganisiert und dabei mit hoher Motivation und ohne massive, dauerhafte Überforderung hervorragende Arbeitsergebnisse erzielen. Dies ist jedoch nicht in allen Arbeitsbereichen und Organisationen möglich. Vorteilhaft ist in jedem Fall, als Führungskraft die **Mitarbeiter von Anfang an bei der Planung und Gestaltung von Arbeitsprozessen mit zu beteiligen,** so gut das möglich ist, und von Anfang an den Aspekt der psychischen Gesundheit der Mitarbeiter zu beachten.

Die Arbeitsbedingungen können auch verbessert werden, um psychische Belastungen möglichst zu minimieren. Dazu gehören insbesondere ausreichende Ressourcen, um Arbeits- und Zeitdruck in einem erträglichen Maße zu halten. So können zum Beispiel Mitarbeiter Arbeitsaufgaben untereinander tauschen oder abgeben, sodass eine Mischung der Aufgaben mit Routinetätigkeiten stattfindet. Auf diese Weise können Arbeiten abwechslungsreicher, interessanter und anregender gestaltet werden. Auch Arbeitsräume und der Arbeitsplatz sollten so weit wie möglich den individuellen Bedürfnissen des Betroffenen entsprechen und persönlich gestaltet werden können. Mit überschaubarem Aufwand kann man so Arbeitsplätze angenehmer einrichten, unnötige Belastungen verringern und durch angenehme Beleuchtung, Zimmerpflanzen und Farben eine bessere räumliche Arbeitsatmosphäre schaffen.

3.2.4.1 Mögliche Belastungsfaktoren aus dem Arbeitsumfeld

Folgende Faktoren aus dem Arbeitsumfeld haben Einfluss auf Burnout und sollten von der Führungskraft reflektiert werden, um Burnout-vorbeugend zu handeln[66]:

Bei der Arbeitstätigkeit des Mitarbeiters sind dies: Vollständigkeit bzw. Ganzheitlichkeit der Tätigkeit (versus fraktale, unvollständige Tätigkeit), Verantwortung, Information, zeitlicher und inhaltlicher Tätigkeitsspielraum, Möglichkeiten der Kooperation, Kompetenzen und Möglichkeiten der Kommunikation, Vorsehbarkeit, Durchschaubarkeit und Beeinflussbarkeit der Tätigkeit, emotionale Inanspruchnahme und Abwechslung. Beim Arbeitsablauf kann hinterfragt werden, ob der Arbeitsanfall einigermaßen ausgeglichen ist und ob häufig Störungen und Unterbrechungen stattfinden. Auch die Qualifikation spielt eine Rolle, und zwar zum einen, ob die vorhandene Qualifikation des Mitarbeiters ausreichend genutzt wird (Gefahr der Unterforderung) oder zum anderen, ob der Mitarbeiter wirklich ausreichend qualifiziert ist (Überforderungsgefahr). Durch das Personalmanagement sollten berufliche Entwicklungsmöglichkeiten aufgezeigt und angeboten werden, ebenso wie psychosoziale Unterstützungsangebote. Bei der Passung zwischen Mitarbeiter und Jobanforderung ist zu hinterfragen, ob der Mitarbeiter der Aufgabenstellung wirklich gerecht werden kann im Sinne der Erfüllbarkeit und der Akzeptanz.

Hinsichtlich der Arbeitszeit sind Dauer, Flexibilität, Nacht- und Schichtarbeit, Pausenmanagement, Beschäftigungsbeschränkungen zu reflektieren. Hinsichtlich des Teamklimas gehören das eigene Führungsverhalten, das Verhalten in dem Team der einzelnen Mitarbeiter und die Mitsprachemöglichkeiten der Mitarbeiter auf den Prüfstand.

---

[66] Vgl. Stadler & Spieß, 2003.

Im Detail können folgende Punkte Belastungsfaktoren sein, die Burnout begünstigen:

- Zeitarbeit und unsichere Arbeitsverträge,
- geringer Handlungsspielraum der Mitarbeiter,
- negatives Teamklima mit geringer sozialer Unterstützung, sowohl durch den Vorgesetzten als auch durch die anderen Teammitglieder,
- geringe Arbeitszufriedenheit, unter anderem durch Über- oder Unterforderung,
- Unterbrechungen, Störungen während der Arbeit,
- Konflikte im Team, die unzureichend oder gar nicht gelöst werden,
- hohe Anforderungen bei geringem Handlungsspielraum (verschärft gegenüber nur geringem Handlungsspielraum),
- dauerhafter Zeitdruck und hohe Arbeitsdichte,
- prekäres Einkommen bzw. Arbeitsplatzunsicherheit,
- Gratifikationskonflikt (Missverhältnis zwischen Verausgabung und Belohnung),
- mangelnde erlebte Gerechtigkeit in der Organisation,
- Schichtarbeit, Überstunden, besondere Anstrengungen, die nicht anerkannt werden.[67]

Mitarbeiter erleben zusätzlich als mögliche Faktoren, die psychische Belastung und Erschöpfung bedingen:

- lange Arbeitszeiten kombiniert mit Intensivierung der Arbeit,
- zu viel Flexibilität in der Arbeitsausführung,
- zu viel Mobilitätsanforderungen (unter anderem bei Dienstreisen) und gleichzeitiger rigider Reisekostenbestimmungen,
- Informationsflut und ständige Erreichbarkeit,
- dauernde Probleme und Auseinandersetzungen mit Kundenerwartungen,
- andere hohe emotionale Anforderungen bei der Arbeit, z. B. mit Kunden oder in anspruchsvollen Beziehungskontexten wie im Gesundheitsbereich,
- zu starkes Engagement für das Unternehmen oder den eigenen Arbeitsbereich bzw. den eigenen Chef,
- keine klare Abgrenzung zum Privatleben, sodass auch im Privatleben gearbeitet wird, geschäftliche Telefonate und Emails empfangen werden etc.,
- damit verbundene ungenügende Vereinbarkeit von Berufs- und Privatleben mit der Folge von nicht zufriedenstellenden Lebensbalancen,
- ständige Veränderungsprozesse und damit verbundene geringe Verlässlichkeit für den Arbeitsplatz,

---

[67] In Anlehnung an Sockoll, 2008.

- Konflikte durch die Unvereinbarkeit von Erwartungen des Managements und Erwartungen von Kunden oder Kooperationspartnern,
- Unvereinbarkeit von Zielvorgaben gemäß den ökonomischen Kennzahlen und einer Zusammenarbeit im Team, die Spaß macht,
- Strukturen, Prozesse und eine Arbeitsorganisation insgesamt, die erfolgsverhindernd wirken, aber vom Management nicht abgestellt werden,
- Sinnverlust (man kann keinen ausreichenden Sinn mehr in der eigenen Tätigkeit sehen).

3.2.4.2 Arbeitszeit

Um Burnout vorzubeugen und dauerhafte, massive Überlastungen zu verhindern, sollten die Arbeitszeiten entsprechend günstig für die Mitarbeiter arrangiert werden. Das bedeutet einerseits eine gesundheitsförderliche Abwechslung zwischen Anspannung und Entspannung, also unter anderem eine gesundheitsförderliche Pausenkultur, als auch grundsätzlich eine ausreichende Zeit für Erholung, Familie, Freunde, Freizeit, Kultur und andere Bedürfnisse außerhalb der beruflichen Tätigkeit.

Die größte Gefahr für Burnout und dauerhafte, massive Überlastung stellt gewöhnlich die dauerhaft zu lange und unregelmäßige Arbeitszeit dar. Wer regelmäßig zu lange arbeitet, läuft Gefahr mental zu erschöpfen, nicht mehr gut abschalten zu können, Schlafstörungen zu bekommen, Angstgefühle und Burnout zu erleiden, sowie dauerhaftes Stresserleben zu haben. Wer in einer euphorischen Phase gerne und viel arbeitet, läuft automatisch ebenfalls Gefahr, dass er sich trotz aller Arbeitsfreude an eine zu lange Arbeitszeit und zu unregelmäßige Arbeitszeiten gewöhnt, sodass er nach einer länger dauernden Gewöhnungsphase mit den eben genannten Folgen rechnen muss. Viele Führungskräfte und Mitarbeiter, die täglich zehn Stunden und mehr arbeiten, haben automatisch für Freizeitgestaltung (zum Beispiel eigene Bewegung, eigene Entspannung, schöne Erlebnisse mit der Familie und im Freundeskreis etc.) zu wenig Zeit übrig. Wer also regelmäßig zu lange arbeitet, der wird nicht nur übermäßig belastet, sondern ihm fehlt aufgrund der mangelnden Freizeit auch die Möglichkeit zum Ausgleich und zum Auftanken.

Soziale Kontakte außerhalb des Unternehmens sind enorm wichtig für Mitarbeiter und auch für die Führungskraft. Selbst in einem gut funktionierenden Team und bei einem hervorragenden Betriebsklima reichen betriebliche Kontakte nicht aus, um einen ausreichenden Freundeskreis und entsprechende psychosoziale Unterstützung im Privatleben zu erhalten. Wer dauerhaft und regelmäßig zu lange und zu viel arbeitet, läuft Gefahr, die Lebensbalancen schlecht zu gestalten und aus dem Gleichgewicht zu geraten — mit negativen Folgen für die Gesundheit, die Leistungsfähigkeit und die Motivation, sodass mit der Zeit Burnout-Gefahr besteht. Deshalb ist die Führungskraft aufgefordert, auch dann Mitarbeitern hinsichtlich der Arbeitszeit Grenzen zu setzen, wenn diese noch keinerlei negative Auswirkungen auf ihre Gesundheit und Leistungsfähigkeit wahrnehmen. Dabei ist zu berücksichtigen, dass Arbeitsmediziner immer wieder in wissenschaftlichen Untersuchungen feststellen, dass das Unfallrisiko steigt und sich die Konzentrationsfähigkeit spätestens ab der 12. Arbeitsstunde erheblich vermindert. Von Unternehmensseite kann mit innovativen und flexiblen Arbeitszeitmodellen Unterstützung geboten werden.

Zu berücksichtigen ist auch, dass Freizeit automatisch entwertet wird, wenn sie nicht mehr planbar ist. Wer als Mitarbeiter zu Angeboten von Familie oder Freunden für abendliche Verabredungen keine zuverlässigen Zusagen machen kann, weil er nicht weiß, wann er aus dem Büro kommt, wird unzuverlässig und hat keine Sicherheit für einen abendlichen Ausgleich zum Berufsleben. Unberechenbare Arbeitszeiten, ständige Abrufbereitschaften etc. führen deshalb automatisch zu einem höheren Burnout-Risiko, weil sie eine tatsächliche Erholung und ein komplettes Abschalten nicht ermöglichen. Ein Erholungseffekt größeren Ausmaßes benötigt unstrukturierte Zeit, die nicht angegriffen werden darf.

3.2.5 Ressourcen beachten und unterstützen

3.2.5.1 Mit eigenen Ressourcen fremde Ressourcen unterstützen – Selbstführung vor Fremdführung

Der Selbstführung als Führungskraft ist immer Vorrang einzuräumen, bevor man darüber nachdenkt, wie man als Chef gesundheitsorientierter mit seinen Mitarbeitern umgehen könnte. Denn ein Chef, der zu sich selbst ein ungesundes Verhältnis hat und nicht selbst für sich gesund handelt, ist die größte Gefahrenquelle für die Gesundheit seiner Mitarbeiter. Für Führungskräfte, die bereits unter massiven Erschöpfungssymptomen leiden, ist es wichtig, ihre Selbstwirksamkeitsüberzeugung wieder zu erlangen. Dazu kann es hilfreich sein, die eigenen Zielsetzungen nach unten zu korrigieren. Das heißt eigene Ziele zu revidieren und sich ein Ziel vorzunehmen, das leichter erreichbar ist und somit ein Gefühl der Selbstwirksamkeit und eine entsprechende Überzeugung, dass man sein Leben und seine Arbeit im Griff hat, wieder entstehen kann. Des Weiteren sollte man Mitarbeiter **aktiv Unterstützung bieten beim Belastungsabbau und Ressourcenaufbau**.

► **BEISPIEL**

In einem Unternehmen der chemischen Industrie musste ein Abteilungsleiter seinen arbeitssüchtigen Teamleiter dazu zwingen, seinen weit überfälligen Jahresurlaub aus dem vorletzten Kalenderjahr zu nehmen. Schon längst waren offizielle Fristen des Arbeitnehmerschutzes etc. überschritten und dennoch war der Teamleiter sehr ärgerlich, als er dazu gezwungen wurde. Nach zwei von vier Wochen Zwangsurlaub empfand der Single es dann anders und freute sich über die Konsequenz seines Chefs.

Ein **Ressourcenaufbau** kann unterstützt werden, indem Mitarbeiter sich zum Beispiel durch Seminare oder andere **Weiterqualifizierungsformen** in Selbstorganisation verbessern.

3.2.5.2 Persönliche Einstellungen und Erwartungen zur Ressourcen-Unterstützung

Die persönlichen Einstellungen und Erwartungen der Führungskraft prägen wesentlich ihr Führungsverhalten. Wer von Mitarbeitern erwartet, dass sie entsprechend ihrem Gehalt eine ordentliche Leistung erbringen und ansonsten möglichst wenig stören, wird damit weder das soziale Klima im Team noch die Gesundheit und Burnoutprävention der einzelnen Mitarbeiter fördern. So verständlich diese Position auch für gestresste Manager ist, die selbst unter großem Ergebnisdruck stehen und seit langer Zeit Überlastungen ertragen und meistern, so sinnlos ist es aber auch, mit solch hohen Erwartungen an die Mitarbeiter heranzutreten. Diese Einstellung zu Mitarbeitern, die sehr stark von Leistungserbringung und wenig von persönlicher Wertschätzung geprägt ist, erstickt Vertrauensaufbau, Offenheit und das Zeigen von Bedürfnissen und Schwächen im Keim. Damit würde einer Kultur von gegenseitiger Unterstützung und kooperativer Zielerreichung die Grundlage entzogen.

Vielmehr ist es für einen gesundheitsförderlichen Führungsstil entscheidend, dass die Führungskraft die Ressourcen der Mitarbeiter berücksichtigt und sich **für ihre Bedürfnisse und Belange interessiert**. Das inkludiert nicht die völlige Ausrichtung oder Bedürfniserfüllung durch die Führungskraft. Aber das Interesse an den Bedürfnissen und Wünschen der Mitarbeiter sollte gegeben sein, um die persönliche Wertschätzung für den Mensch Mitarbeiter zu zeigen.

Wer sich selbst kontinuierlich überlastet und damit seine Ressourcen übermäßig verschleißt und dies auch von Mitarbeitern erwartet, leistet Burnout Vorschub.

Wer „Gestresst-sein" oder sogar Burnout zum Kult erhebt, muss sich nicht wundern, wenn nach und nach der Krankenstand und die Erschöpfung im Team zunehmen — und im gleichen Maße die Leistungsfähigkeit und Bereitschaft abnimmt, auch wenn dies nicht kurzfristig geschehen sollte, sondern erst über einen Zeitraum von mehreren Monaten oder Jahren. Auch für einen Hochleistungschef ist es wichtig, Verständnis zu haben für einen Mitarbeiter, der schon bei einer geringeren Leistung Erschöpfung zeigt. Das eigene Leistungsvermögen und die eigene Motivation sollten nicht der Maßstab für Mitarbeiter sein. Trotzdem ist es als Führungskraft sinnvoll, die eigenen Erwartungen jedem einzelnen Mitarbeiter klar zu machen und mit ihnen in Gesprächen Klartext zu reden. Dies hilft, die eigene Belastung zu verringern und Klarheit in der Zusammenarbeit zu erreichen. Hilfreich ist eine verlässliche Potenzialdiagnose, damit der Chef adäquat einordnen kann, zu welchen Leistungen der Mitarbeiter befähigt ist und womit er seinen Mitarbeiter überfordern würde.

Eine unglückliche Führungsbeziehung

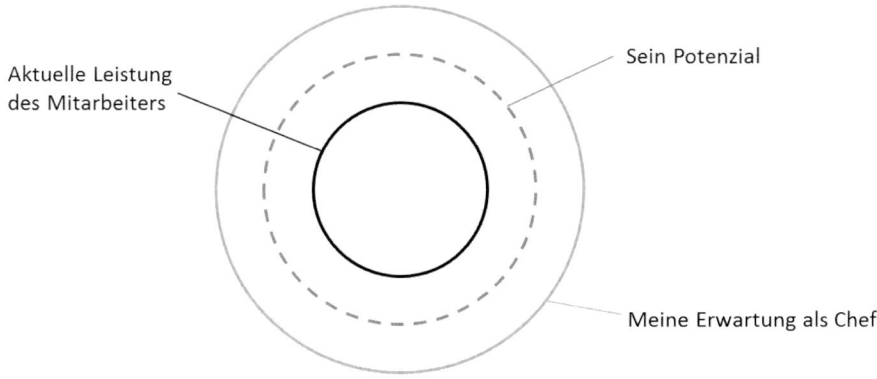

Abb. 3.5: Durch die Überforderung des Mitarbeiters kann eine unglückliche Führungsbeziehung entstehen

Um die Beanspruchung und den Gesundheitszustand oder die Burnout-Gefährdung der Mitarbeiter beurteilen zu können, muss man sich als Chef mit den einzelnen Mitarbeitern auseinandersetzen. Am besten geht das in persönlichen Gesprächen. Ein **persönlicher Führungsstil**, der sowohl von **Zielorientierung und Ergebniserreichung** auf der einen Seite, als auch von **Menschenorientierung und Wertschätzung von Mitarbeitern** auf der anderen Seite geprägt ist, bietet die beste Voraussetzung dafür, dass man als Führungskraft gute Ergebnisse erzielt und zugleich gesundheitsorientiert und Burnout-vorbeugend sein Team führt.

3.2.5.3 Ressourcen-Unterstützung zur Burnoutprävention durch Qualifizierung und Coaching bzw. Supervision

Zur Ressourcen-Unterstützung bei den Mitarbeitern gehört die Bereitstellung von Qualifizierungsmaßnahmen zum Thema Stressmanagement, der Abbau von psychisch belastenden Rahmenbedingungen und die Unterstützung von Mitarbeitern beim Aufbau von gesundheitsförderlichen und einer dauerhaften massiven Erschöpfung vorbeugenden Kompetenzen. Dies können **fachliche, methodische oder auch soziale Kompetenzen** sein. Entscheidend ist, dass sie es ermöglichen, ohne dauerhafte massive Erschöpfung den beruflichen Aufgaben nachzukommen. Auch der Aufbau und Ausbau von Resilienz und Achtsamkeit on the job gehören dazu. Ebenso kann aber auch eine fachliche Qualifikation oder verbesserte Fähigkeiten im Projektmanagement die wahrgenommene dauerhafte Belastung von Mitarbeitern wesentlich reduzieren.

Fort- und Weiterbildungen können Mitarbeitern unter anderem mehr Selbstsicherheit und berufliche Handlungskompetenz ermöglichen, ihre **Problemlösungskompetenz** verbessern, nützliche **Arbeitstechniken** vermitteln und neue Perspektiven eröffnen. Zum Beispiel können durch **Bildungsurlaub** Abstand von der alltäglichen Routine geschaffen oder durch ein **Sabbatical** verbrauchte Kräfte regeneriert und der geistige Horizont erweitert werden. Auch das **Lernen und Arbeiten in Gruppen** hat sich als erfolgreiche Maßnahme zur Ressourcenverbesserung bewiesen.

Einzel- und Gruppencoaching ist ein erfolgreiches, erprobtes Verfahren zur Burnoutprävention und Gesundheitsförderung, auch bei der Begleitung von Managern bei der Umsetzung von gesundheitsorientierter Führung. Eine regelmäßige, berufsbegleitende Supervision hilft bei der **Reflexion und Verbesserung des sozialen Handelns im beruflichen Kontext**. Was in sozialen Berufen, wie Pflege und Sozialberatung, seit Jahrzehnten gang und gäbe ist, könnte in anderen Branchen wesentlich intensiver genutzt werden, um Ressourcen auf- und auszubauen, insbesondere im Hinblick auf soziale Handlungskompetenz und Selbstreflektion. Der Supervisor klärt und identifiziert Problemlagen bei der Arbeit, erarbeitet im geschützten Raum des vertraulichen Gesprächs gemeinsam mit den Mitarbeitern Hypothesen zum Fall, sucht den Austausch und die Anteilnahme (Sharing) mit Verständnis für die Situation und mit den Betroffenen Handlungsalternativen für vergleichbare zukünftige Arbeitssituationen.

ZWISCHENFAZIT

Die Führungskraft besitzt in ihrem Verantwortungsbereich die Mittel, um Burnout vorzubeugen und eine salutogene Entwicklung im Team zu forcieren. Dazu ist es einerseits wichtig, dass sich der Chef dieser eigenen Relevanz und seiner Handlungsmöglichkeiten bewusst ist und andererseits, dass er auch die entscheidenden Erfolgsfaktoren nutzt — und zwar so selektiv und in einem solchen Umsetzungstempo, dass er gemeinsam mit dem Team nachhaltig eine gesundheitsförderliche Teamkultur schafft. Das gemeinsame Vorgehen mit dem Team sollte das Ziel „Burnoutprävention und Gesundheitsförderung" erfolgreich umsetzen und es nicht konterkarieren, gemäß dem Motto: „Der Weg ist das Ziel."

3.3 Dem Wert Gesundheit Bedeutung geben

Eine Voraussetzung für erfolgreiche gesundheitsorientierte Führung ist eine adäquate Haltung, nämlich dem Wert Gesundheit und Burnoutprävention im eigenen Leben als Führungskraft und in der Führung der Mitarbeiter ausreichend Bedeutung zu geben.

Gesundheit und Burnoutprävention ist in diesem Verständnis mehr als die Abwesenheit von Krankheit bzw. massiver dauerhafter Erschöpfung. Gesundheit zeigt sich im Arbeitsleben in „gesundem" Optimismus, in Lebensfreude, Tatendrang und Motivation, ebenso wie in dem gesunden „Grenzen setzen" anderen gegenüber, um sich z. B. vor Übergriffen bzw. Überlastung zu schützen.

Gesundheit ist ein wertvolles, komplexes und veränderbares Gut, das „Wert" ist, mehr Beachtung im Alltag von Organisationen und insbesondere Führung zu erhalten.

Prinzip Gesundheit

Gesundheit und der achtsame (nicht hypochondrische) Umgang mit der wertvollen eigenen Gesundheit sind kein Luxus, sondern eher sinnvolle Voraussetzung für ein langes, erfolgreiches Arbeits- und Privatleben. Auf das eigene Wohlbefinden zu achten ist sowohl eigennützig als auch im besten Sinn gemeinnützig, denn ein positiver Zustand des Einzelnen ist ein positiver Beitrag für die Gemeinschaft, der Kosten reduziert und nützliche Leistung wahrscheinlicher macht.

Die Rahmenbedingungen sind selten perfekt. Deshalb ist es die Aufgabe jedes Einzelnen, auf die Rahmenbedingungen zu achten und gut für sich zu sorgen. Dazu gibt es immer zwei „Spielfelder". Einerseits bedeutet es, alleine oder gemeinsam mit anderen Rahmenbedingungen ändern, wobei die Spannbreite vom Fenster schließen, weil es Durchzug hat, geht bis zu Arbeitsbedingungen ändern, die seit Jahren frustrierend wirken. Andererseits gilt es auch, die eigene Wahrnehmung bzw. Bewertung ändern, z. B. eine stressige Situation nicht derart krankmachend fokussieren, sondern im Bewusstsein der eigenen Ressourcen und Reserven bewältigen und eine gute Verabredung mit sich selbst treffen, wann und wie diese Stresssituation beendet wird.

Gesundheit braucht Führung

In mancher Literatur oder in manchen Unternehmen könnte man den Eindruck gewinnen, als sei Gesundheit ultimativ durch Fitnessprogramme mit Bewegungseinheiten und Ernährungsmaßnahmen zu determinieren. Ein Obstkorb, bei dem sich tagelang niemand traut, die Ananas anzuschneiden, und der dreimalige Langlauf pro Woche, selbstverständlich pulskontrolliert, sind fundamental sinnvolle gesundheitsförderliche Maßnahmen, reichen allerdings im Arbeitsalltag sicher nicht aus, um Gesundheit im System Unternehmen dauerhaft zu mehr positiven Auswirkungen zu verhelfen. Regelmäßige, gesunde Bewegung und Ernährung (ohne Dogmatismus und Puritanismus) sind Hygienefaktoren für eine nachhaltige Gesundheitsstärkung im System Führung. Gesundheitsförderlich sind zudem weitgehendes Fairplay unter den Mitarbeitern, gutes Teamklima, guter Rhythmus von Anspannung und Entspannung, Wertschätzung von allen Seiten.

Gesundheit in der Gemeinschaft (also z. B. in einem Team, einer Abteilung oder einem Großraumbüro) braucht wertschätzendes, respektierendes Verhalten (vor allem durch die Führungskraft), das sich u. a. darin zeigt, dass Bedürfnisse von sich selbst und anderen wahrgenommen werden, ernstgenommen werden und mit ihnen angemessen umgegangen wird. Die Wahrnehmung eines Bedürfnisses, die Beobachtung dessen in sich selbst und seine mögliche Mitteilung an andere — das sind Grundschritte eines gesundheitsförderlichen Umgangs mit sich selbst und anderen. Und um mit unterschiedlichen Bedürfnissen, Interessen etc. in einer Gemeinschaft **gesundheitsförderlich** umzugehen, **braucht es Führung**.

▶ **BEISPIEL: Krankmachende Führung — ein Selbstbekenntnis**

Nach einem mehrwöchigen Klinikaufenthalt aufgrund eines Burnouts und einigen weiteren Wochen zu Hause kehrte Achim B. in seine Firma zurück und bemerkte: „Es hat sich nicht viel geändert. Weiterhin sind die Kollegen stark überlastet mit ihrem Tagesgeschäft und zusätzlicher Projektarbeit. Die Mitarbeiter müssen mindestens zehn Stunden am Tag arbeiten, um das Ganze in Gang zu halten. Mitarbeiter, die nach acht Stunden sich verabschieden und rigoros ihre Freizeit und ihre Lebensqualität verteidigen, werden als „faule Säcke" und „unsozial" abgestempelt. Für mich war es früher als Führungskraft auch so. Dass ich mich massiv geärgert habe über diejenigen, die da stehen und zuschauen, während ich und andere im Hamsterrad rackern und rackern und uns dabei der Schweiß runter läuft. Heute sehe ich das anders. Ich frage mich, ob nicht die Kollegen, auf die ich sonst immer sauer war und die ich als Faulenzer und unnützen Ballast angesehen habe, ob nicht diese Kollegen sich richtig verhalten, indem sie ihre Arbeitszeit vernünftig begrenzen und für ihr persönliches Wohl sorgen und somit auch ihre Arbeitskraft erhalten. Denn sichtbar ist, dass diejenigen, die über viele Jahre in großer Anspannung und Anstrengung ihr Tagesgeschäft und Projekte wuppen, dass diese Mitarbeiter und Führungskräfte einen **krankmachenden Job vollführen**. Nach meinen Erfahrungen könnte ich nie mehr als ausquetschende Führungskraft tätig werden, die Mitarbeitern auch die Peitsche gibt, wenn sie über ihre eigenen Grenzen gehen sollen und dauerhaft gegen den Erhalt ihrer Gesundheit arbeiten."

3.3.1 Leistungssteigernde Herausforderungen und erschöpfende Überforderungen

In Unternehmen und anderen Organisationen (wie Verwaltungen etc.) gibt es keinen Mangel an Herausforderungen für Mitarbeiter und Führungskräfte, aber sehr wohl einen **Verbesserungsbedarf hinsichtlich Kompetenzen, um mit diesen Herausforderungen gesundheitserhaltend umzugehen**. Dazu einige Fallbeispiele:

▶ **BEISPIELE**

Der Personalleiter eines Energiedienstleistungsunternehmens gesteht: „Die Mitarbeiter und Führungskräfte, die wir von den Stadtwerken übernommen haben, sind zum großen Teil für unser Unternehmen nicht brauchbar. Trotz vieler Weiterbildungsversuche mussten wir feststellen, dass sie den Veränderungen in unserem Unternehmen nicht gewachsen sind. Alleine mit Seminaren und anderen Weiterbildungsmaßnahmen ist da nichts zu machen. Die notwendigen Veränderungsprozesse, die wir durchführen müssen, überfordern sie deutlich. Aufgrund dessen haben wir erhöhte Fehlzeiten bei Mitarbeitern und auch bei Führungskräften aus dem übernommenen Unternehmen." Wie dieser Personalmanager stehen viele seiner Kollegen vor dem Problem, wie sie aufgrund von massiven Veränderungen am Markt ihre Mitarbeiter und deren Qualifikation darauf abstimmen sollen. Führungskräfte, die bestimmte Ziele erreichen sollen und für diese Zielerfüllung eine bestimmte Anzahl von Mitarbeiten mit bestimmten Kompetenzen benötigen, geraten unter Druck, wenn sie dauerhaft diese Man Power nicht zur Verfügung haben.

Ähnlich berichten viele Chefs, insbesondere **Führungskräfte, die ambitionierte Ziele in hart umkämpften Märkten realisieren sollen**.

Der technische Leiter eines Maschinenbauunternehmens leidet darunter, dass er, nachdem er über viele Jahre Hochtechnologie in einem Nischenmarkt produzieren konnte, der kaum umkämpft war, sich nun mit Großunternehmen und deren Kampfpreisangeboten herumschlagen muss. „Früher konnte ich mich auf unseren technischen Sachverstand und unsere Innovationskraft verlassen, heute weiß ich auch noch, was wir technisch drauf haben. Aber das Problem ist, dass uns große Konzerne mit niedrigen Preisen den Garaus machen. Bereits vor Jahren haben wir im Zukunftsmarkt China Nischenpositionen besetzt, in denen wir gut Geld verdienen konnten. Heute ist das ein Massenmarkt, den auch die großen Konzerne entdeckt haben, die mit immensen Investitionen und Preisen, die wir nicht darstellen können, unser Geschäft ruiniert."

Wer in solchen sehr herausfordernden Situationen als Führungskraft bestehen oder sogar den Wettbewerb gewinnen will, sollte auf Folgendes achten:

Zunächst ist es wichtig, eine **Grundsatzentscheidung für sich selbst und das eigene Geschäftsfeld** zu treffen. Man sollte nicht mit ineffektiver Verbissenheit an etwas festhalten, was keine realistische Zukunft hat. „Steige ab, wenn das Pferd, das du reitest, tot ist", beschreibt ein Manager aus den neuen Bundesländern seine Erfahrung. Er war im sogenannten Solar Valley tätig und musste miterleben, wie die deutsche Solarindustrie, die einen internationalen Spitzenplatz inne hatte, in 2012 von chinesischen Anbietern, die zum Teil ihre Ware unter Produktionspreis verkauften, vom Markt verdrängt wurden. „Auch wenn es einem persönlich sehr schwer fällt, sollte man irgendwann loslassen und sich neuen Aufgaben widmen, bevor man sich innerlich total verschleißt", resümiert die Führungskraft.

Wenn man sich als Manager jedoch dafür entschieden hat, die Herausforderung anzunehmen, und eine Siegeschance im Wettbewerb sieht, dann ist es wichtig, bestimmte Richtlinien zu beachten. Zum einen sollte dem **Team der Sinn und die Werthaltigkeit des Vorhabens** überzeugend vermittelt werden. Dazu stellen sich unter anderem die Fragen: Was haben die Welt oder zumindest die Kunden davon, dass es unser Unternehmen gibt? Was macht für einen Kunden den werthaltigen Unterschied zwischen unserem Angebot und dem von Wettbewerbern? Diese Fragen sind nur einige Beispiele, um dem Team mit entsprechenden Antworten eine Überzeugung für die Sinnhaftigkeit und die Werthaltigkeit der gemeinsamen Unternehmung zu vermitteln.

Neben **Sinn- und Werthaltigkeit** spielen **Struktur und Orientierung** eine wesentliche Rolle. Deshalb sollte die Führungskraft ihren Mitarbeitern eine klare Orientierung geben, wie man gemeinsam vorgehen möchte, um die gesteckten strategischen Ziele gemeinsam zu erreichen. Auch die entsprechende Struktur für dieses Vorgehen sollte transparent gemacht werden, damit die Mitarbeiter abgestimmt für das gleiche Ziel arbeiten können.

Ein weiterer wesentlicher Faktor ist die Zusammenarbeit. Die Führungskraft sollte **gemeinsam mit allen anderen Führungskräften die Zusammengehörigkeit fördern**, sodass von den Mitarbeitern ganz überwiegend wahrgenommen wird, dass man sich gegenseitig unterstützt für die Erreichung eines gemeinsamen Zieles und dass es kaum Abteilungsegoismen gibt. Wer als Mitarbeiter auch bei sehr hohen Arbeitsbelastungen den Eindruck hat, dass er nicht alleine gelassen wird, sondern von anderen Unterstützung erfährt, der ist wesentlich leistungsbereiter und -fähiger als Mitarbeiter, die sich bei der Bewältigung ihrer Aufgaben alleine gelassen fühlen oder sogar den Eindruck haben, dass sie in der Organisation Erschwernisse ertragen müssen.

▶ **BEISPIEL**

„Ich arbeite hier seit über zehn Jahren als erfolgreicher Projektmanager, aber langsam, aber sicher verliere ich den Spaß an der Arbeit. Früher war es so, dass ich vor allem meiner Projektmanagementtätigkeit nachgehen konnte und die Probleme mit der personellen Unterbesetzung noch irgendwie zu regulieren waren. Heute ist es so, dass ich dermaßen viele administrative Tätigkeiten machen muss, dass mein normaler Job als Projektmanager darunter leidet. Zudem muss ich externe Projektmitarbeiter einer Unternehmensberatung integrieren, was für mich einen Riesenaufwand bedeutet und viele Kosten verursacht, die mir dann bei der Kostenkalkulation für mein Projekt erheblich zu schaffen machen. Aus internen Gründen muss ich zudem immer indische Kollegen in das Projekt mit einbinden, um bestimmte interne Zielvorgaben zu erfüllen, obwohl diese Mitarbeiter diesen Aufgaben überhaupt nicht gewachsen sind. Ich habe das Gefühl, ich möchte weiter einen guten Job machen, so wie früher, aber mein Unternehmen haut mir ständig irgendwelche Knüppel zwischen die Beine. So komme ich nicht voran und werde sauer gefahren", berichtet der Projektleiter.

„Früher konnte ich mir mal einen Rat bei meinem Vorgesetzten holen oder bei einem meiner Kollegen. Heute ist das so gut wie unmöglich, weil mein Chef völlig die Bodenhaftung verloren hat und operativ nicht mehr mitreden kann. Er ist dermaßen theoretisch im Konzern unterwegs, dass er nicht mehr versteht, was wir hier im operativen Projektmanagement wirklich tun. Meine Kollegen kann ich kaum erreichen, weil sie ständig unterwegs und völlig gestresst sind. Ich fühle mich immer verlassener und habe das Gefühl, alleine schaff ich das einfach nicht mehr. Es macht einfach keinen Spaß mehr."

3.3.2 Die Führungskraft als Gesundheitsgefahr oder als Gesundheitsförderer

Eine **Führungskraft kann für Mitarbeiter eine psychische Gesundheitsgefahr darstellen**, im Idealfall hingegen fördern Führungskräfte die Ressourcen von Mitarbeitern, sodass diese eine optimale Leistung erbringen und Freude an der Arbeit verspüren. Keine Führungskraft sollte sich vornehmen, dies immer erreichen zu wollen, da es eine erhebliche Überforderung für die Führungskraft selbst wäre. Die Chance der Führungskraft liegt darin, **aus der bestehenden Situation und den Rahmenbedingungen das beste Ergebnis hinsichtlich Geschäftserfolg und Mitarbeitergesundheit zu erzielen**. An den Belastungen und Herausforderungen für die Mitarbeiter im Verantwortungsbereich kann die Führungskraft nur bedingt etwas ändern. Einen maßgeblichen Einfluss hat sie in jedem Fall auf die Nutzung von Potenzialen der Mitarbeiter, um Belastungen und erschwerende Rahmenbedingungen besser bewältigen zu können.

Auch in diesem Fall gilt: Selbstfürsorge geht vor Fremdfürsorge. Das bedeutet: die Führungskraft sollte in erster Linie darauf achten, dass es ihr selbst gut geht, und auf Basis dieser gesunden und kraftvollen Situation für ihre Mitarbeiter sorgen.

Vertiefende Inhalte

Eine Reflexion zu Ihrem täglichen Führungsverhalten hinsichtlich Burnoutprävention und Gesundheitsförderung finden Sie auf Arbeitshilfen Online.

3.3.3 Das Spiel mit der eigenen Gesundheit: Selbstgefährdung von Führungskräften

Professor Andreas Krause bezeichnet es als „interessierte Selbstgefährdung", wenn Führungskräfte dauerhaft über ihre Leistungsgrenzen hinaus so viel arbeiten, dass sich dies negativ auf ihre Gesundheit auswirkt und sie ihr Sozialleben reduzieren müssen, weil ihnen Zeit und Energie fehlt, sich um dieses zu kümmern. Die ergebnis- und erfolgsorientierten Managementanforderungen, die inzwischen auch bei angestellten Führungskräften ähnlich hoch sind, als wären diese abhängig Beschäftigten selbstständige Unternehmer, erfordern wesentlich mehr Verantwortungsübernahme von der angestellten Führungskraft. Dadurch steigt die Belastung. Sie sollen die Ziele und Probleme der Organisation zu ihren eigenen Zielen und Problemen machen und dafür Lösungen finden sowie dafür die Verantwortung tragen. Es geht nicht mehr nur darum, eine fachlich qualifizierte Arbeitsleistung abzuliefern, sondern es geht darum, den persönlichen Aufgabenbereich ständig zu überwachen und zu optimieren, damit sich dieser Verantwortungsbereich für die Geschäftsleitung rentiert. Wer als Führungskraft diese Aufgabenstellung verinnerlicht hat, geht oft über seine eigenen Leistungsgrenzen hinweg. Wer dies dauerhaft tut und mit hohem Einsatz, der läuft Gefahr seine Gesundheit zu gefährden.[68]

Spieltheoretisch könnte man formulieren: Die **Führungskraft setzt ihre eigene Gesundheit ein, um im beruflichen Spiel zu gewinnen**. Wenn sie aber ihre Gesundheit verliert, verliert sie auch das berufliche Spiel und dazu noch viel mehr.

Die Selbstgefährdung von Führungskräften birgt die Gefahr von negativen Auswirkungen auf die eigene Gesundheit und die gesundheitsorientierte Führung von Mitarbeitern. Professor Krause schlägt vor, die ungewollten Nebenwirkungen von Produktivitätssteigerungen und ständiger Joboptimierung zu thematisieren. Er befürchtet, dass in stark erfolgsorientierten Unternehmen persönliche Schwächen von Führungskräften nur selten angesprochen werden. Symptome der Überforderung und Erschöpfung werden möglichst verborgen und nicht offensichtlich gemacht. Die einzelne Führungskraft befürchtet, in solchen Fällen wahrscheinlich als weniger leistungsfähig eingestuft zu werden und Nachteile in der beruflichen Hierarchie zu erleiden. **Gesundheit wird oft vorgetäuscht, um keine Verluste im innerbetrieblichen Ansehen und in der persönlichen Machtausstattung zu erleiden**.[69] So gesehen könnte man als Empfehlung an Führungskräfte formulieren:

---

[68] Krause, Andreas: Interessierte Selbstgefährdung, in: VBG, Gesund und erfolgreich führen, Information für Führungskräfte, Hamburg, 2013.

[69] Ebda., S. 14.

Spielen Sie weniger den unverletzbaren Helden und kümmern Sie sich rechtzeitig um Ihre Gesundheit als wertvollste Ressource für dauerhaften Führungserfolg. Jemand anders wird es wohl kaum tun!

3.4 Verankerung von Burnoutprävention und Gesunder Führung im Berufsalltag

Wer als Führungskraft seine Mitarbeiter immer wieder in die kontinuierliche Verbesserung von Arbeitsabläufen hinsichtlich Gesundheitserhalt und Gesundheitsförderung sowie Burnoutprävention einbezieht, hat eine **lernende Organisation** zur Verfügung und somit eine **permanente Personal- und Organisationsentwicklung,** die salutogene Prozesse im Verantwortungsbereich fördert.

3.4.1 Aufgabengestaltung und Burnoutprävention

Durch die Aufgabengestaltung lassen sich Belastungen reduzieren und kann Burnout vorgebeugt werden, zum Beispiel:

1. **Autonomie:** Lassen Sie als Führungskraft Aufgaben mit Freiräumen zur Entscheidung durch den Mitarbeiter, sodass der Mitarbeiter über Disposition und Art und Weise der Umsetzung selbst entscheiden kann, soweit dies möglich ist. Dies stärkt sein Selbstwertgefühl und seine Bereitschaft zur Übernahme von Verantwortung. Es vermittelt die Erfahrung, selbstwirksam zu sein und nicht einfluss- und bedeutungslos.
2. **Zeitelastizität und stressfreie Regulierbarkeit** schaffen Zeitpuffer bei der Umsetzung der Aufgabenstellung und ermöglichen dem Mitarbeiter, selbst die Arbeitsorganisation zu übernehmen. Auch Vorgabezeiten können möglicherweise dem Mitarbeiter überlassen werden, wenn man es als Führungskraft schafft, dass er intrinsisch motiviert die Verantwortung für die Gesamtzielsetzung übernimmt. Dies wirkt einer übermäßigen Arbeitsverdichtung entgegen, schafft Freiräume für stressfreies Nachdenken und für selbstgewählte Maßnahmen.
3. **Lern- und Entwicklungsmöglichkeiten** ermöglichen dem Mitarbeiter, sich weiter zu qualifizieren und in Zukunft Aufgaben zu bewältigen, die er im Moment noch nicht bewältigen kann. Dadurch steigen der Selbstwert und die Selbstwirksamkeitsüberzeugung. Dies führt zu einer höheren Leistungsfähigkeit. Außerdem wird dadurch die allgemeine geistige Flexibilität, seine beruflichen Kompetenzen und Qualifikationen besonderer Art weiterentwickelt.

4. **Sinnhaftigkeit:** Durch die Sinnvermittlung von Tätigkeiten durch die Führungskraft wird beim Mitarbeiter Motivation geschaffen, zum Beispiel auch durch Produkte oder Dienstleistungen, die gesellschaftlichen Nutzen bringen. Der Nutzen und der Sinn der gemeinsamen Tätigkeit und der Zielsetzung des gesamten Teams sollten jedem Mitarbeiter klar sein und jeder Mitarbeiter sollte sich damit identifizieren können. Wer sich in der täglichen Berufstätigkeit mit dem, was er da tut und herstellt, identifizieren kann, wird weniger leicht erschöpft als ein Mitarbeiter, der täglich etwas tut, was er eigentlich nicht tun möchte oder dessen Ergebnis er für nicht wertvoll oder sogar für schädlich hält.

5. **Möglichkeit der sozialen Interaktion:** Aufgaben, die auch mit Unterstützung und Rückendeckung von Kollegen oder Kooperationspartnern bewältig werden können, machen das Arbeitsleben leichter und reduzieren Belastungen und mögliche Erschöpfung. Wer sich aufgrund von Erfahrungen sicher sein kann, dass er auch neue Schwierigkeiten gemeinsam mit anderen bewältigen kann, ist im Vorteil. Die gegenseitige Unterstützung hilft Belastungen besser tragen und ertragen zu können.

6. **Vollständigkeit:** Mitarbeitern hilft es, Aufgaben mit planenden, ausführenden und kontrollierenden Elementen durchführen zu können und mit der Möglichkeit, Ergebnisse der eigenen Tätigkeit auf Übereinstimmung mit den gestellten Anforderungen prüfen zu können. Wenn Mitarbeiter die Bedeutung und den Stellenwert ihrer Tätigkeit erkennen und somit persönliche Anerkennung erreichen, können Belastungen leichter verkraftet werden. Dazu ist es von Vorteil, wenn Mitarbeiter rechtzeitig Rückmeldungen erhalten über ihren Arbeitsfortschritt aus ihrer Tätigkeit.

7. **Anforderungsvielfalt:** Im Gegensatz zu Monotonie hilft es Mitarbeitern, Aufgaben mit unterschiedlichen Anforderungen erfüllen zu können. Durch diese Unterschiedlichkeit in der Anforderung können unterschiedliche Fähigkeiten genutzt und entwickelt werden. Dies gilt ebenso für Know-how und Fertigkeiten, die ansonsten verkümmern, wenn sie zu selten eingesetzt werden. So können einseitige Beanspruchungen und ungünstige Spezialisierungen vermieden werden.[70]

Neben der Aufgabengestaltung gibt es noch eine Reihe anderer praktischer Maßnahmen, die Chefs zur Burnoutprävention bei Mitarbeitern nutzen können.

---

[70] In Anlehnung an Ulich und Wülser, 2005.

3.4.2 Praktische Maßnahmen: vom aktiven Konfliktmanagement bis zum zuverlässigen Pausenmanagement

Folgende Maßnahmen empfehlen sich für Führungskräfte zur Burnoutprävention bei Mitarbeitern.

3.4.2.1 Arbeitsfreude, Erschöpfung und Gesundheit zum Thema machen

Diese drei Themen sollten immer wieder in den Gesprächen mit Mitarbeitern einen wichtigen Stellenwert bekommen, egal, ob in Meetings mit der gesamten Abteilung, in Projektbesprechungen oder in Vieraugengesprächen mit Mitarbeitern: Erschöpfung, Arbeitsfreude und Gesundheit sollten immer wieder thematisiert werden, um ihren Stellenwert deutlich zu machen und rechtzeitig Vorbeugungsmaßnahmen ergreifen zu können. So kann man auch dem plötzlichen Ausfall eines erfahrenen Projektleiters vorbeugen. Konkrete Fragen von Führungskraft an Mitarbeiter können zum Beispiel sein: „Wie geht es Ihnen in diesem Projekt?", „Macht Ihnen die neue Tätigkeit Spaß?", „Sollten wir Ihrer Meinung nach etwas verändern?", „Wie fühlen Sie sich im Team?" oder „Was können Sie selbst, Kollegen aus Ihrem Team oder ich als Ihr Chef dafür tun, dass Sie Ihren Job mit noch ein wenig mehr Freude tun können?" Aber auch persönliche Fragen sind wünschenswert, wie zum Beispiel: „Wie gesund und leistungsfähig fühlen Sie sich im Moment?" oder „Haben Sie das Gefühl, dass Sie zwischen Arbeit und Privatleben gut balanciert sind?" Wer als Führungskraft Gesundheit, Arbeitsfreude und Erschöpfung immer wieder zum Thema macht, stellt unter Beweis, dass ihm das Befinden der Mitarbeiter wirklich am Herzen liegt und dass ihm neben der Ergebnisorientierung auch die Gesundheit und das Wohlbefinden der Mitarbeiter wichtig sind.

3.4.2.2 Klare Orientierung, offene Kommunikation und Transparenz bieten

Einer der wichtigsten Führungsfunktionen ist nach wie vor, Orientierung zu geben. Eine klare Orientierung sorgt auch in herausfordernden Zeiten bei Mitarbeitern dafür, dass sie ihre Energie weniger auf Probleme und Ängste lenken, sondern für die gemeinsamen Zielsetzungen einsetzen. Vor allem in Zeiten der Veränderung ist es wichtig, Mitarbeitern möglichst frühzeitig Orientierung zu geben, soweit dies möglich ist. Selbst in sehr anstrengenden Krisenzeiten ist es für die Führungskraft entscheidend, dass sie den Mitarbeitern alle Informationen zur Verfügung stellt, die sie als Führungskraft weitergeben darf und die eine konstruktive gemeinsame Orientierung ermöglichen. Offene Kommunikation durch den Chef zeigt, dass er seinen Mitarbeitern vertraut und ihnen wichtige Informationen anvertraut. Dies stärkt die Beziehung zwischen Chef und Mitarbeitern. Erst durch eine offene Kommunikation kann der Manager auch von seinen Mitarbeitern Beteiligung erwarten. Ehrlichkeit spielt dabei auch eine wesentliche Rolle. Kein Mitarbeiter erwartet, dass sein Chef ihm Informationen gibt, die dieser nicht herausgeben darf. Aber eine Führungskraft sollte auch in Krisenzeiten diejenigen Informationen weitergeben, die Mitarbeitern helfen, Orientierung zu finden. Negative Nachrichten sind unvermeidbar. Dann sollte ein Chef auch nicht um den heißen Brei herumreden und klare Fakten auf den Tisch legen. Dies betrifft Fusionen, gescheiterte Übernahmen, abgestürzte Projekte, bevorstehende Entlassungen etc. Mitarbeiter schätzen die Ehrlichkeit und Aufrichtigkeit von Führungskräften und erwarten nicht, dass diese unmögliche Heldentaten für ihren Verantwortungsbereich vollbringen, wenn es dem gesamten Unternehmen schlecht geht. Wer als Mitarbeiter über den sogenannten Flurfunk wichtige Informationen erhält, die ihm sein Chef vorenthalten hat, bekommt automatisch ein gestörtes Vertrauen zu seiner Führungskraft. Ehrliche, transparente und Orientierung gebende Kommunikation geben dem Mitarbeiter ein möglichst hohes Maß an Sicherheit und damit eine wichtige Bedingung für möglichst stressfreies Arbeiten. Mitarbeiter, die sich ihres Arbeitsplatzes sicher sind und der Anerkennung und Wertschätzung ihres Daseins im Verantwortungsbereich ihres Chefs, sind leistungsfähiger und leistungsbereiter.

3.4.2.3 Führen von Mensch zu Mensch

Zahlreiche Manager berichten in Führungskräfteworkshops immer wieder, dass sie zu wenig Zeit für direkte Mitarbeiterführung und entsprechende Gespräche haben. Oft beziffern sie den Anteil der direkten Mitarbeitergespräche zu deren Entwicklung, Wohlbefinden, Belastungssituation etc. bei unter 10 % im Vergleich zu ihrer Gesamtarbeitszeit als Führungskraft. Hier hilft folgende Vorgehensweise: Stellen Sie sich als Führungskraft vor, Sie hätten mindestens 30 % ihrer Arbeitszeit für direkte Mitarbeiterführung und entsprechende Gespräche zur Verfügung. Was würden Sie dann machen? In welche Gespräche und Themen würden Sie diese wertvolle Zeit investieren? Was würden Sie als Chef anders machen, wenn Sie so viel Zeit für Führungsgespräche von Mensch zu Mensch hätten? Persönliche Ansprachen, Entwicklungsgespräche, persönliches Nachfragen in besonderen Belastungssituationen des Mitarbeiters wirken allesamt salutogen und erhöhen meist die Motivation der Mitarbeiter. Wer als Chef eine stabile emotionale Beziehung zu seinen Mitarbeitern aufbaut, kann sich in herausfordernden Situationen auch eher auf diese verlassen. Möglicherweise spart man sich dann als Manager einige Zeit, weil man direkter und schneller Informationen der Mitarbeiter erhält und darauf reagieren kann.

3.4.2.4 Der ansprechbare Chef

Gerade wenn sich Prioritäten häufig verschieben oder Zielsetzungen aus unterschiedlichsten Gründen während des Jahres des Öfteren verändert werden, ist es besonders wichtig, dass ein Chef für Orientierung suchende Mitarbeiter ansprechbar ist. In Projekten zur Organisationsverbesserung von Führungssituationen ist von Mitarbeitern oft zu hören, dass ihre Chefs kaum erreichbar sind. Und wenn, dann nur per Email oder Telefon, weil sie sich ständig in Meetings oder auf Reisen befinden. In der Zeit, in der sie dann im eigenen Chefbüro sitzen, sind sie ständig unter Strom und daher auch hier selten zu sprechen. Eine solche Wahrnehmung durch Mitarbeiter verhindert, dass der Chef frühzeitig informiert ist und entsprechende Maßnahmen einleiten kann. Und es verhindert, dass beim Mitarbeiter ein Gefühl der Sicherheit und Berechenbarkeit entsteht, nach dem er sich sehnt, wenn er sich in einer unklaren Situation befindet und Klärungsbedarf hat. Chefs sollten deshalb direkt ansprechbar sein, um Mitarbeitern Orientierungshilfe und Unterstützung bieten zu können. Dies ist ebenfalls wichtig, damit sie frühzeitig davon erfahren, wenn Mitarbeiter überfordert oder dauerhaft überlastet sind. Nur dann können sie mit den Betroffenen praktikable Lösungswege suchen und möglicherweise Stress, unnötige Fehler und Demotivation der Mitarbeiter vermeiden. Zudem sollten Chefs auch ansprechbar sein und Verständnis zeigen, selbst wenn die Mitarbeiter Kritik anmelden. Kritik muss man deshalb auch nicht persönlich nehmen, sondern kann in seiner Position und Rolle als Führungskraft professionell damit umgehen. Wer aufgrund seiner Tätigkeit als Chef schwer erreichbar ist, kann Sprechzeiten über seine Assistenz vereinbaren lassen.

3.4.2.5 Arbeitsprozesse gemeinsam optimieren

Insbesondere, wenn Sie als Manager bemerken, dass sich „Sand im Getriebe" befindet, sollten Sie gemeinsam mit den Mitarbeitern an verbesserten Arbeitsprozessen arbeiten. Wenn für Mitarbeiter Arbeiten unter starkem Zeitdruck zum Normalzustand wird, einzelne Mitarbeiter extrem komplexe Abläufe abdecken müssen oder Arbeiten sehr einseitig angelegt sind, können das Hinweise sein, dass eine Verbesserung der Arbeitsprozesse notwendig geworden ist. Da in den letzten Jahren sehr viele Prozessoptimierungen stattgefunden haben, ist das Thema nicht obsolet. Denn diese Prozessoptimierungen wurden gewöhnlich nicht unter dem Gesichtspunkt von Gesundheit und Arbeitsfreude durchgeführt, sondern ganz überwiegend nach ökonomischen Gesichtspunkten. Deshalb kann sich nun ein Manager verdient machen, indem er Arbeitsprozesse in seinem Verantwortungsbereich dahingehend mit seinem Team überprüft, ob diese salutogen sind und verbesserungsbedürftig. Auch eine überarbeitete Prioritätensetzung und Maßnahmen wie Jobrotation können dabei helfen.

3.4.2.6   Pausenmanagement verbessern

Wer lange und effektiv arbeiten möchte, sollte auf Pausen und eine Gestaltung der persönlichen Arbeitspausen nach individuellen Bedürfnissen achten. Insbesondere bei Burnout-gefährdeten Mitarbeitern ist häufig zu beobachten, dass diese ihre Pausenzeiten reduzieren. Dadurch nimmt jedoch generell bei Mitarbeitern die Effektivität ihrer Arbeit nicht zu. Im Gegenteil: Häufig ist die Reduktion von Pausenzeiten ein Anzeichen dafür, dass derjenige Mitarbeiter nicht effektiv arbeitet. Hingegen ermöglichen ausreichende und qualitativ hochwertige Pausenzeiten das Auftanken, sodass man danach wieder mit neuem Elan und Kraft an die Arbeit gehen kann. Wenn dies nicht der Fall sein sollte, dann sind die Pausen falsch arrangiert. Wer zu lange auf Pausen verzichtet oder diese immer weiter reduziert, muss damit rechnen, dass es zu Leistungseinbußen kommt, zum Beispiel die Konzentration nachlässt und häufiger Fehler auftreten. Die richtige Pausengestaltung und ausreichend Pausenzeiten können während des Arbeitstages dazu führen, dass sich ein Mitarbeiter trotz großer Herausforderungen wohl fühlt. Regelmäßige kurze Pausen können Ermüdung verhindern und die Produktivität steigern.[71]

Die Führungskraft sollte gemeinsam mit ihrem Team Pausenregeln festlegen. Dies beginnt bei der Regelung von sogenannten Microbreaks, über die Regelung von Mittagspausen und Feierabendzeiten bis hin zu dem Thema Urlaubsschutz. Pausen sind enorm wichtig im Tages-, Wochen-, Monats- und Jahresablauf, damit sich Mitarbeiter wieder regenerieren können. Nur wer dauerhaft immer wieder gut entspannen und Kräfte sammeln kann, wird mit Arbeitsfreude und dauerhafter Leistungsfähigkeit seinen Aufgaben nachgehen können. Deshalb ist die Verantwortung des Chefs, dass er für den Schutz von Pausenzeiten sorgt. Das bedeutet unter anderem, dass kleine Pausen während der Arbeitszeit (Microbreaks) erlaubt und gewünscht sind, dass Mittagspausen genommen werden müssen, dass nach anstrengenden Projekten Pausen eingelegt werden müssen, bevor die nächste Projektmanagementübernahme erfolgen kann, dass der Feierabend geschützt

---

[71]   Vergleiche Ulich und Wülser, Gesundheitsmanagement in Unternehmen, 2005.

wird (zum Beispiel ab 20 Uhr), dass Urlaubszeiten geschützt werden, indem Mitarbeiter im Urlaub von Emails und Telefonaten verschont werden.

Störungsfreie Zeiten im Arbeitsalltag sind ebenfalls wichtig, um Aufgaben ohne ständige Unterbrechungen fertigstellen zu können. So werden Mitarbeiter zum Beispiel in internen Serviceabteilungen durch ständige Störungen oft dazu gezwungen, eine Tätigkeit, für die sie eigentlich 30 Minuten benötigen, insgesamt über mehrere Stunden hinweg in einer Art und Weise zu bearbeiten, die nicht befriedigend ist. Deshalb sollten für Mitarbeiter, soweit dies geht, im Team störungsfreie Arbeitszeiten organisiert werden. Auch der Chef selbst kann mit gutem Vorbild vorangehen und sich Zeitfenster für ungestörtes Arbeiten einrichten. Wichtig ist die Kommunikation innerhalb des Teams über solche Zeiten, damit der Gesamtablauf nicht gestört wird. Da inzwischen immer mehr Kollegen Zugriff auf die Terminkalender (zum Beispiel Outlook) haben, empfiehlt es sich von vornherein, sogenannte stille Stunden in den eigenen Kalender einzutragen und zu blocken, damit nicht irgendein Kollege irgendein Meeting einträgt und man dadurch nicht mehr zur ordentlichen Bearbeitung von Aufgaben kommt. Dies ist eine wesentliche Maßnahme zur persönlichen Stressreduktion für die Führungskraft, aber genauso für ihre Mitarbeiter.

Pausengestaltung

Bei der Pausengestaltung sollte die Führungskraft ihre Mitarbeiter nicht alleine lassen. Viele Mitarbeiter haben nicht die Entschlossenheit, sich eine wirklich wohltuende Pausenumgebung zu gestalten. So wird häufig die Mittagspause am Schreibtisch und mit den Kollegen über berufliche Angelegenheiten sprechend verbracht. Dies hat keinen wirklichen Erholungseffekt. Insofern macht es unter Umständen Sinn (insbesondere in lautstarken Großraumbüros) eigene Räume für die Pausengestaltung einzurichten. Einige Unternehmen machen positive Erfahrungen mit der Einrichtung eines „Silent Room". Dieser Rückzugsraum wird speziell für Ruhe und Entspannung gestaltet. Auf diese Weise kann Arbeitsleistung und Belastbarkeit gesteigert werden und Burnout zu einem Teil vorgebeugt werden. Gewöhnlich gibt es in diesem ruhigen Raum bequeme Liegemöbel, technische Anschlüsse für beruhigende Musik und eine insgesamt beruhigende Raumgestaltung.

Viele Mitarbeiter organisieren sich die Pausengestaltung selbstverständlich in Eigenregie und unternehmen zum Beispiel nach dem gemeinsamen Mittagessen einen kleinen Spaziergang. Gerade an frischer Luft und im persönlichen Austausch kann dies eine erholende Wirkung zeigen. Da die Pausenzeiten stark begrenzt sind, machen auch Entspannungstechniken Sinn, die nur wenige Minuten an Zeit benötigen, um einen intensiven Entspannungs- und Erholungseffekt zu zeigen. Diese Microbreaks können Mitarbeitern helfen, bei wenig Zeitverbrauch eine intensive Entspannung zu erleben, um danach wieder leistungsfähiger zu sein. Eine Unterstützung beim Erlernen solcher Techniken ist empfehlenswert.

Hilfreich kann es auch sein, den Mitarbeitern einen abwechslungsreichen Arbeitsrhythmus zu ermöglichen oder zu empfehlen. Wer sechs Stunden lang am Stück von einer Besprechung zur nächsten hetzt, dabei etliche Tassen Kaffee trinkt und immer nur sitzt und Informationen aufnimmt, der wird wahrscheinlich beim letzten Meeting keinen persönlichen Leistungshöhepunkt erreichen. Möglicherweise sitzt dieser Mitarbeiter in den letzten Meetings mit innerlicher Anspannung, da er weiß, was auf ihn an seinem Schreibtisch wartet und er dringend einige kommunikative Tätigkeiten machen möchte (Telefonate, Emails etc.) und dies im Meeting nicht tun kann. Solche Arbeitsformen sind nicht dazu angetan, die Potenziale von Mitarbeitern maximal zu nutzen und die Mitarbeiter zu Höchstleistung zu bewegen. Kurze Pausen sollten für alle Mitarbeiter erlaubt und erwünscht sein, da mit diesen kurzen, effektiven Entspannungspausen einer dauerhaften Anspannung vorgebeugt wird. Dies ist sowohl hilfreich im Hinblick auf Burnoutprävention als auch im Hinblick auf Leistungssteigerung.

3.4.2.7 Informationsmanagement

Die Informationsflut, zum Beispiel in Form von Emails, in Verbindung mit dem persönlichen Wunsch von Mitarbeitern, alles ordentlich abarbeiten zu wollen, ist ein wesentlicher Belastungsfaktor, dem bei Burnoutpräventionsmaßnahmen entgegengewirkt werden sollte. Deshalb ist es sinnvoll, wenn die Führungskraft gemeinsam mit dem Team Lösungen findet, beschließt und umsetzt, die sowohl den Umgang mit Informationen als auch den persönlichen Anspruch, immer alles ordentlich abarbeiten zu wollen, begegnet.

Es ist unmöglich, angesichts der Informationsflut durch moderne Medien täglich zum Beispiel 150 neue Emails zu bearbeiten. Diese Anzahl ist aufgrund meiner persönlichen Erfahrungen aus vielen Jahren Führungskräftecoaching für viele Führungskräfte, aber auch Mitarbeiter realistisch. In diesem Falle hilft es nur, mit gemeinsam abgestimmten Maßnahmen im Team diese Emailflut zu bekämpfen. Das erfolgreichste Prinzip ist, ähnlich der Müllvermeidung, die Vorbeugung dieser Emailüberflutung. Dazu gibt es verschiedene Maßnahmen, wie die Absprache, dass man nicht in zu vielen Fällen in „cc" gesetzt wird. Eine andere Möglichkeit ist es, im eigenen Email-Account einen Ordner für alle Emails zu schaffen, die man nur als „cc" erhält. Des Weiteren ist ein großzügiger Umgang mit Emails, also auch dem persönlichen Löschverhalten, von Vorteil. Alle persönlichen Maßnahmen sollten jedoch im Team abgestimmt werden, um gemeinsam der Informationsflut Herr zu werden. Hilfreich für Mitarbeiter ist es, wenn ihre Führungskräfte ihnen den Rücken stärken mit der Zusicherung, dass nicht alle Emails täglich bearbeitet werden müssen, sondern gemäß bestimmter Prioritäten auch längere Bearbeitungszeiten in Ordnung sind. Dies gilt insbesondere für internationale Konzerne und Emails aus Übersee. Hilfreich sind innerhalb des Teams klare Absprachen, zum Beispiel zu den Fragen: Wie können wir den Emailverkehr innerhalb unserer Abteilung auf ein nützliches, aber begrenztes Maß reduzieren? Welche Rund-Emails, Meeting-Protokolle und Memos sollte wer lesen und vor allem wer nicht? In welchem Zeitraum ist ein Mitarbeiter verpflichtet, bestimmte Emails zu bearbeiten? In jedem Fall sollte die Führungskraft dies mit ihrem Team in einem kleinen Workshop abstimmen und eine gemeinsame Vorgehensweise festlegen. Ähnliches gilt selbstverständlich auch für Telefongespräche etc. Auch in diesen Fällen ist wieder das Vorbild der Führungskraft gefragt, um Wirkung im Verantwortungsbereich nachhaltig zu erzielen.

TIPP

Der stellvertretende Abteilungsleiter hat in zwei Wochen Urlaub rund 500 Emails erhalten, obwohl sein Email-Account automatisch mit dem Urlaubshinweis antwortet und seine Assistentin telefonisch abblockt und Anrufer bittet, nur in sehr dringenden Notfällen ihn persönlich zu kontaktieren.

Dieses Beispiel zeigt, dass die Führungskraft zu schlecht für sich selbst sorgt und dass die interne Abstimmung und Organisation diesbezüglich unzureichend ist. Zum Beispiel darf eine Assistentin nicht einem Anrufer die Entscheidung überlassen, ob ein Anliegen sehr dringend und wichtig ist, sondern sollte dieses Thema an sich ziehen. Damit findet dann eine tatsächliche Chefentlastung statt. Gleiches gilt selbstverständlich auch für sich vertretende Mitarbeiter. Wenn ein Urlaubsstellvertreter fast alles nur verschiebt, bis der Kollege wieder aus dem Urlaub zurück ist, dann wird dessen Erholungseffekt bald verbraucht sein. Es helfen klare Abstimmungen und konsequente gegenseitige Entlastung im Team.

3.4.2.8 Aktives Konfliktmanagement

Konflikte im Team können einen wesentlichen dauerhaften Belastungsfaktor darstellen, dem es bei einer aktiven Burnoutprävention rechtzeitig entgegenzuwirken gilt. Deshalb hat ein Manager immer auch die Funktion eines Konfliktmanagers in seinem Team. Selbstverständlich kann er sich durch entsprechende interne oder externe Spezialisten zusätzlich Unterstützung holen, zum Beispiel durch Konfliktmoderatoren, spezialisierte Trainer oder auch Mediatoren. In erster Linie muss er sich jedoch als Chef seines Verantwortungsbereiches zunächst selbst um das Thema kümmern. Es wird immer Konflikte unter Mitarbeitern und zwischen Führungskräften und Mitarbeitern geben. Wichtig ist diese Konflikte konstruktiv anzugehen und eine möglichst positive Lösung zu finden. Konflikte zu negieren oder sie Mitarbeitern alleine zu überlassen, ist nur in wenigen Fällen eine Lösung. Als Chef sollte man selbst für kritische Anmerkungen und auch für Konflikte, die einem von Mitarbeiterseite angetragen werden, ein offenes Ohr haben und mögliche Verbesserungsmaßnahmen daraus sondieren. Die gemeinsame Suche mit den Betroffenen nach praktikablen Lösungen oder auch die Bitte an den Mitarbeiter, eine solche Lösung auszuarbeiten, sind Möglichkeiten der Bearbeitung. Auf keinen Fall sollte die Führungskraft die Verantwortung für alle Konflikte übernehmen, aber umgekehrt auch nicht Konflikte generell negieren. Dies würde keine salutogene Unterstützung für ein Team bedeuten. Insbesondere, wenn es Anzeichen für Mobbing oder Demotivation gibt, sollten Konflikte angegangen werden. Anstrebenswert ist es aus Führungssicht eine Konfliktbearbeitungskultur zu fördern, die aufgrund von Konfliktkompetenz und frühzeitiger Bearbeitung von Konflikten salutogen wirkt und somit Burnout vorbeugt und einer gesunden Entwicklung im Team Vorschub leistet.

Konfliktbewältigungskompetenz

Ob **belastende Konflikte** zwischen Mitarbeitern im Team bzw. zwischen Mitarbeitern und der Führungskraft gelöst werden oder nicht und die Art und Weise, wie sie bearbeitet werden, haben Einfluss auf die **subjektiv wahrgenommene Belastungssituation** der einzelnen Mitarbeiter und sind somit relevant für Burnoutprävention. Im Sinne einer Qualifizierung von Führungskräften und Mitarbeitern zur **Burnoutprävention ist Konfliktbewältigung** eines der Zentralthemen neben dem Thema Stressbewältigung, Resilienz, Problemlösefähigkeit und wertschätzender Kommunikation, sowie positive Gestaltung der persönlichen Lebensbalancen.

Unbewältigte Konflikte gehören zu den maßgeblichsten Stressoren, die auf Dauer und massiv Erschöpfung hervorrufen können. Da Konflikte unvermeidbar sind und sogar wünschenswert, damit auf Basis von unterschiedlichen Bedürfnissen und Interessen neue, bessere Lösungen gefunden werden können, ist es hilfreich, wenn Mitarbeiter und Führungskräfte zum Thema Konfliktmanagement hohe Kompetenzen besitzen. Da Burnout besonders stark in Dienstleistungsberufen, wie im Gesundheitsbereich oder bei Lehrern etc., vertreten ist, sind Kommunikations- und insbesondere Konfliktfähigkeiten insbesondere dort wichtig, um Vorbeugung für Burnout zu leisten. Wer den größten Zeitanteil seines Arbeitstages versucht, mit Kollegen, Führungskräften, Mitarbeitern, externen Kooperationspartnern, Kunden etc. gemeinsame Lösungen oder Vorgehensweisen zu finden, der tut sich leichter, wenn er als Kommunikator hohe Kompetenzen im Bereich von Konfliktmanagement besitzt. Wer hohe Kompetenzen im Bereich von Konfliktbewältigung besitzt, kann leichter Konflikte erkennen und gezielt angehen und auch Konfliktpartner dabei unterstützen, gemeinsam eine tragbare Konfliktlösung zu finden. Insbesondere für Führungskräfte ist es wichtig, konfliktkompetent das Team zu leiten. Als Chef ist man automatisch Vorbild für den Umgang mit Konflikten und wer als Chef eine „Kopf-in-den-Sand"-Vorgehensweise bei Konflikten präferiert, der muss sich nicht wundern, wenn mit der Zeit im Team immer mehr Konflikte unter den Teppich gekehrt werden und sich ein enormes Konfliktpotenzial ansammelt, das man dann als Chef erst recht nicht aktiv angehen möchte. Um im Sinne von Burnoutprävention und auch Stressprävention Konflikte zu entschärfen, damit diese nicht zu unnötigen Belastungen für die Mitarbeiter werden, ist es sinnvoll, kompetent und aktiv mit Konflikten umzugehen. Dazu gehört unter anderem die Kenntnis über:

- Konflikte, zum Beispiel Ursachen und Arten von Konflikten,
- Konfliktverhalten und Auswirkungen,
- verschiedene Konfliktbearbeitungsstile,
- Interventionsmöglichkeiten bei Konflikten,
- Eskalation und Deeskalation,
- konstruktive Gestaltung von Konfliktgesprächen sowie
- Präventionsmöglichkeiten von Konflikten.

Der **Konfliktbearbeitungsstil im Verantwortungsbereich der Führungskraft** sollte geprägt sein von den Prinzipien der gewaltfreien Kommunikation (siehe Kapitel 3.2.1.3).

3.4.2.9 Gesundheit organisieren

Mit Hilfe von internen und externen Spezialisten macht es Sinn, im eigenen Verantwortungsbereich eine Analyse zur Gesundheit am Arbeitsplatz durchführen zu lassen, zum Beispiel zu folgenden Themen: Wie sind unsere Bildschirmarbeitsplätze gestaltet? Wie hoch ist die Belastung durch Störungen, durch Lärm, durch eine unvorteilhafte Sitzordnung etc.? Wie gut wirkt die Beleuchtung im Büro? Wie gut funktioniert die Klimaanlage?

Führungskräfte sollten nicht unterschätzen, wie wichtig diese Faktoren für das Wohlfühlen und die Gesundheit am Arbeitsplatz sind. Viele Mitarbeiter beschweren sich nicht, weil sie es aufgegeben haben oder keine persönlichen Anfeindungen erleben wollen. Eine schlecht funktionierende Klimaanlage, eine ungünstige

Sitzordnung und laut sprechende Kollegen, die viel telefonieren, was dazu führt, dass andere Kollegen sich kaum mehr auf eine Bearbeitung eines Vorgangs konzentrieren können, sollten in ihren Auswirkungen für die Arbeitsfähigkeit bzw. die Belastung am Arbeitsplatz nicht unterschätzt werden. Eine Analyse, die von unabhängiger Seite durch einen Spezialisten durchgeführt wird, kann belastbare Daten liefern und der Ausgangspunkt von positiven Veränderungen sein. In jedem Fall ist es sinnvoll, das gesamte Team einzubinden und in einem Workshop die Ergebnisse der Analyse zu präsentieren und daraufhin mit dem Team zusammen zu erarbeiten, welche Verbesserungsmaßnahmen eingeleitet werden sollen. In diesem Zusammenhang kann man mit dem Team auch der Frage nachgehen „Wie können wir gemeinsam unsere Teamgesundheit im Arbeitsalltag unterstützen?"

Über die zuvor genannte Analyse hinausgehend kann es Sinn machen, eine professionelle Analyse von internen oder externen Experten im eigenen Verantwortungsbereich vornehmen zu lassen, die aufzeigt, welche dauerhaften massiven Belastungen für die körperliche und psychische Gesundheit im Verantwortungsbereich bestehen. Ein solcher Bericht kann sowohl den Status quo aufzeigen als auch Verbesserungsmaßnahmen. Aus den Ergebnissen der Analyse und dem Bericht der Spezialisten, wie zum Beispiel Arbeits- und Gesundheitsschutz, Personalentwicklung und Betriebsrat, lassen sich oft effektive Verbesserungsmaßnahmen ableiten.

3.4.2.10 Über- und Unterforderung vermeiden

Neben dem bereits erwähnten Yerkes-Dodson-Gesetz (siehe Kapitel 3.2.3.2) wird auch im Flow-Prinzip[72] beschrieben, wie ungünstig sich Unter- und Überforderungen auf die Leistungsfähigkeit der Betroffenen auswirken.

▶ **BEISPIEL: Mitarbeiterüberforderung**

Eine Mitarbeiterin aus einem Team von drei Assistentinnen hat die Befürchtung, dass sie ihre zukünftige Aufgabe nicht mehr erfüllen kann. Bisher arbeiten drei Teilzeitkräfte in einem Assistentinnen-Pool. Eine Kollegin wird in wenigen Monaten aus dem Unternehmen aufgrund ihres Alters ausscheiden und in Rente gehen. Die andere Kollegin wird eine neue Aufgabe übernehmen und auch einen Teil ihrer Aufgaben mitnehmen. Durch eine weitere Aufgabenentlastung erscheint es der Geschäftsführung und auch dem Teamleiter der drei Damen als durchaus zumutbar, dass die verbleibende Mitarbeiterin mit einer neu zur Verfügung gestellten Software alleine den neu gestalteten Aufgabenbereich

---

[72] Vgl. Csikszentmihalyi, Mihaly: Flow – der Weg zum Glück, Herder, Freiburg, 2006.

erfolgreich bewältigen kann. Die Mitarbeiterin sieht dies jedoch ganz anders. Im Gespräch mit ihr wird deutlich, dass sie sich selbst Sorgen macht und Angst davor hat, eines Tages alleine den neu gestalteten Aufgabenbereich auszufüllen. „Ich kann mir das einfach nicht vorstellen. Schon wenn ich daran denke, zieht sich mir der Magen zusammen, mir wird schwarz vor Augen und schwindelig. Ich weiß, dass mir alle sagen, auch Kollegen, dass ich das schaffen werde. Aber ich glaube das nicht", bekennt die Mitarbeiterin. An diesem Beispiel wird deutlich, dass die subjektive Wahrnehmung der Mitarbeiterin und ihre Ängste vor Überforderung massiv dazu beitragen, dass sich die Mitarbeiterin in einer Situation befindet, in der sie nicht über ihre volle Leistungsfähigkeit verfügt. Im Endeffekt ist es jedoch nicht wichtig, wer oder was die Leistungsfähigkeit der Mitarbeiterin schmälert, sondern wie dies verhindert werden kann. Ein Ansatzpunkt ist das Verhalten der Führungskraft. Der Teamleiter hat mit sachlicher Berechtigung und in persönlicher Überzeugung deutlich gemacht, dass die Mitarbeiterin der Aufgabenstellung gewachsen ist. Dies reicht jedoch nicht aus, weil die Mitarbeiterin Ängste hat. Wenn diese Ängste nicht genommen werden, dann wird sie die Leistung aller Voraussicht nach nicht erbringen. Daher hilft nur Angstreduktion. Man könnte nun die Verantwortung bei der Mitarbeiterin belassen. Dies würde aber früher oder später zu Arbeitsunfähigkeit führen.

Wenn man als Führungskraft sich der Angstzustände annehmen möchte, kann dies mit vertretbarem Aufwand in folgender Weise geschehen: Die Führungskraft redet mit der Mitarbeiterin über ihre Ängste und nimmt diese Ängste ernst. Hilfreich sind Fragen danach, was die Mitarbeiterin konkret befürchtet und was schlimmstenfalls aus Sicht der Mitarbeiterin passieren könnte. Dieses Worst-Case-Szenario hilft oft zu realisieren, dass die Auswirkungen gar nicht so schlimm, wie emotional befürchtet, sein werden. Auf der anderen Seite ist mit der Mitarbeiterin zu hinterfragen, welche Unterstützung sie sich vorstellen kann, um ihre Angst zu reduzieren. Diese unterstützenden Faktoren können dann genutzt werden, um der Mitarbeiterin mehr Sicherheit und Orientierung zu geben und ihre Ängste zu schmälern.

Im vorliegenden Fall bekam die Mitarbeiterin zur Unterstützung ein zeitlich begrenztes Coaching. In diesem Einzelcoaching wurde herausgearbeitet, dass sie aufgrund des überraschenden Todes ihres Mannes starke soziale Verlustängste hatte. Ihre Angst, ihre Kolleginnen und damit ihren sozialen Rückhalt und deren Unterstützung zu verlieren, brachte sie in eine emotionale Angstblockade. Nachdem sie dies reflektieren konnte und Wege gefunden hat, wie sie ihre soziale Unterstützung gewährleisten kann, wurde sie Schritt für Schritt offen für die neue Aufgabe und konnte diese schließlich bewältigen. Eine Alternative wäre gewesen, diese Mitarbeiterin in ein anderes Team zu integrieren, um ihr die soziale Unterstützung zu geben, die sie als Mensch braucht. An diesem Beispiel wird sichtbar, wie wichtig es ist, dass der Mensch zu seiner Arbeitsumgebung passt, damit er seine volle Leistungsfähigkeit entfalten kann.

Um eine dauerhafte Über- bzw. Unterforderung von Mitarbeitern zu vermeiden, und damit Burnout vorzubeugen, empfiehlt sich für einen Manager unter anderem folgende Vorgehensweise.

Nehmen Sie in persönlichen Gesprächen mit den Mitarbeitern Kontakt auf und thematisieren Sie, was sich der Mitarbeiter selbst zutraut und welche Aufgaben er übernehmen möchte. Mitarbeiter artikulieren häufig ihre Bedürfnisse kaum und erledigen Aufgaben, obwohl eine andere Aufgabenverteilung für das Team insgesamt sinnvoller und erfolgreicher wäre. Deshalb lohnt sich, die Aufgabenverteilung mit den einzelnen Mitarbeitern und im Gesamtteam zu besprechen. Lernen Sie die Entwicklungspotenziale und die bereits vorhandenen Stärken Ihrer Mitarbeiter noch besser kennen, um Aufgaben noch adäquater verteilen zu können.

Pflegen Sie auch Kontakt mit den Mitarbeitern hinsichtlich ihrer Aufgabenerfüllung. Fragen Sie Ihre Mitarbeiter, wie es ihnen mit bestimmten Aufgabenstellungen geht und wo sie gegebenenfalls noch Unterstützung benötigen. Auch der Hinweis darauf, dass der Mitarbeiter selbst aktiv werden sollte, um seine Bedürfnisse und Unterstützungswünsche zu artikulieren, ist sinnvoll.

Klären Sie mit Ihren Mitarbeitern, was aus deren Sicht die nächsten Entwicklungsschritte in ihrer beruflichen Karriere sein sollten. Wichtig ist hier, in einer offenen Gesprächsatmosphäre mit dem Mitarbeiter zu klären, was er noch vorhat. Dabei sollte die Führungskraft derart wertneutral und offen das Gespräch führen, dass es auch in Ordnung ist, wenn der Mitarbeiter weniger entwicklungsorientiert ist als seine Führungskraft. Dennoch kann die Führungskraft versuchen, den Mitarbeiter zu bestimmten Kompetenzentwicklungen anzuregen, um vorhandene Potenziale zu heben und die Leistungsfähigkeit weiter zu steigern. Das richtige Maß an Fördern und Auffordern ist hier angezeigt. Diese wertvollen Entwicklungsgespräche sollten nicht im Sinne von lästigen „PE-Gesprächen" geführt werden.

Schwächen und Erschöpfung akzeptieren

Ein wirksamer Schutz gegen Burnout ist die frühzeitige Erkennung von Erschöpfung. Mitarbeiter bzw. Führungskräfte wollen jedoch oft entsprechende Anzeichen bei sich selbst nicht wahrhaben und in einer Arbeitsumgebung, in der Schwäche und Erschöpfung stark negativ bewertet sind und negative Folgen für den Betroffenen haben können, wird ein „Outing" noch schwieriger. Insbesondere in sehr leistungsorientierten Unternehmen bzw. Abteilungen ist es Kultur, nicht über Schwächen und Überforderung oder Erschöpfung zu sprechen. Betroffene haben Angst, als leistungsschwach eingeordnet und abgewertet zu werden.

In einer übermäßig leistungsorientierten Teamkultur werden Burnoutanzeichen und Schwächen verborgen und Gesundheit vorgetäuscht. Somit wird verhindert, frühzeitig einem Burnout entgegenzuwirken. Hier ist die Führungskraft gefordert, ihr eigenes Leistungsverhalten und ihre Erwartungen zu überdenken und den Wert Gesundheit zu stärken sowie das Verhalten „Schwäche und Erschöpfung zeigen" zu bejahen.

3.4.3 Burnoutprävention auf Tuchfühlung: Umgang mit Burnout-gefährdeten Mitarbeiter

Wenn Mitarbeiter einen Burnout erleiden, werden sie in der Regel krankgeschrieben und fallen lange aus. Um diesen Preis als Mitarbeiter und auch als Führungskraft nicht zahlen zu müssen, ist es für die Führungskraft empfehlenswert, vorbeugend zu handeln und

- frühzeitig zu erkennen, ob ein Mitarbeiter dauerhaft massiv überlastet ist,
- wann und wie man ihn als Chef am besten anspricht und
- welche konkreten Unterstützungsangebote man ihm macht.

Das frühzeitige Reagieren des Managers auf **Belastungssignale** von Mitarbeitern wirkt an sich schon unterstützend, da sich der Mitarbeiter gesehen und nicht alleingelassen fühlt. Dies setzt jedoch voraus, dass die Führungskraft nicht in einer stressverschärfenden Art und Weise auf den Mitarbeiter zugeht, sondern in einer wohlwollenden unterstützenden Art und Weise. Präventiv kann der Chef darauf achten, dass er nicht immer wieder den gleichen Mitarbeitern sehr viel Arbeit aufbürdet, sondern die Arbeitsbelastung möglichst gleichmäßig verteilt. Falls ein Mitarbeiter länger unter massiven Stress und Belastung gerät, ist es sinnvoll für den Chef, möglichst frühzeitig diesen Mitarbeiter aktiv anzusprechen. Dabei ist die Haltung von Interesse und Wohlwollen entscheidend, nicht die Wortwahl. Die allermeisten belasteten Mitarbeiter wünschen sich, dass sich jemand für ihre Probleme wirklich interessiert und dazu ein Gespräch mit ihnen führt.[73]

Für die innere Haltung der Führungskraft ist es auch wichtig, nicht zu viel Verantwortung zu übernehmen. Der Chef ist nicht dafür verantwortlich, ob sich der Mitarbeiter gut um seine eigene Gesundheit kümmert oder nicht. Die Rolle der Führungskraft ist es vielmehr die eines Lotsen. Der Chef sollte in Funktion eines Lotsen dem Mitarbeiter Möglichkeiten aufzeigen, wie er mit organisationsinternen

---

[73] Carola Kleinschmidt, a. a. O., S. 23.

oder auch externen Unterstützungsmaßnahmen Hilfe bekommt. Er sollte ihm aber auch mit Interesse und Ideen zur Seite stehen, vor allem, wenn dem Mitarbeiter durch Maßnahmen, die der Chef sofort einleiten kann, geholfen werden kann, zum Beispiel im Bereich Arbeitsorganisation und Arbeitsabläufe.

Signale für Burnout-Gefährdung

Mögliche Signale für dauerhafte massive Überlastung sind:

- Der Mitarbeiter zieht sich immer mehr zurück.
- Er macht immer mehr Überstunden und immer weniger Pausen.
- Er wirkt gereizt und unausgeglichen und ist leichter reizbar.
- Er ist nicht mehr konfliktresistent.
- Er wirkt unkonzentriert.
- Er wirkt unausgeschlafen und erschöpft.

Körperliche Anzeichen können sein: starke Verspannungen, erschöpfter und verspannter Gesichtsausdruck, Schweißausbrüche, Zittern. Trotz eines immer höheren Arbeitseinsatzes werden die Leistungen immer schwächer. Auffällige Leistungsminderung zeigt sich in extrem verlangsamtem Arbeiten oder auffällig hoher Selbstkontrolle des Mitarbeiters, aber auch hohe Ausfallzeiten aufgrund von Fehltagen oder häufiges Zuspätkommen können auf Burnout-Gefährdung hinweisen. Ebenso gilt dies für ein deutlich verändertes Sozialverhalten im Team, wie unangemessene Reaktionen auf Kritik, starke Ungeduld und/oder ständiges Beklagen.

Wer solche Signale als Führungskraft empfängt, kann auf der Basis von guten Beziehungen Mitarbeiter einfach **ansprechen**. Je häufiger und gewöhnlicher es ist, dass man im Team und auch von Chef zu Mitarbeiter über Gesundheits- und Arbeitsfreudethemen spricht, desto unproblematischer ist das Gespräch hinsichtlich der empfangenen Signale. Am besten ist es, Ich-Botschaften zu wählen in der Form von: „Ich habe in den letzten Wochen den Eindruck gewonnen, dass Sie gereizter sind und sehr lange bis in die Abendstunden arbeiten. Mich interessiert sehr, wie es Ihnen geht und wie Sie Ihr Arbeitspensum und Ihre Arbeitsfreude einschätzen." Ein entsprechendes Gespräch sollte in angemessener Atmosphäre stattfinden. Das bedeutet: unter vier Augen, unter Vertraulichkeit und in einer entspannten Situation. Im Fokus sollte dabei nicht der Chef stehen, der sich Sorgen macht, dass die Arbeitsleistung im Team nicht vollbracht werden kann, wenn der Mitarbeiter schwächelt oder ausfällt, sondern im Fokus sollte der Mitarbeiter mit seiner Gesundheit stehen. Dies macht in der Wahrnehmung meist einen entscheidenden Unterschied.

Denn Mitarbeiter fragen sich unter anderem: „Geht es dem Chef um sich selbst und seine Zielsetzung oder geht es ihm um mich als Mensch und Mitarbeiter?"

Zielsetzung des Gesprächs sollte sein, dass sowohl Führungskraft als auch Mitarbeiter mit einem guten Gefühl und auch mit konkreten Verabredungen aus dem Gespräch gehen. Auf organisationsinterne oder externe Unterstützungsmaßnahmen (wie eine externe Mitarbeiterberatung) kann hingewiesen werden.

Ansprache des Burnout-gefährdeten Mitarbeiters

Eine Führungskraft, die ihr Team kennt und sich Zeit und Muße nimmt, kann die Burnout-Gefährdung der einzelnen Mitarbeiter herausfinden. Unterstützend wirken die Nutzung von Instrumenten wie Gefährdungsbeurteilung und Mitarbeitergespräche (die gesundheitsorientiert geführt werden) und die Erfahrungen aus der gemeinsamen Zusammenarbeit. Wer sich als Chef eine solche Beurteilung bisher nicht zutraut, sollte sich dringend Zeit dafür nehmen. Denn erfahrungsgemäß lohnt es sich, eine solche Beurteilung der einzelnen Mitarbeiter durchzuführen. Dafür eignet sich natürlich insbesondere der persönliche Dialog mit den gefährdeten Mitarbeitern. Aufgrund der Aufgabenstellung, der persönlichen Arbeitseinstellung von Mitarbeitern und der bisherigen Erfahrungen mit diesem Mitarbeiter kann die Führungskraft gewöhnlich schon eine gewisse Vorauswahl treffen und sich um diese Mitarbeiter zunächst kümmern. Insgesamt ist es aber sinnvoll, sich mit allen Mitarbeitern zu beschäftigen und eine solche Bewertung der Burnout-Gefährdung hinsichtlich Erschöpfungssignale und aufgrund persönlicher Gespräche durchzuführen.

Beim Umgang mit Mitarbeitern, die möglicherweise gefährdet sind oder auch schon erste Anzeichen einer dauerhaften, massiven Überlastung und Erschöpfung zeigen, ist es **ratsam, möglichst bald zu handeln**. Je früher die Führungskraft mit einzelnen Mitarbeitern darüber spricht und im Dialog Klarheit schafft, desto besser. Denn Burnout ist in schleichender Prozess und meist schon weit fortgeschritten, wenn deutliche Anzeichen von außen zu erkennen sind. Herrscht zu dem Thema Burnout-Gefährdung und Erschöpfung ein offener Austausch und ein akzeptierendes Klima im Team, dann hat die Führungskraft und sein gesamtes Team eine Chance, Burnout-Gefährdungen möglichst früh entgegensteuern zu können.

Wichtig ist die **direkte Ansprache des Mitarbeiters** durch seinen Chef. Nützlich ist immer, keine Vorwürfe zu machen oder in einem ungeeigneten Tonfall die Anzeichen, die man als Chef beim Mitarbeiter wahrgenommen hat, zu hinterfragen. Vielmehr macht es Sinn, **den Mitarbeiter nach seiner aktuell wahrgenommenen**

Arbeitsbelastung und nach seinem persönlichen Befinden zu fragen — und zwar in einer **offenen, wertschätzenden Art und Weise**. Nur so kann sich der Mitarbeiter auch **vertrauensvoll öffnen** und entsprechende Mitteilungen an seinen Chef machen, da diese Vertrauen und sensiblen Umgang von Seiten des Chefs benötigen. Ein solch offenes Gespräch über den Gesundheitszustand, das Wohlbefinden und die wahrgenommene Arbeitsbelastung empfiehlt sich spätestens alle zwei Monate mit jedem Mitarbeiter zu führen.

Wer es als Führungskraft versteht, ein wirklich offenes und vertrauensvolles Klima in diesem Gespräch zu schaffen, der hat gute Chancen, Überlastungsanzeichen frühzeitig zu erkennen, um entgegensteuern zu können. Führungskräfte verbinden mit solchen Gesprächen gewöhnlich die Befürchtung, dass Mitarbeiter dann in einen Zustand von Nörgeln oder Beschwerden geraten, und eine ganze Litanei von Beschwerden über Unzulänglichkeiten verschiedenster Art zu hören, gegen die sie schwerlich etwas unternehmen können. Von daher empfiehlt es sich für Chefs, dass sie das Gespräch bei aller Vertrauenswürdigkeit und Offenheit so steuern, dass Themen, die von beiden nicht verändert werden können, stark reduziert werden. Ansonsten werden solche Gespräche möglicherweise zu einer starken Frustration auf Seiten des Mitarbeiters und der Führungskraft führen. Dies ist nicht zielführend und dies erhöht nicht die Wahrscheinlichkeit, dass ein nächstes Gespräch besser verläuft.

Wer als Führungskraft konkrete, deutliche Anzeichen von Burnout bei einem Mitarbeiter beobachtet, kann ihn in passender Art und Weise direkt darauf ansprechen — selbstverständlich nur im Vieraugengespräch und mit Wertschätzung. In diesem Mitarbeitergespräch sollte der Chef **in der Sache konkret** werden, zum Beispiel: „Ich habe in einigen unserer letzten Meetings wahrgenommen, dass Sie plötzlich stark anfangen zu schwitzen, wenn Sie in einer Diskussion unter Druck geraten. Das war mein persönlicher Eindruck und ich möchte gerne mit Ihnen darüber sprechen, wie Sie die Situation erlebt haben." So oder ähnlich kann der Gesprächseinstieg sein, um einen Mitarbeiter für einen entsprechenden Dialog zu gewinnen. Die eigene Betroffenheit, dass Interesse am Mitarbeiter und die Hilfsbereitschaft sollten dabei im Mittelpunkt stehen. Die Anzeichen, die dem Manager Sorgen bereiten oder seine Achtsamkeit hervorgerufen haben, sollten deutlich benannt werden. Am besten auch in den entsprechenden Situationen, sodass (gemäß den klassischen Feedbackregeln) konkret und subjektiv die Situation beschrieben wird. Führungskräfte sollten dabei Geduld bewahren, denn manchmal braucht es mehrere Anläufe, bis der Mitarbeiter Vertrauen gefasst hat und auf das Gesprächsangebot eingeht. Entscheidend für die Gesprächsbereitschaft des Mitarbeiters wird auch sein, welche Erfahrungen er bisher mit seinem Chef gemacht hat und welche Erfahrungen von Kollegen ihm mitgeteilt wurden. Wenn Mitarbeiter im Team erleben, dass ein überlasteter Mitarbeiter von seinem Chef angesprochen wird, der mit ihm eine Lösung erarbeitet und dann für Abhilfe sorgt, steigt die Wahrscheinlichkeit, dass sich auch andere Mitarbeiter öffnen und anvertrauen, erheblich.

Unterstützungsangebote für Burnout-gefährdete Mitarbeiter

Die beste Vorbeugung ist selbstverständlich die Sorge dafür, dass möglichst keine dauerhafte, massive Überlastung von einzelnen Mitarbeitern stattfindet. Deshalb kann die Führungskraft bereits in der Arbeitsorganisation, also in der **Planung, Organisation und Auswertung von Arbeitsprozessen, mit den Mitarbeitern gemeinsam dafür sorgen, dass möglichst zu lange dauernde, massive Überlastungen verhindert werden.** Ein typischer Fehler von Führungskräften in der Arbeitsorganisation ist es, **Teammitgliedern**, die sowieso schon sehr viele Aufgaben zu bewältigen haben, dies jedoch immer recht **zuverlässig und erfolgreich** machen, **noch mehr zu belasten**. Oft ist der Chef nicht bereit, solche Mitarbeiter als Burnout-gefährdet anzuerkennen, weil damit die Gefahr verbunden ist, dass er sie nicht mehr so stark belasten kann und somit nicht weiß, wohin er diese Aufgaben ansonsten delegieren soll, um sie erfolgreich und zu seiner Zufriedenheit erledigt zu bekommen.

Wer als Chef hingegen den Eindruck hat, dass ein Mitarbeiter Burnout-gefährdet ist, dieser das jedoch nicht so sieht und auch weiterhin seine ihn überlastende Arbeit wahrnehmen will, der kann **als Chef von sich aus den Arbeitsdruck auf den Mitarbeiter reduzieren**. In Organisationen sind immer wieder Mitarbeiter zu finden, die von sich aus viel zu lange arbeiten, offensichtlich keine guten Lebensbalancen gestalten können und deshalb aus Fürsorgepflicht ihres Chefs reduziert belastet werden sollten.

► **BEISPIELE**

Fall 1: In einem IT-Unternehmen ist ein Mitarbeiter bereits einmal wegen psychosomatischer Störungen aufgrund von massiver, dauerhafter Arbeitsüberlastung ins Krankenhaus eingeliefert worden. Inzwischen ist er wieder on the job und als Senior Projekt Manager weiterhin massiv belastet. Aus den vergangenen Jahren hat er ein Urlaubskonto von über acht Wochen angesammelt. Zusammen mit dem diesjährigen Urlaub kommt er auf über 14 Wochen Urlaubsanspruch. Im Gespräch mit seinem Chef ist er jedoch nicht bereit, auch nur eine einzige Woche dieses Urlaubsbudgets anzugreifen. Er möchte zunächst das Projekt abschließen, in dem er im Moment als Senior Projekt Manager tätig ist und erst frühestens in vier Monaten dann über Urlaub nachdenken. Im Gespräch sieht er für sich eigentlich gar keinen Urlaubsbedarf. Ihm ist es wichtiger, erfolgreich zu arbeiten. Der Chef insistiert schließlich und sichert sich die Unterstützung des Personalleiters. Gemeinsam wird der Mitarbeiter mehr oder weniger gezwungen, wochenweise den Urlaubsanspruch abzubauen. Sie sind sich jedoch beide unsicher, ob der Urlaub wirklich positive Wirkung auf den Mitarbeiter hat, da dieser offensichtlich nicht weiß, was er in dieser arbeitsfreien Zeit anstellen soll. Er ist ledig, bereits über 45 Jahre alt und hat keinerlei Hobbys, die er benennen könnte. Hier ist der Chef gefragt, unnachgiebig weiter dem Mitarbeiter Unterstützung und auch Gespräche mit einem externen Führungskräfteberater anzubieten, um eine bessere Lebensbalance zu schaffen. Bei solchen hartnäckigen Fällen hilft es Führungskräften, wenn sie selbst konsequent und hartnäckig bleiben — im Sinne des Wohls des Mitarbeiters. Wer als Chef in einem solchen Fall damit reagiert, dass er sich auf die Selbstverantwortung des Mitarbeiters zurückzieht und ihn weiter intensiv auslastet, begeht als Chef meiner Ansicht nach unterlassene Hilfeleistung. Dies ist nicht strafbar, aber hat katastrophale Auswirkungen für eine Führungskraft im Sinne von Burnoutprävention und gesundheitsförderlichem Führungsverhalten.

Fall 2: Ein Mitarbeiter, der für den neuen Job 400 km weit weg umgezogen ist und am Wochenende immer zu seiner Familie nach Hause pendelt, arbeitet jeden Abend bis nach 21 Uhr. Eines Abends kommt sein Chef zu ihm und bedankt sich für die wertvolle Mitarbeit, macht ihm jedoch deutlich, dass der Mitarbeiter über die nächsten Wochen seine Arbeitszeit in den Abendstunden immer mehr reduzieren muss. Die Führungskraft begründet es damit, dass sie ihn vor einer Überlastung bewahren möchte und dass seine Arbeitsleistung so gut ist, dass es wirklich ausreicht, wenn er bis maximal 20 Uhr bzw. danach max. bis 19 Uhr arbeitet. Mit dieser konstruktiven Fürsorgemaßnahme ermöglicht die Führungskraft, dass der Mitarbeiter dauerhaft gute Leistung bringt, und bewahrt ihn vor einem Mitarbeiterfehler: nämlich durch Höchstleistungen dem Chef etwas beweisen zu wollen, was danach aber irgendwann zu einer Leistungsminderung führen muss. Diese spätere Leistungsminderung wird hiermit verhindert. Wenn die Führungskraft ihr Anliegen dem Mitarbeiter entsprechend vermitteln kann, dann wird möglicherweise auch Wertschätzung und viel Respekt und Vertrauen beim Mitarbeiter entstehen, da er wahrnehmen kann, dass sein Chef ihn geschützt hat.

Fall 3: Ein Leiter einer Business Unit führt ein konkretes und verbindliches Gespräch mit einem seiner wichtigsten Führungskräfte. Dem global verantwortlichen Head of Sales wird in diesem Gespräch deutlich gemacht, dass der Business Unit Leiter ihn künftig nicht mehr in dieser Funktion sieht und beanspruchen möchte. Begründung ist, dass der Global Head of Sales aufgrund seiner Erfahrungen und Kompetenzen für eine andere Aufgabe besser geeignet ist. Selbstverständlich sind zu wenig Erfolg und die fehlende Umsetzung von strategischen Zielvorgaben in der Vergangenheit Anlass für Enttäuschungen gewesen, der BU-Leiter nimmt dies jedoch nur zum Anlass, um mit dem Mitarbeiter zu reflektieren, dass die Besetzung der Position Global Head of Sales mit ihm nicht adäquat war, was dies offensichtlich zeigt und dieser aufgrund der langen und persönlichen Zusammenarbeit auch eingestehen muss. Er betont die Kompetenzen seiner Führungskraft und bietet ihm eine adäquate Position als Projektmanager an, die direkt bei ihm als BU-Leiter angegliedert ist. Somit gibt es für den bisherigen Global Head of Sales keinen Gesichts-, Image- oder Gehaltsverlust, sondern er kann diese neue Aufgabe, die besser zu seinen Erfahrungen und Kompetenzen passt, ohne Probleme wahrnehmen. Damit hat der BU-Leiter hinsichtlich Zielerreichung eine effektivere Personalsituation geschaffen: Er hat einen wertvollen Mitarbeiter nicht verloren, sondern für ein Arbeitsgebiet gewonnen, in dem dieser ehemalige Global Head of Sales noch wirksamer für das Unternehmen tätig sein kann.

Umgang mit Präsentismus

Aus der Sicht von Gesundheitsförderung und Burnoutprävention macht es keinen Sinn, als Chef Präsentismus zu fördern oder zu dulden. Präsentismus bezeichnet die Anwesenheit von Mitarbeitern, obwohl sie nicht in der Lage sind, ihre Arbeitsaufgabe ausreichend auszuführen. Die Arbeitsleistung ist beeinträchtigt, es passieren Fehler, möglicherweise werden auch Kollegen angesteckt (zum Beispiel durch eine Grippeinfektion) und eine Krankheit wird verschleppt oder sogar chronifiziert. Deshalb sollten Führungskräfte Mitarbeiter dazu bewegen, dass sie Krankheiten anerkennen und auskurieren, bevor sie wieder mit Leistungskraft an ihre Arbeit gehen. Studien zeigen, dass der Produktionsausfall und entsprechende Kosten für die Unternehmen, die durch einen solchen Präsentismus verursacht werden, wesentlich höher liegen als die Kosten für krankheitsbedingte Abwesenheit.[74]

ARBEITSHILFE ONLINE

Vertiefende Inhalte

Um Ihren eigenen Umgang mit Präsentismus zu hinterfragen, finden Sie auf Arbeithilfen Online hilfreiche Reflexionsfragen.

---

[74] Steinke, M. und Badura, B., 2011.

244

3.5 Unterstützungs- und Analyseinstrumente

Als Unterstützungs- und Analyseinstrument bietet sich eine **gesundheitsorientierte Mitarbeiterbefragung** an, die auch erschöpfungsrelevante Themen zum Inhalt hat. Daneben können weitere Standardinstrumente wie die Krankenstandanalyse mit Bezug auf psychische Erkrankungen bzw. Burnout, aber auch die Arbeitssituationsanalyse oder Gesundheitsworkshops genutzt werden, um den Status quo bezüglich massiver, dauerhafter Erschöpfung (Burnout) zu analysieren. Hier sollte die Führungskraft keinen Alleingang in ihrem Verantwortungsbereich unternehmen, sondern dies möglichst in eine Gesamtstrategie der Gesamtorganisation einbetten und sich professionelle Hilfe aus dem Bereich Human Resources oder von externen Beratern holen. Das Vorgehen sollte mit der Geschäftsleitung abgestimmt sein.

3.5.1 Gesundheitsorientierte Mitarbeiterbefragung

Die gesundheitsorientierte Mitarbeiterbefragung kann sich direkt auf Erschöpfungszustände, die von den Mitarbeitern selbst wahrgenommen werden, beziehen. Dies ist selbstverständlich nur bei strikter Anonymisierung denkbar. Zusätzlich können Maßnahmen beurteilt werden, die bisher unternommen werden, um Burnout vorzubeugen und die Belastung der Mitarbeiter zu verringern. Dabei sollte unterschieden werden zwischen Belastungen durch äußere Bedingungen und psychischen Belastungen, die der Einzelne individuell wahrnimmt. Zudem sollten sowohl soziale Belastungen im Team thematisiert und hinterfragt werden als auch die Ressourcen, die dem Mitarbeiter zur Verfügung stehen. Insgesamt sollte die gesundheitsorientierte Mitarbeiterbefragung nicht vorrangig defizitorientiert sein, sondern vielmehr ressourcen- und zielorientiert. Zu den weiteren Bereichen der Befragung zählen die Mitarbeiterzufriedenheit im Arbeitsalltag und Verbesserungswünsche hinsichtlich der Arbeitsorganisation.

Vertiefend kann eine gesundheitsorientierte Mitarbeiterbefragung zum Thema Burnout und Burnoutprävention auch gegliedert werden in körperliche Symptome wie

- Rückenbeschwerden,
- Müdigkeit, Erschöpfung,
- häufige Erkältungen,
- Nervosität, Angespanntheit, Unruhe,
- leichte Reizbarkeit,
- Schlafstörungen,
- Verspannungen bzw. Verkrampfungen.

Diese Beschwerden können in der Unterteilung „häufig", „manchmal" und „selten bis nie" abgefragt werden. Zusätzlich kann erfragt werden, ob der betroffene Mitarbeiter diese Beschwerden in Zusammenhang mit seiner Tätigkeit bringt. Dabei kann ihm die Möglichkeit gegeben werden, im Multiple-Choice-Verfahren mit „ja", „zum Teil" und „nein" zu antworten.

Nach Verbesserungswünschen kann offen gefragt werden, z. B. indem der Mitarbeiter selbst in Leerzeilen Vorschläge einträgt, oder man gibt in der Befragung bestimmte Angebote an, zu denen man wissen möchte, ob von Seiten des Mitarbeiters Interesse besteht. Dies könnten zum Beispiel

- Bewegungspausen mit Übungen am Arbeitsplatz,
- Entspannungskurse,
- Stress-Management-Seminare,
- Zeit- und Selbstmanagement und
- Teamworkshops

sein. Die gesundheitsorientierten Mitarbeiterbefragungen mit der Zielrichtung, massiver, dauerhafter Erschöpfung vorzubeugen, haben den Vorteil, dass man meist repräsentativ Aussagen zu dem subjektiven Erschöpfungsempfinden und dem Gesundheitszustand der Befragten erhält. Wichtig ist es, nach dieser Befragung auch Maßnahmen folgen zu lassen. Ansonsten muss man damit rechnen, dass die nächste Befragung hinsichtlich der Umsetzungskonsequenzen nicht mehr ernst genommen wird.

3.5.2 Die Krankenstandsanalyse

Die **Krankenstandsanalyse** ist ein Klassiker im Bereich des betrieblichen Gesundheitsmanagements (BGM). Sie kann auch zum Thema Burnoutprävention genutzt werden. Dazu zieht man Vergleiche mit Zahlen einerseits aus der eigenen Organisation und andererseits Zahlen, die die Krankenkassen (zum Beispiel AOK) liefern können. Dies ist nicht spezifisch zum Thema Burnout möglich, lässt sich aber anhand von anderen Parametern ungefähr ablesen. Dabei muss man sich an die Klassifizierungen und die Auswertungen der Krankenkassen halten und ist somit innerhalb des Gesundheitssystems der Bundesrepublik Deutschland in Restriktion. Ein überbetrieblicher Vergleich ist dennoch interessant und alleine die Anzahl der Arbeitsunfähigkeitstage bringt oft interessante Erkenntnisse. Es sollte bei der Beurteilung von Gesundheit und Leistungsfähigkeit bzw. auch Burnout-Gefährdung in einer Organisation nie alleine auf Fehlzeiten abgestellt werden. Eine große Rolle spielt der bereits genannte Präsentismus. Dadurch können auch Burnout-gefährdete oder sogar Burnout-betroffene Mitarbeiter von der Krankenstatistik überhaupt nicht erfasst werden.

Deshalb sind alle Zahlen mit Vorsicht zu genießen und sowohl im überbetrieblichen Vergleich als auch in der Zeitreihenfolge zumindest zu würdigen. Interessant sind meistens die Vergleiche zwischen psychischen Erkrankungen, Krankheiten des Atmungssystems, Krankheiten des Kreislaufsystems und Krankheiten des Muskel-Skelett-Systems sowie der Vergleich zu Verletzungen, Vergiftungen und Folgen äußerer Ursachen, insbesondere wenn man über Zahlen in einer längeren Zeitreihenfolge verfügt. Interessant ist es auch, wenn man die durchschnittliche Erkrankungsdauer der wichtigsten Erkrankungsarten auswerten kann. Bei allen Rückschlüssen sollte man Vorsicht walten lassen: Diese Krankenstandsanalysen können nur bedingt für eine Burnoutprävention genutzt werden. Sie sind aber ein interessantes Instrument und eignen sich vor allem als kontinuierliches Controlling Instrument. Sie kosten das Unternehmen dabei nahezu nichts und können zur Vorbeugung deskriptiv beitragen.

3.5.3 Arbeitssituationsanalyse

Ein weiteres Instrument, das Führungskräfte nutzen können, um Burnout in ihrem Verantwortungsbereich vorzubeugen und Gesundheitsförderung und Gesundheitserhalt zu betreiben, ist die Arbeitssituationsanalyse. Dazu sollten die Mitarbeiter ca. zwei Wochen vor dem entsprechenden Workshop informiert werden. Bei der Durchführung des Workshops stellen sich unter anderem folgende Fragen: Welche Veränderungen sind im Verantwortungsbereich wichtig, um eine dauerhafte Überlastung und eine massive, dauerhafte Erschöpfung von Mitarbeitern vorzubeugen? In welchen Bereichen sollte eine Verbesserung vorgenommen werden (Arbeitsorganisation, Führungsverhalten, Zusammenarbeit)? Nach der konkreten Benennung der Verbesserungsvorschläge sollten die Lösungsoptionen im Team konkretisiert werden. Bei der gesamten Moderation ist es sinnvoll, nicht vor allem defizitorientiert vorzugehen, sondern bedürfnisorientiert. Das heißt: Im Mittelpunkt sollten die Wünsche und Bedürfnisse der Mitarbeiter stehen und auch priorisiert werden. Zusätzlich macht es Sinn, dass die Mitarbeiter noch einmal reflektieren, was bisher im Verantwortungsbereich im Sinne von Gesundheitsförderung und Burnoutprävention bereits gut läuft. Der Workshop sollte auch nicht zu einer Art Meckerveranstaltung oder Reklamationsworkshop werden, sondern die Mitarbeiter sind aufgefordert, kreativ und konstruktiv Vorschläge zu machen und diese dann in die Umsetzung zu bringen.

Dieser **Workshop kann direkt von der Führungskraft durchgeführt werden oder auch durch einen externen Moderator**. Für beide Varianten gibt es Vor- und Nachteile. Der externe Moderator erreicht möglicherweise mehr Offenheit bei den Mitarbeitern und ist somit erfolgreicher in der Sammlung von Verbesserungsvorschlägen. Die Führungskraft als Moderator hat den Vorteil, dass sie ihren Verantwortungsbereich kennt und von Anfang an gemeinsam mit den Mitarbeitern an Verbesserungsmaßnahmen arbeiten kann.

In der Folge sollten diese Vorschläge nach Wichtigkeit priorisiert und in eine Zeitschiene eingearbeitet werden. Zudem sollte zu jedem Vorschlag, der nach Ansicht der Mitarbeiter weiter verfolgt werden sollte, ein Ansprechpartner genannt werden, der sich um dieses Thema kümmert, sowie der Kooperationspartner, der einbezogen werden soll. Als Beispiel: Die Mitarbeiter beschließen, dass ein Ruheraum eingerichtet werden soll, da in den Großraumbüros keine Pausen in Ruhe stattfinden können. Deshalb wird ein Teamleiter beauftragt, mit dieser Forderung zum Betriebsrat und zum Personalbereich zu gehen. Zudem kann eine Gliederung der verbesserungswürdigen Punkte nach Zuständigkeitsbereich sinnvoll sein. Manche Verbesserungsmaßnahmen können direkt durch die einzelnen Mitarbeiter getätigt werden, manche Maßnahmen nur durch die Geschäftsführung und andere Maßnahmen wiederum im eigenen Verantwortungsbereich durch die Führungskraft. So können die Maßnahmen bestimmten Ansprechpartnern zugeordnet werden.

Der Vorteil einer Arbeitssituationsanalyse besteht darin, dass sie mit relativ wenig Aufwand effektive Ergebnisse aus der Mitarbeiterschaft direkt ergeben kann. Die Ergebnisse liegen unmittelbar vor und müssen nicht aufwendig ausgewertet werden. Ein Schwachpunkt der Arbeitssituationsanalyse kann die geringere Anonymität sein (im Vergleich zu einer anonymen Mitarbeiterbefragung). Auch die thematische Erfassung kann einen Engpass darstellen, wenn der Moderator den Workshop zu sehr themenbezogen eingrenzt.

3.5.4 Motivationsanalyse

Ein Instrument, das für Führungskräfte genutzt werden kann, um sie bei der Burnoutprävention in ihrem Verantwortungsbereich zu unterstützen, ist die **Motivationsanalyse**. Die Motivationsanalyse geht unter anderem folgenden Fragen nach:

- Was ist der/dem einzelnen Führungskraft bzw. Mitarbeiter wirklich wichtig?
- Welche Motive treiben sie an?
- Stimmen Selbstbild und Fremdbild überein?
- Passt der gewünschte Führungsstil zur Person? Welcher Führungstyp ist die jeweilige Führungskraft?
- Wie kann die Führungskraft ihre Mitarbeiter besser motivieren und führen?

Der Sinn von Motivanalysen bzw. Motivationsanalysen liegt darin, dass die intrinsische Motivation von Mitarbeitern und Führungskräften wesentlich stärker wirkt als Impulse von außen. Deshalb ist es insbesondere für Führungskräfte wichtig, ihre persönlichen Motive zu reflektieren und ihr Führungsverhalten entsprechend zu reflektieren und bewusst zu gestalten, um zum Beispiel den Anforderungen von situativem Führen gerecht zu werden. Wichtige Motive im Zusammenhang mit dem Thema Burnout sind zum Beispiel soziale Anerkennung in einem ausgeprägt hohen Ausmaß, hohes Sicherheitsbedürfnis in einem Arbeitskontext, der wenig Sicherheit bieten kann, oder hohes Kontrollbedürfnis in einem Arbeitskontext, in dem der Betroffene selbst diese Kontrolle nicht herstellen kann.

3.5.5 Gesundheitszirkel

Gesundheitszirkel sind Gruppen, die auf Basis des Erfahrungswissens der beteiligten Beschäftigten und dem Fachwissen von Experten Aktivitäten zur Förderung der Gesundheit im Unternehmen ausarbeiten. Gesundheitszirkel bieten den Vorteil, dass über Mängelbeschreibungen oder eine gewisse Ursachenforschung hinaus auch Lösungsvorschläge entwickelt werden.

Im Verantwortungsbereich kann die Führungskraft einige Mitarbeiter auswählen (auch in einem großen Verantwortungsbereich bitte niemals mehr als maximal zehn Mitarbeiter), die zum Thema Burnoutprävention unter moderierter Anleitung in mehreren Treffen unter anderem folgende Fragen bearbeiten:

- Welche gesundheitlichen Belastungen, Herausforderungen und Überforderungen gibt es an den Arbeitsplätzen im Bereich?
- Wie können dauerhafte Belastungen und Überlastungen von Mitarbeitern verhindert oder reduziert werden?
- Wie können Mitarbeiter davor bewahrt werden, dass sie dauerhaft, massiv erschöpft werden?
- Welche Maßnahmen können im Bereich eingeleitet und umgesetzt werden, um effektiv und nachhaltig Burnout vorzubeugen?

Dies ist nur ein Vorschlag, selbstverständlich kann jede Führungskraft aus diesem wie auch den weiteren Analyseinstrumenten, die vorgestellt wurden, ihre eigenen Vorgehensweisen ableiten. Beim Gesundheitszirkel liegt der Vorteil auf der Hand, dass die Mitarbeiter stark in die Selbstverantwortung genommen werden und ihr eigenes Expertenwissen als Mitarbeiter maximal nutzen können. Die Akzeptanz der Vorschläge, die in solch einem Gesundheitszirkel erarbeitet werden, ist gewöhnlich entsprechend hoch. Es besteht die Gefahr, dass bei ungünstiger Zusammensetzung des Teilnehmerkreises ein langwieriger Prozess entsteht, in dem das Thema möglicherweise verwässert wird und keine konkreten Ergebnisse am Schluss abgeliefert werden. Deshalb ist es wichtig, einen erfahrenen und ergebnisorientierten Moderator, dem der Wert Gesundheit und Burnout Vorbeugung auch wichtig ist, zu benennen.

3.5.6 Die Gefährdungsbeurteilung

Das Arbeitsschutzgesetz (ArbSchG) verlangt im § 2 von allen Arbeitgebern Maßnahmen zur menschengerechten Arbeitsgestaltung. Hierunter fallen natürlich auch alle Maßnahmen zum Thema der psychischen Gesundheit. Als ein zentrales Instrument wird im **§ 5 des Arbeitsschutzgesetzes** eine **Gefährdungsbeurteilung vorgeschrieben**, die dem Erkennen und Verringern von physischen und psychischen Belastungen am Arbeitsplatz dienen soll. Die für die Mitarbeiter mit ihrer Tätigkeit verbundenen Gefährdungen müssen erhoben, beurteilt und es muss ermittelt werden, welche Arbeitsschutzmaßnahmen hinsichtlich der psychischen Gefährdung erforderlich sind.

Unter **„psychischer Belastung"** versteht man gemäß der DIN EN ISO 10075-1 „Die Gesamtheit aller erfassbaren Einflüsse, die von außen auf den Menschen zukommen und psychisch auf ihn einwirken." So wird in der Gefährdungsbeurteilung als Gefährdung jede Möglichkeit eines Schadens oder einer gesundheitlichen Beeinträchtigung betrachtet, die ohne bestimmte Anforderungen an das Ausmaß oder die Wahrscheinlichkeit besteht. Der Gesetzgeber verlangt von den Unternehmen, dass sie psychische Belastungen und deren Gefährdungen gleichwertig zu anderen Gefährdungen bewerten (zum Beispiel chemische, biologische, physikalische Gefährdungen).

Zusätzlich gibt es bei der Beurteilung der Arbeitsbedingungen an Bildschirmarbeitsplätzen Sicherheits- und Gesundheitsbedingungen zu berücksichtigen, die eine psychische Belastung darstellen könnten und die gemäß dem § 3 der Bildschirmarbeitsverordnung (BildschArbV) zu beurteilen sind.

Maßnahmen zur Prävention und zur Gesundheitsförderung werden gemäß § 20 des Sozialgesetzbuches V von den Krankenkassen mitfinanziert, denn die Krankenkassen müssen Leistungen zur Gesundheitsförderung in Betrieben erbringen. Auf dieser Basis nutzen viele Unternehmen und andere Organisationen die Krankenkassen, um von deren Angeboten zur Prävention von Burnout und zur Gesundheitsförderung zu profitieren.

Im Bereich von Burnoutprävention für Führungskräfte und im Hinblick auf gesundheitsförderliche Führung bedürfen die bisherigen Angebote der Krankenkassen weiterer Optimierung, da sie oft noch zu praxisfremd angelegt sind. Eine ganze Reihe von Maßnahmen, die von verschiedenen Krankenkassen angeboten werden, zum Beispiel zum Thema Stressmanagement, sind jedoch durchaus hilfreich und können Führungskräften helfen, für sich selbst und für ihre Mitarbeiter bessere Burnoutprävention zu betreiben. In den meisten Fällen werden jedoch diese Angebote in Unternehmen oder anderen Organisationen zu wenig systematisch und nachhaltig betrieben, sodass leider in vielen Fällen keine nachhaltige Wirksamkeit dieser Maßnahmen festgestellt werden kann.

Gemäß einer Forsa-Umfrage im Auftrag der IG Metall aus dem Jahre 2013 wünschen sich 88 % aller Befragten von den Unternehmen mehr Schutz vor Leistungsdruck und Stress am Arbeitsplatz.[75] 69 % der 1000 befragten Berufstätigen ist sogar der Meinung, dass die Politik eingreifen sollte. Während der Hauptgeschäftsführer des Arbeitgeberverbandes Gesamtmetall, Oliver Zander, darauf hinweist, dass Auslöser für psychische Belastungen häufig private Probleme sind, versucht das Gesundheitsministerium mit einem neuen Gesetzesentwurf die Förderung der Prävention und gesundheitsbewusstes Verhalten zu unterstützen. Die betriebliche Gesundheitsförderung im Allgemeinen soll gefördert werden.[76]

Im „Corporate Health Jahrbuch" wurden 283 Unternehmen befragt. Mehr als 70 % bieten demgemäß Beratung zu Stressmanagement oder Entspannungskurse an. Dabei sind auch alle vermittelten Angebote von Krankenkassen, zum Beispiel für autogenes Training, progressive Muskelentspannung etc., eingeschlossen. Ein großes Manko ist der Mangel an Gefährdungsbeurteilungen für psychische Belastungen am Arbeitsplatz. Gemäß „Corporate Health Jahrbuch" **führen erst 55 % der befragten Unternehmen eine solche Gefährdungsbeurteilung durch**.[77] Im Unterschied zu anderen Instrumenten ist die Gefährdungsbeurteilung für alle Arbeitgeber gesetzlich vorgeschrieben.

Vorgehensweise bei der Gefährdungsbeurteilung

Nach der GDA-Leitlinie (GDA= Gemeinsame Deutsche Arbeitsschutzstrategie) „Beratung und Überwachung bei psychischer Belastung am Arbeitsplatz" (siehe unten) sind vor allem folgende Bereiche zu berücksichtigen:

1. Arbeitsinhalt/Arbeitsaufgabe
2. Arbeitsorganisation
3. Soziale Beziehungen
4. Arbeitsumgebung
5. Neue Arbeitsformen

---

[75] Krank gearbeitet, Artikel in der Tageszeitung Main-Echo, 24. April 2013, Seite 7.

[76] Ebda.

[77] Ebda.

Die **Vorgehensweise** bei der **Gefährdungsbeurteilung** zu psychischen Belastungen erfolgt in folgenden Schritten.

1. Festlegen von den zu untersuchenden Arbeitsbereichen und Tätigkeiten.
2. Ermitteln der Gefährdungen durch psychische Belastungen.
3. Beurteilung der Gefährdungen durch die psychischen Belastungen.
4. Festlegen konkreter Arbeits- und Gesundheitsschutzmaßnahmen.
5. Durchführung dieser Maßnahmen.
6. Überprüfung der Wirksamkeit der Maßnahmen (Evaluation).
7. Erneute Maßnahmenplanung und Verbesserung der Wirksamkeit der Maßnahmen zur Veränderung der Arbeitsbedingungen.

Wie weiter oben beschrieben gibt es für die Erhebung von psychischen Belastungen verschiedene Möglichkeiten, wie Mitarbeiterbefragungen, Fragebögen, moderierte Gruppenveranstaltungen, Beobachtungen und andere Formen. Das oberste **Ziel** der Gefährdungsbeurteilung ist es, die Arbeitsbedingungen und insbesondere die Arbeitsorganisation mitarbeitergerecht zu gestalten, sodass **Verhältnisprävention zu Burnoutprävention und einer Verminderung von psychischen Belastungen** führt (vergleiche § 4 im Arbeitsschutzgesetz).[78]

ARBEITSHILFE ONLINE

Vertiefende Inhalte

Wer eine Gefährdungsbeurteilung gemäß der maßgeblichen GDA-Leitlinie durchführen möchte, kann sich an den Checklisten „Merkmalsbereiche und Inhalte der Gefährdungsbeurteilung" und „Prozessqualität der Gefährdungsbeurteilung" orientieren, die Sie auf Arbeitshilfe Online finden.

3.6 Burnoutprävention als Organisationsentwicklungsmaßnahme

Eine umfassende, nachhaltig wirksame **Organisationsentwicklung** mit intensiver **Einbeziehung** von **Mitarbeitern und** den eigenen **Führungskräften** bzw. dem **Top-Management** bietet die Chance auf eine erfolgreiche Burnoutprävention, die auf den verschiedenen Handlungsebenen abgesichert ist.

---

[78] Berufsverband Deutscher Psychologinnen und Psychologen, 2013, Gefährdungsbeurteilung, Psychische Belastung bei der Arbeit, Seite 2-4.

3.6.1 Mit den Mitarbeitern Burnout vorbeugen und Salutogenese entwickeln

Um als Führungskraft erfolgreich im eigenen Verantwortungsbereich Gesundheit und Leistungsfähigkeit zu entwickeln und damit aktive Burnout Vorbeugung zu betreiben, ist es **wichtig die Mitarbeiter für diese Entwicklung zu gewinnen** und eine nachhaltige Personal- und Organisationsentwicklung im eigenen Verantwortungsbereich zu betreiben. Es reicht nicht, ein paar Seminare abzuhalten oder Wissenstransfer auf andere Art und Weise zu leisten. Vielmehr ist es für eine dauerhafte und nachhaltige Veränderung hin zu einem gesundheitsförderlichen Zusammenarbeiten notwendig, dass die Mitarbeiter in dieser Personal- und Organisationsentwicklungsmaßnahme aktiv eingebunden werden. Gemäß dem Wettbewerb „Deutschlands beste Arbeitgeber" (durch das Institut „Great Place to Work") kann die Führungskraft ihre Entwicklungsmaßnahme auf **drei Beziehungen fokussieren**:

- die Beziehung zwischen Mitarbeitern und den Führungskräften,
- die Beziehung zwischen Mitarbeitern und ihrer Arbeitstätigkeit, sowie zwischen Mitarbeitern und dem Unternehmen,
- die Beziehung zwischen Mitarbeitern untereinander.

Da grundsätzlich von jedem Mitarbeiter am Erhalt bzw. der Verbesserung der persönlichen Gesundheit Interesse besteht, kann die Führungskraft von Anfang an auf eine gewisse Bereitschaft der Mitarbeiter zur Entwicklung von gesundheitsförderlicher Zusammenarbeit im Verantwortungsbereich hoffen. Um ein solches Projekt im eigenen Verantwortungsbereich erfolgreich zu gestalten, ist es wichtig, von Anfang an das Thema so zu öffnen, dass sowohl über persönliche Anliegen als auch Anliegen auf der Ebene des Teams bzw. der Abteilung als auch über Rahmenbedingungen in der Organisation gesprochen werden kann. Eine Restriktion auf lediglich persönliche Themen oder lediglich teambezogene Gesundheitsthemen macht keinen Sinn, da gesundheitsbezogene Prozesse immer interdependent verlaufen. Das bedeutet: Die Rahmenbedingungen in der Organisation haben Einfluss auf die Zusammenarbeit im Team und die Zusammenarbeit im Team hat Einfluss auf die persönliche Befindlichkeit.

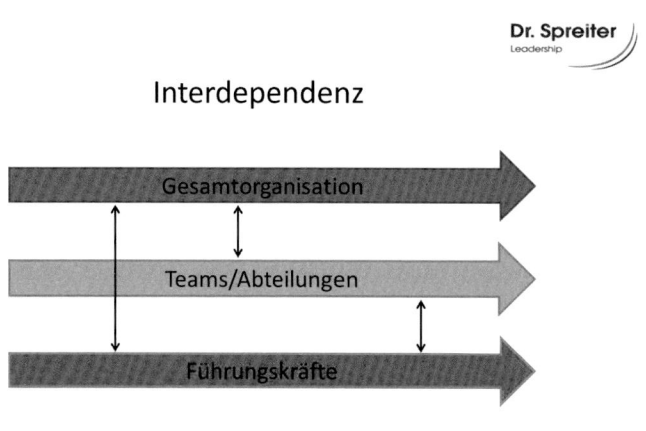

Abb. 3.6: Interdependenzen zwischen Unternehmensebene, Teamebene und persönlicher Ebene

Insgesamt geht es darum, das Thema Gesundheit als **Thema der Zusammenarbeit** zu befördern. Dies kann geschehen in den Gesprächen von der Führungskraft zu den Mitarbeitern (zum Beispiel klassisches Mitarbeitergespräch, Personalentwicklungsgespräch, Zielvereinbarungsgespräch etc.), aber ebenso in den Gesprächen der Mitarbeiter untereinander. Dazu ist ein besonders hilfreiches Instrument die kollegiale Beratung untereinander. Dies bedeutet, dass Mitarbeiter oder auch Führungskräfte auf gleicher Hierarchieebene sich gegenseitig zu gesundheitlichen Anliegen beraten. Dazu empfiehlt sich folgende Vorgehensweise.

3.6.1.1 Vertrauen und Offenheit

Mitarbeiter sind gewöhnlich für gesundheitliche Themen offen. Sie verfolgen das Thema aber auch mit einer gewissen Vorsicht, wenn es um ihre persönliche Gesundheit und ihren Arbeitsplatz und damit auch um ihre Arbeitsplatzsicherheit geht. Denn jeder Mitarbeiter ist sich der Gefahr bewusst, dass, wenn er vertrauensvoll gesundheitliche Probleme in der Organisation mitteilt, bei ihm Schwächen festgestellt werden und die Leistungsfähigkeit in der Außenwahrnehmung gemindert wird. Damit sind oft Ängste um den eigenen Arbeitsplatz verbunden. Deshalb ist es wichtig, von Anfang an eine vertrauensvolle Atmosphäre zu schaffen, in der kein Mitarbeiter dazu genötigt oder auf andere Art und Weise dazu gezwungen wird, über gesundheitliche Befindlichkeiten zu berichten, die ihn in einen inneren Konflikt bringen. Vielmehr wird in einer vertrauensvollen Zusammenarbeit innerhalb eines Teams der Einzelne sich öffnen und entsprechend seiner persönlichen

Interessen auch über gesundheitliche Themen berichten, wenn ein Vertrauensverhältnis innerhalb des Teams besteht und ein gegenseitiges Sich-Öffnen zum Thema gesundheitliche Befindlichkeit möglich ist. Diese Bildung von Vertrauen und das damit verbundene Öffnen für persönliche Mitteilungen zum Thema Gesundheit durch die Mitarbeiter kann von der Führungskraft nicht erzwungen werden. Der Chef kann lediglich eine schützende und wohlwollende Funktion übernehmen, die dann mit der Zeit zu der gewünschten Vertrauensbasis und Mitteilungsbereitschaft führt.

Tabuthema Psychische Krisen

Im Zuge der Organisationsentwicklung im Verantwortungsbereich sollte das Thema **psychische Krisen, Burnout, Umgang mit persönlichen Schwächen enttabuisiert** werden. Viele verschärfende Einflüsse in einem Burnout-Entwicklungsprozess fußen darauf, dass über persönliche Schwächen und Anzeichen eigener Schwäche nicht offen geredet werden kann. Selbst die Betroffenen selbst wollen sich eigene Schwächen und Anzeichen von Burnout nicht eingestehen. Dadurch werden Entwicklungen der massiven, dauerhaften Erschöpfung intensiviert. Deshalb ist es wichtig, im Rahmen einer Gesundheitsentwicklung und Burnoutprävention einerseits **mehr Wissen** und andererseits eine **offene Haltung** zu dem Thema psychische Belastung, psychische Risiken und psychische Schwächen **im Team** zu schaffen.

In Schweden schulen zum Beispiel einige Unternehmen Führungskräfte im Umgang mit dem Thema psychische Krisen, sie gewähren bezahlte Sabbat-Phasen und helfen den Mitarbeitern bei der Wiedereingliederung, wenn sie eine stationäre Psychotherapie besucht haben. Je geringer das Tabu im Umgang mit psychischen Belastungen, psychischer Erschöpfung und psychischen Erkrankungen insgesamt ist, desto leichter können Lösungen gefunden werden. Und umso leichter können Mitarbeiter **darüber reden und den gefühlten Druck reduzieren**.

3.6.1.2 Mitarbeiterpartizipation in der Praxis

Die Führungskraft sollte wirkliches, ernsthaftes Interesse an diesem Thema haben, denn ansonsten wird eine nachhaltige positive Entwicklung im Verantwortungsbereich kaum möglich sein. Die **Führungskraft als Energieträger** für die Umsetzung von gesundheitsorientierter Führung alleine reicht jedoch nicht aus. Wichtig ist die Partizipation der Mitarbeiter. Dazu macht es Sinn, von Führungsseite eine klare Interessens- und Willensbekundung in die Mannschaft zu geben, dann aber auch sogleich mit der Partizipationsarbeit zu beginnen. Konkret kann dies heißen:

Die **Führungskraft lädt die Mitarbeiter** zu einem entsprechenden **Kick-Off** ein und macht deutlich, warum ihr das Thema gesundheitsorientierte Führung am Herzen liegt, welche Bedeutung es für sie als Führungskraft hat und welchen Nutzen und Sinn die Führungskraft darin für ihre Mitarbeiter sieht. Nachdem der Chef das Ziel gesetzt hat, können nun in Workshop-Form die Mitarbeiter bzw. seine Teamleiter damit beginnen, das Ziel zu konkretisieren im Sinne von „Was bedeutet das konkret für unseren Alltag?" oder „Woran würden wir das bemerken, dass wir unserem Ziel immer näher kommen?" Danach sollten die Mitarbeiter ausarbeiten, wie sie sich den Weg zu diesem Ziel vorstellen, also, welche Maßnahmen geeignet sind, um in einem gemeinsamen Prozess dieses Ziel von Kooperation zur Förderung der Gesundheit und Leistungsfähigkeit und der Burnoutprävention zu gestalten. Vor der Erarbeitung der operativen Zielsetzung macht es Sinn, eine gemeinsame Vision mit den Mitarbeitern zu entwickeln oder eine Vision mehr oder weniger vorzugeben. Eine solche Vision kann zum Beispiel sein: „Schon morgens auf der Fahrt zur Arbeitsstätte freue ich mich darauf, in diesem Team zu arbeiten. Wir haben große Herausforderungen und auch immer wieder Konflikte im Team. Aber wir haben das bisher immer so gelöst, dass es viel Spaß macht, in diesem Team zu arbeiten, und dass ich mich immer wieder wundere, welche neuen Herausforderungen wir erfolgreich bewältigen. Wenn ich an das Team denke, werde ich optimistisch, ich bekomme Kraft und ich freue mich darauf, immer wieder neue Aufgabenstellungen mit dem gesamten Team lösen zu können."

Ziel sollte es für die **Führungskraft** sein, **nicht der alleinige Antreiber** für einen gesundheitsförderlichen Prozess in seinem Verantwortungsbereich zu sein, sondern seine **Mitarbeiter wirklich** zu gewinnen. Schafft er es, das **originäre Interesse der Mitarbeiter an Gesundheit und Wohlbefinden in der Zusammenarbeit** anzusprechen, dann ist ein erfolgreicher Prozess für das gesamte Team möglich, der viele Perspektiven für das gemeinsame Interesse und das gemeinsame Handeln an der kontinuierlichen Optimierung von Arbeitsprozessen und Arbeitsumgebung eröffnet.[79]

Das ernsthafte Interesse an der Gesundheit und einem Wohlfühlen seiner Mitarbeiter in der gemeinsamen Kooperation sollte Voraussetzung sein. Auf dieser Basis kann die Führungskraft ihre Mitarbeiter gewinnen und aus Betroffenen Aktivisten machen. In der Studie „Was ist gute Arbeit?" wird deutlich, dass Mitarbeiter ihre Führungskräfte nicht nur als Organisatoren und Auftraggeber erleben möchten, sondern vielmehr als „Menschen auf der Beziehungsebene".[80]

---

[79] REWE Group Gesundheitsmanagement 2013, S. 9.

[80] INITIATIVE NEUE QUALITÄT der Arbeit, 2008, Was ist gute Arbeit? Online-Dokument, Zugriffsdatum: 10.06.2011, Verfügbar unter: www.inqa.de

ARBEITSHILFE
ONLINE

Vertiefende Inhalte

Auf Arbeitshilfen Online finden Sie den Link zur Website der Initiative Neue Qualität der Arbeit.

www.inqa.de

3.6.1.3 Einbeziehung und Förderung der Wissens- und Handlungskompetenzen der Mitarbeiter

Wer als Führungskraft die **Wissens- und Handlungskompetenzen der Mitarbeiter** gezielt **fördern** möchte, kann mit der Abteilung für Personalentwicklung ein Konzept entwickeln, das unter anderem folgendes beinhalten kann:

- Grundlagenwissen über Stressreaktionen des Körpers,
- Grundlagen der Hirnforschung und salutogener körperlicher Prozesse,
- Wissen über gesundheitsförderliche Faktoren in der Zusammenarbeit,
- Konfliktmanagement,
- Resilienz,
- Achtsamkeit und
- wissenschaftliche Grundlagen von gesundheitsförderlicher Selbstfürsorge.

Diese **wissensbasierten Kompetenzfördermaßnahmen** sollten verständlich, praxisnah und umsetzungsorientiert erfolgen. Entsprechend bieten sich eher zwei bis vier Stundeneinheiten als ein dreitägiges Seminar an. Entscheidend für die erfolgreiche Umsetzung von gesundheitsförderlicher Zusammenarbeit wird vor allem die Erweiterung der Handlungskompetenz sein. Dazu sollten Workshops mit erfahrenen Begleitern durchgeführt werden, die in praxisnahen Übungen und entsprechenden Fallbeispielen den Mitarbeiten effektive Unterstützung für die gesundheitsförderliche Umsetzung im Berufsalltag bieten können. Neben Workshops und Seminaren können auch Einzelcoachings und andere unterstützenden Interventionen (wie Konfliktmediationen und kollegiale Beratung) genutzt werden.

Ein gutes Anzeichen ist es, wenn mit der Zeit eine lernende, **sich selbst organisierende Einheit** entsteht, die im Verantwortungsbereich der Führungskraft mit **Eigeninitiative und selbstgesteuerten Prozessen** das Thema voranbringt. Dazu ist es hilfreich, wenn die Führungskraft das Thema **gesundheitsförderliche Zusammenarbeit in keinem Zusammenhang ausschließt** — auch nicht, wenn es um die Führungskräftebeurteilung hinsichtlich Gesundheitsförderung geht oder wenn es in einem wichtigen Meeting und unter Zeitdruck neben der Ergebniserreichung auch um das Thema Gesundheitsauswirkungen gehen soll. Die Maßnahmen, die von den Mitarbeitern entwickelt werden und denen von der Führungskraft zugestimmt wird, sollten auch geschützt werden.

Dies bedeutet konkret im Alltag: Wenn Mitarbeiter sich für eine gesundheitsgerechte **Pause** eingesetzt haben und die Führungskraft dem zugestimmt hat (zum Beispiel, dass jeder Mitarbeiter mittags mindestens 30 Minuten eine tatsächliche Pausenzeit einhält), sollte die Führungskraft dies nicht konterkarieren, indem sie in einer solchen Mittagspause den Mitarbeiter dazu auffordert, eine wichtige Aufgabe sofort zu erledigen und an diesem Tag keine Mittagspause zu machen. Die Auswirkungen sind ansonsten meist demotivierend für die Mitarbeiter. Vielmehr ist es hilfreich, wenn die Führungskraft selbst auch auf eine vorbildliche Durchführung der getroffenen Vereinbarungen setzt und dies auch bei Mitarbeitern fordert. So bedeutet das für den Fall der Pausenregel, dass die Führungskraft selbst dieser Regel folgt und mindestens 30 Minuten sich nur auf Mittagessen, einen kleinen Spaziergang oder eine andere nährende oder entspannende Tätigkeit konzentriert und keinerlei Telefonate, Emails oder anderes annimmt. Der Verweis auf die 30-minütige Mittagspause muss innerhalb des Teams von allen geachtet und respektiert werden. Ansonsten wird eine konsequente Umsetzung der Verhaltensregeln zur Förderung von Gesundheit und Vorbeugung von Burnout wenig erfolgsversprechend sein. Beobachtet der Chef einen Mitarbeiter, der mittags durcharbeitet und sich, während er am Computer arbeitet, ein Sandwich zuführt, dann sollte er ihn an die Regel erinnern und darum bitten, diese einzuhalten. Möglicherweise macht es auch Sinn, den Mitarbeiter direkt auf den Konflikt anzusprechen und mit ihm eine alternative Lösung zu entwickeln, die es ihm möglich macht, trotz viel Arbeit und Zeitdruck eine 30-minütige Mittagspause einzuhalten.

Diese konsequente Einhaltung von Verhaltensregeln, die sich das Team selbst gegeben hat, ist besonders wichtig in Organisationen, die bisher konträr organisiert waren. Im Falle der Mittagspause wäre dies, dass Mitarbeiter tagtäglich keine Mittagspausen im eigentlichen Sinne gemacht haben, sondern Mittagspause immer bedeutete, dass man im Büro weiterarbeitete und sich nebenbei auch mal privat unterhielt oder etwas zum Mittagessen zu sich nahm. In diesen Fällen kann es hilfreich sein, eine stufenweise Lösung zu vereinbaren, da die Betroffenen eine so starke Umstellung auf ein anderes Pausenverhalten in einem Schritt nicht realistisch vollziehen können.

Ein **externer Moderator ist empfehlenswert**, wenn

- Sie zum ersten Mal einen Veränderungsprozess beginnen,
- Sie mehr als zehn Teilnehmer in einer Gruppe haben,

- intensive Spannungen im Team vorherrschen und ein Moderator durch vorgeschaltete Interviews strukturiert die Situation analysieren kann,
- wenn die Führungskraft selbst nicht teilnimmt, sondern erst zum Schluss, um die Resultate präsentiert zu bekommen, die die Mitarbeiter ohne Einfluss der Führungskraft erarbeitet haben,
- bei unerfahrenen oder neu zusammengestellten Teams,
- im Team Zweifel daran bestehen, dass man untereinander im guten Willen und verständnisvoll miteinander eine Lösung findet und den Bedarf an externer Moderationsunterstützung sieht.

3.6.1.4 Gemeinsam mit den Mitarbeitern Beziehungen fokussieren

Wie auch in anderen Veränderungsprozessen ist es bei der Gesundheitsentwicklung im eigenen Verantwortungsbereich von grundlegendem Nutzen, über eine gute **Diagnose** zu verfügen. Diese Diagnose kann **gemeinsam mit den Mitarbeitern** erfolgen. Anonyme Mitarbeiterbefragungen sind eine Möglichkeit. Wenn die Mitarbeiter jedoch schon mindestens einmal negative Erfahrungen mit Mitarbeiterbefragungen gemacht haben, da zum Beispiel in ungenügender Art und Weise daraus Maßnahmen abgeleitet wurden, ist diese Vorgehensweise zu hinterfragen. Unabhängig davon welche Vorgehensweise die Führungskraft anwendet, sollte man es als Chef immer ernst meinen mit der Befragung der Mitarbeiter, sich die Rückendeckung der eigenen Führungskraft holen und das ganze Anliegen als Daueraufgabenstellung verstehen.

In vielen Unternehmen werden Mitarbeiter als „wertvollstes Kapital" gepriesen, im täglichen Umgang mit Mitarbeitern, ihren Wünschen und Anliegen ist dies jedoch dann für Mitarbeiter nicht mehr nachvollziehbar. Insofern sollten Führungskräfte bei ihrer Organisationsentwicklung in Richtung Gesundheitsentwicklung und Burnoutprävention all die Instrumente und Institutionen beiseitelassen, die bisher bei den Mitarbeitern in Bezug auf Veränderungsprozesse ein deutlich negatives Image besitzen. So kann die Führungskraft deutlich machen, dass Gesundheitsentwicklung und Burnoutprävention im Verantwortungsbereich kein reines Lippenbekenntnis ist, sondern ein sehr ernst gemeintes Vorhaben, bei dem sich der Chef die massive Unterstützung der Mitarbeiter wünscht und diese auch, soweit möglich, berücksichtigt.

3.6.1.5 Das Team als Katalysator der Gesundheitsentwicklung

Um Gesundheit im eigenen Verantwortungsbereich zu fördern und Burnout vorzubeugen, empfiehlt sich eine Organisationsentwicklungsmaßnahme, die als Bestandteil nicht nur den Mitarbeiter, sondern auch **das gesamte Mitarbeiter-Team weiterentwickelt**. Zielsetzung kann dabei sein, dass nicht nur die Unterstützung durch die Führungskraft stressmindernd und somit Burnout-vorbeugend wirkt, sondern auch in einem **gut funktionierenden Team** die einzelnen **Mitarbeiter sich gegenseitig** derart **gut unterstützen**, dass sie das **Gefühl von Zugehörigkeit, Zusammenhalt und Gemeinschaft** empfinden. Mitarbeiter, die über ein starkes Zugehörigkeitsgefühl verfügen und die Erfahrung gemacht haben, dass sie in schwierigen Situationen Unterstützung durch ihre Kollegen und Führungskraft erfahren, tragen ihrerseits wiederum zu einem positiven Teamklima bei. Wer als Kollege zu gerne die Unterstützung von anderen in Anspruch nimmt und selbst verhältnismäßig wenig Unterstützung gibt, muss sich auch der Kritik im Team aussetzen können. Leistungsstarke, sich gegenseitig unterstützende Teams bearbeiten aktiv Konflikte und thematisieren solche Ungleichheiten, wenn sie wirklich relevant sind und Bedeutung für die Zielerreichung haben.

Bei der Burnoutprävention geht es nicht darum, Teams aufzubauen, die sich lediglich wohlfühlen, sondern eine gute Balance im Team zu schaffen zwischen Ergebnisorientierung und sozialer Unterstützung sowie Menschenorientierung. Diese Mischung hat den Vorteil, dass das Team einen Sinn hat für die Zusammenarbeit, nämlich die gemeinsame Zielerreichung, und zugleich das Team die menschlichen Bedürfnisse der einzelnen Mitarbeiter berücksichtigt. Nur diese Mischung von Bedürfnis- bzw. Menschenorientierung und Ziel- bzw. Ergebnisorientierung macht Teams sinnvoll und erfolgreich und kann ein hervorragendes Teamklima erzeugen, sodass die einzelnen Mitarbeiter sich wirklich auf ihre Arbeit freuen.

Wer als Führungskraft davon ausgeht, dass er als Chef nicht für das Teamklima zuständig ist, begeht einen Fehler. Die Teamentwicklung ist ebenso wie die individuelle Personalentwicklung eine zentrale Führungsaufgabe von Managern. So sollte die Führungskraft das Teamklima und die Teamentwicklung stets im Auge behalten und dafür Sorge tragen, dass eine Teamentwicklung im gewünschten Sinne geschieht. Denn Teams entwickeln sich immer, die Frage für die Führungskraft lautet aber, wohin und wie entwickelt sich mein Team?

Insbesondere in Situationen der Veränderung, zum Beispiel, wenn mehrere neue Mitarbeiter ins Team kommen, macht eine gesonderte Teamentwicklungsmaßnahme Sinn. In diesen Maßnahmen, die am besten außerhalb des Firmengeländes und über mindestens zwei Tage mit einer gemeinsamen Übernachtung in einem Hotel stattfinden, können der Zusammenhalt und konkrete Änderungen in der Zusammenarbeit gut bearbeitet werden. Aber auch in der täglichen Führungsarbeit kann der Manager viel dafür tun, dass das Team als Ganzes unterstützt und gestärkt wird. Ganz im Gegensatz zu dem Leitspruch „Teile und herrsche" kann die Führungskraft folgendes tun:

- Gemeinsame Aktivitäten auch außerhalb des Unternehmens bzw. der Organisation anbieten bzw. fördern.
- Ansprechpartner sein für Problemlagen, die sich im Team ergeben.
- Aktiv in Konflikte eingreifen, die von Mitarbeitern nicht einfach so gelöst werden können.
- Konfliktregeln im Team festlegen.
- Die gegenseitige Unterstützung im Team nicht nur fordern, sondern auch konkret fördern und positives Feedback dazu geben.
- Mitarbeiter für Teamarbeit qualifizieren und sie dabei unterstützen, die Mitarbeiter in wichtige Entscheidungen und Planungen einbeziehen und bestimmte Themen, die dafür geeignet sind, vom Team entscheiden lassen.
- Teambesprechungen nicht langweilig und unattraktiv werden lassen, sondern durch Rollenverteilungen an Mitarbeiter sowohl die Beteiligung als auch die Attraktivität von Teambesprechungen hochhalten.
- In Teambesprechungen auch Herausforderungen zur Arbeitsbelastung und Maßnahmen zur Burnoutprävention mit den Mitarbeitern besprechen.

Salutogene Teams

Beim Aufbau und Ausbau von salutogenen Teams ist es wichtig, die **Grundbedürfnisse von Menschen im Beziehungssystem** zu berücksichtigen. Dies sind unter anderem:

- „Zugehörigkeit/Sicherheit in der Beziehung
- Orientierung, Transparenz
- Sich einbezogen fühlen können
- Rollen- und Aufgabenklarheit
- Wertschätzung als einzigartiger Mensch
- Zusammengehörigkeit und gegenseitige Unterstützung mit anderen
- Eingebunden sein in einen sinnvollen Arbeitskontext
- Anerkennung der eigenen Beiträge
- Autonomie im täglichen Handeln (das Wie sollte der ausführende Mitarbeiter möglichst weitgehend selbst bestimmen können)
- Anforderungen an die eigene Leistungsfähigkeit, die von Zutrauen geprägt sind und richtungsweisende Zielvereinbarungen
- Fairer Ausgleich sozialer Bedingungen
- Förderliche Kritik und Anerkennung in Bezug auf die persönliche Leistungserbringung"[81]

---

[81] In Anlehnung an Gunther Schmidt, Vortrag auf der Tagung Positive Psychologie, Juli 2011 in Heidelberg.

3.6.2 Wirksame Führungskraft

Die gesamte Organisationsentwicklungsmaßnahme sollte von einer gewissen Leichtigkeit, einer Gesundheitsorientierung und einer Menschenbezogenheit getragen werden. Dazu ist es wichtig, dass **die Führungskraft** mit einer entsprechenden persönlichen Einstellung und **Grundhaltung** diese Entwicklungsmaßnahme begleitet. Es geht nicht darum, in möglichst kurzer Zeit möglichst viele Erfolge und Ergebnisse zu erreichen, sondern mit dem Fokus auf die betroffenen Mitarbeiter etwas Gesundheitsförderliches gemeinsam zu erreichen, das nachhaltig für alle positiv wirkt. Darauf lassen sich Mitarbeiter erfahrungsgemäß gerne ein.

Nimmt ein Führungsverantwortlicher für seinen Verantwortungsbereich die Aufgabe der Gesundheitsentwicklung und Burnoutprävention wahr, hat er wesentlich bessere Erfolgschancen als eine Personalabteilung, die übergreifend für alle Bereiche nur schwer maßgeschneiderte Lösungen für einzelne Verantwortungsbereiche entwickeln und erfolgreich umsetzen kann. Diesbezüglich hat die **Führungskraft** vorerst eine wesentlich **höhere Wirkungskraft**. Diese sollte sie nutzen, um mit ihren eigenen Mitarbeitern und gegebenenfalls interner und externer Unterstützung von Spezialisten (zum Beispiel Berater, Coaches, Supervisoren, Moderatoren) das Gesundheitsentwicklungsvorhaben zum Erfolg zu bringen.

Wer als Führungskraft in seinem Verantwortungsbereich aktiv eine Gesundheitsentwicklung und Burnoutprävention voranbringen möchte, hat viele Handlungsmöglichkeiten. Wichtig ist es, **den ersten Schritt** zu machen und insgesamt **langsam und mit einer hohen Mitarbeiterbeteiligung** voranzuschreiten. Man sollte die gröbsten Fehler vermeiden, um keinen kompletten Schiffbruch zu erleiden. Dabei kann man aus bisherigen Erfahrungen von großen Veränderungsprozessen profitieren. Und man sollte **auf keinen Fall nach ersten Rückschlägen resignieren** und mit den Bemühungen aufhören. Denn diese Rückschläge gehören zu einer gesunden Entwicklung immer dazu. **Ausdauer** ist gefragt. Und es wird mit Sicherheit kein erfolgreiches, nachhaltig wirksames Organisationsentwicklungsvorhaben in Richtung Gesundheitsentwicklung und Burnoutprävention geben, das nicht **mindestens zwei Jahre** braucht, bis die ersten deutlichen Früchte geerntet werden können — zum Beispiel in Form von verbesserten Ergebnissen bei Mitarbeiterbefragungen.

3.6.2.1 Einflussmöglichkeiten der Führungskraft für die Umsetzung von gesundheitsorientierter Führung

Die Führungskraft kann unter anderem über die Planung, Organisation, Koordination und Kontrolle ihres Arbeitsbereichs Einfluss nehmen auf die Umsetzung von gesundheitsorientierter Führung. Selbstverständlich ist jeder Manager auch bestimmten Rahmenbedingungen ausgesetzt. Ein für Gesundheit und Burnoutprävention eintretender Chef sollte sich jedoch nicht hinter solchen Rahmenbedingungen verstecken, sondern versuchen, sie salutogen umzugestalten. Dazu muss er hin und wieder für seine Mitarbeiter und sich selbst bei seinem eigenen Chef Dinge durchsetzen. Das gehört zur Führungsaufgabe dazu: nämlich nicht nur Führung der eigenen Mitarbeiter, sondern auch Führung nach oben, d. h., die Führung des eigenen Chefs (siehe unten).

Für Topmanager ist gewöhnlich der Bedarf an gesundheitsorientierter Führung nicht so nachvollziehbar wie für eine Führungskraft, die operativ tätig ist, d. h., selbst Mitarbeiter mit operativer Tätigkeit führt. Topmanager, die nur indirekt führen, erfahren weniger von den Nöten und Bedürfnissen der operativ tätigen Mitarbeiter. Somit liegt die Verantwortung, für gesundheitsorientierte Führung der Mitarbeiter zu sorgen, vor allem bei der operativ tätigen Führungskraft. Dieser operativ tätige Chef gibt Ziele vor bzw. vereinbart Ziele mit seinen Mitarbeitern und überprüft die Erreichung. Er schafft Bedingungen für (s)ein Team, in dem man sich wohlfühlt und sich auf Unterstützung im Bedarfsfall verlassen kann, oder er schafft ein Klima, das von Konkurrenz, Missgunst, Misstrauen oder sogar verdeckter Aggression geprägt ist.[82] Er kann gesundheitsförderlich wirken, indem er es ermöglicht, dass möglichst störungs- und behinderungsfrei gearbeitet werden kann, möglichst keine widersprüchlichen Anforderungen an die Arbeit bestehen, Ziele erreichbar formuliert werden und Aufgabenstellungen zumutbar sind. Er gibt Rückmeldungen zur Qualität der Mitarbeiterleistung und beeinflusst als Vorbild durch sein eigenes Verhalten wesentlich das Arbeitsverhalten der Mitarbeiter. Somit schafft er viele Kontextbedingungen in der beruflichen Zusammenarbeit, die sich auf die Gesundheit und einen möglichen Burnout von Mitarbeitern auswirken.

ARBEITSHILFE
ONLINE

Vertiefende Inhalte

Wenn Sie Ihren Führungsstil reflektieren wollen, finden Sie dazu hilfreiche Fragen auf Arbeitshilfen Online.

---

[82] Vgl. Ducki, A., 2009, Seite 73-83.

3.6.2.2 Führen nach oben

Für gesundheitsorientierte Führung ist es von Seiten der Führungskraft nicht nur wichtig, sich selbst und seine Mitarbeiter gut zu führen, sondern auch gute Führung nach oben zu betreiben. In zahlreichen Coachings ist für mich immer wieder auffällig, dass Problemlösungen nur im eigenen Verhalten und im veränderten Verhalten von Mitarbeitern gesucht werden, aber die Möglichkeit der Verhaltensänderung von den eigenen Führungskräften nicht ausreichend berücksichtigt werden. Selbstverständlich ist Führen nach unten grundsätzlich leichter als Führen nach oben, da in einer hierarchischen Führungsstruktur das Anordnen von Maßnahmen an Mitarbeiter einfacher ist, als seinen eigenen Chef davon zu überzeugen, dass dieser etwas anders machen soll als bisher. Nicht nur im Falle der Burnoutprävention ist es jedoch für Führungskräfte notwendig, in bestimmten Situationen ein verändertes Verhalten ihrer eigenen Führungskräfte zu erreichen. Dazu helfen eigene Entschlossenheit und überzeugende Gespräche. Die Betonung liegt hierbei auf dem Plural: Gespräche. Mit einem einzigen Gespräch ist es meist nicht getan. So verhält es sich gewöhnlich auch bei dem Thema Burnoutprävention. Dafür muss man die eigene Führungskraft meist in vielen Gesprächen gewinnen. Für Topmanager ist es oft weniger einsichtig, wie wichtig es ist, auf Dauer gesunde und leistungsfähige Mitarbeiter zu haben. Das Topmanagement schaut mehr auf Kennzahlen und operative Führungskräfte sind ihren Mitarbeitern durch die manchmal recht enge Zusammenarbeit wesentlich näher und vertrauter. Deshalb ist es wichtig, dass operative Führungskräfte gegenüber dem Topmanagement Dinge durchsetzen, die das Topmanagement nicht verstehen kann, weil es zu weit von operativ agierenden Mitarbeitern entfernt ist. So verhält es sich auch im Falle der Burnoutprävention. Wer als Führungskraft diese umsetzen möchte, benötigt dazu mehr oder weniger die Unterstützung seiner eigenen Führungskraft:

- Begrenzung der Arbeitsbelastung zur Vermeidung von dauerhafter Überforderung und Burnout-Gefährdung
- Adäquate Verteilung der Aufgaben im Team, berücksichtigend die Potenziale, das Leistungsvermögen und die spezifischen Kompetenzen der einzelnen Mitarbeiter
- Frühzeitiges Erkennen von Warnsignalen bei Mitarbeitern und deren Gesundheit
- Frühzeitiges Handeln bei Anzeichen von Überlastung bei Mitarbeitern.

Wer als Führungskraft unter anderem diese Grundsätze in seiner Führungsarbeit leben möchte, braucht dazu mehr oder weniger die **Unterstützung seiner eigenen Führungskraft**. Dazu ist es hilfreich, sich das Verständnis und somit auch grünes Licht für diesen Führungsstil zu holen. Wenn der Topmanager einverstanden ist, dann lassen sich auch etwas ungewöhnliche Maßnahmen im Team umsetzen, wie zum Beispiel Zwangspausen nach langwieriger, anstrengender Projektarbeit.

3.6.2.3 Burnout vorbeugende und Gesundheit fördernde Führung im Organisationsnetzwerk

Um im eigenen Verantwortungsbereich eine nachhaltige Organisationsentwicklung zur Burnoutprävention und zur Gesundheitsförderung betreiben zu können, ist es wie bereits erwähnt sinnvoll, sich die Rückendeckung des eigenen Managements zu holen. Wer seine Führungskraft bzw. Unternehmensleitung hinter sich hat, kann auch bei Reibereien mit Kollegen auf gleicher Führungsebene auf wertvolle Unterstützung hoffen. Diese Rückendeckung durch die eigene Führungskraft ist eine hilfreiche Voraussetzung für die Umsetzung von salutogenen Prozessen im eigenen Verantwortungsbereich. Eine solche Organisationsentwicklungsmaßnahme ist nicht als Projekt mit beschränkter Laufzeit anzugehen, sondern als dauerhaften Veränderungsprozess zum Nutzen aller Beteiligten. Deshalb ist neben dem hohen Beteiligungsgrad durch die Mitarbeiter die **Rückendeckung durch die eigene Führungskraft bzw. die Unternehmensleitung** auch **erfolgsentscheidend**.

Führungskräfte sollten hinsichtlich einer gesundheitsorientierten Führung einen **eindeutigen Auftrag von der Unternehmensführung** erhalten, um die gesundheitliche Orientierung in der täglichen Führungsarbeit ausreichend berücksichtigen zu können. Zudem sollten sie vom Topmanagement adäquate Rückmeldungen und eine Anerkennung für die Umsetzung von gesundheitsorientierter Führung erhalten — Chefs, bei denen dies nicht der Fall ist, sollten sich nicht abschrecken lassen. Auch für Führungskräfte ist eine **Unterstützung durch ihre eigenen Topmanager förderlich**. Führungskräfte, die diese Voraussetzungen von ihrer Unternehmensführung nicht haben, können diese dort einfordern. Denn die Umsetzung von gesundheitsorientierter Führung in einem System, das nicht von der Unternehmensführung aus auf diese ausgerichtet ist, wird für die einzelne Führungskraft wesentlich anstrengender und schwieriger, als wenn die Führungskraft dieses Vorhaben in einem adäquaten, abgestimmten Führungssystem umsetzen kann.

Vielmehr sollten die Führungskräfte verbindlich vom Topmanagement in das Thema Gesundheit und Gesundheitsmanagement eingebunden werden, sodass das **gesundheitsorientierte Führung nicht nur ein individuelles Thema von einzelnen Führungskräften** ist, sondern umfassenden systemischen Charakter erhält. Dazu ist es notwendig, alle Maßnahmen strategischer Art im Bereich der Unternehmensführung zu bündeln und unter anderem den kompletten Bereich des Personalmanagements entsprechend zu gestalten. Unter anderem sollten zur Unterstützung der einzelnen operativen Führungskräfte die Personalkonzepte und alle Personalarbeitsinstrumente, wie Personalentwicklung, Personalauswahl, Mitarbeitergespräche, Führungskräftebeurteilung etc., systematisch vom Gedanken der gesundheitsorientierten Führung durchzogen werden. So erhält die einzelne

Führungskraft ein ganzes Bündel von **Unterstützungsinstrumenten**, um in ihrem Verantwortungsbereich gesundheitsorientierte Führung erfolgreich umsetzen zu können. Der einzelne Manager tut sich wesentlich leichter, wenn er als Führungsinstrument zum Beispiel bei der Beurteilung seiner Mitarbeiter über ein Instrument verfügt, das auch gesundheitliche Aspekte berücksichtigt. Das Gleiche gilt für Personalentwicklungsgespräche und andere Instrumente der Personalführung.

Führungskräfte sollten sich nicht darüber hinwegtäuschen, dass für jedes Unternehmen und auch andere Organisationen gewöhnlich das Ergebnis und die Zielerreichungsabsicht im Vordergrund stehen. Gesundheitliche Aspekte können **nicht losgelöst vom Sinn und Nutzen der Organisation** betrachtet werden, wenn sie dauerhaft Bestand haben sollen. Deshalb ist es wichtig, dass die Führungskraft eine **realistische Vorstellung** davon entwickelt, wie sie ihren Verantwortungsbereich zu Erfolg und gesundheitlichen Wohlergehen entwickeln möchte.

Zielsetzung für die Führungskraft sollte es sein, selbst Kompetenzen im Umgang mit der persönlichen Gesundheit und erfolgreiche Verhaltensweisen im Umgang mit besonders belastenden Situationen zu erhalten und mit den Mitarbeitern einen entsprechenden menschenorientierten Veränderungsprozess zu gestalten hin zu einer Zusammenarbeit, die gesundheitliche Aspekte ausreichend würdigt. Ohne aber die Führungskräfte zu gewinnen und sie als eine der wichtigsten Akteursgruppen in der Organisation zu nutzen, ist das Bestreben, gesundheitsorientierte Führung in einer Organisation umzusetzen, zum Scheitern verurteilt. Für die Führungskraft ist es daher wichtig, sich im **Organisationsnetzwerk** entsprechende **Verbündet**e zu suchen und mit ihnen produktiv zusammenzuarbeiten. Unter anderem sind der **Personalbereich, der Betriebsrat und selbstverständlich die Unternehmensführung** entscheidende Kooperationspartner, um für den eigenen Verantwortungsbereich möglichst nachhaltige Erfolge in Bezug auf gesundheitsorientierte Führung zu erreichen.

Ein wichtiger Leitspruch für Führungskräfte, die nicht nur in ihrem Verantwortungsbereich Burnout bei Mitarbeitern verhindern möchten, sondern zu allererst selbstverständlich auch bei sich selbst, lautet: „Selbstfürsorge geht vor Fremdfürsorge".

Dieser wertvolle Satz aus der Psychotherapie ist auch für Führungskräfte sehr hilfreich, da es nichts nutzt, sich selbst derart zu verausgaben und zu überlasten, sodass man selbst Burnout bekommt, aber es womöglich erfolgreich bei Mitarbeitern verhindern konnte. Erfahrungsgemäß leiden vor allem Führungskräfte unter einer hohen Arbeitsbelastung, langen Arbeitszeiten, schlechten Lebensbalancen, wenig Pausen, psychischen Belastungen, Rollenkonflikten und dauernder Erreichbarkeit.[83] Zuallererst muss die Führungskraft also für sich selbst gut sorgen und

---

[83] Vergleiche auch Hunziger und Grüterich, 2003.

dazu „Führung nach oben" betreiben. Laut einer Studie der Unternehmensberatung Kienbaum sind fast 60 % der befragten Führungskräfte mindestens einmal pro Woche von Befindlichkeitsstörungen betroffen, wie zum Beispiel Schlafstörungen, Rückenschmerzen etc. Die Arbeitszufriedenheit spielt dabei eine wesentliche Rolle, denn unzufriedene Manager leiden fast doppelt so häufig unter gesundheitlichen Beeinträchtigungen wie andere Führungskräfte, die mit ihrer Arbeit weitgehend zufrieden sind. Selbstverständlich lassen sich berufliche Belastungen durch wahrgenommene „Kraftquellen" im Privatleben etwas abmildern. Dennoch sind Führungskräfte aufgefordert, durch „Führung nach oben" innerhalb der Organisation gut für sich zu sorgen. Das bedeutet konkret: Der eigenen Führungskraft Grenzen setzen hinsichtlich der zugemuteten Arbeitsbelastung, der Arbeitszeiten, der möglichen Pausen, der Urlaubsregelungen. Auch die Erreichbarkeit sollte mit der eigenen Führungskraft definiert werden.

▶ **BEISPIEL**

Ein Personalleiter einer AG betont in einem Gespräch mit dem Vorstand, also seinem direkten Chef, dass er noch über ein Thema reden wolle, nämlich seine Erreichbarkeit. Er bietet dem Vorstand an, täglich bis 22 Uhr in dringenden Fällen erreichbar zu sein — aber nicht darüber hinaus. Und er vereinbart mit seinem Vorstand feste Erreichbarkeitszeiten während des Wochenendes. So gibt es für ihn am Wochenende Zeiten, in denen er völlig abschalten kann und für niemanden aus dem Unternehmen erreichbar ist. Dies führt auf Dauer zu einer positiven Entwicklung in seinem Privatleben. Insbesondere seine Frau ist davon begeistert, dass er gegenüber seinem Vorstand bezüglich seines Privat- und Familienlebens Grenzen gesetzt hat.

Führungskräfte können auch vom Topmanagement die Durchführung eines **Burnout-Screenings** (Burnout-Screening sind Selbstbeurteilungsverfahren zur Erfassung von subjektiven psychischen und physischen Beschwerden, wie sie typischerweise im Zusammenhang mit Burnout auftreten) verlangen. Ein solches medizinisches und psychologisches Burnout-Screening ist für wenige hundert Euro pro Führungskraft bei hervorragenden Anbietern zu bekommen und es spart womöglich wesentlich höhere Folgekosten. Schon der Arbeitsausfall von ca. drei Monaten eines einzigen Managers würde mehr kosten als diese Vorsorgemaßnahme. Zudem bedeutet es einen Wettbewerbsvorteil, wenn sich ein Unternehmen damit schmücken kann, dass es eine solche Burnoutpräventionsmaßnahme durchführt.

Eine weitere sinnvolle Maßnahme ist das **Einzelcoaching von Führungskräften** zur Burnoutprävention und zur Gesundheitsförderung. Dazu benötigt man spezialisierte Coaches mit eigener Managementerfahrung und dem entsprechendem Know-how und methodischen Kompetenzen im Bereich Gesundheit und Burnoutprävention. Diese Maßnahme kann jede Führungskraft bei ihrem Vorgesetzten oder im Personalbereich anfordern. Eine in Anspruch genommene Coaching Maßnahme sollte nicht mit einem Defizitgedanken betrachtet werden, sondern als präventive, sinnvolle Maßnahme.

3.6.2.4 Vorbildfunktion Topmanagement

Ein besonders großer Schritt zum „Führen nach oben" ist gelungen, wenn man als einzelne Führungskraft oder mehrere Führungskräfte gemeinsam das **Topmanagement** dazu bewegen können, sich **selbst dem Thema Gesundheit und Burnout Vorbeugung anzunehmen,** und zwar für den eigenen Führungsbereich und für das Unternehmen insgesamt. So berichten Hollmann und Hanebuth: „Die Erfahrung ... hat gezeigt, dass ein Top-Down-Prozess in Gang kommt, wenn Führungskräfte der obersten Führungsebene das Thema Burnout entstigmatisieren und bei sich selbst erste aktive Schritte wagen. Damit ist das gemeint, was Manager können und können sollten: Den Ursachen auf den Grund gehen und kontinuierliche Verbesserungsprozesse auch im Bereich Gesundheit und Burnout managen — bei sich selbst und bei den eigenen Mitarbeitern."[84]

Wer als Führungskraft sein Topmanagement dafür gewinnt, persönlich aktiv Burnoutprävention zu unterstützen, wird es selbstverständlich in seinem **eigenen Verantwortungsbereich umso leichter** haben, entsprechende Maßnahmen erfolgreich umzusetzen.

● **TIPP**

Eine hilfreiche **Grundhaltung der Führungskraft**, um in einer solchen Gesundheitsentwicklungsmaßnahme dauerhaft erfolgreich zu sein, kann aus Sicht des Managers so beschrieben werden: „Die Funktion des Ziels ist, in Bewegung zu kommen. Es muss nicht erreicht werden. Die Richtung kann zwischendurch in Abstimmung mit dem Team geändert werden. Ich würdige mich in meiner Endlichkeit und meinen persönlichen Grenzen, und ebenso meine Mitarbeiter und Kooperationspartner." Eine solche Grundhaltung wirkt an sich Burnout vorbeugend.

---

[84] Hollmann, D., Hanebuth, D., 2001, Burnoutprävention bei Managern – Romantik oder Realität in Unternehmen? In: Badura, B. et al., Fehlzeitenreport 2001 – Führung und Gesundheit, Seite 81-88, Berlin, Heidelberg, Springer Verlag.

3.6.3 Burnoutprävention in Zusammenhang mit Reorganisation von Unternehmen

Mehrere Studien zum Zusammenhang zwischen Restrukturierung im Unternehmen und Gesundheit der Mitarbeiter zeigt auf, dass Mitarbeiter und Führungskräfte in Deutschland in reorganisierten Unternehmen häufiger von Gesundheitsbeeinträchtigung berichten.[85] Diese Ergebnisse wurden aktuell bestätigt durch den Stressreport der Bundesanstalt für Arbeitsschutz und Arbeitsmedizin in 2012. Birgit Köper fasst zusammen: „Je mehr konkrete Veränderungen in der direkten Arbeitsumgebung stattfanden, desto schlechter wurde von den Beschäftigten ihr allgemeiner Gesundheitszustand eingeschätzt."[86] Besonders deutliche Unterschiede zwischen reorganisierten und nicht reorganisierten Unternehmen zeigten sich vor allem im Hinblick auf Müdigkeit und Erschöpfung, Nervosität und Reizbarkeit sowie Schlafstörungen und Kopfschmerzen. Dies ist besonders relevant für das Thema Burnoutprävention.[87]

Aufgrund dieser Ergebnisse ist festzustellen, dass von Unternehmen und anderen Organisationen, die restrukturieren oder sogar immer wieder restrukturieren, grundsätzlich ein höheres **Burnout-Risiko** für Mitarbeiter und Führungskräfte ausgeht, als von Organisationen und Unternehmen, die nicht einem solchen Restrukturierungsdruck ausgesetzt sind.

Daraus ergibt sich insbesondere für Führungskräfte ein höherer Bedarf an gesundheitsorientierter Führung in reorganisierenden Unternehmen, **um Burnout** und anderen Gesundheitsschädigungen **vorzubeugen**. Das Vorkommen von Restrukturierungsmaßnahmen ist **in Bezug auf den Sektor und die Unternehmensgröße unterschiedlich**. Während im öffentlichen Dienst und in der Industrie sowohl 2006 als auch 2012 circa 50 % der Organisationen restrukturiert haben, sind im Handwerk nur etwa 25 % der Unternehmen davon betroffen. Im Handel waren 2006 circa 41 % der Unternehmen von einer Reorganisation betroffen und 2012 circa 25 % der befragten Unternehmen.[88]

---

[85] Kivimäki et al., 2007; European Expert Group on Health in Restructuring, 2009; Ferrie, 2004.

[86] Birgit Köper: Restrukturierung, in: Lohmann-Haislah, 2013, Seite 150.

[87] Siehe Abbildung aus Lohmann-Haislah, 2013, Seite 151.

[88] Birgit Köper, Restrukturierung, in: Lohmann-Haislah, 2013, Seite 145.

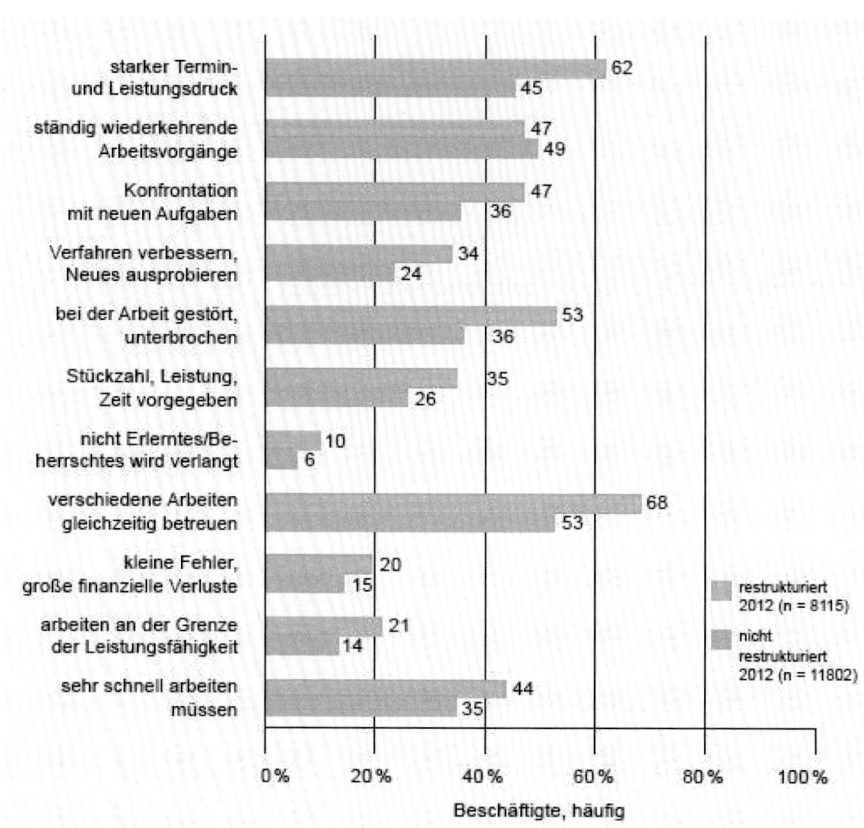

BIBB/BAuA-Erwerbstätigenbefragung 2011/2012

Abb. 3.7: Vergleich häufiger psychischer Anforderungen in Organisationen mit/ohne Restrukturierungen
Quelle: Stressreport Deutschland 2012, Bundesanstalt für Arbeitsschutz und Arbeitsmedizin (BAuA), S. 149

Der Tabelle von 2012 kann man entnehmen, dass die Unternehmensgröße bzw. die Beschäftigtenanzahl entscheidend dafür ist, wie viele Restrukturierungsmaßnahmen von Unternehmen vollzogen werden. Spitzenreiter sind dabei die Unternehmen mit über 1.000 Beschäftigten, die zu etwa 60 % angeben, Reorganisationsmaßnahmen durchzuführen und Kleinunternehmen bis neun Mitarbeiter lediglich in ca. 25 % aller Fälle. In den Bereichen Finanzen, Transport/Verkehr und Kommunikation kam es zusätzlich in den Jahren 2006–2012 verstärkt zu Fusionen, die ebenfalls verunsichernd und belastend auf Mitarbeiter und Führungskräfte wirken können.[89]

---

[89] Köper und Richter, 2012.

Interessanterweise geben die Befragten im Stressreport Deutschland 2012 an, dass sie als Mitarbeiter in reorganisierten Unternehmen und anderen Organisationen weniger Zunahme von Stress und fachlichen Anforderungen wahrnehmen, und auch der Stellenabbau in 2012 ist weniger belastend wahrgenommen worden, als dies noch in 2006 der Fall war.[90] **Vergleicht** man jedoch die Veränderungen in der direkten Arbeitsumgebung der Beschäftigten nicht in der Zeitreihenfolge, sondern **zwischen restrukturierenden und nicht restrukturierten Organisationen,** so zeigt sich deutlich, dass in umstrukturierten Unternehmen die Veränderungen im Arbeitsumfeld als belastender wahrgenommen werden. Stress, Arbeitsdruck und fachliche Anforderungen sind in umorganisierten Unternehmen deutlich häufiger. Die Neuerungen finden vor allem im Bereich Technik, neue Programme und neue Dienstleistungen statt. Je mehr über technische und organisatorische Veränderungen berichtet wird, desto höher werden auch die Werte für Stress und Arbeitsanforderungen angegeben.

Wie wichtig es ist, Mitarbeiter, die häufigen Veränderungsprozessen ausgesetzt sind, zu unterstützen, zeigt das Forschungsergebnis, wonach bei mehreren Veränderungen und Strukturierungen bei Mitarbeitern keine Gewöhnung auftritt, sondern eine Kumulation von Stress stattfindet.[91] Ein wesentlicher Aspekt für die höhere Belastung mit Stress und damit **Burnout-Gefährdung** für Mitarbeiter und Führungskräfte ist wahrscheinlich die **mit der Reorganisation verbundene Unsicherheit und Angst.**[92] Dies könnte auch den Umstand erklären, dass zwar Restrukturierungsmaßnahmen an sich in ihrer Häufigkeit zurückgegangen sind, die Gesundheit der Mitarbeiter und die gesundheitlichen Folgen von Restrukturierungsmaßnahmen sich aber dennoch verschlechtert haben. So liegt der Schluss nahe, dass sich Reorganisationen über Angst und andere Belastungsfaktoren negativ auf die Gesundheit von Führungskräften und Mitarbeitern auswirken.[93]

Da in Organisationen mit Restrukturierungen sehr viel häufiger als in Organisationen ohne Umstrukturierungen über psychische Belastung und schlechteren Gesundheitszustand inklusive **Burnout-Gefährdung** berichtet wird, lohnt es sich zu überlegen, wie notwendige Restrukturierungsmaßnahmen angegangen werden sollten, um wirtschaftlichen Erfolg zu erreichen und gleichzeitig die Gesundheit der Mitarbeiter und Führungskräfte zu schützen. Da bisher aus der Forschung nahezu keinerlei Ergebnisse dazu vorliegen, macht es Sinn, als Führungskraft folgende Punkte zu beachten und somit Burnoutprävention zu unterstützen:

---

[90] Birgit Köper, Restrukturierung, in: Lohmann-Haislah, 2013, Seite 146.
[91] Ebda., Seite 148. Vgl. auch Wiezer et al., 2011.
[92] Vgl. Mohr, 2000.
[93] Vgl. Lee & Theo, 2005; Campbell-Jamison et al., 2001; Kivimäki et al., 2001.

- Sind die Restrukturierungsmaßnahmen, die geplant sind, wirklich notwendig?
- In welcher zeitlichen Reihenfolge und mit welchem Zeitdruck sollten diese Restrukturierungsmaßnahmen erfolgen?
- Wie werden diese Restrukturierungsmaßnahmen den Mitarbeitern mitgeteilt? (Welcher Sinn wird den Mitarbeitern vermittelt, welche Zielsetzung der Restrukturierungsmaßnahme und welche möglichen Folgen?)
- Inwieweit werden die Mitarbeiter bei der Restrukturierungsmaßnahme beteiligt und wirklich ins Boot geholt?
- Welche Motive sind Grundlage und Ausgangspunkt der beabsichtigten Restrukturierungsmaßnahme?
- Welche möglichen Folgen und Auswirkungen hat diese angestrebte Restrukturierungsmaßnahme?

ARBEITSHILFE
ONLINE

Vertiefende Inhalte

Eine Studie der Bundesanstalt für Arbeitsschutz und Arbeitsmedizin zur Restrukturierung in Organisationen und mögliche Auswirkungen auf die Mitarbeiter finden Sie auf Arbeitshilfen Online.

ZUSAMMENFASSUNG

Die Führungskraft ist in der Zusammenarbeit mit den Mitarbeitern Vorbild, Multiplikator, Förderer, Wertevermittler und Gestalter von Beziehungen zwischen Menschen in ihrem Führungsumfeld. Insbesondere letztere Rolle gibt ihr wesentlichen Einfluss und damit Verantwortung in der Burnoutprävention von Mitarbeitern. Nicht nur eine vorbildhafte Selbstführung, sondern auch ein gesundheitsförderlicher Führungsstil ist wichtig, um Mitarbeiter vor dauerhafter massiver Überforderung zu bewahren. Dieser sollte unterstützungs- und entwicklungsorientiert sein. Ein achtsamer Umgang mit den Ressourcen der Mitarbeiter sowie eine integrierte, gelebte Feedbackkultur sind dabei hilfreich. Sowohl dauerhafte Überforderung als auch Unterforderung sind zu vermeiden. Wichtige Faktoren für eine erfolgreiche und salutogene Mitarbeiterführung sind u. a. Wertschätzung des Menschen Mitarbeiter und Anerkennung seiner individuellen Leistungen. Klare Ausrichtung und Orientierung im Arbeitsalltag gibt den Mitarbeitern Sicherheit und unterstützt autonomes Handeln in einer Gemeinschaft, die idealerweise von Fairplay und Zusammenhalt geprägt sein sollte.

Basis für eine erschöpfungsvorbeugende Mitarbeiterführung ist die Achtung und Berücksichtigung von Gesundheit als bedeutsamem Wert in der Zusammenarbeit und die Akzeptanz von Schwäche und Erschöpfung. Diese Erfolgsfaktoren der Burnoutprävention gilt es im Berufsalltag gemeinsam umzusetzen. Optimierte Arbeitsorganisation und Zeit- und Pausenmanagement helfen zudem einer Erschöpfung vorzubeugen. Eine gesundheitsorientierte Mitarbeiterbefragung sowie Krankenstands-, Arbeitssituations- und Motivationsanalysen sind bei der Salutogenese im Verantwortungsbereich hilfreiche Analyseinstrumente, die auch im Falle von bereits vorliegendem Burnout helfen, diesen zu erkennen, um unterstützend entgegenwirken zu können. Belastungen am Arbeitsplatz können durch eine Gefährdungsbeurteilung ermittelt werden.

Burnoutprävention als nachhaltige Organisationsentwicklung durch die Führungskraft und ihre Kooperationspartner beginnt mit vorbildlicher Selbstfürsorge, um dann mit persönlicher Überzeugungskraft durch die Partizipation der Mitarbeiter und die Einbeziehung von Kooperationspartnern und allen voran der Unternehmensleitung wirksame Burnoutprävention ganzheitlich zu entwickeln.

ARBEITSHILFE
ONLINE

Weiterführende Inhalte

Als weiteres Zusatzmaterial auf Arbeitshilfen Online finden Sie:

- Checkliste zur Einarbeitung eines neuen Mitarbeiters
- Hintergrundinformationen: Einflüsse und Gegenmaßnahmen zur Psychischen Ermüdung
- Checklisten und Hintergrundinformationen der INQA

4 Ganzheitliches Gesundheitsmanagement in der Organisation

4 Ganzheitliches Gesundheitsmanagement in der Organisation

MANAGEMENT SUMMARY

Die Hauptansatzpunkte für Unternehmen und andere Organisationen, um wirksam Burnoutprävention zu betreiben und damit die Zukunftsfähigkeit der eigenen Organisation zu verstärken, sind:

- Die Integration von ganzheitlicher, nachhaltiger Burnoutprävention in ein adäquates betriebliches Gesundheitsmanagementsystem, das massiv vom Topmanagement unterstützt wird und sich in allen Personalmanagement-konzepten und Instrumenten wiederspiegelt.
- Die Nutzung von Unterstützungsdienstleistungen wie zum Beispiel EAP und Familienservice.
- Die Qualifizierung von Mitarbeitern und Führungskräften:
  - Mitarbeiter insbesondere hinsichtlich ihrer Kompetenzen und Ressourcen, um die beruflichen Herausforderungen bewältigen zu können (sowohl fachliche als auch methodische, aber auch persönliche und soziale).
  - Führungskräfte hinsichtlich einer zusätzlichen kontinuierlichen Qualifizierung in gesundheitsorientierter Führung.

4.1 Burnoutprävention – eine Aufgabe für die gesamte Organisation

Einfluss zu nehmen auf ein wirksames ganzheitliches Gesundheitsmanagement in der Gesamtorganisation ist für jede Führungskraft wichtig, um den persönlichen und teambezogenen Präventionsmaßnahmen in seinem Verantwortungsbereich maßgebliche Unterstützung und förderliche Rahmenbedingungen zu geben. Dabei ist es im Grundsatz unerheblich, ob es sich um ein Unternehmen, eine Verwaltung, eine Behörde oder irgendeine andere Organisationsform handelt.

4.1.1 Chancen und Grenzen der Einflussnahme

Im Juli 2013 bekennt die damalige Bundesarbeitsministerin Ursula von der Leyen: „Psychische Erkrankungen sind eines der drängendsten Probleme in der Arbeitswelt und kosten Unternehmen und Sozialversicherungen Milliarden. Allein 2011 gab es 59 Millionen Krankentage wegen psychischer Belastung am Arbeitsplatz. Leider machen sich noch viel zu wenige Betriebe Gedanken, wie sie ihre Belegschaft vor Stress und Burnout schützen können. Dass es nicht am guten Willen mangelt, zeigt die Tatsache, dass die deutschen Unternehmen spitze sind, wenn es um den Schutz vor körperlichen Gefahren geht. Jetzt ist es höchste Zeit, dass wir auch bei den psychischen Belastungen vorankommen."[1]

ARBEITSHILFE ONLINE

Vertiefende Inhalte

Einen Link zum Newsletter der Gemeinsamen Deutschen Arbeitsschutzstrategie (GDA) finden Sie auf Arbeitshilfen Online.

Die technischen Neuerungen der letzten circa zehn Jahre haben zu einer vorher nicht gekannten Beschleunigung der Arbeitswelt im Sinne von Dynamisierung und Flexibilisierung geführt. Die Beschäftigungsverhältnisse in der Bundesrepublik Deutschland wurden in den letzten 20 Jahren massiv verändert. Unter anderem aufgrund der **Beschleunigung der Arbeit durch moderne Kommunikationsmittel, Prozessoptimierungen, Verbesserungen der IT-Dienstleistungen, Mobilitätsanforderungen und beruflicher Diskontinuität sowie zusätzlicher psychosozialer Arbeitsbelastungen** wurde das Arbeitsleben für die meisten Erwerbstätigen deutlich anstrengender und belastender. Entscheidend ist hierbei, wie die Betroffenen das Arbeitsleben wahrnehmen. Zusätzlich sind viele Arbeitnehmer und damit auch Führungskräfte privaten Veränderungsprozessen ausgeliefert. Die höheren Erwartungen an das Privatleben, die geringere Kontinuität in Zweierbeziehungen und Familien sowie der erhöhte Leistungsdruck in der Berufstätigkeit der Eltern und Schulabschluss der Kinder tragen mit dazu bei, dass für viele Führungskräfte und Mitarbeiter sowohl das Berufsleben als auch das Privatleben hohe Belastungen mit sich bringen. Vor allem die zwischenmenschlichen Belastungen, die wahrgenommen werden, tragen dazu bei, dass Burnout und andere psychische Erkrankungen deutlich zunehmen.

---

[1] www.gda-portal.de/de\pdf\GDA-Newsletter2013-2.pdf, am 02.07.2013.

Wenn Unternehmen angesichts des demografischen Wandels in der Bundesrepublik Deutschland leistungsfähige und engagierte Mitarbeiter gewinnen und halten möchten, stehen sie vor der Herausforderung, sich in einem umkämpften Arbeitsmarkt behaupten zu müssen und gleichzeitig bei bereits engagierten Mitarbeitern Burnout zu verhindern und neuen Mitarbeitern entsprechende Angebote für gute Lebensbalancen unterbreiten zu können. Entsprechend sind Personalsuchanzeigen auch ausgerichtet. Daran, dass eine Unternehmensberatung der Top-Fünf in der Bundesrepublik Deutschland Universitätsabsolventen einen Einstieg als Unternehmensberater schmackhaft macht, indem sie ihnen offiziell viel Freizeit und eine Unterstützung bei der Vereinbarkeit von Beruf und Familie anbieten — was vor 20 Jahren undenkbar war —, ist ablesbar, dass Unternehmen um eine Attraktivität im Bereich von Gesundheitsförderung und Burnoutprävention ringen. Viele Unternehmen, insbesondere Kleinunternehmen und mittelständische Unternehmen, unterschätzen jedoch noch die Bedeutung des Themas Gesundheit für ihre Zukunftsfähigkeit. Als Bindungsmerkmal, als Entwicklungschance und als Differenzierungsmerkmal zu anderen Unternehmen stellt der Service an Gesundheitsunterstützung und Burnoutprävention für Unternehmen einen echten Wettbewerbsvorteil im Kampf um Talente dar. So können Unternehmen Führungskräfte und Mitarbeiter in Veränderungsprozessen derart begleiten, dass sie weniger Überforderung erfahren, sondern mehr dazu lernen und an Resilienz gewinnen. Da die Führungskräfte bei der Burnoutprävention eine besonders wichtige Rolle für sich selbst, ihre Mitarbeiter und für das Unternehmen spielen, gilt es hier für Unternehmen besonders aktiv zu werden. Burnoutprävention und andere Gesundheitsförderungsmaßnahmen für mehr Arbeitsfreude und Leistungsfähigkeit brauchen einen ganzheitlichen, nachhaltigen Ansatz, um effektiv und dauerhaft für das Unternehmen und seine Führungskräfte und Mitarbeiter wirken zu können. Somit stellt sich die **Veränderungsaufgabe für die gesamte Organisation**. Wer als Unternehmen oder auch als andere Organisation (öffentliche Verwaltung, Klinik etc.) sich dieser Veränderungsaufgabe stellt und Schritt für Schritt unter starker Beteiligung der Führungskräfte und Mitarbeiter wahrnimmt, wird wohlmöglich mittelfristig deutliche Wettbewerbsvorteile im Punkt Gesundheit gegenüber anderen Unternehmen bzw. Organisationen erzielen können. Dazu ist es sinnvoll, die unternehmensspezifische Situation in Ruhe zu analysieren, dann die entscheidenden Faktoren und Maßnahmen zu identifizieren und anschließend in einer angemessenen Priorisierung Zug um Zug umzusetzen.

4.1.1.1 Belastbare Mitarbeiter für den Wettbewerb

Um als **Organisation im Wettbewerb bestehen zu können und** unter den gegebenen Rahmenbedingungen von demografischem Wandel, zunehmender Dynamisierung, Flexibilisierung, Digitalisierung etc. **erfolgreich** zu sein, braucht die Organisation **kompetente und belastbare Mitarbeiter und Führungskräfte**. **Gesundheitsorientierte Führung** ist ein wirksames Mittel für Manager, um Mitarbeiter zu Leistungen zu motivieren und vor dauerhafter, massiver Erschöpfung zu schützen. Die **psychische Gesundheit** im Unternehmen zu erhalten und zu verbessern, nimmt daher einen **hohen Stellenwert für Unternehmen** ein. Die Studie des Instituts für Führung und Personalmanagement der Universität Sankt Gallen zu „Gesunde Führung — Wie Unternehmen eine gesunde Performancekultur entwickeln können" (Basis: 15.544 Mitarbeiter aus 96 Unternehmen) zeigt, dass die **psychische Gesundheit der Mitarbeiter einen starken positiven Effekt auf unterschiedlichste Bereiche in der Organisation** hat.

„Psychisch gesunde Mitarbeiter identifizieren sich um 54 % mehr mit dem Unternehmen, fühlen sich um 23 % stärker integriert, sind um 30 % zufriedener und zeigen um 26 % mehr Bindung als die Mitarbeiter, die mit psychischen Gesundheitsproblemen zu kämpfen haben. Darüber hinaus wirkt sich die psychische Gesundheit der Mitarbeiter positiv auf die Unternehmensleistung (+15 %), das Engagement (+19 %) und das Wohlbefinden (+30 %) aus. Gleichzeitig sind bei Unternehmen mit psychisch gesünderen Mitarbeitern negative Faktoren wie Kündigungsabsicht (–75 %), destruktives Engagement (–63 %) und Resignation (–52 %) deutlich niedriger ausgeprägt."[2]

4.1.1.2 Vorbeugung von Burnout im Interesse von Organisationen

Die Vorbeugung von Burnout liegt im Interesse von Organisationen. „Da Burnout arbeitsbezogen ist, sollten Unternehmen ein Interesse daran haben, den Ursachen zu begegnen. Schließlich können sich nur Mitarbeiter, die motiviert, leistungsfähig und anwesend sind, produktiv für die Firma einsetzen."[3] Die Anzahl der betrieblichen Fehltage wegen Burnout stieg von 2004 bis 2012 um fast 1400 %.[4] Um diesen massiven Anstieg von Burnout Fällen zu bremsen, können Organisationen einiges tun — und Führungskräfte können ihre Organisationen dazu auffordern und damit einen entsprechenden Beitrag leisten. Inzwischen sind — wie in Kapitel 3.5.6 bereits erläutert — nach der Gesetzgebung § 5 des Arbeitsschutzgesetzes („Beur-

---

[2] Bruch und Kowalevski, 2013, S. 9.

[3] Berufsverband Deutscher Psychologinnen und Psychologen, 2013, Burnout, Was Unternehmen und Führungskräfte tun können, Berlin, S. 3.

[4] BPtK-Studie zur Arbeitsunfähigkeit – Psychische Erkrankungen und Burnout, Bundespsychotherapeutenkammer (2012), Berlin.

teilung der Arbeitsbedingungen") alle Arbeitgeber dazu verpflichtet, die Ursachen und Bedingungen von hohen Stressbelastungen zu untersuchen und adäquate Gegenmaßnahmen durchzuführen. Hierzu zählt, einerseits Arbeitsbedingungen zu optimieren und andererseits den Führungskräften und Mitarbeitern direkte Angebote zum Thema gesundheitsorientierte Führung und Burnoutprävention anbieten. Angebote für Mitarbeiter können zum Beispiel Qualifizierungsmaßnahmen zu den Themen Stressmanagement, Selbstmanagement, Zeitmanagement, Lebensbalancen, Problemlösetechniken, Konfliktmanagement, Resilienz und Achtsamkeit etc. sein.

Solche **Maßnahmen** sollten jedoch **nicht isoliert und singulär** betrieben werden, sondern eingebettet werden in ein **systematisches, nachhaltiges Vorgehen** in Form eines Konzeptes zur Burnoutprävention und Gesundheitsförderung. Es können zudem die Arbeitsorganisation und auch die Führungskräfteentwicklung verbessert werden, um den zunehmenden Herausforderungen zum Thema gesundheitsorientierte Führung für Manager gerecht zu werden.

Um **Burnoutprävention nachhaltig erfolgreich** zu betreiben, **reicht es nicht, auf das Führungsverhalten** alleine einzuwirken, sondern es bedarf auch der Betrachtung und gegebenenfalls **Änderung von Organisationsstrukturen**. Bei erfolgreicher Burnoutprävention geht es nicht nur um ausreichende Pausen und klare Zielsetzungen in der Zusammenarbeit, sondern auch um die Kultur im Gesamtunternehmen und im Team, sowie die Transparenz von Abläufen, Entscheidungsspielräume, gerechte Bezahlung und Partizipationsmöglichkeiten bei wichtigen Entscheidungen und Veränderungsprozessen. Darüber hinaus spielt eine passgenaue Personalauswahl und Besetzung eine wichtige Rolle (Talentmanagement, Recruitment, Retention), ein Erholungsphasenmanagement im Unternehmen sowie das Thema Erreichbarkeit bzw. Verfügbarkeit. Da inzwischen psychische Erkrankungen über 40 % der Frühberentungsgründe ausmachen, ist Handlungsbedarf angezeigt.

4.1.2 Arbeitsbedingungen in der Organisation

Die Berufstätigkeit von Führungskräften hat neben der Funktion des finanziellen Lebensunterhaltes auch wichtige psychosozial stabilisierende Funktionen. So bietet eine Führungsposition soziale Anerkennung, Kontakte und eine Strukturierung des Alltags. Darüber hinaus bietet gerade eine Führungsposition die Möglichkeit, das persönliche Potenzial zu entfalten und einer Tätigkeit nachzugehen, die identitätskonform ist oder sogar identitätsstiftend wirkt. Andererseits kann ein Arbeitsplatz auch für Führungskräfte Risiken bergen und zum Beispiel bei dauerhafter Überforderung zu Burnout führen. Steigende berufliche Anforderungen an

Führungskräfte (Stichworte: Dynaxity, Internationalisierung, Matrixorganisation, erlebte Selbstunwirksamkeit trotz hoher Zielvorgaben) gefährden die Leistungsfähigkeit von Führungskräften tendenziell. Zum einen können die zunehmenden beruflichen Belastungen, die subjektiv von der Führungskraft als dauerhafte Arbeitsüberforderung erlebt werden, zu Burnout führen. Andererseits können körperliche oder psychische Erkrankungen, die möglicherweise unabhängig von der beruflichen Tätigkeit der Führungskraft bestehen, dazu führen, dass der Manager nicht mehr ausreichend leistungsfähig ist, um eine Führungsposition auszuführen und somit Burnout-gefährdet ist.

Hier liegen auch die Ansatzpunkte für eine effektive Burnoutprävention auf der Ebene Organisation/Unternehmen. Führungskräfte selbst können im Unternehmen darauf Einfluss nehmen, dass in der gesamten Organisation Burnoutprävention eine wichtige Rolle spielt und somit sie selbst und alle anderen Führungskräfte und Mitarbeiter bei der Vorbeugung von Burnout massiv unterstützt werden.

M. Berger und seine Kollegen C. Schneller und W. Maier betonen in ihrem Aufsatz „Arbeit, psychische Erkrankungen und Burn-out. Konzepte und Entwicklungen in Diagnostik, Prävention und Therapie"[5], dass die wichtige Diskussion um **gut gestaltete Arbeitsbedingungen** angesichts der deutlichen Zunahme von Burnout-Fällen dringend angezeigt ist, zumal die moderne Arbeitswelt weiterhin zunehmend technisiert, flexibilisiert und globalisiert wird. Diese Entwicklungen bergen nach Ansicht der Wissenschaftler zusätzliche Risiken für die psychische Gesundheit von Führungskräften und Mitarbeitern. „An vielen Arbeitsplätzen sind die Arbeitsbedingungen durch Arbeitsverdichtung, steigenden Zeit- und Leistungsdruck oder ein Verwischen der Grenzen zwischen Arbeit- und Freizeit gekennzeichnet."

In ihrer Untersuchung stellen sie fest: „Dieser wichtige Diskurs um gut gestaltete Arbeitsbedingungen wird jedoch durch eine mangelnde Differenzierung zwischen der Prävention einer psychischen Belastung am Arbeitsplatz einerseits und der Behandlung von Betroffenen eines Burn-out-Zustandes mit einer manifesten psychischen Erkrankung andererseits behindert. Bei der Sichtung der unterschiedlichen Handlungsbereiche fallen Mängel auf unterschiedlichen Ebenen auf: Im Bereich der Gefährdungsbeurteilung und Prävention psychischer Belastungen werden auf betrieblicher Ebene zu wenig Maßnahmen ergriffen."[6]

---

[5] M. Berger, C. Schneller, W. Maier, Arbeit, psychische Erkrankungen und Burn-out. Konzepte und Entwicklungen in Diagnostik, Prävention und Therapie, in: Nervenarzt 2012, Ausgabe 83, Seite 1367, Springer Verlag Berlin, Heidelberg 2012.

[6] Ebda.

4.1.2.1 Burnoutprävention als Verhältnisprävention und als Verhaltensprävention

Mathias Berger, Professor für Psychiatrie und Psychotherapie an der Universitätsklinik Freiburg, unterscheidet bei der betrieblichen Burnoutprävention in folgender Weise: „Zum Schutz vor gesundheitsschädigenden Auswirkungen von Arbeitsbedingungen werden Maßnahmen der Verhältnisprävention auf organisationaler Ebene von Maßnahmen, die auf das einzelne Individuum bezogen sind, die Verhaltensprävention, unterschieden. Nach geltendem Arbeitsschutzgesetz ist dabei verhältnispräventiven Ansätzen Vorrang zu geben, welche an der Gestaltung von Arbeitsprozessen und betrieblichen Abläufen, an der Führung oder der Unternehmenskultur ansetzen. In der Praxis scheinen jedoch ausgewählte Programme der Verhaltensprävention umgesetzt zu werden wie Beratungsprogramme, Kommunikationstraining, Workshops zum Umgang mit Stress, Zeitmanagementkurse oder Entspannungsverfahren."[7]

Besonders wirksam scheinen Burnoutpräventionsprogramme zu wirken, die **Verhaltens- und Verhältnisprävention** kombinieren. Dabei scheint es so zu sein, dass sich die Maßnahmen auf individueller und betrieblicher Ebene gegenseitig unterstützen, sodass für die Mitarbeiter und Führungskräfte eine sich verstärkende präventive Wirkung die Folge ist.[8] Im Alltag der Unternehmen und anderer Organisationen scheinen diese kombinierten Präventionsmaßnahmen jedoch noch Seltenheitsstatus zu besitzen. Nach einer Studie unter Einbeziehung von Betriebs- und Werksärzten sind Präventionsmaßnahmen im Bereich der psychischen Belastungen und Erkrankungen immer noch unzureichend verbreitet.[9] Die in der Studie befragten Ärzte sehen in den Unternehmen noch einen hohen Bedarf an Information und Aufklärung zum Umgang mit psychischen Erkrankungen. Dies betrifft vor allem kleine und mittelständische Unternehmen.

Die Notwendigkeit, dass Arbeitsbedingungen im Sinne einer Verhältnisprävention von Burnout besser gestaltet werden sollten, wird unter anderem auch von der

[7] M. Berger, C. Schneller, W. Maier, Arbeit, psychische Erkrankungen und Burn-out. Konzepte und Entwicklungen in Diagnostik, Prävention und Therapie, in: Nervenarzt 2012, Ausgabe 83, Seite 1364 – 1372, hier: 1368, Springer Verlag Berlin, Heidelberg 2012. Vgl. auch Bundesministerium für Arbeit und Soziales, 2011, Psychische Gesundheit im Betrieb – Arbeitsmedizinische Empfehlungen, Berlin.

[8] Vgl. dazu Walter U., Krugmann C. S., Plaumann M., 2012, Burnout wirksam präventieren? Ein systematischer Review zur Effektivität individuumbezogener und kombinierter Ansätze. Bundesgesundheitsblatt Nr. 55, Seite 172–182.

[9] Dietrich, S., Mergel, R., Rummel-Kluge, C., Stengler, K., 2012, Psychische Gesundheit in der Arbeitswelt aus der Sicht von Betriebs- und Werksärzten. Psychiatrische Praxis, Ausgabe 39, Seite 40–42.

Bundesanstalt für Arbeitsschutz und Arbeitsmedizin sowie vom Bundesministerium für Arbeit und Soziales betont.[10] Leider werden bisher entsprechende Gefährdungsbeurteilungen und andere Instrumente und daran anschließende Maßnahmen noch zu wenig genutzt (siehe dazu Kapitel 3.5.6). Die Europäische Union hatte zwar bereits im Jahr 2004 mit der Sozialpartnervereinbarung auf den Handlungsbedarf zur Reduktion von arbeitsbedingtem Stress hingewiesen, Deutschland hat jedoch die entsprechenden Regelungen und Verordnungen, im Gegensatz zu einer ganzen Reihe anderer Mitgliedsstaaten, nicht eingeführt. Wichtigster Akteur im Hinblick auf Burnoutprävention in Organisationen ist allerdings nach wie vor das Unternehmen bzw. die Organisation selbst, hier sollten alle Führungskräfte Einfluss auf die Unternehmensführung nehmen und damit einen Beitrag leisten zur Burnoutprävention über ihren persönlichen Verantwortungsbereich hinaus.

In jedem Fall scheint es zurzeit so zu sein, dass **kaum systematische und nachhaltige Burnoutprävention in Unternehmen betrieben** wird und dass entsprechende Ressourcen ungleichmäßig verteilt werden, sodass manche Arbeitsnehmer eine Überversorgung und andere eine Unterversorgung hinsichtlich Burnoutprävention erhalten.[11]

4.1.2.2 Untersuchungsergebnisse und kombinierte Ansätze zur Burnoutprävention

Um Burnout vorzubeugen und die Gesundheit der Mitarbeiter und Führungskräfte zu fördern, ist es nützlich, das **betriebliche Gesundheitsmanagement zu vernetzen**. Die Studie zu „Gesunde Führung" der Universität St. Gallen zeigt, dass Unternehmen, die einen höheren Prozentsatz (ca. 70–80 %) ihres Budgets für das betriebliche Gesundheitsmanagement auf Maßnahmen zur Verbesserung der psychischen Gesundheit verwenden, die psychische Gesundheit um 11 % verbessern. Es kommt dabei jedoch nicht auf die Menge der Angebote an, sondern vielmehr auf die Verzahnung der Maßnahmen untereinander. So reduziert die Verfügbarkeit verschiedener, loser miteinander verbundener Angebote die psychische Erschöpfung nur um 5 %. Es scheint also angezeigt, dass Maßnahmen zur Vorbeugung von dauerhafter, massiver Erschöpfung vernetzt und systematisiert werden sollten.[12]

---

[10] Amtliche Mitteilungen der Bundesanstalt für Arbeitsschutz und Arbeitsmedizin, 2012, Bundesanstalt für Arbeitsschutz und Arbeitsmedizin Aktuell 2, Dortmund und Bundesministerium für Arbeit und Soziales, 2011, psychische Gesundheit im Betrieb – Arbeitsmedizinische Empfehlungen, Berlin.

[11] M. Berger, C. Schneller, W. Maier, a.a.O.

[12] Bruch und Kowalevski, 2013, S. 6.

Hochleistung und Entspannung sollten **ausbalanciert** sein und diese Schaffung von gesunden persönlichen Balancen bei der Arbeit sollte vom Unternehmen unterstützt werden. Unter anderem betreibt das Unternehmen B. Braun (Melsungen) ein System, wonach Mitarbeiter und Führungskräfte, die über einen längeren Zeitraum ein Projekt geleitet haben, nicht sofort im Anschluss wieder eine Projektleitung übernehmen dürfen. Zumindest ist es notwendig, dies zu beantragen, und es muss von den Vorgesetzten unterstützt und genehmigt werden. So werden Mitarbeiter und Führungskräfte in der Projektarbeit vor persönlicher Überforderung geschützt.

Unternehmen, die ihren Mitarbeitern **Entwicklungs- und Karriereperspektiven** bieten, beeinflussen deren psychische Gesundheit positiv. Mitarbeiter, die verschiedene Karrierepfade im Unternehmen kennen und konkrete Vorstellungen zu einem individuellen Entwicklungspfad haben, sind um 43 % psychisch gesünder als Mitarbeiter, bei denen dies nicht so ist.[13]

Ein wissenschaftlicher **Review zur Effektivität individuumsbezogener und kombinierter Ansätze**[14] **zur Burnoutprävention** von Prof. Dr. U. Walter (Institut für Epidemiologie, Sozialmedizin und Gesundheitssystemforschung der Medizinischen Hochschule Hannover) zeigt auf, dass noch viele Forschungsanstrengungen auf dem Gebiet der Burnoutprävention zu leisten sind. Er hatte zusammen mit den Kollegen Krugmann und Plaumann 939 wissenschaftliche Publikationen zu dem Thema untersucht und das Fazit gezogen: Gegenwärtig kann die Aussage nicht aufrechterhalten werden, dass kombinierte Interventionen wirksamer sind als ausschließlich individuelle Ansätze. Es konnte nicht herauskristallisiert werden, welche spezifischen Elemente für eine wirksame Prävention von Burnout zentral sind. Die positivsten Effekte zeigten Interventionen mit einem kognitiven Verhaltenstraining. Interventionen, die vorwiegend Entspannungstrainings einsetzten, zeigten oft nur kurzfristige Effekte.[15] Die Wissenschaftler von der Medizinischen Hochschule in Hannover heben in ihrer Zusammenfassung insbesondere eine Studie zu kombinierten Interventionen hervor. Bourbonnais (2006) hatte besonders gute und nachhaltige Ergebnisse erzielt, indem er die Auswirkungen eines partizipativen Ansatzes untersuchte. Es sollten negative psychosoziale Faktoren am Arbeitsplatz in einem Krankenhaus untersucht werden. Dabei erarbeitete ein Interventionsteam, zu dem neben dem Gesundheitspersonal auch Mitarbeiter aus wei-

---

[13] Ebda.

[14] Kombinierte Ansätze beziehen die individuelle Ebene und die soziale Ebene bei der Maßnahmenplanung ein.

[15] Burn-out wirksam prävenieren? Ein systematischer Review zur Effektivität individuumbezogener und kombinierter Ansätze, Walter, U. et al. im Bundesgesundheitsblatt 2012 Gesundheitsforschung Gesundheitsschutz Ausgabe 2/2012 Seite 181.

teren Bereichen des Krankenhauses zählten, in regelmäßigen Sitzungen über vier Monate hinweg Vorschläge für eine Arbeitsplatzveränderung und die Umsetzung dieser Veränderungsvorschläge. Im Fokus standen dabei die (aus der bisherigen Forschung bekannten) negativen Einflussfaktoren wie hohe psychisch belastende Anforderungen, geringer Entscheidungsspielraum, geringe erlebte soziale Unterstützung sowie geringe erlebte Honorierung.[16] Die Wissenschaftler der Medizinischen Hochschule Hannover geben zu bedenken, dass Refresherangebote — das sind Angebote, die nach einer gewissen Zeit das vermeintlich Erlernte auffrischen oder den Lernstoff vertiefen — möglicherweise die positiven Effekte von Interventionen zur Burnoutprävention verstärken können. Die Auswertung der über 900 wissenschaftlichen Arbeiten ergab zudem den Hinweis, dass möglicherweise insbesondere Risikogruppen von Burnoutpräventionsmaßnahmen profitieren könnten.[17]

Da 76 % aller Interventionen zu positiven Effekten bei Burnout oder seinen Subkomponenten (wie persönliche Leistungsfähigkeit, emotionale Erschöpfung und Depersonalisierung) führen, lässt sich schlussfolgern, **dass Burnoutpräventionsmaßnahmen in den allermeisten Fällen wirken.** Die Forschung und die belastbaren Ergebnisse in Wirtschaftsunternehmen und anderen Organisationen sollten dazu beitragen, dass die Wirksamkeit von Burnoutpräventionen weiter verbessert werden kann. Aus eigener langjähriger Erfahrung in der Einzelberatung von Führungskräften zum Thema Burnoutprävention und zur Begleitung von Führungskräften in Workshops und Seminarreihen zum gleichen Thema lässt sich zusammenfassen: Eine kombinierte Vorgehensweise von individuellen Maßnahmen und team- oder arbeitsbezogenen Maßnahmen ist nicht immer notwendig. Vielmehr sollte zuvor eine saubere Analyse klären, welche Faktoren im Einzelfall besonders relevant für die individuelle Prävention sind. Grundlegende Weiterbildungsmaßnahmen des Managements zum Thema Verbesserte Selbstorganisation, Stressmanagement, Resilienz etc. schaffen in jedem Fall eine günstige Grundlage für weitere Präventivmaßnahmen. Dabei sollte darauf geachtet werden, dass Maßnahmen langfristig angelegt und immer wieder Refresherangebote eingestreut werden, um den Nutzungsgrad zu erhöhen. In Bezug auf eine nachhaltige, ganzheitliche Wirksamkeit von Burnoutpräventionsmaßnahmen empfiehlt es sich in jedem Fall, sowohl personale Maßnahmen als auch Maßnahmen für das Team bzw. die Abteilung etc. als auch für das Gesamtunternehmen zu nutzen, um auf allen drei Ebenen mit gezielter Personal- und Organisationsentwicklung gesundheitsorientierte Führung im Rahmen eines betrieblichen Gesundheitsmanagements zu verankern.

---

[16] Bourbonnais R. 2006.

[17] Walter und andere 2012, Seite 181.

Betriebliche Burnoutprävention multifaktoriell — Ergebnisse der „Gemeinsamen Deutschen Arbeitsschutzstrategie"

Die „Gemeinsame Deutsche Arbeitsschutzstrategie" (GDA) stellt in ihrer Informationsschrift „Schutz und Stärkung der Gesundheit bei arbeitsbedingter psychischer Belastung" [18] fest: „Es besteht weitgehend Konsens darüber, dass psychische Belastungsfaktoren mit dem Wandel der Arbeitswelt zunehmen. Entwicklungstendenzen sind etwa:

- zunehmende geistige Arbeit und steigende Anforderungen an Qualifikation und beständige Weiterbildung (Trend zur Dienstleistungs- und Wissensgesellschaft),
- fortlaufende Beschleunigung von Fertigungs-, Dienstleistungs- und Kommunikationsprozessen,
- verstärkter Einsatz neuer Technologien, die permanente Erreichbarkeit ermöglichen,
- zunehmende Arbeitsunterbrechungen und „Entgrenzung" der Arbeit,
- erhöhte Eigenverantwortung der Beschäftigten bei steigender Komplexität der Arbeitsanforderungen,
- diskontinuierliche Beschäftigungsverhältnisse, steigende Mobilitätsanforderungen,
- wachsende berufliche Unsicherheit, etwa im Kontext von Restrukturierungsprozessen und
- zunehmende Instabilität sozialer Beziehungen."

In diesem Zusammenhang von Wandel in der Arbeitswelt wird deutlich, dass psychischen Störungen und im besonderen **Burnout ein multifaktorielles Geschehen** zugrunde liegt. Die GDA geht grundsätzlich davon aus, „dass neben der individuellen Disposition psychosoziale Stressfaktoren z. B. aus der Arbeitswelt, aber auch schwerwiegende Lebensereignisse eine Rolle spielen." [19] Daraus ergibt sich für Organisationen aller Art die Aufgabenstellung, durch eine mitarbeitergerechte Arbeitsgestaltung und eine nachhaltige Ressourcenstärkung Burnout und andere psychische Störungen zu reduzieren. Die Ansatzpunkte ergeben sich aus der vorherigen Analyse der GDA. Nämlich:

- die psychosozialen Stressfaktoren in der Arbeitswelt zu reduzieren und
- dem Mitarbeiter Unterstützung zu bieten bei
  - der Verbesserung der individuellen Disposition und
  - im Umgang mit schwerwiegenden Lebensereignissen.

---

[18] Gemeinsame Deutsche Arbeitsschutzstrategie, 2012, Infoblatt: Gemeinsames Arbeitsschutzziel 2013 – 2018 – „Schutz und Stärkung der Gesundheit bei arbeitsbedingter psychischer Belastung", Seite 1.

[19] Ebda.

Zu dem ersten Bereich der psychosozialen Stressfaktoren in der Arbeitswelt zählt die Gestaltung von besseren Arbeitsbedingungen im Sinne von Rahmenbedingungen zur Arbeitsorganisation und zur besseren gesundheitsorientierten Führung. In den beiden anderen Punkten (individuelle Disposition und schwerwiegende Lebensereignisse) kann das Unternehmen zum Beispiel durch Qualifizierungsmaßnahmen und das Angebot von externer Unterstützung wie EAP (Employee Assistance Programme, wird im Folgenden noch genauer erläutert) und ähnlichen Services Unterstützung bieten.

4.1.2.3 Zusammenfassung einiger Empfehlungen zur betrieblichen Burnoutprävention

Wer für das Unternehmen Kosten einsparen und den Mitarbeitern etwas Gesundheitserhaltendes zukommen lassen möchte, der kann dies als Topmanager im Verbund mit seinen Kollegen durch nachhaltige, ganzheitliche Prävention von Burnout tun. Mit einer Seminarreihe ist es allerdings nicht getan. Dass es sich lohnt, zeigen Unternehmen wie BASF, Bertelsmann und andere (siehe Kapitel 4.6). **Burnoutprävention** und Gesundheitsförderung sind **Managementaufgaben, die vom Topmanagement aktiv gefördert und vorbildhaft begleitet** werden sollten.

- **Führungskräfte sollten mehr Know-how und Handlungskompetenzen** vermittelt bekommen, um ihren Verantwortungsbereich salutogener gestalten zu können und mit gesundheitsförderlichen Maßnahmen Burnout vorzubeugen.
- Auch Mitarbeiter sollten in Organisationen die **Kenntnisse und Fähigkeiten zum Umgang mit psychischen Belastungen**, unter anderem in Form von **Fortbildungen, Supervision oder Coaching** vermittelt bekommen, um selbst Burnout vorbeugen zu können. Somit wird einer Überlastung der Führungskraft vorgebeugt und die Selbstverantwortung des Mitarbeiters gestärkt.
- Vorhandene **Instrumente wie zum Beispiel die Gefährdungsanalyse oder EAP** sollten von Organisationen im Allgemeinen intensiver genutzt werden, um die vorbeugende Wirkung zur Burnoutprävention und zur Entlastung von Führungskräften zu nutzen. Insbesondere bei den Gefährdungsanalysen ist noch viel Spielraum für eine qualitativ hochwertige Durchführung der Gefährdungsanalysen und bei der Ableitung entsprechender Maßnahmen, die dann flächendeckend in der Organisation umgesetzt werden. Viele Organisationen führen eine solche Analyse noch gar nicht durch oder nur in geringer Qualität.
- **Die psychosoziale Betreuung und insbesondere die vorbeugenden Maßnahmen** zu psychischen Belastungen sollten in den Organisationen verstärkt werden. Dazu reicht meist der bisherige betriebsärztliche Dienst, insbesondere bei klein- und mittelständischen Unternehmen, nicht aus. Selbst wenn es in Un-

ternehmen Betriebspsychologen und ähnliche Fachkräfte gibt, sollten diese in Richtung Vorbeugung von psychischen Belastungen weiterqualifiziert werden.

- In der **Arbeitsorganisation** sollten **Qualitätsstandards für Arbeitsbedingungen** konsequenter umgesetzt werden, die eine Vorbeugung für psychisch überlastende Arbeit darstellen.
- In den Organisationen sollten verstärkt **niedrigschwellige Angebote für die Vorbeugung von psychischer Überlastung** eingerichtet werden bzw. es sollte mit ihnen kooperiert werden. Das können sowohl eigene Beratungsangebote zum Beispiel EAP sein, aber auch andere Beratungsstellen, Praxen, Ambulanzen und Kliniken. Hier sind ein entsprechendes Marketing von Unternehmensseite und eine absolute Vertraulichkeit wichtig.
- Unternehmen sollten bereit sein**, in die Burnoutprävention zu investieren**, um Folgekosten zu sparen und zu zeigen, dass sie es mit der Mitarbeiterorientierung und einer gewissen Mitarbeiterfürsorge ernst meinen.

4.1.3 Organisationale Rahmenbedingungen für gesundheitsorientierte Führung

Da die gesundheitsorientierte Führung nicht in einem kulturfreien Umfeld innerhalb der Organisation stattfinden kann, ist es wichtig, dass die einzelne Führungskraft Einfluss nimmt auf die organisationsweiten Rahmenbedingungen für gesundheitsorientierte Führung in ihrem Verantwortungsbereich.

Unterstützende Rahmenbedingungen für die Umsetzung von gesundheitsorientierter Führung sind:

- Die Leitung der Organisation bzw. die Unternehmensführung bekennen sich zum Thema Gesundheit und gesundheitsorientierte Führung und unterstützen dies aktiv, zum Beispiel durch ihr eigenes Vorbild und durch die Unterstützung von entsprechenden Rahmenbedingungen und Programmen.
- Gesundheit und gesundheitsorientierte Führung sowie Burnoutprävention im besonderen wird Bestandteil und wichtige Größe in allen Personalentwicklungs- und Personalführungsinstrumenten, wie zum Beispiel in den Führungsleitlinien im 360-Grad-Feedback oder in den Mitarbeitergesprächen.
- Auch im Unternehmensleitbild und in den Unternehmenswerten wird dem Wert Gesundheit und der Burnoutprävention ein hoher Stellenwert eingeräumt. Zudem werden entsprechende Umsetzungsmaßnahmen und Programme unterstützt.
- Gesundheit wird als ebenso hoher Wert wie zum Beispiel Ergebnisorientierung im Unternehmen gehandelt und behandelt, sodass ein kontinuierlicher Verbes-

serungsprozess zur gesundheitsförderlichen Unterstützung von Mitarbeitern und Führungskräften stattfindet.

- Führungskräfte werden danach beurteilt, ob sie ihre eigene Gesundheit und die Gesundheit und Burnoutprävention für Mitarbeiter in ihrer Führungsarbeit verbessern.
- Gesundheitsorientierte Führung wird in das System von betrieblichem Gesundheitsmanagement so eingebettet, dass durch zahlreiche Angebote und Unterstützungsmaßnahmen eine massive Unterstützung für Führungskräfte und Mitarbeiter gegeben ist.

Wenn das Topmanagement, insbesondere die Unternehmensleitung, von dem positiven Einfluss und dem Potenzial gesundheitsorientierter Führung überzeugt ist und dies auch selbst anwendet in ihrem Führungsverhalten, dann ist die Wahrscheinlichkeit hoch, dass auch die Führungskräfte unterhalb des Topmanagements gesundheitsorientierte Führung anwenden.

Ein wichtiges Element in der Unternehmenskultur zum Wert Gesundheit ist, ob **Führungskräften ausreichend Zeit gewährt wird, um sich mit den Bedürfnissen und Anliegen ihrer Mitarbeiter auseinanderzusetzen.** Ebenfalls ist eine Vertrauenskultur, die tatsächlich gelebt wird und nicht nur ein Lippenbekenntnis ist, von entscheidender Bedeutung für eine Kultur der Burnoutprävention und Gesundheitsfürsorge. Da eine Unternehmenskultur immer weiterentwickelt und weitergestaltet wird, sollten sich Führungskräfte einmischen und die Kultur des eigenen Unternehmens in Richtung Gesundheitsförderung und Burnoutprävention beeinflussen.

Wichtige Kooperationspartner, um gemeinsam Gesundheitsförderung und Burnoutprävention voranzubringen, sind dabei unter anderem

- betriebsärztlicher Dienst,
- Fachkräfte für Arbeitssicherheit,
- Personalbereich/Human Resources, insbesondere die Bereiche Personal- und Organisationsentwicklung und Personalmanagement,
- Sozialberatung oder externe Mitarbeiterberatung (EAP) sowie
- Betriebs-oder Personalrat.

Betriebliche Burnoutprävention und Gesundheitsförderung

In der Burnoutprävention von Organisationen kann unterschieden werden zwischen einer **Primärprävention** und einer **Sekundärprävention**. Die Primärprävention dient der **Früherkennung** von Burnout Entwicklungen. Zum Beispiel können besonders risikobehaftete Arbeitsbedingungen und auffällige risikobehaftete Bewältigungsformen von herausfordernden Arbeitssituationen früherkannt werden. Dazu ist eine übergreifende Zusammenarbeit zwischen den Führungskräften vor Ort und dem betrieblichen Gesundheitsmanagement und anderen Einheiten wie Betriebsarzt, Human Ressources/Personalabteilung hilfreich. So könnten auch relativ frühzeitig Symptome von Burnout diagnostiziert werden. Die Folge wäre ein frühzeitiges Angebot von Beratung und Behandlung, zum Beispiel durch die Überweisung an Spezialisten und die Nutzung von Vorbeugemaßnahmen.

In der **Sekundärprävention** können hilfreiche Maßnahmen angeboten werden, sodass ein Rückfall möglichst vermieden wird, wenn ein Mitarbeiter oder eine Führungskraft bereits Burnout hatte. Dazu ist die Koordination zwischen dem medizinischen Bereich, dem psychotherapeutischen Bereich und dem beruflichen Kontext erfolgsentscheidend. Eine **Kontinuität und Wirksamkeit in der Betreuung** ist wichtig sowie ein frühzeitiges wirksames Eingliederungsmanagement. Auch ambulante Gruppentherapien und effektive Kooperationen mit Betriebsärzten oder psychosozialen Beratern im Unternehmen und außerhalb des Unternehmens sind nützlich.

Zur **Burnoutprävention** bieten sich unter anderem an:

- **Individuelle und gruppenbezogene Stressbewältigungsprogramme**, die praxiswirksame Hilfen anbieten für die tägliche Stressbewältigung, Stressvermeidung und Entspannungskompetenz der Mitarbeiter und Führungskräfte.
- **Führungskräfteentwicklungsprogramme zur Unterstützung von gesundheitsorientierter Führung**, die nicht als Einmalveranstaltung durchgeführt werden, sondern in einem mehrjährigen Kontext stehen und als Führungskräfteentwicklungsmaßnahme und als Organisationsentwicklungsmaßnahme anzusehen sind.
- **Zusätzliche Programme zur Personal- und Organisationsentwicklung** (zum Beispiel zur Unterstützung der Autonomie, wertschätzender Kommunikation, kooperatives Verhalten im Team, Ressourcenunterstützung und Feedbackkultur).

4.2 Gemeinsam Burnout vorbeugen – Verantwortung teilen

„Verantwortlich ist man nicht nur für das, was man tut, sondern auch für das, was man nicht tut."

(Laotse)

Burnout ist alleine durch die Änderung von Arbeitsbedingungen nicht zu verhindern. Die multifaktorielle Bedingtheit von Burnout verlangt den Einsatz aller maßgeblich Beteiligten: Selbstverantwortliches Handeln für die eigene Gesundheit und Leistungsfähigkeit durch Mitarbeiter und Führungskräfte, unterstützende Angebote und Maßnahmen im Sinne von salutogenem psychischen Arbeitsschutz, Personal- und Organisationsentwicklung durch das Topmanagement von Unternehmen und anderen Organisationen und das gesundheitsförderliche Führungsverhalten von Chefs.

Alle drei Beteiligten — die Führungskräfte, ihre Mitarbeiter und die Unternehmensleitung — haben ähnliche Interessen. Zumindest möchten sie gemeinsam einige Ziele erreichen, nämlich wirtschaftlichen Erfolg, ein hohes Ansehen und die Erhaltung der Arbeitsfähigkeit bis zum Erreichen des Renteneintrittsalters — und das in einer Art und Weise, in der Arbeit Freude bereitet und erfolgreich ist. Dazu ist es hilfreich, sich gegenseitig zu unterstützen und sich darauf zu fokussieren, was Zielsetzung und Sinn des gemeinsamen Unternehmens ist und was bereits gut läuft. Lösungs- und Zielorientierung helfen dabei mehr als Problemorientierung und defizitorientierte Kritik. So kann ein wertschätzendes Miteinander, das von Toleranz, Respekt, persönlicher Anerkennung und einer echten Wertschätzung von Mensch zu Mensch geprägt ist, unterstützend wirken. Positives Feedback, aber auch klare Kritik, verbunden mit konsequentem Handeln, geben dabei Orientierung und schaffen Klarheit. Dies hilft allen Beteiligten. Wenn sich Mitarbeiter, Führungskräfte und Unternehmensleitung gegenseitig stärken und sich Vertrauen schenken, stärkt das alle bei einem gemeinsamen Vorgehen für Gesundheit, Leistungsfähigkeit und Burnoutprävention. Direktes Feedback, egal ob positiv oder als konstruktive Kritik, hilft Konflikte so zu bearbeiten, dass etwas Produktives daraus entsteht. Die Berücksichtigung der persönlichen Bedürfnisse von Mitarbeitern, Führungskräften und dem Topmanagement hilft allen Beteiligten, gute Lösungen zu finden.

An allen Beteiligten liegt es, auf ihre Gesundheit zu achten und somit Vorbild für andere zu sein. Jeder hat das Recht und die Pflicht, für seine Gesundheit zu sorgen und aktiv Burnout und damit einer dauerhaften, massiven Erschöpfung vorzubeugen. Niemand ist dazu verpflichtet, sich dauerhaft so zu überlasten, dass er das Risiko eingeht, Burnout zu erleiden. Umgekehrt kann niemand eine solche dauerhafte, massive Überforderung von jemand anderem erwarten oder sogar einfordern.

Die Aufteilung der salutogenetischen Verantwortung macht erfahrungsgemäß folgendermaßen Sinn:

Die Führungskraft ist in allererster Linie für ihre persönliche Gesundheit und Leistungsfähigkeit verantwortlich (dies gilt ebenso für Mitarbeiter). Für Führungskräfte ist diese Übernahme von Selbstverantwortung für die individuelle Gesundheit und Leistungsfähigkeit besonders wichtig, da sie die Voraussetzung dafür ist, dass Führungskräfte salutogene Prozesse in ihrem Verantwortungsbereich gestalten und zum Erfolg führen können. Nur eine Führungskraft, die selbst überzeugend für ihre Gesundheit und Leistungsfähigkeit sorgt, kann ihre Mitarbeiter zu einem gesundheits- und leistungsförderlichen Miteinander im Team anführen. Die **Verantwortung für salutogene Prozesse in einem Team**, einer Abteilung etc. liegt in erster Linie bei der Führungskraft, die durch Maßnahmen der gesunden oder gesundheitsorientierten Führung im weiteren Sinne Gesundheit und Leistungsfähigkeit in ihrem Verantwortungsbereich fördert.

Von Seiten der **Unternehmensführung** liegt die Verantwortung vor allem darin, den Führungskräften und Mitarbeitern unterstützende Maßnahmen für die Förderung von Gesundheit und Leistungsfähigkeit zur Verfügung zu stellen. Es ist jedoch illusorisch, davon auszugehen, dass alleine die Zurverfügungstellung von Bewegungsangeboten, Ernährungsangeboten und ähnlichem wesentliche Fortschritte bei Gesundheits- und Leistungsförderung bringen. Vielmehr ist es wichtig, dass die Unternehmensführung im Bereich von Wertemanagement, Personalförderungs- und Organisationsentwicklungsinstrumenten die Wirksamwerdung von gesundheitsorientierter Führung massiv und nachhaltig unterstützt, unter anderem auch in der Weise, dass sich zum Beispiel **Vorstände und Geschäftsführer selbst vorbildlich überzeugend verhalten**. Dies bedeutet keineswegs, dass das gesamte Topmanagement zu sogenannten Gesundheitsaposteln werden muss, sondern in erster Linie **ihr persönliches Führungsverhalten den Werten und Grundzügen von gesundheitsorientierter Führung entspricht**. Der Nutzen von gesundheitsförderlichen Konzepten, Programmen und Einzelmaßnahmen ist begrenzt, wenn die Topführungskräfte nicht einen überzeugenden Beitrag durch persönliches Vorleben zeigen.

Speziell die **Unternehmensleitung** kann durch Verbesserung der Arbeitsbedingungen und durch den verbesserten Umgang mit Absentismus und Präsentismus gute Bedingungen für Salutogenese und Burnoutprävention leisten. Die Führungskräfte sollten trotz aller Wettbewerbsbedingungen nicht zu stark und dauerhaft zu hohem Druck ausgesetzt werden. Überlastungsanzeichen sowie psychische Erkrankungen sollten ernst genommen werden. Von Seiten der Leitung einer Organisation (wie zum Beispiel eines Unternehmens) können Bedingungen geschaffen und Programme aufgelegt werden, die Burnout vorbeugen und Gesundheit fördern.

Und auch die **Mitarbeiter** sollten ihrer Selbstverantwortung nicht enthoben werden. Sie sind in allererster Linie für die Erhaltung und die Förderung ihrer Gesundheit, Leistungsfähigkeit und Arbeitsfreude verantwortlich.

Personen in Schlüsselfunktionen, wie in dem Bereich Human Resources und Personalentwicklung, tragen Verantwortung dafür, dass die psychosoziale Gesundheit der Führungskräfte und Mitarbeiter einer Organisation unterstützt wird. Ein produktives und professionelles Vorgehen bei der Unterstützung von salutogenen Prozessen im Rahmen von Personal- und Organisationsentwicklung ist ein wesentlicher Beitrag zur Verhinderung von Burnout in der Organisation. Dazu ist es auch wichtig, die Geschäftsführung auf Missstände und Verbesserungspotenziale aufmerksam und konkrete Vorschläge zu machen. Dazu kann man nicht immer nur eine bequeme Haltung einnehmen. Insbesondere die Möglichkeiten von Weiterqualifizierung in Richtung Gesundheitserhaltung und Burnoutprävention für Mitarbeiter und für Führungskräfte müssen intensiviert werden.

Aufgabe des Unternehmens und anderer Organisationen ist es, sichere und **gesundheitsbewahrende Rahmenbedingungen** für die Mitarbeiter zu gewährleisten. Dabei wird der jeweilige Arbeitgeber von **Fachkräften** unterstützt, wie zum Beispiel Fachkräfte für Arbeitssicherheit, der betriebsärztliche Dienst, der Betriebs- bzw. Personalrat.

Daneben sind aber auch die **Gestalter der Arbeitssysteme**, wie zum Beispiel Planer, Konstrukteure, IT-Strategen und Produktgestalter mitverantwortlich. Hilfreich ist deshalb die frühzeitige Beteiligung von Mitarbeitern bei Planungen, die die Arbeitstätigkeit und organisatorischen Rahmenbedingungen aller Mitarbeiter betreffen. So können mögliche Fehlbelastungen, die Burnout bedingen, frühzeitig vermieden werden.

Die bereichsübergreifenden **Planer, die Arbeitssysteme und damit die Arbeitsorganisation maßgeblich beeinflussen**, sind gefordert, Folgendes zu berücksichtigen:

- Die Wechselwirkungen zwischen Mitarbeitern, Technik und organisatorischen Bedingungen.
- Mitarbeitergerechte Gestaltung der Beanspruchung.

- Anforderungsgerechte Personalauswahl und Qualifizierung (inklusive Weiterbildung).
- Berücksichtigung der Erfahrungen und Kompetenzen der Nutzer von bestehenden und künftigen Arbeitssystemen.
- Insbesondere bei der Entwicklung von neuen Systemen sind die Fähigkeiten, Erwartungen, Erfahrungen der künftigen Nutzer zu berücksichtigen. Schulungsmaßnahmen alleine reichen für die Mitarbeiter nicht aus.
- Individuelle unterschiedliche Voraussetzungen von künftigen Nutzern, wie Fähigkeiten und Leistungsvermögen, sollten bei der Planung berücksichtigt werden, insbesondere im Hinblick auf die resultierende Arbeitsbeanspruchung.
- Durch dynamische Systemgestaltungen können Veränderungen benutzerfreundlich vorgenommen werden. Arbeitssysteme und deren Organisation sollten also die Entwicklung von Fähigkeiten und Erwartungen (die sich erfahrungsgemäß im Laufe der Zeit ändern) berücksichtigen, soweit dies geht.[20]

4.2.1 Selbstverantwortung für die eigene Gesundheit

Jeder Mitarbeiter und jede Führungskraft trägt zunächst Verantwortung für ihre eigene Gesundheit. Dies betrifft sowohl die Leistungsfähigkeit als auch mögliche Erschöpfungszustände.

In Beratungssituationen mit einzelnen Führungskräften und Mitarbeitern ist immer wieder festzustellen, dass diese berichten: „Es macht einen unglaublichen Stress." oder: „Es ist kaum auszuhalten. Es macht einfach keinen Spaß mehr." Diese Beschreibungen verdeutlichen, dass der Betroffene nicht die Verantwortung bei sich selbst sieht. Es ist nicht nur wissenschaftlich nachgewiesen, dass jeder Mensch nur selbst sich Stress machen kann, sondern es entspricht auch nicht einer verantwortlichen Haltung, wenn man diese persönliche Verarbeitung von Umweltsituationen anderen Menschen oder Situationen zuschreibt. Dadurch werden die persönliche Verantwortungsübernahme und entsprechende Handlungsoptionen beschränkt. Infolgedessen gibt es in der Wahrnehmung des Einzelnen etwas außerhalb der Person, das das Problem verursacht und kaum veränderbar ist. Wer als Mitarbeiter und Führungskraft wirklich Verantwortung für seine Gesundheit, seine Leistungsfähigkeit und seinen Zustand an Erschöpfung oder Nicht-Erschöpfung übernimmt, der kann formulieren: „Ich mache mir Stress." oder: „Ich habe eine große Herausforderung zu bewältigen. Ich bin nicht mit allen Rahmenbedingun-

---

[20] Bundesanstalt für Arbeitsschutz und Arbeitsmedizin 2010, psychische Belastung und Beanspruchung im Berufsleben: Erkennen – Gestalten, Seite 25.

gen oder Vorgehensweisen einverstanden. Aber ich werde unter Berücksichtigung meiner persönlichen Interessen das Beste daraus machen."

Joachim Galuska, ärztlicher Direktor der Heiligenfeld Kliniken in Bad Kissingen, gibt zu bedenken: „Wir leben in einer Leistungsgesellschaft, in der das Thema Leistung in jedem Bereich forciert wird und die Bevölkerung sich damit längst identifiziert hat. Man will heute alles: Die steile Karriere, die funktionierende Familie, den großen Freundeskreis und sich dabei auch noch selbst verwirklichen. Die persönlichen Ansprüche sind also enorm gestiegen. Aber leider haben unsere Fähigkeiten, mit den steigenden Anforderungen adäquat umzugehen, nicht in dem Maße zugenommen. Dazu kommt, dass die Kompensation über das soziale Netz geringer geworden ist. Heute hat man zwar viele Freunde, aber das sind meist nur oberflächliche Freundschaften."[21] Die Verantwortung für das eigene Leben kann nicht durch noch so viele relativ oberflächliche Sozialkontakte ersetzt werden.

Bei allen Bemühungen zur Burnoutprävention auf organisationeller Ebene ist es wichtig, die **grundsätzliche Selbstverantwortung** zum Thema Gesundheit, Leistungsfähigkeit und Erschöpfungsbefinden beim Mitarbeiter bzw. der Führungskraft zu lassen. Auf Basis dieser grundsätzlichen Selbstverantwortung ist es dann sinnvoll, unterstützende Maßnahmen anzubieten, damit Führungskräfte in Selbstverantwortung entsprechende Unterstützungsmaßnahmen nutzen können, um ihre Leistungsfähigkeit zu erhalten bzw. zu verbessern.

4.2.2 Eigenverantwortung der Mitarbeiter

Aufgabenstellungen von Führungskräften an Mitarbeiter können zu einer Kompetenzförderung des Mitarbeiters führen oder zu einer psychischen Fehlbelastung durch Über- oder Unterforderung. Jedoch kann nicht nur der Führungskraft die Verantwortung zugeschrieben werden, die optimalen Aufgabenstellungen für ihre Mitarbeiter bereitzuhalten. Auch die **Mitarbeiter selbst** sind dafür **verantwortlich,** indem sie sich angemessen bei der Führungskraft **melden, wenn sie sich unter- bzw. überfordert fühlen** — und zwar rechtzeitig. Durch die zunehmende Team- und Projektarbeit sind die Anforderungen für viele Mitarbeiter geändert worden. Wer über viele Jahre in seinem Fachbereich sehr sach- und fachorientiert als Mitarbeiter Leistungen erbracht hat, wird unter Umständen den neuen Anforderungen an Teamfähigkeit, Projektmanagement und den damit verbundenen Fähigkeiten zu effektiver Kommunikation, Konfliktfähigkeit, Abstimmungskompe-

---

[21] „In der Krise hat man einfach viele Probleme ignoriert", Interview von Bärbel Schwertfeger mit Dr. Joachim Galuska, in: wirtschaft + weiterbildung, 01/2011, S. 25.

tenzen und Multitasking nicht gewachsen sein. Dies verunsichert Mitarbeiter und erfordert Qualifizierungsmaßnahmen.

Dabei ist jedoch der Mitarbeiter auch als sogenannter Selbstentwickler gefragt. Denn Führungskräfte und Personalentwickler können alleine den Qualifikationsbedarf und entsprechende Maßnahmen nicht nachhaltig eruieren und durchführen. Deshalb sollte der einzelne Mitarbeiter aufzeigen, was Chancen birgt, aber auch zu einer Zusatzbelastung führt. Die Veränderungen, auch aufgrund von zunehmenden internationalem Wettbewerb, erfordern einen immensen Lernbedarf, der „mit zentral von der Personalabteilung organisierten Qualifizierungsmaßnahmen allein nicht mehr gedeckt werden kann", erklärt der Bereichsleiter Personal der Bausparkasse Schwäbisch Hall, Werner Ollechowitz.[22] Der **Qualifikationsbedarf** ist **individuell** zu **unterschiedlich** und verändert sich zu schnell, als dass die modernen Lernarchitekten in den Unternehmen noch ausreichend Schritt halten könnten, wenn die einzelnen Mitarbeiter nicht selbst **Verantwortung für ihr lebenslanges Dazulernen übernehmen** und neben ihren fachlichen Kompetenzen auch massiv ihre sozialen und gesundheitserhaltenden Kompetenzen ausbauen. Das bedeutet für Mitarbeiter und ihre Selbstverantwortung unter anderem: Sie sollten ihre persönliche Entwicklung selbst in die Hand nehmen und die Unterstützung von ihren Führungskräften und internen Personalentwicklern einfordern. In der Hauptsache sollten sie jedoch Selbstentwickler sein. Dazu ist es für die Mitarbeiter wichtig, eigene Lernbedarfe zu erkennen und entsprechende Lernprozesse zu organisieren. Die **Fähigkeit zur Selbstmotivation und zur Selbstorganisation** sind dabei Schlüsselkompetenzen. Der Gruppenleiter Recruiting beim Dax-Konzern Merck in Darmstadt, Martin Baltes, gibt zu bedenken: „Je eigenständiger und verantwortlicher die Mitarbeiter arbeiten und je häufiger sie vor neuen Herausforderungen stehen, umso öfter geraten sie an einen Punkt, bei dem sie zunächst das Gefühl haben: Das kann ich nicht."[23] An diesem Punkt entscheidet sich, ob ein Mitarbeiter aufgibt oder ob er nach neuen Lösungswegen sucht. Und diese Bereitschaft, neue Lösungswege zu finden und dazuzulernen, ist eine wichtige Voraussetzung für künftiges erfolgreiches Handeln als Mitarbeiter.

Die Fähigkeit von Mitarbeitern, sich in eine positive, zuversichtliche Stimmung zu versetzen, kann jedoch konterkariert werden, wenn Mitarbeiter kontinuierlich so überfordert werden, dass dieser persönliche Optimismus zwangsläufig zerstört wird. Insbesondere bei Vertriebsmitarbeitern und Führungskräften ist dieser persönliche Optimismus eine wesentliche Voraussetzung für beruflichen Erfolg. Wer jedoch über viele Jahre immer viel zu hohe Zielvorgaben für seinen Verantwor-

---

[22] Frankfurter Allgemeine Sonntagszeitung, 23.12.2012, Nr. 51, Seite 1, Rhein Main Markt.

[23] Ebda.

tungsbereich erhält bzw. Vertriebszahlen nicht erfüllen kann, wird zwangsläufig auch seinen berufsbezogenen Optimismus verlieren. Wenn Mitarbeiter bei neuen Herausforderungen oder geänderten Rahmenbedingungen in Folge von Veränderungsprozessen in eine Art Schockstarre fallen und sich völlig überfordert fühlen, sind sowohl der Mitarbeiter selbst als auch seine Führungskraft und die Personalverantwortlichen in der Organisation aufgerufen, frühzeitig Maßnahmen zu ergreifen, um dem Mitarbeiter zu ermöglichen, wieder mehr Selbstvertrauen, Selbstwirksamkeitsüberzeugung und Resilienz zu erreichen.

4.3 Möglichkeiten psychische Gesundheit zu stärken und Burnout vorzubeugen

4.3.1 Arbeitsbedingungen und psychische Belastung: Der Stressreport

In ihrem Stressreport Deutschland stellt die Bundesanstalt für Arbeitsschutz und Arbeitsmedizin die **Wirkungszusammenhänge zwischen Arbeitsbedingungen und psychischen Störungen sowie Burnout** fest. Sowohl einzelne Führungskräfte als auch die Unternehmen und andere Organisationen können Einfluss auf diese Arbeitsbedingungen nehmen. In dem Stressreport geht die Bundesanstalt der Frage nach, in welchem Umfang Führungskräfte und Mitarbeiter in Deutschland psychischen Anforderungen und Belastungen während der Arbeitszeit ausgesetzt sind. Der Report informiert über den Stand von Arbeitsbedingungen, die sich zum Beispiel in Form von Ressourcen positiv auswirken. Zusätzlich wird untersucht, wie Stresserleben verändert werden kann und in welchem Maße sich Führungskräfte und Mitarbeiter den Anforderungen, die an sie gestellt werden, gewachsen fühlen. Auch die Folgen von dauerhaftem Stress und anderen Belastungsformen werden untersucht. Dazu werden Vergleiche über Zeitreihen sowie internationale Vergleiche gezogen. Es werden aber auch Verbindungen zwischen Anforderungen und Ressourcen einerseits sowie Stress und dessen Folgen andererseits aufgezeigt.

Die Erwerbstätigenbefragung, die Grundlage des Stressreports ist, wird bereits seit 1979 durchgeführt, damals noch durch das Bundesinstitut für Berufsbildung (BIBB) und das Institut für Arbeitsmarkt- und Berufsforschung (IAB). In die Befragung von 2012 wurden erwerbstätige Personen ab 15 Jahren mit einer bezahlten Tätigkeit von mindestens 10 Stunden pro Woche einbezogen. In der Zusammenfassung der Ergebnisse betont Andrea Lohmann-Haislah, dass in den letzten fünf Jahren die Erwerbstätigenbefragung kaum Veränderungen aufgezeigt hat, was die Höhe der

Anforderungen aus Arbeitsinhalt und Arbeitsorganisation betrifft, und dass auch der Umfang sogenannter Ressourcen (also zum Beispiel der Handlungsspielraum, die sogenannte Autonomie und die soziale Unterstützung) in etwa gleich geblieben sind. Auch die Anteile von Zeitarbeit und Befristungen haben sich eingependelt und die durchschnittliche Arbeitszeit, Sonn- und Feiertagsarbeit, die Rufbereitschaft und die Konflikte durch Vereinbarkeit von beruflichen und familiären Interessen hätten sich nicht maßgeblich verändert.[24]

4.3.1.1 Psychische Anforderungen

Einige wesentliche **psychische Anforderungen, die auch Burnout-relevant** sind, sind jedoch nach wie vor stark verbreitet. **Spitzenwerte** bei den Anforderungen aus dem Arbeitsinhalt und der Arbeitsorganisation betreffen folgende Merkmale:

- „verschiedenartige Arbeiten gleichzeitig betreuen" (Multitasking),
- „starker Termin- und Leistungsdruck",
- „bei der Arbeit gestört, unterbrochen" (Arbeitsunterbrechungen),
- „sehr schnell arbeiten müssen",
- „ständig wiederkehrende Arbeitsvorgänge" (Monotonie).

Die Auswertung des Stressreports ergibt, dass sich die subjektiv empfundene Belastung zwar überwiegend stabilisiert hat, dass jedoch bei einigen der Anforderungsspitzenreiter diese Belastung zugenommen hat, und zwar bei den folgenden Werten:

- „starker Termin- und Leistungsdruck",
- „sehr schnell arbeiten müssen",
- „detailliert vorgeschriebene Arbeitsdurchführung".

Kritisch zu bedenken ist, dass inzwischen bereits ¼ der Befragten ihre **Pausen ausfallen** lassen und in mehr als ⅓ der Fälle damit begründen, dass sie zu viel Arbeit zu bewältigen haben. Dabei geben ca. 20 % an, dass sie mengenmäßig überfordert sind, ca. 50 % geben an, dass Pausen nicht in ihren Arbeitsablauf passen. Dies ist sehr bedenklich, zumal ein menschengerechtes Pausenmanagement nachweislich die subjektiv empfundene Belastung reduziert und merklich dafür sorgen kann, dass Menschen über einen längeren Zeitraum bessere Arbeit erbringen, als wenn

---

[24] Andrea Lohmann-Haislah, Stressreport Deutschland 2012, Psychische Anforderungen, Ressourcen und Befinden, 2012, Dortmund, Herausgeber: Bundesanstalt für Arbeitsschutz und Arbeitsmedizin, Dortmund, Seite 164.

sie keine Pausen machen (vgl. dazu die Ausführungen in Kapitel 3.2 Erfolgsfaktoren für gesunden Erfolg).

Zugenommen haben die im Zusammenhang mit der Arbeit häufig auftretenden gesundheitlichen Beschwerden. Und je mehr Beschwerden angegeben werden, desto höher fallen dabei auch die mit der Arbeitsintensität verbundenen Anforderungswerte aus, insbesondere für die Werte **Starker Termin- und Leistungsdruck und Multitasking.** Zugleich werden mit zunehmenden Beschwerden auch weniger Ressourcen wahrgenommen. Dies gilt insbesondere für fehlende Unterstützung durch die direkte Führungskraft. Zudem wird auch mit steigenden Beschwerden ein Mehr an Stresszunahme und an fachlicher sowie mengenmäßiger Überforderung festgestellt.[25]

4.3.1.2 Belastungsfaktoren

Im Vergleich zur vorhergehenden Befragung aus dem Jahre 2006 fällt auf, dass die erheblichen Steigerungen der Belastungswerte, die zwischen Ende der 1990er und Mitte der 2000er Jahre in der Erwerbstätigenbefragung für Deutschland festgestellt wurden, nun nicht mehr verzeichnet werden. Die **Belastungswerte stabilisieren sich auf relativ hohem Niveau** der 2000er Jahre. Die führenden Belastungswerte verzeichnen Multitasking sowie Termin- und Leistungsdruck. Neben diesen hohen Belastungswerten zeichnet sich ebenfalls ein hohes Maß an positiven Einflussfaktoren ab, allen voran die Ressourcen Handlungsspielraum und soziale Unterstützung.[26] Das bedeutet für die Burnoutprävention, dass die Unterstützungsfaktoren Handlungsspielraum/Autonomie und soziale Unterstützung zu stabilisieren und zu intensivieren sind, da sie bisher möglicherweise die wichtigsten Präventivfaktoren gegen Burnout sind. Zusätzlich scheint die Nutzung von anderen Unterstützungsfaktoren für Burnoutprävention notwendig zu sein, um die Belastung auf hohem Niveau für die einzelne Führungskraft und für Mitarbeiter erträglicher zu machen und salutogene Prozesse zu fördern.

Die Anzahl der Beschwerden und die subjektive Einschätzung des Gesundheitszustandes hat sich bei den Befragten im Vergleich zu 2006 leicht verschlechtert. Dies ist nicht auf das gestiegene Durchschnittsalter der Erwerbstätigen zurückzuführen, wie Vergleiche und Stichproben zu den Alterskohorten zeigen. In der Untersuchung wird auch deutlich, dass Belastungsfaktoren wie Termin- und Leistungsdruck die gesundheitsschädlichen Stressfolgen bedingen. Beschwerden treten

---

[25] Ebda.

[26] Ebda., S.9.

dann häufiger auf, wenn über nur wenige Ressourcen verfügt wird. Die Beschwerden, die auch unter Burnout klassifiziert werden können, sind meist Folge langfristiger ungünstiger Arbeitsbedingungen. Die Bundesanstalt für Arbeitsschutz und Arbeitsmedizin folgert, dass neben der Förderung der positiv auswirkenden Aspekte wie Handlungsspielräume und soziale Unterstützung ebenso potentiell schädigende Faktoren, wie hoher Termin- und Leistungsdruck sowie ständige Unterbrechungen bzw. Multitasking, vermindert werden sollten.[27]

Der Stressreport 2012 zeigt, dass die Einschätzung der Arbeitnehmer hinsichtlich wahrgenommener **Entlassungsgefahr und wirtschaftlicher Lage** des eigenen Betriebes sich im Vergleich zur Vorgängerstudie aus dem Jahre 2006 deutlich verbessert haben. Auch das Ausmaß von Umstrukturierungen hat leicht abgenommen.[28] Dieser Faktor ist positiv hinsichtlich Burnoutprävention zu bewerten, da er den Betroffenen weniger Unsicherheit und damit weniger psychische Belastung bietet.

Die meisten Beschäftigten scheinen ein **gutes kollegiales Miteinander** im Arbeitsalltag zu pflegen. Dafür spricht, dass mehr als 80 % der Befragten von häufiger sozialer Unterstützung in Bezug auf Kollegen, Gemeinschaft und Zusammenarbeit berichten.

Positiv ist, dass mehr als 75 % der Befragten angeben, dass sie sich den fachlichen und mengenmäßigen Anforderungen gewachsen fühlen. Außerdem hat die Menge derjenigen, die von einer weiteren Stresszunahme berichten, seit der letzten Befragung im Jahr 2006 abgenommen.[29]

4.3.1.3 Belastungswerte im EU-Vergleich

Im internationalen Vergleich mit dem EU-27-Durchschnitt ist der Termin- und Leistungsdruck sowie schnelles Arbeiten in Deutschland häufiger. Die Durchschnittsarbeitszeit in Deutschland liegt hingegen etwas unter dem EU-27-Durchschnitt. Auf Seite der Unterstützungsfaktoren ist festzustellen, dass der durchschnittliche EU-27-Erwerbstätige über mehr Autonomie/Handlungsspielraum verfügt und deutlich mehr Unterstützung von Vorgesetzten erhält als sein deutscher Kollege. Die Unterstützung durch Kollegen hingegen ist in etwa gleich ausgeprägt. Somit lässt sich für die Burnoutprävention unterstreichen, dass bei der Unterstützung durch

---

[27] Ebda., S. 10.

[28] Ebda., S. 165.

[29] Ebda.

die Führungskraft und somit bei der gesundheitsorientierten Führung noch erhebliches Verbesserungspotenzial besteht.

Erstaunlicherweise schätzen deutsche Beschäftigte ihren allgemeinen Gesundheitszustand und auch die allgemeine Erschöpfung wesentlich besser ein als die durchschnittlichen EU-Beschäftigten. Interessante Hinweise bieten die Vergleiche verschiedener Gruppen und Merkmale:

Im **Altersvergleich** wird deutlich, dass ältere Beschäftigte eine Zunahme von Stress in den letzten zwei Jahren feststellen. Verständlicherweise gibt diese Altersgruppe auch am meisten Beschwerden an und schätzt ihren Gesundheitszustand am schlechtesten ein.

Im **Geschlechtervergleich** sprechen Männer viel häufiger von starkem „Termin- und Leistungsdruck", sie sind häufiger mit neuen Aufgaben und Verbesserungsmaßnahmen betreut, haben öfter Leistungsvorgaben und erhalten häufiger Informationen nicht oder zu spät.[30]

Führungskräfte mit Personalverantwortung geben verständlicherweise höhere Anforderungen bei fast allen Arbeitsinhalten und Organisationsthemen wie auch bei der Arbeitszeitorganisation an. Sie sind häufiger von Umstrukturierungen betroffen, verfügen jedoch über mehr Handlungsspielraum als Mitarbeiter. Zudem geben sie höhere Werte bei der Stresszunahme an und sie fühlen sich mehr überfordert, fachlich und auch mengenmäßig.[31]

4.3.1.4 Fazit

Im **Fazit zum Stressreport Deutschland 2012**, der sich mit den psychischen Anforderungen, den Ressourcen und dem Befinden von Führungskräften und Mitarbeitern beschäftigt, resümiert Andrea Lohmann-Haislah: „Welchen Anteil die arbeitsbedingte psychische Belastung an psychischen Störungen und an anderen Erkrankungen hat, kann gleichwohl noch nicht auf Prozent und Promille beziffert werden." Damit soll nochmal darauf hingewiesen werden, dass ein **Zusammenhang zwischen psychischer Belastung am Arbeitsplatz und Erschöpfungsfolgen von Mitarbeitern bis hin zum Burnout besteht,** über die genaueren Wirkungszusammenhänge jedoch noch weiter geforscht werden sollte.

---

[30] Ebda., S. 166.
[31] Ebda., S. 167.

Vor allem wurde von den Beschäftigten hervorgehoben, dass „starker Termin- und Leistungsdruck" und „sehr schnell arbeiten müssen" subjektiv noch belastender empfunden werden als bereits in der Befragung 2006.

Als illusorisch kann die Einhaltung der vereinbarten Arbeitszeit für viele Beschäftigte gelten. Denn tatsächlich geben fast die Hälfte der Beschäftigten mit einem Vollzeitarbeitsvertrag an, dass sie tatsächlich mehr als 40 Stunden und 1/6 der Beschäftigten sogar mehr als 48 Stunden pro Woche arbeiten. Die Arbeitszeit alleine kann jedoch nicht als hinreichender Belastungsfaktor für Burnout gelten. Bedeutsamer ist in diesem Zusammenhang das Ergebnis, dass mehr als 40 % der Befragten nach eigener Aussage nie oder nur manchmal dazu kommen, **bei der Arbeitszeitplanung auf familiäre oder private Interessen Rücksicht zu nehmen.**[32]

4.3.2   Arbeitsprogramm und empfohlene Maßnahmen

Inzwischen haben **Politik und Sozialpartner** reagiert und im Rahmen der Gemeinsamen Deutschen Arbeitsschutzstrategie (GDA) die ersten Schritte hin zu mehr Vermeidung von Gesundheitsrisiken durch psychische Belastung auf den Weg gebracht. Für die Jahre 2013 bis 2018 ist ein Arbeitsprogramm „Schutz und Stärkung der Gesundheit bei arbeitsbedingter psychischer Belastung" beschlossen worden, um unter anderem arbeitsbedingte psychische Belastungen frühzeitig zu erkennen und im Hinblick auf Gesundheitsgefährdungen wie Burnout beurteilen zu können. Daraus sollen **präventive, arbeitsorganisatorische und gesundheits- bzw. kompetenzfördernde Maßnahmen zur Verminderung der arbeitsbedingten psychischen Gefährdung** umgesetzt werden. Eine daraus abzuleitende Maßnahme ist zum Beispiel die **Gefährdungsbeurteilung**, die von Unternehmen durchzuführen ist (siehe dazu mehr in Kapitel 3.5.6).

Unternehmen und anderen Organisationen ist zu empfehlen, in jedem Fall **Maßnahmen zur Verminderung arbeitsbedingter psychischer Belastung und den damit verbundenen Folgen wie Burnout zu verstärken**. Dies betrifft nicht nur die angesprochene Durchführung von Gefährdungsbeurteilungen, sondern auch die **Richtlinien für das Management**. Zum Beispiel kann eine Unternehmensführung im Hinblick auf ihre Führungskräfte und auch im Hinblick auf ihre gesamte Mitarbeiterschaft Richtlinien benennen und durch ihre Führungskräfte umsetzen lassen, die das **Pausen-Management** wesentlich verbessern. Da auch der Stressreport 2012 wiederum ergeben hat, dass 1/4 der Beschäftigten die vorgeschriebenen Unterbrechungen ihrer täglichen Arbeit inzwischen ausfallen lassen, sollte

---

[32] Ebda., S. 178.

dem von Unternehmensleitung her begegnet werden. Gerade das Ausfallenlassen von Pausen in Verbindung mit Multitasking und Zeitdruck verschärft die subjektiv empfundene Arbeitsbelastung von Beschäftigten deutlich. Dies macht auch unternehmerisch in Relation zur eingesparten (Pausen-)Zeit keinen Sinn. Kurzfristige Produktivitätsgewinne werden so auf lange Sicht unter Umständen zu teuren Folgekosten. Auch die Bundesanstalt für Arbeitsschutz und Arbeitsmedizin empfiehlt an dieser Stelle **Maßnahmen zur Verringerung von Arbeitsintensität**, wie

- Verbesserung von Arbeitsabläufen,
- Abbau von Bürokratie,
- Einführung störungsfreier Arbeitszeiten,
- Trainings zum Thema Stressmanagement, Zeitmanagement, Arbeitsorganisation, Selbstmanagement,
- Begrenzung beruflicher Erreichbarkeit durch Telefon und Emails.[33]

4.3.3 Besondere Situation Reorganisation

Eine besondere Belastung stellen für Mitarbeiter Restrukturierungs- oder Umorganisationsprozesse im Sinne von **Change Management** dar. Hier gibt es ebenfalls Handlungsansätze für Unternehmen und andere Organisationen. Mit diesen Veränderungsprozessen sind gewöhnlich Unsicherheitsgefühle und möglicherweise Ängste von Mitarbeitern und Führungskräften verbunden. Lohmann-Haislah stellt dazu fest: „Dass **Reorganisation Auswirkungen auf die Belastungs-, Beanspruchungs- und Gesundheitssituation von Beschäftigten hat**, ist mit großer Wahrscheinlichkeit anzunehmen."[34]

Aus diesem Grund macht es für Unternehmen und andere Organisationen Sinn, die Durchführung und die Intensität von Reorganisationsprojekten zu überprüfen. Gerade in schwierigen wirtschaftlichen Zeiten konnte ich als Berater des Topmanagements feststellen, dass Vorstände dazu neigen, zusätzliche Veränderungsprozesse loszutreten und damit eine zusätzliche Arbeitsbelastung für ihre Führungskräfte und Mitarbeiter auszulösen. Gerade unter der psychischen Belastung, dass der eigene Arbeitsplatz aufgrund der schwierigen Marktlage nicht mehr so gesichert ist, entstehen durch solche Zusatzbelastungen in Form von Projektarbeit auch psychische Belastungen. Deshalb sollten Topmanager überprüfen, ob bestimmte Veränderungsprojekte wirklich durchgeführt werden müssen und ob

---

[33] Ebda., S. 180.
[34] Ebda.

sie zeitlich gut arrangiert sind. Dabei sollten sie die psychische Verfassung der Führungskräfte und Mitarbeiter berücksichtigen. Wer als Manager auf die Befindlichkeiten und Ängste von Mitarbeitern und Führungskräften wenig Rücksicht nimmt und mit Veränderungsprozessen zusätzlich für Verunsicherung und psychische Belastung sorgt, dient nicht immer dem von ihm angestrebten Unternehmenszweck. Deshalb ist an dieser Stelle Selbstreflektion, auch hinsichtlich der Auswirkungen seines Tuns als Manager angezeigt.

Aus Unternehmenssicht sollte in diesem Zusammenhang nicht nur auf die Arbeitsunfähigkeitsdaten des Unternehmens geschaut werden, sondern auch der **Präsentismus** beachtet werden. So konnte man zum Beispiel in den letzten Jahren den Eindruck gewinnen, dass bei einer bekannten deutschen Bank viele Führungskräfte und Mitarbeiter zwar ihrer arbeitsvertragsgemäß vereinbarten Tätigkeit nachgehen, jedoch derart durch die, durch viele Veränderungs- und Verunsicherungsprozesse verursachten, Umorganisationen kaum mehr leistungsmotiviert sind.

Die Situation, die es **unternehmerisch zu vermeiden** gilt, ist eine **Mischung aus hohen Belastungen und Beanspruchungen der Mitarbeiter in Verbindung mit geringer Ressourcenzurverfügungstellung.** Zu den Ressourcen gehören unter anderem ausreichend Mitarbeiter, ausreichend Unterstützung durch interne oder externe Kooperationspartner und ein ausreichendes Budget, um die vereinbarten Ziele erreichen zu können.

4.4 Kultur nachhaltig verankern

Um Burnoutprävention und Gesundheitsförderung in der Gesamtorganisation zu befördern, ist es notwendig, **Gesundheit als Wert in der Unternehmenskultur zu verankern und eine „Kultur der Achtsamkeit für Gesundheit" zu fördern.**[35]

4.4.1 Unternehmenskultur für Burnoutprävention

Gesundheitsförderliche, Burnout vorbeugende Unternehmenskultur und Value Management greifen ineinander. Dies erfordert im Sinn einer systematischen, soliden Organisationsentwicklung eine **Verankerung in der Unternehmensstrategie, in**

---

[35] Badura, B./Steinke, M. (2011): Die erschöpfte Arbeitswelt. Durch eine Kultur der Achtsamkeit zu mehr Energie, Kreativität, Wohlbefinden und Erfolg! Gütersloh, S. 13.

den Unternehmenswerten (core values), in den strategischen und operativen Unternehmenszielen sowie in allen betreffenden Konzepten und Instrumenten, allen voran den personalpolitischen und personalentwicklerischen Konzepten und Instrumenten (Recruitment, Talentmanagement, Management Development, Benefits, Zielvereinbarung, Führungskräfte-Bewertung u. a.) Und es braucht permanente Unterstützung durch das Einfordern, Vorleben und Überzeugen von Seiten des Managements im Sinn gesundheitsorientierter Führung.

! **WICHTIG**

Nach Geert Hofstede ist Unternehmenskultur das kollektive geistige Programm, welches die Mitglieder einer bestimmten Gruppe von den Mitgliedern anderer Gruppen unterscheidet.[36]

Gesundheitsförderliche Unternehmenskultur zeichnet sich unter anderem dadurch aus, dass ein Unternehmen durch seine **Werte und sein Leitbild** vorgibt, dass der Beitrag jedes Mitarbeiters zum Unternehmenserfolg wertgeschätzt und die Förderung der Gesundheit der Beschäftigten unterstützt werden. Dies gilt es dann selbstverständlich in der Personal- und Gesundheitspolitik des Unternehmens tatsächlich umzusetzen, zum Beispiel durch entsprechende **Regelungen, Angebote und eine systematische Personal- und Organisationsentwicklung.** Eine faire und transparente Gehaltspolitik sowie verbindliche betriebliche Regelungen zu den wichtigsten Handlungsfeldern und zur Förderung von psychischer Gesundheit gehören selbstverständlich auch dazu.[37]

Wie **schwierig und langwierig es ist, eine Unternehmenskultur zu ändern**, zeigen viele Beispiele aus der Wirtschaft. Zum einen besteht immer schon eine Unternehmenskultur. Denn die Handlungen, die Einstellungen und Werte der Mitarbeiter und Führungskräfte prägen eine Unternehmenskultur, unabhängig davon, ob diese irgendwo dokumentiert ist oder nicht. Bei vielen mittelständischen Unternehmen, die inhabergeführt sind, kann man feststellen, dass eine markante Unternehmenskultur vorhanden ist, diese aber noch von niemandem beschrieben oder definiert wurde. Hingegen ist es bei vielen internationalen Konzernen Usus, dass in gewissen zeitlichen Abständen die Unternehmenskultur immer wieder renoviert wird — zumindest auf dem Papier. Viele Veränderungsprozesse von Unternehmenskultur werden mit millionenschweren Budgets angestoßen, die Wirksamkeit ist jedoch nach mehrjähriger Betrachtung sehr zweifelhaft. Erfahrungsgemäß liegt das unter anderem an der Art und Weise, wie Führungskräfte und Mitarbeiter an diesem Veränderungspro-

---

[36] Geert Hofstede: Cultures and Organizations: Software of the Mind, Profile Books, 1994.

[37] Bundesanstalt für Arbeitsschutz und Arbeitsmedizin, 2012b, Kein Stress mit dem Stress, Qualitätskriterien für das betriebliche Gesundheitsmanagement im Bereich der psychischen Gesundheit, Seite 7, Dortmund.

zess bezüglich der Unternehmenskultur beteiligt werden und inwieweit tatsächlich in der Praxis Verhaltensweisen und Umgangsformen geändert werden, nachdem diese mehr oder weniger beschlossen und auf Hochglanzpapier gedruckt wurden. So berichtet zum Beispiel ein Manager einer der größten deutschen Banken:

▶ **BEISPIEL**

„In unserem Unternehmen sollte konzernweit die Unternehmenskultur neu ausgerichtet werden und dies wurde unter anderem durch einen Value-Management-Prozess vorangetrieben. Einer der wichtigsten Werte war ‚Respect'. Ich persönlich und die allermeisten meiner Kollegen inklusive ihrer zahlreichen Mitarbeiter haben allerdings eher das Gegenteil zu spüren bekommen. Synchron zu dem Value-Management-Prozess wurden Einsparungen und Umstrukturierungen vorgenommen, die eine dermaßen große Respektlosigkeit gegenüber langjährigen Mitarbeitern zeigten, dass der gesamte Value-Management-Prozess völlig unglaubwürdig wurde."

Meiner Erfahrung nach ist es für den Erfolg eines Value-Management-Change-Prozesses und unternehmenskultureller Veränderungsprozesse im Allgemeinen entscheidend, dass Führungskräfte und Mitarbeiter in einem Beteiligungssystem intensiv für die Ausarbeitung und für die danach folgende Umsetzung gewonnen werden. Es reicht auf keinen Fall, dass das Topmanagement seinen Führungskräften auf der nächsten Ebene vorschreibt, wie viele Zeiteinheiten sie per anno damit verbringen müssen, den Wertewandel bei den Mitarbeitern voranzutreiben. In einigen Fällen konnte ich persönlich miterleben, wie Führungskräfte einen zweitägigen Workshop hinter sich brachten, um dann wieder für das Tagesgeschäft aktiv zu werden, nur weil dies eine Vorgabe der Geschäftsführung war.

Ein weiterer Erfolgsfaktor ist die **Berücksichtigung des Führungsalltags** der Manager bei der Entwicklung von Unternehmenswerten und unternehmenskulturellen Veränderungsprozessen im Allgemeinen. Das Topmanagement und die entsprechende Projektleitung sollten den Alltag der Führungskräfte insofern berücksichtigen, als dieser kompatibel zu den entworfenen Kulturänderungen sein sollte.

▶ **PRAXISBEISPIEL**

Von einem Manager, der als Unternehmenswerte eine Verstärkung von Respekt und Beteiligung der Mitarbeiter umsetzen soll, zugleich jedoch eine Anweisung zu befolgen hat, wonach er die Hälfte der deutschen Mitarbeiter seines Verantwortungsbereichs innerhalb von zwölf Monaten abbauen muss, um adäquate Arbeitsplätze in Asien aufzubauen, kann nicht erwartet werden, dass er tatsächlich diesen Werteprozess in seinem Verantwortungsbereich umsetzt.

Die primär wichtige Ausrichtung für Führungskräfte wird in den allermeisten Fällen immer geschäftspolitisch, zahlenorientiert und getrieben vom operativen Geschäft sein. Deshalb ist es nicht nur erfolgsentscheidend, dass das **Topmanagement** tatsächlich und nachweisbar die Unternehmenswerte selbst überzeugend, wenn auch nicht perfekt, **vorlebt**, sondern der **mindestens zweijährige Veränderungsprozess** muss auch in einer Systematik erfolgen, dass die **Betroffenen zu Mitstreitern** werden und die **Umsetzung des gewünschten Veränderungsziels alltagskompatibel** ist und im Weiterbetreiben des operativen Geschäftes tatsächlich erfolgen kann.

Hinsichtlich der **gesundheitsorientierten Führung** gibt es noch ungenutztes Potenzial in den Unternehmen und anderen Organisationen. Wissensvermittlung zum Thema gesundheitsförderliche Führung ist bisher geleistet worden, wenn auch nicht in ausreichendem Umfang. Große Lücken ergeben sich jedoch bei der praktischen Umsetzung von gesundheitsförderlichem Führungsverhalten. Dazu gibt auch die Bundesanstalt für Arbeitsschutz und Arbeitsmedizin zu bedenken, „dass Führungskräfte am ehesten gut führen, wenn sie selbst über gute Arbeitsbedingungen verfügen".

4.4.2 Hierarchieübergreifende gesundheitsförderliche Führungskultur

Da Führungskräfte zuvorderst in der Lage sind, ihre Mitarbeiter optimal dabei zu unterstützen, Burnout vorzubeugen und die eigene Gesundheit zu erhalten bzw. zu fördern, sollten sie vom Unternehmen besonders unterstützt werden. Ihnen kommt eine wichtige Multiplikatorenfunktion zu. Dieser salutogenen Funktion werden sie jedoch aller Voraussicht nach nur gerecht werden, wenn sie selbst Unterstützung erhalten und über genügend zeitliche Kapazitäten verfügen. „Dies erfordert seitens der Unternehmensleitung eine verstärkte Beachtung der Arbeitsbedingungen von Führungskräften in der betrieblichen Gesundheitspolitik. Dazu gehören auch die gesundheitsförderliche Führung von Führungskräften und — weitergedacht — die Etablierung einer hierarchieübergreifenden gesundheits- und produktivitätsförderlichen Führungskultur."[38]

Zu den wichtigsten Hebeln bei der salutogenen und Burnout prävenierenden Kulturbeeinflussung gehören

- praktizierter Führungsstil,
- Sanktionierungssystem inklusive Gratifikation,

---

[38] Ulrike Stilijanow, Führung und Gesundheit, in: Lohmann-Haislah, 2013, Seite 128.

- Informationssystem inklusive Informationsfluss und
- gelebte Beteiligung und Transparenz.

Sanktionssysteme spielen als kulturstiftendes Element in der Burnoutprävention eine wichtige Rolle. Allerdings werden positive Führungseigenschaften im Sinn gesundheitsorientierter Führung und Burnoutprävention noch zu wenig bewertet und positiv sanktioniert in Organisationen. In den meisten Organisationen werden salutogene Führungsleistungen zu wenig gewürdigt und es wird sich übermäßig auf ökonomische Kennzahlen-Ergebnisse fokussiert.

TIPP

Dem **Wert Gesundheit** wird von Unternehmensseite **Bedeutung** gegeben, wenn die **Beurteilung der Führungsqualität** auch den **Gesundheitszustand** der betroffenen Mitarbeiter berücksichtigt.

4.4.3 Schaffung und Stabilisierung einer salutogenen Kultur

Zur Schaffung und Stabilisierung einer Kultur, die von Wertschätzung, Autonomie, Sinnhaftigkeit, klarer Orientierung sowie einer gesundheits- und leistungsförderlichen Balance zwischen Ergebnis- und Menschenorientierung geprägt ist, kann die Unternehmensführung wichtige Beiträge leisten. Zum Beispiel wird eine **Wertschätzungskultur** unterstützt durch eine faire, nachvollziehbar transparente und Orientierung gebende Gehalts- und Personalpolitik. Wer als Unternehmen langjährige, verdienstvolle Mitarbeiter mit Alter 50 plus massiv abbaut, um danach diese oder ähnliche Positionen mit jungen, preisgünstigeren Mitarbeitern zu besetzen, wird in der Mitarbeiterschaft kaum Akzeptanz mit Wertschätzungs-Parolen finden.

Eine Unternehmenskultur, in der **Fehler** in einem vertretbaren Rahmen **toleriert** werden und keine „Fehlermach-Angst" herrscht, unterstützt die Verantwortungsübernahme von Mitarbeitern und deren Erleben von Autonomie. Dies ist eine hilfreiche Bedingung für Chefs, die den **Handlungsspielraum** ihrer Mitarbeiter ausweiten und nutzen wollen. Auch eine effektive Personalentwicklung, die vorausschauend und bedarfsgerecht **Kompetenzaufbau und -ausbau** fördert, unterstützt die Nutzung von Mitarbeiterpotenzialen und das Erleben von Autonomie.[39]

---

[39] Vgl. Bundesanstalt für Arbeitsschutz und Arbeitsmedizin, Kleinschmidt Carola, 2012, S. 14.

Eine salutogene Unternehmenskultur ist zudem geprägt von einem **offenen Umgang und offener Kommunikation über Erschöpfung, Burnout sowie persönliche Heraus- und Überforderungen**.

4.4.4 Gesundheitskultur und Burnoutprävention

Ein **Teil der Unternehmenskultur ist die praktizierte Gesundheitskultur**. Also:

- Inwieweit wird im Unternehmen auf die Gesundheit von Führungskräften und Mitarbeitern geachtet?
- Inwieweit wird Gesundheitsförderung vorbeugend betrieben?
- Inwieweit wird systematisch eine Burnoutprävention betrieben?
- Ist es in Ordnung, wenn man als Mitarbeiter oder Führungskraft eigene Erschöpfung und Überlastungssignale mit anderen bespricht?
- Oder besteht dann die Gefahr, dass man negativ sanktioniert wird?
- Wie wird mit Schwächen und Unzulänglichkeiten umgegangen?
- Wird im Unternehmen auf die Gesundheit der Mitarbeiter und Führungskräfte geachtet oder in allererster Linie und nahezu ausschließlich auf ökonomische Kennzahlen?

Diese Fragen als kleine Auswahl zeigen an, welchen **Stellenwert** und welche **Ausrichtung die Gesundheitskultur innerhalb der Unternehmenskultur** einer Organisation hat. Selbstverständlich sollte eine gesundheitsorientierte Unternehmenskultur in den Unternehmensleitlinien dokumentiert werden. Viel wichtiger ist jedoch, dass eine solche Gesundheitsorientierung im Alltag, im Umgang unter den Mitarbeitern und zwischen den Führungskräften und Mitarbeitern stattfindet und die Führungsphilosophie einschließlich der Firmengrundsätze danach ausgerichtet wird. Bekommt die Mitarbeiterschaft auf Dauer den Eindruck, dass ihre persönliche Leistungsfähigkeit dem Unternehmen sehr wichtig ist, hingegen nicht die dauerhafte Gesundheiterhaltung des Mitarbeiters, ist Demotivation zwangsläufig eine Folge.

Von Unternehmensseite ist dabei zu reflektieren, welches **Mitarbeiterbild** man voraussetzt: Sind Mitarbeiter einfach nur Bedienstete, die aufgrund der Entlohnung zu einem Arbeitseinsatz und Leistungserbringung verpflichtet sind? Oder wird das Mitarbeiterbild davon geprägt, dass man diese loyalen, leistungsbereiten Menschen fürsorglich fördern möchte, damit sie in einem förderlichen Umfeld bestmögliche Leistungen erbringen und ihre Gesundheit erhalten oder sogar fördern können? Dabei spielen **kulturstiftende Elemente wie zum Beispiel Beteiligungskultur, Vertrauenskultur, Wertekultur, Regeln und Gewohnheiten**

der Zusammenarbeit, der sozialen Ungleichheit, des Commitments eine wichtige Rolle. Die **Sinnhaftigkeit** der Unternehmung ist wichtig, denn Mitarbeiter und Führungskräfte wollen etwas Sinnvolles in ihren Augen produzieren. Aber auch die Glaubwürdigkeit, das Image und der unternehmensbezogene Stolz wirken sich kulturgestaltend aus. So werden in dem Wettbewerb „Great Place to Work" Unternehmen nach den Kriterien **Glaubwürdigkeit, Respekt, Fairness, Stolz und Teamorientierung** bewertet.

4.4.5 Burnoutprävention im Unternehmen nachhaltig entwickeln

Mit einer einmaligen Kampagne oder mit zusammengefügten Einzelbausteinen ist es nicht zu leisten, in einem Unternehmen **nachhaltige, ganzheitliche Burnoutprävention erfolgreich einzuführen und umzusetzen**. Die mit Burnoutprävention verbundenen Gesundheitskompetenzen können nur über einen längeren Zeitraum entwickelt werden, wenn sie nachhaltig wirksam sein sollen.

Das bedeutet unter anderem: mit Mitarbeitern und Führungskräften sich dem Thema annehmen und ihnen den Zugang zu entsprechenden **Informationen** ermöglichen, sowie mit ihnen gemeinsam **Handlungskompetenzen** erarbeiten und den **Rahmen** dafür bieten, dass diese hinzugewonnenen Gesundheitskompetenzen unterstützt werden.

Alleine wissensbasierte Bausteine reichen nicht aus, auch die emotionalen, psychischen und alltagstauglichen Handlungskompetenzen sollten erweitert werden, damit eine Wirksamkeit im Berufsalltag für jeden Einzelnen ermöglicht wird.

Die **Führungskräfte** haben dabei eine wesentliche **Multiplikatoren- und Gestaltungsfunktion**, die durch nichts zu ersetzen ist, aber so gestaltet sein sollte, dass sie nicht zusätzlich überfordert werden. Insofern sollten das Unternehmen und das Topmanagement **zuallererst die Führungskräfte dafür gewinnen**, dass eine **Burnoutpräventionsentwicklung** im Unternehmen stattfindet.[40] Aus Projekterfahrungen können folgende **Empfehlungen für die Umsetzung von Burnoutprävention im Unternehmen** abgeleitet werden:

---

[40] Vgl. REWE Group, Gesundheitsmanagement, 2012, Gesundheitskompetenz in Unternehmen gestalten und umsetzen, ein Handlungsleitfaden für die Praxis, Köln, Seite 63.

1. Mitarbeiter und Führungskräfte sollten frühzeitig bei der Zielsetzung, der genauen Themenfindung **beteiligt** werden.

2. Von Beginn dieses **Entwicklungsprozesses** an sollte kommuniziert werden, dass es keine kurzfristige oder einmalige Kampagne ist, sondern ein Entwicklungsprozess über mehrere Jahre, der womöglich niemals enden wird. Deshalb sind die Herausforderungen an einen langfristigen Lern- und Entwicklungsprozess zu beschreiben und man sollte sich mit dieser Erfolgsbedingung mental auseinandersetzen. Wer nur kurzfristige Erfolge haben möchte, sollte von solch einem notwendigerweise langfristigen Entwicklungsprozess Abstand nehmen.

3. Die **Aktualität** ist immer wieder durch neue Themenschwerpunkte und aktuelle Entwicklungen im Unternehmen und in der Gesellschaft herzustellen.

4. Absehbare Entwicklungen im Unternehmen (zum Beispiel in Bezug auf Personalabbau, Arbeitsstättenverlagerung) sollten frühzeitig thematisiert werden und offen und konstruktiv in den Entwicklungsprozess einbezogen werden. Dies gilt auch für Themen wie demographische Entwicklung, Veränderungsprozesse im Unternehmen, Belastungen im Lebenszyklus der Mitarbeiter. Somit wird nicht nur auf den **aktuellen Zustand** Bezug genommen, sondern die **Perspektive** der Führungskräfte und Mitarbeiter im Entwicklungsprozess berücksichtigt.

5. Das Thema Burnoutprävention und seine Unterthemen sollten **praxisbezogen** und mit der **realen Arbeits- und Lebenswelt** der Mitarbeiter und Führungskräfte verknüpft werden. Es nutzt wenig, theoretische Modelle und wissenschaftliche Vorträge zu verbreiten, wenn der Praxistransfer nicht sichergestellt werden kann und damit im täglichen Zusammenarbeiten wenig **wirksame Burnoutprävention** übrig bleibt.

6. Der **Stellenwert** der Entwicklung von Burnoutprävention und Gesundheitskompetenz sollte durch das Topmanagement dokumentiert werden, indem es ein ständiges wichtiges **strategisches Thema** ist und als **Kernaufgabe von Führung** verstanden wird. Somit ist es auch zu unterstützen, dass die Mitarbeiter und Führungskräfte sich immer wieder zu dem Thema Gesundheitskompetenz, Gesundheitsfürsorge, Burnoutprävention aktiv austauschen und sich mit dem Thema immer weitergehend auseinandersetzen. Auch dafür kann das Topmanagement die entsprechenden Rahmenbedingungen schaffen.

7. Zur Unterstützung dieses Entwicklungsprozesses können verschiedene **Medien genutzt** werden, die bestenfalls gut zu den Mitarbeitern und Führungskräften passen, sich zur Vermittlung eignen und auch entsprechend verteilt werden können. Information über das Intranet, die fast niemand abruft, sind nahezu wertlos. Hingegen können Führungskräfte, die von Burnoutprävention und Gesundheitskompetenzerweiterung überzeugt sind, mit entsprechenden Unterstützungsmedien (DVDs, CDs, Flyer etc.) viel Überzeugungsarbeit leisten. Zur Nutzung und zur Akzeptanz dieser Medien sollte immer wieder von den

Mitarbeitern Feedback eingeholt werden, um Fehlentwicklungen entgegenzuwirken. In kleinen und mittleren Unternehmen können nicht solch ausgefeilte unternehmensspezifische Medien zur Verfügung gestellt werden. Diese Unternehmen können jedoch Medien nutzen, die zum Beispiel vom Bundesamt für Arbeitsschutz und Arbeitsmedizin oder anderen kompetenten Stellen zur Verfügung gestellt werden.

8. Führungskräfte sollten auch zum Einsatz und zum **Umgang mit diesen Medien** und zur gesamten **Begleitung des Entwicklungsprozesses** im Rahmen einer adäquaten **Führungskräftequalifikation** unterstützt werden.

9. Überhaupt sollte die Personalentwicklung von Führungskräften (Management Development) die Führungskräfte vor Beginn eines solchen Entwicklungsprozesses dermaßen in Bezug auf Gesundheitskompetenzen und Burnoutprävention qualifizieren, dass die Akzeptanz und die Handlungskompetenz zum Thema Burnoutprävention gegeben ist und die Führungskräfte damit einen überzeugenden, kompetenten Part bei der Umsetzung der Entwicklungsprozesse übernehmen können.[41]

ARBEITSHILFE ONLINE

Vertiefende Inhalte

Auf Arbeitshilfen Online finden Sie einen Link zum Bundesamt für Arbeitsschutz und Arbeitsmedizin.

4.5 Organisation von Erschöpfung bzw. dauerhaft gesundem Erfolg

Jedes Unternehmen ist für die Ergebnisse, die es hervorbringt, optimal organisiert, ansonsten würde es nicht genau diese Ergebnisse produzieren. Somit stellt sich die Frage, wie Organisationen im weiteren Sinne organisiert sind, wenn sie einen hohen Krankenstand, eine hohe Erschöpfungsquote und ähnliches hervorbringen. Und umgekehrt stellt sich die Frage: Wie sind Unternehmen organisiert, aufgebaut und strukturiert, die dauerhaft gesunde Unternehmenserfolge generieren bei gleichzeitiger Leistungsfreude ihrer Führungskräfte und Mitarbeiter? Eine Dichotomisierung bringt nicht weiter, aber Unternehmensbeispiele und einzelne Studien bzw. Projekte geben deutliche Hinweise.

---

[41] Ebda., Seite 62.

▶ **BEISPIEL: Entspannungsphasen-Management in der Organisation**

In einem IT-Unternehmensbereich sind in den letzten Monaten einige Projektleiter ausgefallen, sodass der Leiter nun Gesundheitsmanagement forcieren möchte. Bei der Ist-Aufnahme per strukturiertem Interview fällt auf, dass die Führungskräfte der einzelnen Gruppen und Teams sowie die Projektleiter vor allem nicht mehr ausreichend zu einer Freizeitgestaltung mit Freunden, Bewegung, guter Ernährung und Entstressung kommen, weil eine Organisationsänderung für massiven Stresszuwachs gesorgt hat.

„Bis zum letzten Jahr haben wir alle Projekte geleitet und wenn man nach der besonders stressigen Schlussphase das Ding gewuppt hatte, dann ist man in ein Loch gefallen, hat sich erholt, mal Urlaub genommen und danach ein paar Monate die Systeme betreut. So konnte man mit neuer Kraft eine Weile später wieder ein Projekt in Angriff nehmen. Aber heute ist es so, dass ein Projekt das nächste jagt und jeder von uns mehrere Projekte gleichzeitig stemmen muss, und das oft mit unzureichenden Ressourcen, zum Beispiel zu schlecht ausgebildeten Mitarbeitern, die wir von Leihfirmen holen."

Augenscheinlich fehlt vielen erfahrenen Fachleuten der gewohnte Rhythmus von relativ starker und weniger starker Anstrengung.

▶ **BEISPIEL**

Das Unternehmen hatte beschlossen, die Mitarbeiter zu trennen. Es sollte nicht mehr jeder Projekte und Systembetreuung (Maintenance) machen, sondern um Gehaltskosten zu sparen, wurde die gesamte Betreuung nach Asien verlagert und die deutschen Mitarbeiter in der Zentrale mussten ausschließlich Projektleitung übernehmen. „Die haben Kosten gespart und treiben uns in den Wahnsinn", beschwert sich ein Projektleiter, der als akribisch bekannt ist und seine Projekte immer erfolgreich abliefern möchte. Er ist auch unzufrieden, weil er seine Projekte nicht mehr in der Wartung nachbetreuen kann. Das machen jetzt die asiatischen Kollegen — aus Kostengründen.

Dieses Beispiel ist nur eines von ungezählten im Wirtschaftsleben, das zeigt, wie organisatorische Änderungen Menschen krank machen können, wenn man nicht entgegenwirkt. In diesem Fall wurde gemeinsam mit der Bereichsleitung, dem Human Resources Management und den Betroffenen ein Maßnahmenpaket erarbeitet und umgesetzt, das eine Weiterqualifizierung im Multi-Projektmanagement beinhaltete, eine Optimierung der internen Prozesse und Instrumente zur Erleichterung der Projektarbeit (zum Beispiel Vereinfachungen bei Projektgenehmigungen für Kleinprojekte bis zu drei Tagen; vereinfachte Dokumentation), eine Qualifikation im gesunden Führen von sich selbst und Projektmitarbeitern sowie einige Maßnahmen mehr.

4.5.1 Kultur der Auszeit verankern: Mehr leisten mit weniger Arbeitszeit

In einem Forschungsprojekt der Harvard Business School unter der Leitung von Prof. Leslie Perlow und Jessica Porter konnten die Forscher in verschiedenen Niederlassungen der Boston Consulting Group (BCG) nachweisen, dass eine **Änderung der Arbeitskultur, der Organisation und bestimmter Arbeitsregeln** für die Mitarbeiter und die Organisation nützlich sein können. Die teilnehmenden Berater aus verschiedenen Büros der Boston Consulting Group wurden dazu angehalten, sich in jeder Arbeitswoche eine **bestimmte Auszeit zu terminieren**. Dies konnte ein freier Abend sein oder auch ein ganzer freier Tag. Aus Befürchtungen um die eigene Karriere und das eigene Image im Unternehmen sowie wegen Ängsten gegenüber den Kunden und der von ihnen wahrgenommenen Leistungsbereitschaft ließen sich nur schwer Unternehmensberater von den Wissenschaftlern für dieses Vorgehen gewinnen. Die Widerstände unter den Unternehmensberatern schmolzen, als sich das Topmanagement offiziell zu diesem Forschungsprojekt bekannte und es aktiv unterstützte. So konnten die Widerstände abgebaut und ausreichend teilnehmende Unternehmensberater für dieses Forschungsprojekt gewonnen werden.

Im Verlauf der Untersuchung entstanden bei den Beratern **Lernprozesse**. So konnten die Unternehmensberater zunehmend ihre **Auszeiten genießen** und freuten sich mit dem Zeitverlauf immer mehr auf diese Auszeiten. Selbst in sehr intensiven Projektphasen der Berater wurden die Auszeiten zunehmend gerne genommen. Zudem stieg die Zufriedenheit mit der eigenen geleisteten Arbeit und es verbesserte sich die Lebensbalance. Sogar die Bindung an das Unternehmen wurde stärker und die Berater hofften zunehmend auf langfristige Karrierechancen bei der Boston Consulting Group — und zwar häufiger als vor Beginn des Forschungsprojektes. Außerdem verbesserte sich die Kommunikation innerhalb der Projektteams. Da nun Mitarbeiter nicht mehr rund um die Uhr erreichbar waren, musste die interne Kommunikation in Projektteams verbessert werden und noch klarer Absprachen getroffen und Stellvertreter genannt werden. Infolgedessen wurde noch intensiver zusammengearbeitet. Und zu guter Letzt stieg sogar die Kundenzufriedenheit.

Diese wissenschaftliche Untersuchung der Harvard Business School zeigt über einen Zeitraum von vier Jahren, dass mit einer überschaubaren Änderung in der Organisation und vor allem mit der deutlichen Unterstützung durch das Topmanagement ein weitreichender Lernprozess begonnen werden konnte, den es kontinuierlich fortzusetzen gilt, da **mit weniger Arbeitszeit wesentlich bessere Ergebnisse** für die Unternehmensberatung selbst und die Kunden zustande gebracht wurden.[42]

---

[42] Perlow LA, Porter JL (2010a): Weniger arbeiten – mehr leisten. In: Harvard Business Manager Ausgabe 1/2010: S. 24-35 und Perlow LA, Porter JL (2010b): Weniger arbeiten – mehr leisten. In:

4.5.2 Erschöpfende Organisation

Wie erschöpfend Organisationen auf Führungskräfte wirken können, zeigen folgende Fallbeispiele:

▶ **BEISPIEL**

Ein Vertriebsleiter hat vor einem Jahr diese Position in einem Konzern übernommen und ist voller Tatenkraft mit seinem Job gestartet. Zunächst hat er in seinem Bereich eine Bestandsaufnahme gemacht und nach vielen Gesprächen mit seinen Führungskräften und einzelnen Mitarbeitern eine Umstrukturierung seines Bereiches vorgenommen. Dies wurde innerhalb und außerhalb seines Verantwortungsbereiches mit viel Anerkennung bedacht. Die Erwartungen an den neuen Vertriebsleiter wurden damit zunächst erfüllt. Der Vorstand ist jedoch deutlich unzufrieden, da die beabsichtigte Ergebnisverbesserung auf Zahlenbasis noch nicht eingetreten ist. Der Vertriebsleiter befindet sich nach eigenem Bekunden in einer „vertrackten Situation". Einerseits hat er nun sein Team für die Herausforderungen des Marktes und in Bezug auf die zu erwartenden Herausforderungen gut aufgestellt. Die Erwartungen im Team und die von ihm erzeugte Motivation sind hoch. Andererseits gibt es massive Beschwerden aus seinem Team, dass die Zuarbeit aus anderen Unternehmensbereichen dermaßen schlecht ist, dass die beabsichtigte Zielsetzung wohl kaum erreicht werden kann. Einer dieser behindernden Faktoren ist die Tatsache, dass der Marketingbereich und der Bereich Public Relations verschiedenen Vorstandsressorts angehören. Und diese Bereiche führen seit Jahren einen Kleinkrieg. Die Führungskräfte sind sich nicht nur nicht „grün", sondern sie vermeiden jegliche Kommunikation, soweit das möglich ist. Dies geht zu Lasten des Unternehmens und speziell auch zu Lasten der Vertriebsführungskraft, die auf die Zuarbeit und die Unterstützung beider Bereiche angewiesen ist. Diese Unterstützung findet jedoch nur in geringem Maße statt. Beide Bereiche scheinen sehr stark mit sich selbst beschäftigt zu sein und haben eine nur gering ausgeprägte Dienstleistungsbereitschaft im Sinne von Vertriebsunterstützung. Zusätzlich leidet die Vertriebsführungskraft darunter, dass die Funktion des unterstützenden Vertriebsmanagements fachlich derart schlecht besetzt ist, dass die Leistungsfähigkeit seiner Vertriebsführungskräfte und Vertriebsmitarbeiter maßgeblich darunter leiden. So findet zum Beispiel zu verschiedenen Messen und anderen Kundenevents keine Unterstützung im gewünschten Maße statt. In den letzten Monaten ist die Stimmung innerhalb des Vertriebsbereichs immer schlechter geworden, da die Mitarbeiter zunehmend frustriert über die fehlende Unterstüt-

Harvard Business Manager Edition 4/2010: S. 7–16.

zung innerhalb des Unternehmens sind. Die Vertriebsführungskraft bekennt im Einzelcoaching, dass sie sich nun, nachdem sie „viele Monate lang gegen Windmühlen gekämpft" hat, in einer Phase der Resignation befindet. „Ich muss mich selbst auch schützen und kann nicht ständig zusätzlich die Arbeit meiner Kollegen noch mit übernehmen. Das laugt mich aus. Und es beeinträchtigt inzwischen massiv mein Privatleben. Ich muss jetzt eine andere Lösung für mich finden", bekennt der Vertriebsleiter. Im Laufe der letzten Monate machte er von Monat zu Monat einen erschöpfteren Eindruck und wirkt inzwischen resignativ.

Dieses Fallbeispiel zeigt stellvertretend für sehr viele verschiedene Konstellationen in Unternehmen, wie man **durch eine schlechte Organisation Führungskräfte systematisch erschöpfen** kann. Selbstverständlich spielen dabei Konflikte, die von dem Topmanagement nicht konstruktiv und entschieden angegangen werden, eine wesentliche Rolle.

▶ **BEISPIEL: Human Resources**

Der Vorstand des Unternehmens hatte beschlossen, die komplette Personalsachbearbeitung im Konzern an einem Standort zu bündeln und die dezentralen Personalservices soweit wie möglich abzubauen. Über viele Monate standen Kostenreduktion und Prozessoptimierungen im Vordergrund. Der Bereichsleiter für die Personaldienstleistungen berichtet: „Ich war mit meiner neuen Mannschaft vollauf damit beschäftigt, die dezentralen Leistungen nun in der Zentrale derart zu bündeln, dass es draußen in den Niederlassungen etc. keinerlei Probleme und weiterhin einen reibungslosen Ablauf gab. Alles andere hätte mich möglicherweise meinen Kopf gekostet. Inzwischen bin ich aber sehr ausgelaugt, weil trotz der neuen Struktur und der optimierten Abläufe das Team überhaupt nicht rund läuft."
Bei der Zentralisierung der Personaldienstleistungen wurden unter anderem verdiente, langjährige Mitarbeiter abgebaut und neue Mitarbeiter in der Zentrale eingestellt, weil nicht alle bisherigen Mitarbeiter bereit und in der Lage waren, an den zentralen Standort umzuziehen. In den neuen Teams herrscht viel Unterschiedlichkeit, auf die bisher überhaupt nicht eingegangen wurde. Im Gespräch mit der Führungskraft und mit dem Team wird deutlich, dass bisher die Menschen und ihre Belange kaum Berücksichtigung fanden. Die Kostenreduktion und die neuen Abläufe standen derart im Vordergrund, dass die Menschen als diejenigen, die diese Prozesse nun zum Wohl des Unternehmens und aller Führungskräfte und Mitarbeiter umsetzen sollten, kaum berücksichtigt wurden. Die Führungskraft beklagt sich nun darüber, dass die Prozesse zwar stehen und eindeutig beschrieben sind, die Mitarbeiter aber erhebliche Probleme in der Umsetzung haben. Zum einen ist das Teamklima negativ, zu-

dem gibt es verschiedene massive Konflikte zwischen einzelnen Mitarbeitern und Teilgruppen. Die Führungskraft beschreibt ihre eigene Situation wie folgt: „Ich fühle mich inzwischen völlig überlastet, ich kann kaum mehr meine eigenen Termine einhalten, weil ich mich ständig um irgendwelche Reibereien der Mitarbeiter kümmern muss."

Dieses Beispiel zeigt deutlich, dass **Organisationsveränderungen, bei denen die betroffenen Mitarbeiter und Führungskräfte nicht ausreichend einbezogen und deren Belange nicht berücksichtigt werden, oft erschöpfende Auswirkungen** auf Mitarbeiter und Führungskräfte haben, und zwar oft über lange Zeit und massiv. Dies wäre nicht der Fall, wenn man in dem Veränderungsprozess frühzeitig menschenorientiert plant. Die frühzeitige Information und Einbindung der Mitarbeiter gehört dazu.

4.5.3 Erschöpfung durch berufsbedingte räumliche Mobilität vermindern

Silvia Ruppenthal und Heiko Rüger vom Bundesinstitut für Bevölkerungsforschung in Wiesbaden haben im Rahmen ihres Forschungsprojektes 7220 Personen im Alter von 25-54 Jahren befragt und herausgefunden, dass sich Belastungen hinsichtlich psychischer Gesundheit vor allem für Fernpendler ergeben. Diese Fernpendler schätzen nicht nur ihren allgemeinen Gesundheitszustand schlechter ein als die Vergleichsgruppe der nicht mobilen Erwerbstätigen. Sie berichten zudem häufiger von Anzeichen einer depressiven Verstimmung und einer erhöhten generellen Stressbelastung. Mögliche Ursachen hierfür sind die Zeitknappheit, aber auch Belastungen, die durch hohes Verkehrsaufkommen, erlebten Kontrollverlust durch Verspätungen oder den schlechten Zustand von Verkehrsmitteln und Verkehrswegen hervorgerufen werden.[43]

Die repräsentative telefonische Befragung in sechs europäischen Ländern (Frankreich, Deutschland, Spanien, Polen, Belgien und Schweiz im Jahr 2007) ergibt außerdem, dass sich für sogenannte Übernachter lediglich ein tendenziell erhöhtes Belastungsniveau in den Bereichen allgemeine Gesundheit und psychisches Wohlbefinden ergibt. Die stärksten Belastungen werden bei sogenannten Umzugsmobilen festgestellt, die in den ersten eineinhalb Jahren nach dem Umzug besondere Belastungen zu bewältigen haben. Die Organisation des Umzugs, die Orientierung

---

[43] Ruppenthal und Rüger, Berufsbedingte räumliche Mobilität – Konsequenzen für Wohlbefinden und Gesundheit in Zukunft der Arbeit, Arbeit und Gesundheit, DAK 2013, Seite 116ff.

vor Ort, der Aufbau neuer Netzwerke und die Integration der gesamten Familie müssen bewältigt werden. „Gelingt die Integration am neuen Wohnort, nehmen die Belastungen in der Folgezeit wieder ab. Falls allerdings nicht, können auch längerfristig Beeinträchtigungen des psychischen Befindens eintreten."[44]

Von großer Bedeutung sind auch die **Dauer und die Intensität der Mobilität**. Es wird jedoch festgestellt, dass bei gleichen Mobilitätsanforderungen und damit verbundenen Belastungen nicht jeder Erwerbstätige die gleichen Belastungen erlebt. Das Belastungserleben wird durch Persönlichkeitsmerkmale und Mobilitätserfahrungen bzw. Kompetenzen beeinflusst. Die Bedeutung von Persönlichkeitsmerkmalen wurde zum Beispiel für den Erfolg oder Misserfolg von Auslandsentsendungen nachgewiesen.[45] Andere Forschungsarbeiten haben ergeben, dass es einen positiven Zusammenhang gibt zwischen der Anzahl vergangener Umzüge und dem Wohlbefinden bei Umzügen aufgrund einer anstehenden Unternehmensverlagerung.[46]

Aus betrieblicher Sicht gibt es durchaus Möglichkeiten, bei dem Thema berufsbedingte räumliche Mobilität für eine Entlastung der Mitarbeiter zu sorgen und somit Burnout und Erschöpfung vorzubeugen, zum Beispiel bei der Unterstützung einer effizienten Planung und Abwicklung von Dienstreisen. Mobilitätsinduzierte Belastungen können unter anderem reduziert werden im Bereich des Fernpendelns, zum Beispiel durch die Einführung flexibler Arbeitszeiten oder der Genehmigung von Home-Office-Arbeiten. Die Planbarkeit und Vorhersehbarkeit von Mobilitätserfordernissen trägt ebenfalls zur Entlastung der Mitarbeiter und Führungskräfte bei. Spielräume bei der Planung von Dienstreisen bringen deutliche Entlastungen. Auch die frühzeitige Information über Unternehmensentscheidungen reduziert das Gefühl der Fremdbestimmtheit und des Kontrollverlustes. Das Gefühl der Selbstbestimmtheit bzw. der Selbstwirksamkeitsüberzeugung sollte auch in Bezug auf das Thema Mobilität gestärkt werden. So wurde zum Beispiel bei der Mobilität von Außendienstmitarbeitern aufgezeigt, dass ein hochwertiges und gut ausgestattetes Dienstfahrzeug deren Wohlbefinden steigert. Größerer Komfort im Dienstwagen oder auch bei Bahn- und Flugreisen steigert das Wohlbefinden und hat eine zusätzlich stärkende Auswirkung durch die damit verbundene Gratifikation.

---

[44] Ebda., S. 119.

[45] Huang, T.-J./Chi, S.-C./Lawler. J. J. (2005): The relationship between expatriates' personality traits and their adjustment to international assignments. In: International Journal of Human Resource Management, 16, 9, pp. 1656–1670.

[46] Martin, R., 1995, The effects of prior moves on job relocation stress. In: Journal of Occupational and Organizational Psychology, 68, pp. 49–56.; Martin Seeliger et al. (Hrsg.), Campus 2013, Arbeit, Organisation und Mobilität – Eine grenzüberschreitende Perspektive.

Bei der Entsendung von Mitarbeitern ins Ausland ist in hohem Maße auf die Zufriedenheit der mitziehenden Familie zu achten. Hier sind umfassende Programme und Unterstützungsmaßnahmen, z. B. betreffend der Suche nach einer geeigneten Schule, Wohnung und nicht zuletzt einer Arbeitsstelle für den mitziehenden Partner, empfehlenswert.[47]

4.6 Maßnahmen zur Burnoutprävention in Unternehmen

Nachfolgend einige Fallbeispiele aus Unternehmen, die zum Nachahmen oder Nachdenken anregen können. Dabei sollte für die eigene Organisation überprüft werden, welche vorgestellten Maßnahmen zur eigenen Organisationsgröße und Struktur passen.

4.6.1 BASF AG

Die BASF AG hat für ihre 38.000 Mitarbeiter am Standort Ludwigshafen am Rhein ein neues „Zentrum für Work-Life-Management" gebaut. Der weltweit führende Chemiekonzern mit insgesamt ca. 110.000 Mitarbeitern bietet in dem modernen Komplex aus hellen Materialien und viel Glas Angebote in einer Breite und Umfang, wie sie in Deutschland einzigartig sind. Unter anderem befinden sich in dem Gebäude ein Kindergarten, ein Fitnesszentrum und Sozialberatungsstellen. Alleine in der Kinderkrippe finden 250 Kinder Platz, während ihre Eltern arbeiten gehen. Der Betriebsratsvorsitzende Robert Oswald, der selbst seit 43 Jahren für die BASF tätig ist, unterstützt diese Maßnahme und betont: „Wir wollen die besten Köpfe gewinnen und an uns binden."[48] Das, was viele Personalchefs berichten, gilt auch für die BASF. Interessierte Bewerber erkundigen sich, was das Unternehmen zum Thema Work-Life-Balance und zu einer gesundheitsfreundlichen Arbeitsplatzgestaltung zu bieten hat. Potentielle Bewerber wollen unter anderem wissen: Wie kann ich Familienwunsch und Beruf vereinbaren? Und was tut das Unternehmen dafür? Wie wird auf meine Gesundheit Rücksicht genommen?

Um die weltweite Marktführerschaft halten zu können, will BASF auf die Gewinnung von High Potentials setzen und dazu interessant als Arbeitgeber sein. Durch

---

[47] Ruppenthal 2013, Seite 121.
[48] Der Spiegel, Wissen, „Einfach leben", Nr.1\2013, Seite 47.

320

attraktive Gehaltsmodelle, Karriereperspektiven und eine Unternehmenskultur, die von Wertschätzung geprägt ist, will der Chemiegigant auch Mitarbeiter gewinnen und halten, die einen Hersteller von Farben, Pflanzenschutzmitteln, Kunststoffen und Dünger auf den ersten Blick nicht so attraktiv finden. Um den Zustand der Mitarbeiter und ihre Bedürfnisse zu kennen, werden regelmäßig Mitarbeiterbefragungen durchgeführt. Der Betriebsratsvorsitzende Oswald betont: „Wir wollen Mitarbeiter, die emanzipiert sind, selbstbewusst, souverän und auch mal kritisch."[49] Um die berufliche Tätigkeit und andere Lebensbedürfnisse unter einen Hut zu bringen, wird den Mitarbeitern ein Strauß von Unterstützungsmaßnahmen angeboten. Dabei geht es vor allem um die Unterstützung bei herausfordernden Situationen für den Mitarbeiter.

Die Kinderkrippe „LuKids" für Kinder von sechs Monaten bis drei Jahren erleichtert vielen arbeitstätigen Müttern und Vätern, ihrem Job nachzukommen. Wer als Eltern weiß, dass das Kind gut versorgt ist, kann wesentlich entspannter und produktiver arbeiten. Deshalb sollten Unternehmen und andere Organisationen darauf achten, dass sie ein Angebot wie Kinderkrippen immer nur anbieten, wenn dies wirklich positiv von den Arbeitnehmern angenommen wird. Wer horrende Preise verlangt oder schlechte Qualität, zum Beispiel in der frühkindlichen Förderung oder in der Kinderbetreuung, anbietet, kann nicht auf eine zufriedenstellende Nutzung dieses Services durch die Eltern hoffen. Auch Öffnungszeiten etc. sind entscheidend.

Die „Vertrauensarbeitszeit" erleichtert Mitarbeitern zusätzlich die persönliche Gestaltung von Arbeits- und Freizeit. Wer die Verteilung seines Wochenpensums selbst bestimmen kann, fühlt sich wohler. Das zeigen die verschiedenen Untersuchungen, die bereits in Kapitel 3 aufgeführt wurden, zum Thema Autonomie und Handlungsfreiraum. Demgemäß macht es Sinn, Mitarbeiter Arbeitszeiten frei gestalten zu lassen und sie nicht mit zu vielen Fixterminen und späten Meetings, die zum Beispiel erst gegen 18 Uhr beginnen, der zeitlichen Flexibilität zu berauben. Auch das Arbeiten von zu Hause im „Home Office" erleichtert vielen Mitarbeitern, insbesondere Eltern, den beruflichen Erfordernissen nachzukommen, ohne unverhältnismäßig hohen Stress durch familiäre Verpflichtungen oder Verkehrsbelastungen im Straßenverkehr ertragen zu müssen.

Zusätzlich spielen Fortbildungsmöglichkeiten und Auslandsaufenthalte eine wichtige Rolle für potentielle Mitarbeiter bei der Auswahl von Arbeitgebern. Die Anerkennung der eigenen Leistung durch die Genehmigung von Fortbildungsmöglichkeiten und Auslandsaufenthalten ist eine Anerkennung, die salutogen auf Mitarbeiter wirkt.

---

[49] Ebda.

Die BASF versucht mit diesen Work-Life-Balance-Angeboten und ihrer familien-freundlichen Personalpolitik im Gesamten Fluktuationen zu reduzieren und die Effizienz der Mitarbeiterproduktivität zu erhöhen. Denn Mitarbeiterwechsel sind meist mit hohen Kosten für das Unternehmen verbunden, die Einarbeitung insbesondere von Spezialisten ist teuer und es ist oft rentabler für Unternehmen und andere Organisationen, die erfahrenen guten Mitarbeiter zu halten und sich gut um sie zu kümmern. BASF-Personalchef Hans-Carsten Hansen setzt deshalb auf Retention.

Das Fitness- und Gesundheitszentrum bietet rund 160 verschiedene Sportkurse an, sowie die Leistung einer Physiotherapiepraxis. Die unternehmensinterne Sozial- und Pflegeberatung steht Mitarbeitern und deren Angehörigen zur Verfügung, um in herausfordernden persönlichen Lebenslagen Beratung und Unterstützung zu bieten, zum Beispiel bei psychischen Problemen, Familienproblemen oder Problemen in der Pflege von Angehörigen.

Der BASF-Arbeitsmediziner Stefan Lang macht darauf aufmerksam, wie wichtig dem Unternehmen die Vernetzung der verschiedenen Fachleute ist, um einzelnen Mitarbeitern effektiv helfen zu können. Denn Rückenschmerzen sind nicht immer nur durch einen Rückenkurs und physiotherapeutische Maßnahmen zu beheben. Manchmal werden Rückenschmerzen durch familiäre Probleme bedingt. Als Leiter der Abteilung Arbeitsmedizin und Gesundheitsschutz bietet er mit seiner Abteilung nicht nur die medizinische Ambulanz an, sondern auch Unterstützung für Mitarbeiter, wenn diese über Schlafstörungen und ähnliche Symptome klagen, die möglicherweise psychisch durch Arbeitsbelastung bedingt sind. Arbeitsmediziner Lang und seine rund 150 Mitarbeiter sind vielen anderen Unternehmen und Organisationen in Deutschland um einiges voraus. Sie beschäftigen sich schon seit Jahren mit dem Thema Stress, Gesundheitsmanagement und Work-Life-Balance. BASF hat 2011 den „Deutschen Unternehmerpreis Gesundheit" gewonnen. Das Seminarangebot des Konzerns zum Thema Gesundheit ist entsprechend umfangreich.

Die BASF AG versucht mit den Maßnahmen, auch Burnout-Fällen unter den Mitarbeitern vorzubeugen. Lang versucht den Mitarbeitern Unterstützung anzubieten, damit sie besonders schwierige Herausforderungen, und zwar häufig eine Mischung aus privaten und beruflichen Herausforderungen, besser bewältigen können. Die Herausforderung für das Unternehmen liegt auf der Hand: Im Jahr 2020 werden über 50 % der Mitarbeiter an dem Standort Ludwigshafen älter als 50 Jahre sein. Viele dieser Mitarbeiter sind wertvolle Spezialisten und unentbehrlich für den Weltkonzern, der sich Wachstumsziele gesetzt hat. Um sie vor Burnout zu bewahren und möglichst gesund zu erhalten, wird ein breites Angebot an Unterstützungsmaßnahmen dargeboten. Dies ist insbesondere notwendig, weil mit dem Alter natürlicherweise die Anfälligkeit für verschiedene Krankheiten, wie Diabetes, Bluthochdruck, Rückenbeschwerden etc. zunehmen. Auch bei der BASF haben vor allem die psychisch bedingten Gesundheitsprobleme und Erkrankungen in den letzten Jahren stark zugenommen. Deshalb werden die verschiedensten Kurse vom Business-Yoga bis zum Gesundheitscheck, der vorbeugen und beruhigen soll, angeboten. Alleine beim Gesundheitscheck lag die Teilnehmerquote im Jahr 2011 bereits bei 45 %. Unter anderem gehören zum Team zwei Psychiaterinnen, die für private Lebenskrisen ansprechbar sind und die bei akutem Bedarf Fachärzte und Therapeuten vermitteln. Besonders stolz ist Lang auf den Return on Investment von 1:3. Das bedeutet, dass die BASF für einen ausgegebenen Euro im Bereich Burnoutprävention und Gesundheitsförderung ca. drei Euro an Krankheitsfolgekosten etc. einspart.[50] Der Projektleiter für das Work-Life-Management-Zentrum, Markus Gomer, möchte das Angebot immer weiter verfeinern, um dem individuellen Bedarf von Mitarbeitern noch mehr gerecht zu werden. Ca. ein Drittel der angebotenen Programme dient der Sensibilisierung und der Aufklärung der Mitarbeiter. Damit soll Motivation und Sensibilität geschaffen werden, damit die Mitarbeiter entsprechende für sie passende Unterstützungsmaßnahmen nutzen. So wird zum Beispiel Menschen, die Rückenprobleme haben und dadurch am Arbeitsplatz belastet sind, ein Ergonomie-Check angeboten. Danach können Arbeitsplätze verändert werden und ein spezialisierter Trainer wird für eine spezielle Gymnastik am Arbeitsplatz tätig. Bisher nutzen über 16.000 Mitarbeiter pro Jahr die über 30.000 Angebote.

Die BASF geht ebenfalls mit gutem Vorbild auf der Ebene von Arbeitszeitflexibilität voran, indem zum Beispiel die Leiterin des Weiterbildungszentrums der BASF in Ludwigshafen, Petra Jahn-Stahnecker, als Führungskraft in Teilzeit mit 85 % der Arbeitszeit tätig ist. Sie verteilt diese Arbeitszeit auf vier Tage und leitet einen Stab von 25 Mitarbeitern. Nur mit diesem Teilzeitangebot kann sie Familie und Beruf verbinden. Die 51-jährige Mutter von Zwillingen fasst für sich persönlich zusammen: „Wir haben attraktive Vorruhestandsregelungen. Aber dafür arbeite ich viel zu gern."[51] Damit drückt sie aus, dass bei ihr das Konzept des BASF-Konzerns aufgeht und Mitarbeiter bei entsprechender Unterstützung gerne und lange arbeiten, ohne sich trotz familiärer und beruflicher Belastung dauerhaft und massiv zu überfordern.

---

[50] Ebda., S. 49.

[51] Ebda., S. 49.

4.6.2 Robert Bosch GmbH

Wegen ihres **Teilzeitangebotes für Führungskräfte** wurde die Bosch-Gruppe 2012 in einem bundesweiten Wettbewerb zum familienfreundlichsten Großunternehmen gewählt. In dem Wettbewerb mit der Bezeichnung „Erfolgsfaktor Familie 2012", den das Bundesfamilienministerium mit anderen Partnern wie dem Deutschen Gewerkschaftsbund und Spitzenverbänden der deutschen Wirtschaft ausgeschrieben hat, werden vorbildliche Projekte honoriert. Das Bosch-Projekt mit der Bezeichnung „More" (Mindset Organisation Executives) mutet 150 Führungskräften vier Monate lang zu, verschiedene Teilzeitmodelle zu testen. Das Projekt sollte die Vereinbarkeit von Familienleben und wirtschaftlichem Erfolg bestätigen. Überraschendes Ergebnis: Rund 80 % der Teilnehmer (allesamt Führungskräfte) wollten nach dem Ausprobieren der Teilzeit in Teilzeit weiterarbeiten. Die meisten hatten den Wunsch, auf 80 % ihrer Arbeitszeit zu reduzieren. Wie immer haben Führungskräfte auch in diesem Fall Vorbildfunktion. Wenn Führungskräfte Teilzeit arbeiten, melden gewöhnlich auch mehr Mitarbeiter diesen Wunsch an. Dadurch hat sich die Unternehmenskultur verändert, stellt Stefan Becker, Geschäftsführer bei „Beruf und Familie" fest. Zurzeit nutzen etwa 500 weitere Führungskräfte probeweise das Angebot flexibler Teilzeitarbeit. Die Bosch-Gruppe hat sogar Elternzeit und die Pflegezeit für Angehörige als zusätzliche Bausteine innerhalb des unternehmensspezifischen Karriere-Bonus-Systems eingebaut. So wird das familiäre Engagement für Kinder oder andere Angehörige nicht mehr zur wesentlichen Belastung im Berufsleben, sondern vom Unternehmen unterstützt. Becker würdigt dies, indem er betont, dass das Engagement für Familienangehörige nun nicht mehr zu einem Karriereknick führe, sondern weg von einer unflexiblen Präsenzpflicht für Menschen, die mit ihren Gedanken gerade woanders sind, hin zu einem flexiblen, familienorientierten Weiterarbeiten unter Berücksichtigung der persönlichen Situation.[52]

4.6.3 Unternehmensbeispiel HiPP mit Schwerpunkt Prävention

Beim Nahrungsmittelhersteller HiPP wird zur **Burnoutprävention und Gesundheitsförderung** viel unternommen. Das HiPP Gesundheitsmanagement in Pfaffenhofen konzentriert sich auf **Prävention**. So wurden im Unternehmen in den vergangenen Jahren nicht nur die regelmäßigen Untersuchungen und Schutzimpfungen durchgeführt, sondern planmäßig auch Arbeitsplätze hinsichtlich ihrer Gesundheitseignung überprüft. Psychomentale Belastungen werden berücksichtigt und Möglichkeiten zur Stress- und Burnoutprävention angeboten. Die

---

[52] Ebda. S. 47.

Mitarbeiter können aus einem vielseitigen Angebot von Seminaren auswählen, darunter Feldenkrais-Übungen, Autogenes Training, Progressive Muskelentspannung, und andere Entspannungsmethoden. Der HiPP-Betriebsarzt ist zusätzlich als Psychotherapeut und als Umweltmediziner ausgebildet. Das ist eine Seltenheit. Er widmet sich bewusst auch den mentalen Belastungen der Mitarbeiter und Führungskräfte. Neben individuellen Trainings und Betreuungsmaßnahmen werden die allgemeinen Gesundheitstests sowie sorgfältige Herz-Kreislauf-Tests und andere Verfahren angeboten.

Ziel der Personalpolitik bei HiPP ist es jedoch, die Mitarbeiter dazu zu motivieren, dass sie sich **selbst aktiv und eigenverantwortlich** mit dem Thema Burnoutprävention und Gesundheitsförderung auseinandersetzen. Zusätzlich ist man bestrebt, das **Gemeinschaftsgefühl** unter den Mitarbeitern zu stärken. Darüber hinaus kümmert man sich auch um die besondere Herausforderung der Schichtarbeit, um Suchtprävention und bietet in der Betriebsgastronomie in einem Vorzeigemodell besonders ausgewählte Angebote. So werden zum Beispiel Gerichte sowohl nach ernährungsphysiologischen als auch nach ökologischen und nachhaltigen Aspekten deklariert. Seitdem Anfang 2011 die neue Kennzeichnung am Buffet eingeführt wurde, ist der Verzehr von Salat im Betriebsrestaurant um ca. 700 kg gestiegen.[53]

4.6.4 Kleinunternehmer Klages empfiehlt Ehrlichkeit und Vertrauen

Auf **Handlungsspielräume und Selbstverwirklichung** setzt der Unternehmer Dieter Klages. Er leitet das Unternehmen Klages & Partner mit 23 Mitarbeitern in der Nähe von Osnabrück. Die meisten Mitarbeiter sind bereits seit über zehn Jahren mit dabei. Und Klages freut es besonders, dass bei den Mitarbeitern zu spüren ist, dass diese stolz darauf sind, in diesem Unternehmen zu arbeiten. Der Diplomkaufmann fasst zusammen: Das Wichtigste für eine gute Zusammenarbeit sei die gegenseitige Wertschätzung. Er versuche, Personal zu entwickeln und nicht nur zu verwalten. „Man muss an sich selbst arbeiten und vorleben, was man von den Mitarbeitern erwartet", bekennt Dieter Klages. „Wer Entscheidungen verlangt, muss Fehler tolerieren."[54] Im Gegensatz zu anderen Unternehmen hat dieser Kleinunternehmer im Rahmen des übersichtlichen betrieblichen Gesundheitsmanagements vor allem an den Kommunikationsstrukturen im Unternehmen gefeilt. Seiner Meinung nach

---

[53] Der Mensch im Mittelpunkt, Gesundheitsmanagement bei HiPP steht im Zeichen von Prävention, in: forum, Nachhaltig Wirtschaften, 2013, Spezialausgabe: Mitarbeitergesundheit und Zufriedenheit.

[54] Sicherheitsreport, Das Magazin der VBG, Ausgabe 2\2012, Seite 9.

hat sich das ausgezahlt. Denn die Fluktuation gehe gegen Null und der Umsatz habe sich in den letzten Jahren fast verdreifacht. Immerhin wurde das Unternehmen als Top-Job-Arbeitgeber in den Jahren 2008, 2009 und 2010 ausgezeichnet. Klages empfiehlt anderen Unternehmern vor allem eines: Ehrlichkeit und Vertrauen.

4.6.5 Unterstützung der Auszubildenden bei Deutsche Bahn und Deutsche Flugsicherung in Stress- und Konfliktbewältigung

Die DFS (Deutsche Flugsicherung GmbH) mit Sitz in Langen (Hessen) beginnt bereits im ersten Ausbildungsjahr mit Bausteinen zur Unterrichtung von Gesundheitsthemen, wie z. B. Bewegung und Ernährung. Unter anderem soll bereits frühzeitig auf Herausforderungen wie Nachtschicht, Suchtgefahren etc. vorbereitet werden.

Die Deutsche Bahn AG unterrichtet ihre Auszubildenden im Bereich „Kaufmann für Verkehrswirtschaft" bereits im zweiten Ausbildungsjahr mehrtägig im Bereich Stress- und Konfliktmanagement. Die Trainer der Einheit „DB-Training" unterrichten das Thema bundesweit an den verschiedenen Ausbildungsstandorten.

4.6.6 Fallbeispiele aus Unternehmen zu flexiblen Arbeitszeitmodellen

Ein stärkendes Familienleben ist für viele Mitarbeiter und Führungskräfte ein wichtiger Baustein zur persönlichen Burnoutprävention. Ein gesundes, kraftgebendes Familienleben ist jedoch nur zu realisieren, wenn die Mitglieder der Familie ausreichend gemeinsame Zeit miteinander erleben können. Eigentlich geht es im Familienleben nicht um ein möglichst reibungsloses Nebeneinanderleben, sondern um persönliche Zuwendung und gemeinsame positive Erfahrungen. Dazu benötigt man ausreichend Zeit und nicht zu viele negative Belastungen von außen. Bei aller beruflichen Belastung dürfen die Zeit und die Verantwortung für die eigene Familie und den eigenen Beitrag für ein gutes Familienleben nicht zu kurz kommen. So ist es auch im Interesse von Organisationen, dass Mitarbeiter und Führungskräfte ein stärkendes Familienleben führen können. Um dies zu ermöglichen, gibt es viele verschiedene flexible Arbeitszeitmodelle. Hier zwei Beispiele:

▶ **BEISPIELE**

Das Klinikum Links der Weser in Bremen bietet für die Vereinbarkeit von Beruf und Familie ein breites Angebot. Dazu gehören **150 verschiedene Arbeitszeitmodelle**. Neben den gewöhnlichen Schichtdiensten können flexible Zwischendienste eingelegt werden, durch die der Personaleinsatz an das Patientenaufkommen gekoppelt wird. Außerdem ermöglicht ein Springerpool eine verbesserte Personalsteuerung, auch bei Ausfall oder Krankheit von Mitarbeitern. Die Dienstpläne werden gewöhnlich unter Berücksichtigung der Mitarbeiterwünsche aufgestellt. Außerdem haben die Mitarbeiter die Möglichkeit, nach einer Elternzeit oder einem Sonderurlaub in die Teilzeit einzusteigen und ihre Wochenstundenzahl schrittweise aufzustocken. Diese Maßnahmen haben nach Einschätzungen des Klinikums Links der Weser dazu beigetragen, dass die Mitarbeiterfluktuation reduziert und die Fehlzeiten, aber auch die Wiedereinstiegskosten deutlich gesenkt werden konnten.[55] Des Weiteren bietet das mittelständische Unternehmen Schönberger Stahlbau & Metalltechnik u. a. seinen Beschäftigten **Lebensarbeitszeitkonten** an, auf denen sich Überstunden und Urlaubszeit unbegrenzt ansammeln lässt. Das Kontoguthaben kann für familienspezifische Belange abgebaut werden.

ZWISCHENFAZIT

Die aufgezeigten Möglichkeiten und die praktizierten Maßnahmen verdeutlichen, dass eine wirksame Einflussnahme zur Burnoutprävention und Gesundheitsförderung umgesetzt werden kann. Die Organisation und somit das Topmanagement überlässt die Eigenverantwortung den Mitarbeitern und Führungskräften. Es geht mit gutem Beispiel voran und bietet Rahmenbedingungen, in denen Teams und Führungskräfte ihre Zusammenarbeit salutogen ausrichten können und somit dauerhafter massiver Erschöpfung vorbeugen. Dabei ist auch die Unternehmenskultur im salutogenen Sinn weiter zu verbessern, immer mit einer umfassenden Beteiligung der Mitarbeiter und Führungskräfte.

---

[55] Becker, Stefan, Zeit für Familie, Mehrwert durch flexible Arbeitszeitmodelle, in: Zeitschrift forum, Nachhaltig Wirtschaften, Seite 36–37, Spezialausgabe Mitarbeitergesundheit und -zufriedenheit, 2013.

4.7 Kooperationen schmieden zur Burnoutprävention

Um als Führungskraft dauerhaft und nachhaltig gesundheitsförderlich wirksam zu sein, ist es wichtig Kooperationen zu schmieden. Die Funktionen der Führungskraft als unter anderem Wertevermittler, Vorbild, Multiplikator, Unterstützer, Rahmengestalter und menschliche Bezugsperson machen es notwendig, ein Netzwerk für die Wirksamkeit von Burnoutprävention und Gesundheitsförderung aufzubauen und auszubauen.

4.7.1 Kooperation mit anderen Führungskräften

Die Führungskraft ist die Kontaktperson für den Bereich **Arbeitsmedizin, Personalentwicklung, Organisationsentwicklung, betrieblicher Gesundheitsdienst und Geschäftsführung.** Sie können die unterstützenden Maßnahmen, die durch diese Kooperationspartner bereitgestellt werden, an die Mitarbeiter vermitteln und auch umgekehrt Mitarbeiter, die Interessen und Bedürfnisse zur Burnoutprävention und zur persönlichen Gesundheitsförderung haben, an diese Stellen weitervermitteln. Das betrifft Weiterbildungsmaßnahmen, zum Beispiel zum Thema Stressmanagement oder Resilienz, ebenso wie die Vermittlung der Kontaktdaten für interne psychosoziale Berater oder externe Unterstützer wie Suchtberatungsstellen oder einen Service zur externen Mitarbeiterberatung (EAP). Auch Schuldnerberatung, soziale Dienste und andere Unterstützungsdienstleistungen können dem betroffenen Mitarbeiter von der Führungskraft vermittelt werden oder zumindest die Kontaktdaten.

In **Kooperation mit anderen Führungskräften** kann der Manager seine Funktion als Vorbild gerecht werden, zum Beispiel, indem er selbst an Vorsorgemaßnahmen teilnimmt. Auch durch die Beteiligung an Gesundheitstagen, vielen anderen Veranstaltungen und vor allem nachhaltig ausgerichteten Maßnahmen zur Burnoutprävention und Gesundheitsförderung dient er als Vorbild für seine Mitarbeiter. Wenn er dies im Kollegenkreis macht und insgesamt möglichst viele Führungskräfte unisono an solchen Veranstaltungen teilnehmen, hat dies eine wichtige Vorbildwirkung auf das gesamte Unternehmen. Diese Wirkung ins Unternehmen hinein ist jedoch auch davon abhängig, wie die Führungskräfte an den entsprechenden Veranstaltungen und Maßnahmen teilnehmen und wie sie anschließend darauf reagieren. Wird eine wirksame Interessenslage der Führungskraft deutlich und äußert diese sich nach der Veranstaltung anerkennend sowie verändert anschließend bestimmte Verhaltensweisen, dann können die Mitarbeiter eine motivierende Wirkung erleben. Andererseits ist es auch möglich, dass man durch Veranstaltungen und Maßnahmen zu Gesundheitsförderungen **das Gegenteil bewirkt.**

► **BEISPIEL aus einem Dax 30 Konzern**

Der Vorstand hat beschlossen, gesundheitsförderliche Maßnahmen durchzuführen. Dazu sind die Führungskräfte angehalten, innerhalb eines Geschäftsjahres einen entsprechenden Workshop mit ihren Mitarbeitern durchzuführen. Die allermeisten Führungskräfte tun dies erst in den letzten vier Monaten des Geschäftsjahres, weil ihnen offensichtlich deutlich wird, dass sie diese Leistung noch abliefern müssen, zumal die Durchführung der Workshops Bestandteil der Zielvereinbarung mit ihrer jeweiligen Führungskraft ist. Der Leiter für die Personalentwicklung in diesem Bereich bemerkt, dass die meisten Führungskräfte nun mit einer gewissen Torschlusspanik nach schnellen und einfachen Lösungen suchen, um diesem Auftrag gerecht zu werden. Keiner der Führungskräfte möchte in seinem Zielerreichungsgespräch seinem Chef Rede und Antwort stehen müssen, warum er diesen Workshop nicht durchgeführt hat. Deshalb wird nun mit Hilfe von externen Workshop-Begleitern und anderen Möglichkeiten versucht, mit möglichst wenig Aufwand diese Workshops „durchzuziehen".

Diese Vorgehensweise hinterlässt gewöhnlich bei Mitarbeitern keine Motivation und keine motivierende Wirkung durch Vorbildverhalten, sondern ist eher kontraproduktiv. Die Mitarbeiter fragen sich, wie ernst es ihr Chef wirklich mit dem Thema Burnoutprävention und Gesundheitsfürsorge meint, und spüren, dass dieses Thema Gesundheitsfürsorge und der Wert von Gesundheit bei ihrem Chef niedrig eingestuft werden.

4.7.2 Ressourcenunterstützung durch die Unternehmensführung für Burnoutprävention

Führungskräfte können auf die **Unternehmensführung** einwirken, damit diese möglichst **günstige Rahmenbedingungen** für erfolgreiche Burnout Vorbeugung und Erhalt und Förderung der Gesundheit und Leistungsfähigkeit von Mitarbeitern und Führungskräften schafft. Diese **Unterstützung für Ressourcenentwicklung zur Burnoutprävention** durch die Unternehmensführung kann geschehen durch:

- Transparente Unternehmensziele, die für Mitarbeiter Sinn ergeben, nachvollziehbar, realistisch und attraktiv sind. Transparent heißt hier verständlich und nachvollziehbar.
- Grundsätze zur Unternehmenskultur sollten geprägt sein von dem Wert Gesundheit. Weniger wichtig als geschriebene Unternehmenskultur ist die gelebte Unternehmenskultur. Es macht in jedem Fall Sinn, auf beiden Gebieten von der

Unternehmensführung zu erwarten und immer wieder einzufordern, dass eine Unternehmenskultur befördert und gefördert wird, die sich auch an dem Gesundheitserhalt und der Gesundheitsförderung sowie der Burnoutprävention der Mitarbeiter und Führungskräfte orientiert (mehr zu diesen kulturstiftenden Elementen siehe unter Kapitel 4.4 Kultur nachhaltig verankern).

- Umsetzung von Gesundheitsorientierung und Burnoutprävention in allen Personalmanagementsystemen (wie zum Beispiel Entlohnungs- und Anreizsystem, Personalauswahlsystem, Personalentwicklungssystem, Feedbacksystem, Mitarbeiterbefragungen, Führungskräfteentwicklung, Qualifizierung und Weiterbildung und andere).
- Auch die Arbeitszeitregeln, die Informations- und Kommunikationsregeln, sowie die Nutzung des betriebsinternen Gesundheitsschutzes inklusive betriebsärztlichen Dienst sollten an Burnoutprävention und psychischer Gesunderhaltung stärker ausgerichtet werden.
- Ein wesentlicher Faktor ist die massive Unterstützung der Führungskräfte im Bereich gesundheitsorientierter Führung: einerseits durch massive Weiterqualifizierung in diesem Bereich mittels Workshops und Einzelcoaching sowie andererseits durch entsprechende unterstützende Rahmenbedingungen bezüglich Führungsinstrumente und Führungsbedingungen.

4.7.3 Kooperation mit dem Bereich Personal/ Human Resources

Um als Führungskraft auch mittel- und langfristig für Mitarbeiter zur Vorbeugung von Burnout wirksam zu sein, empfiehlt sich eine Kooperation mit dem Bereich Human Resources, unter anderem im Hinblick auf das Thema **Talentmanagement**. Durch dauerhafte Überforderung oder Unterforderung wird Burnout bei Mitarbeitern unterstützt. Entgegengesetzt sollte deshalb darauf geachtet werden, dass die Potenziale von Mitarbeitern und die derzeit verfügbaren Kompetenzen von Mitarbeitern in Einklang sind mit dem tatsächlichem Anforderungsprofil einer Position. Veraltete Stellenbeschreibungen, die Aufgaben beinhalten, die der aktuellen Anforderung an diese Position nicht gerecht werden, sollten auf einen aktuellen Stand gebracht werden, bei dem die aktuellen realistischen Anforderungen an Mitarbeiter und Position zu berücksichtigen sind.

Ein funktionierendes Talentmanagement, in dem auch erfahrene Mitarbeiter tätig sind, die auf diese Art und Weise für die Organisation möglichst passgenaue Mitarbeiter bestimmten Positionen zuordnen können bzw. entsprechende Qualifizierungsmaßnahmen designen und erfolgreich umsetzen, können somit eine wesentliche Unterstützung zur Vorbeugung von Burnout leisten. Auch der Berufsverband Deutscher Psychologinnen und Psychologen (BDP) weist darauf hin: „Es gilt, die wertvollen Potenziale jedes Mitarbeiters zu nutzen und den richtigen Platz im Arbeitsprozess für ihn zu finden."[56] Die BDP-Präsidentin Sabine Siegl resümiert: „In den letzten Jahren beobachten wir zunehmend Überforderungsphänomene. Durch eine gesündere Gestaltung der Arbeit könnten diese verringert werden." Sie setzt nach eigenen Angaben bei Burnout auf Prävention und fordert deshalb eine passgenaue Personalauswahl.[57]

Frank Jacobi von der psychologischen Hochschule Berlin (PHB) und der technischen Universität Dresden weist darauf hin, dass Überforderung in den letzten Jahren bei vielen Mitarbeitern stetig zunimmt. Zumindest in deren subjektiver Wahrnehmung: „Das Gefühl der Unkontrollierbarkeit der eigenen beruflichen Entwicklung, der Druck zum stetigen Neulernen, subjektive Überforderung durch erhöhte Anforderungen oder durch zeitaufwendige Kontrollprozeduren im Arbeitskontext — dies sind Beispiele für mögliche Risikofaktoren, die bei Personen psychische Störungen begünstigen, die früher in psychisch weniger anfordernden Tätigkeiten gut durchgekommen wären."[58] Der BDP fordert „kluge und nachhaltige Präventionsmaßnahmen", mit denen sich „viel Leid und Kosten verhindern" lassen. Ulrich F. Schübel, das Vorstandsmitglied des BDP der Sektion Wirtschaftspsychologie konstatiert, dass sich viele Unternehmen, insbesondere kleine und mittlere Unternehmen, schwer tun, diesen Anforderungen strukturell zu begegnen. Er schlägt vor, „Kompetenzen von Beschäftigten und Potenziale von Organisationen zu entdecken und diese ständig weiter zu entwickeln. Es geht um einen nachhaltigen Veränderungsprozess hin zum ‚gesunden Betrieb'."[59] Inwieweit diese theoretischen Vorstellungen und Wünsche der Psychologinnen und Psychologen in Organisationen tatsächlich in die Tat umgesetzt werden, liegt zum einen an der Geschäftsführung und zum anderen am Personalmanagement und jeder einzelnen Führungskraft.

Führungskräfte können unter anderem in folgender Art und Weise und zu folgenden Themen auf den Bereich Human Resources einwirken und mit den Kollegen vom Personalmanagement kooperieren, sodass durch ein effektives Talentmanagement und zusätzliche Personalentwicklungsmaßnahmen Burnout von Mitarbeitern in ihrem Verantwortungsbereich vorgebeugt werden kann.

---

[56] Berufsverband Deutscher Psychologinnen und Psychologen (BDP), Pressemitteilung Nr. 1\13, 30. Januar 2013, Burnout und chronischer Stress: die Dosis macht das Gift.

[57] Ebda.

[58] Berufsverband Deutscher Psychologinnen und Psychologen (BDP), Pressemitteilung Nr. 10\12, 5. Juli 2012, So lässt sich Burnout verhindern – Psychisch gesund am Arbeitsplatz.

[59] Ebda.

- Ausreichende Qualifikation der Mitarbeiter bezüglich ihrer aktuellen Tätigkeit und absehbarer Veränderungen in ihrer Tätigkeit.
- Auswahl der Mitarbeiter nach Teamfähigkeit.
- Systematische Förderung der Führungskräfte und Mitarbeiter hinsichtlich Resilienz und Achtsamkeit.
- Organisationsziele definieren und entsprechende Talente identifizieren, entwickeln und massiv fördern.
- Mitarbeiter und Führungskräfte so qualifizieren, dass eine breite soziale Unterstützung vorhanden ist und nicht nur wenige Leistungsträger zu einem ganz überwiegenden Anteil die Performance generieren. (Zitat von Bill Gates: „Take our 20 best people away, and I will tell you that Microsoft will become an unimportant company").
- Gezielte, frühzeitige Kompetenzentwicklung.
- Überprüfung und Redesign von Talentmanagement Prozessen.

Talentmanagement im Sinne von passgenauer Personalnutzung, um Burnout vorzubeugen, sollte nicht als Elitemaßnahme betrieben werden und sich nur auf wenige Zielgruppen oder Personen in der Mitarbeiterschaft begrenzen. Vielmehr sollte Talentmanagement in dem Sinne betrieben werden, Mitarbeitern und Führungskräften hinsichtlich ihrer Talente gerecht zu werden und sie möglichst so einzusetzen oder weiterzuentwickeln, dass sie eine zufriedenstellende Passgenauigkeit zwischen ihren Fähigkeiten und den Herausforderungen ihrer Aufgabe zur Verfügung haben. Selbstverständlich liegt die Verantwortung dabei nicht nur bei dem Bereich Human Resources, sondern auch bei jedem einzelnen Mitarbeiter und seiner Führungskraft.

Bereits bei der Auswahl und der Förderung von Talenten sollte darauf geachtet werden, dass die Zielsetzung ist, nicht überwiegend den Wert Performance zur Ausrichtung heranzuziehen, sondern ebenso den Wert Gesundheit — und zwar Gesundheit nicht nur im persönlichen Sinne, dass die Gesundheit der eigenen Person erhalten bleibt, sondern auch im Sinne von Mitarbeiterführung. Deshalb sollten insbesondere Führungsnachwuchskräfte bereits frühzeitig in Führungskräfteentwicklungsmaßnahmen darin geschult werden, später als Führungskräfte nicht nur eine gute Performance mit den Mitarbeitern zu erreichen, sondern auch die persönliche Gesundheits- und Leistungsfähigkeit sowie die der Mitarbeiter professionell zu fördern.

4.7.3.1 Zusammenarbeit mit dem Bereich Human Resources bei der Personalauswahl

Führungskräfte können über den Personalbereich Einfluss darauf nehmen, dass Mitarbeiter so ausgewählt werden, dass sie nicht durch Überlastung und dauerhafte Überforderung Burnout-gefährdet sind. Eine gute Personalauswahl gemäß dem Person-Environment-Fit ist eine der besten Vorbeugungsmaßnahmen für Burnout im Berufsalltag. Bewerber stellen sich selbstverständlich gut dar und möglicherweise überziehen sie auch in den Vorauswahlprozessen, sodass sie der späteren Auswahl nicht ganz gewachsen sind. Dies gilt es von Seiten der Personalprofis im Unternehmen zu verhindern. Wer nach seiner Einstellung als Mitarbeiter die Probezeit übersteht und darin einen relativ guten Eindruck vermittelt, kann schon wenige Monate später scheitern, wenn er merkt, dass er diesen hohen Arbeitseinsatz nicht länger durchhalten kann und eigentlich mit der Position und der Aufgabenerfüllung überfordert ist. Oft wollen Mitarbeiter und deren Führungskräfte das erst einmal nicht wahrhaben. Wer so als Mitarbeiter überfordert ist, wird oft auch zum Stressfaktor im Team. Möglicherweise entstehen dadurch Konflikte und Krisenherde, die das ganze Team in Mitleidenschaft ziehen. Deshalb ist es vorteilhaft, von Anfang an die möglichst richtige Besetzung zu haben. Ein Arbeitsgeber bzw. eine Führungskraft, die einen Mitarbeiter zu häufig oder zu intensiv Situationen aussetzt, die er nicht auf Dauer bewältigen kann, sorgt somit für Stress, möglicherweise sogar dauerhafte massive Überforderung und damit Erschöpfung. Dabei macht das Vorgehen, den Mitarbeiter dies solange betreiben zu lassen, bis er schließlich gar nicht mehr kann und scheitert, keinen Sinn, weder für den Arbeitsgeber, die Führungskraft, noch für den Mitarbeiter. Gefordert ist hier die Führungskraft, aktiv einzugreifen und Gespräche zu führen. Mitarbeiter, denen die Führungskraft nicht solche Gespräche anbietet, laufen oft Gefahr, sich noch mehr zu überfordern, um den Anforderungen möglicherweise doch noch gerecht zu werden und somit einen Burnout-Prozess zu verstärken.

Für die Burnoutprävention ist es deshalb nützlich, für neu zu besetzende Stellen nicht nur die fachlichen Anforderungen und die Wünsche des Arbeitgebers an weiche Faktoren (Kommunikationsfähigkeit, Teamfähigkeit, etc.) anzuschauen, sondern auch, ob der Bewerber insgesamt wirklich zu der Position mit den Anforderungen und der Teamsituation passt. Eine Frage kann dazu lauten: Wird sich dieser Mensch an diesem Arbeitsplatz wohlfühlen und richtig zur Entfaltung kommen? Allzu oft werden aufgrund von Bewerbermangel falsche Kompromisse eingegangen.

Person- Environment- Fit

Hilfe: Ehrliches Talent-Management durch Mitarbeiter und Personalentwicklung

Je geringer die Passung, desto höher die Burnout- Wahrscheinlichkeit

© Copyright Dr. Spreiter 2013

Abb. 4.1: Person-Environment-Fit

4.7.3.2 Führungskräftetrainings

In speziellen **Führungskräftetrainings** können Chefs mit den Grundsätzen von Gesundheitsförderung und Burnoutprävention vertraut gemacht werden und Handwerkszeug erlernen, um im Führungsalltag insbesondere mit belasteten Mitarbeitern gut umzugehen. Es sollte nicht nur bei Sensibilisierung und Know-how-Vermittlung bleiben, sondern auch das Führungsverhalten erweitert werden, um das Wohlbefinden und die Gesundheit der Mitarbeiter positiv zu beeinflussen. In dem geschützten Rahmen eines Führungskräftetrainings können so Manager neue Verhaltensweisen ausprobieren und Verhaltenskompetenz dazugewinnen. Diese Führungskräftetrainings sollten insgesamt in einem Rahmen von Führungskräfteentwicklung (**Management Development**) integriert sein, der auch auf den Wert Gesundheit abgestimmt ist. Insbesondere sollten die angehenden Führungskräfte frühzeitig in dieser Funktion unterstützt werden. Zusätzlich können selbstverständlich auch andere Unterstützungsmaßnahmen der Personalentwicklung, wie zum Beispiel individuelles Coaching, herangezogen werden.

Professionelle Analyse

Über die zuvor genannten Kooperationen hinausgehend kann es Sinn machen, eine professionelle Analyse von internen oder externen Experten im eigenen Verantwortungsbereich vornehmen zu lassen, die aufzeigt, welche dauerhaften massiven Belastungen für die körperliche und psychische Gesundheit im Verantwortungsbereich bestehen. Ein solcher Bericht kann sowohl den Status quo als auch Verbesserungsmaßnahmen aufzeigen. Nützlich ist es gewöhnlich, hierbei nicht nur die Mitarbeiter des eigenen Verantwortungsbereichs mit einzubeziehen und zur aktiven Mithilfe zu ermuntern, sondern auch die zuständigen Spezialisten im Hause, wie Arbeits- und Gesundheitsschutz, Personalentwicklung und Betriebsrat. Aus den Ergebnissen der Analyse und dem Bericht der Spezialisten lassen sich oft effektive Verbesserungsmaßnahmen ableiten.

Eine besondere Bedeutung kommt der Kooperation mit und Unterstützung durch die Unternehmensführung zu.

4.7.3.3 Qualifizierung von Kooperationspartnern

Zur Burnoutprävention auf organisationaler Ebene empfiehlt sich für Unternehmen und andere Organisationen, die **Qualifizierung von Kooperationspartnern** deutlich zu verbessern. Bisher wurden Organisationen insbesondere in den letzten Jahren von einem starken Anstieg von Burnout und anderen psychischen Belastungserscheinungen überrollt. Nun ist es an der Zeit, darauf eine Antwort von Unternehmensseite zu geben und gemeinsam mit anderen gesellschaftlichen Einflussgrößen wie Krankenversicherungen und der Politik vorbeugende Maßnahmen zu ergreifen und massive Unterstützung zu bieten. Betriebsärzte und gegebenenfalls sogar Betriebspsychologen im Unternehmen zu haben, reicht an sich nicht aus. Erst die Qualität eines betriebsärztlichen Dienstes, der auch präventiv Burnout und andere psychische Belastungen angeht bzw. angehen kann, hat die Chance auf effektive Vorbeugungsarbeit. Bisher arbeiten die meisten Organisationen nach dem Prinzip „Wir probieren aus, wie lange die Mitarbeiter durchhalten". Insofern handelt es sich um eine Art von Lebendversuch. Vorausschauender und ökonomischer dürfte es jedoch sein, als Verantwortlicher in Organisationen dafür zu sorgen, dass frühzeitig präventiv Maßnahmen vorbereitet und eingeleitet werden, da ihr Effekt nicht sofort eintreten wird.

Vorteilhaft dürfte sich auch auswirken, wenn nicht nur Ärzte oder Techniker weitergebildet werden, um in diesem Bereich von Burnoutprävention und Vorbeugung von anderen psychischen Erkrankungen Unterstützung zu bieten, sondern wenn möglichst berufserfahrene Führungskräfte, die die Belastungsthemen aus eigener Erfahrung kennen, mit eingebunden werden. Dabei sollte selbstverständlich von dem Thema des klassischen Arbeitsschutzes abgerückt und die Qualifizierung auch für Betriebsärzte und andere Unterstützer im innerbetrieblichen Gesundheitswesen mehr auf den Schwerpunkt psychische Gesundheit und psychische Belastungen gelegt werden.

Die Geschäftsführung von Unternehmen kann zudem Druck ausüben auf die Politik, damit wesentliche Ungereimtheiten im Gesundheitswesen geändert werden. So ist es zum Beispiel unerträglich, dass Mitarbeiter, die jahrelang gute Arbeit geleistet haben und nun unter Burnout leiden, viele Monate lang auf einen Therapieplatz warten müssen und dass die Krankenkassen immer noch viel zu wenig für Burnoutprävention leisten im Vergleich zu ihren therapeutischen Maßnahmen, die ein Vielfaches von monetären Ressourcen verbrauchen. Niedrigschwellige Angebote vor Ort, auch in den Unternehmen oder durch externe Beratungsstellen, die von den Organisationen gesponsert werden, sind dabei eine gute Möglichkeit, Burnoutprävention breitflächig und kostengünstig zu betreiben.

Ein möglicher Schwerpunkt: Entwicklung von psychosozialer Kompetenz

Dr. Joachim **Galuska von der Heiligenfeld Klinik** in Bad Kissingen betont die **Unterversorgung der Gesellschaft und insbesondere der Unternehmen im Hinblick auf psychosoziale Kompetenzen**. Er geht davon aus, dass die zunehmende Anzahl psychischer Erkrankungen von Berufstätigen darauf zurückzuführen ist, dass insbesondere in Industrienationen die psychosozialen Kompetenzen weiter verbessert werden sollten, um angesichts der zu beobachtenden **individuellen Überforderung und angesichts der Verminderung von starken sozialen Beziehungen** eine gesellschaftsweite Krise zu befürchten ist.[60] Für Unternehmen würde das unter anderem bedeuten, dass sie einerseits die einzelnen Führungskräfte und Mitarbeiter im Rahmen von **Personalentwicklungsmaßnahmen** darin unterstützen würden, dass sie sich nicht permanent überfordern und ihre Alltagskomplexität besser regeln können, und andererseits, dass alle Beschäftigten ihre Beziehungen im beruflichen Kontext und im privaten Kontext insofern verbessern, dass sie dadurch ein stärkeres Gemeinschaftsgefühl bekommen.

---

[60] Vortrag von Professor Galuska auf der Tagung „Wirtschaft und Gesundheit" in Bad Kissingen 2011.

4.7.3.4 Human Resources als hilfreicher Unterstützer mit geeigneten Instrumenten

Den Bereichen Human Resources bzw. Personalentwicklung (Personal Development) oder auch Führungskräfteentwicklung (Management Development) stehen **Instrumente** zur Verfügung, die der Führungskraft in ihrem Verantwortungsbereich und allen Führungskräften der Organisation helfen können, einen wirksamen Beitrag zur Burnoutprävention zu leisten und salutogen zu handeln. Unter anderem bietet sich das **360-Grad-Feedback** an, das **auch Items zum Thema gesundheitsorientierte Führung** beinhalten sollte. Beispiele wären: Inwieweit spielt die persönliche Gesundheit und Belastbarkeit bei Mitarbeitergesprächen eine Rolle? Oder: Inwieweit fördert die Führungskraft die Gesundheit und Leistungsfähigkeit ihrer Mitarbeiter? Auch die gesundheitswirksamen und Burnout vorbeugenden Kompetenzen der Führungskräfte sollten abgefragt werden. Wenn Mitarbeiter ihre Führungskraft für ein schlechtes Vorbild hinsichtlich Lebensbalancen und gesundheitskongruenter Arbeitsweise halten, dann ist Handlungsbedarf angezeigt. In jedem Fall ist ein Feedbackverfahren nur hilfreich zur Vorbeugung von Burnout und zur Gesundheitsentwicklung, wenn in dem entsprechenden Fragebogen auch adäquate Fragen gestellt werden, unter anderem zu den entsprechenden Kompetenzen der Führungskraft hinsichtlich Anerkennung und Wertschätzung, Orientierung und Sicherheit, Teamklima, Autonomie und Fürsorge, Arbeitsorganisation und Ressourcenunterstützung.

Aber auch **andere Befragungs- und Beurteilungsverfahren** können den Führungskräften eine effektive Unterstützung bieten, um in ihrem Verantwortungsbereich Burnout vorzubeugen und gesundheitsförderlich zu wirken. Vom Bereich Human Resources kann unter anderem Unterstützung zur Durchführung einer Workshop-Reihe angeboten werden, indem ein externer Moderator zum Thema „Gesundheit und Burnoutprävention" eine **qualitative Gruppendiskussion** betreibt und als Moderator Defizite und Ressourcen gemeinsam mit dem Team herausarbeitet. So ergibt sich zum Ende des **Workshops** eine Liste der Ressourcen und eine Liste der To-Do's für eine verbesserte Vorbeugung von Burnout und Stärkung der Gesundheit im Team.

In den verschiedenen Befragungsverfahren kommen oft wichtige Hinweise, wie „Mein Chef zeigt zu wenig Wertschätzung" oder „Mein Chef hat nie für mich Zeit" oder „Im Team stehen wir nicht füreinander ein" oder „Es gibt hier eine Menge Probleme und Konflikte, aber niemand redet darüber". Diese kritischen Aussagen sollten validiert und ausgewertet und anschließend sollten entsprechend Handlungsoptionen eingeleitet werden. Wichtig ist dabei, dass das Vertrauensverhältnis zwischen Human Resources, der Führungskraft und den Mitarbeitern nicht nachhaltig gestört wird. Am besten ist eine vertrauliche Zusammenarbeit zwischen einem externen Moderator und der Führungskraft, sodass der Bereich Human Resources lediglich bei der Auswahl eines qualitativ hochwertigen Moderators eingeschaltet ist und keinerlei Inhalte aus dem Workshop in Personalakten landen.

Der Bereich Human Resources ist als Personalmanagement auch dafür verantwortlich, dass **Führungskräfte ausreichend Handlungsspielraum** haben und nicht in einer Matrixorganisation zu Marionetten werden, die selbst den Eindruck haben, fast nichts mehr entscheiden zu können, aber für alles verantwortlich gemacht zu werden.

▶ **BEISPIEL**

„Ich habe hier einmal als Ingenieur angefangen und hatte eine Menge Erfolg. Heute bin ich Leiter Sales Global und stehe vor der Herausforderung, dass ich auf der ganzen Welt irgendwelche Leute antreiben soll, denen das Heimatsystem in China, Brasilien oder USA wesentlich näher und wichtiger ist als ich, der weit entfernt in einer deutschen Großstadt sitzt und von Zeit zu Zeit nervt. Mein Chef sitzt mir im Nacken und möchte ständig Kennzahlen, aber ich kann relativ wenig bewegen, weil mir ganz einfach die Mittel dazu fehlen."

Diese Aussage eines Topmanagers zeigt, dass in der Matrixorganisation und in einem internationalem Wettbewerb mit Hochdruck auch erfahrene Fach- und Führungskräfte oft der Handlungsspielraum schwindet und sie an ihrer Selbstwirksamkeit zweifeln. Wer so intensiv unter Ergebnisdruck gesetzt wird und gleichzeitig sehr wenig Autonomie und Handlungsspielraum zur Verfügung hat, gerät leicht unter die Räder des Topmanagements. Hier ist das Personalmanagement gefragt, korrigierend über die Geschäftsleitung einzuwirken.

Eine wesentliche Maßnahme des Human Resources Managements ist es auch, die Potenziale und die Motive von Führungskräften früh genug zu analysieren und ihnen entsprechende Unterstützungsmaßnahmen, zum Beispiel in Form von Qualifizierungsmaßnahmen, Management-Development-Programmen oder auch individuellem Einzelcoaching zukommen zu lassen. Insbesondere sind natürlich auch entsprechende Weiterbildungsangebote zum Thema Burnoutprävention empfehlenswert, und das nicht nur singulär, sondern am besten in Form einer Workshop-Reihe mit Umsetzungsbegleitung durch einen spezialisierten Coach. Personalleiter, die den ökonomischen Nutzen von solchen Weiterbildungsmaßnahmen noch nicht verstehen, können die Kosten von Arbeitsausfall, Fehlzeiten und Langzeiterkrankungen gegenrechnen. Unternehmen wie Unilever und Bertelsmann haben dies getan und sind zu dem Schluss gekommen, dass die Unterstützung von gesundheitsorientierter Führung in ihrem Management kostengünstiger ist (vgl. Kapitel 3.5.4).

4.7.4 Kooperation mit dem betriebsärztlichen Dienst

Die Kooperation mit dem betriebsärztlichen Dienst ist je nach Größe der Organisation sehr unterschiedlich. Von kleinen Unternehmen, die gar keinen betriebsärztlichen Dienst nutzen, über Organisationen, die turnusmäßig von einem Arzt besucht werden, bis hin zu Konzernen, die einen umfassenden betriebsärztlichen Dienst mit vielen hauptamtlichen Ärzten beschäftigen. Solche letztgenannten Betriebsärztlichen Leiter sind in einigen Großunternehmen federführend bezüglich Burnoutprävention und zum Thema psychische Gesundheit, obwohl sie nicht über die Expertise einer Abteilung Personal- und Organisationsentwicklung verfügen, die aufgrund ihrer Zuständigkeit das Thema Burnoutprävention und Gesundheitsorientiertes Führen in der Organisation voranbringen sollte. Oft spielen die internen Machtverhältnisse dabei eine entscheidende Rolle. Unabhängig davon ist es für Führungskräfte immer sinnvoll, mit beiden Partnern (dem Personalbereich und dem Betriebsärztlichen Dienst) zu kooperieren.

Natalie Lotzmann, die Gesundheitsbeauftragte in der Personalabteilung der SAP AG, betont zwar: „Die Führungskraft ist wichtiger als der Arzt, wenn es um die Gesundheit geht".[61] Aber trotzdem empfiehlt sich ein gemeinsames Vorgehen und vor allem eine massive Unterstützung dieser medizinischen Experten einzuholen. Betriebsärzte sind zwar aufgrund einer veralteten Ausbildungsordnung immer noch ungenügend ausgebildet in psychischen Krankheiten und auch in Burnoutprävention. Aber flankierende Maßnahmen zu Stressreduktion, Bewegungsangeboten, Gesundheitscheck etc. sollten zumindest genutzt werden. Besonders empfehlenswert sind gemeinsame Maßnahmen in der Kooperation „Führungskräfte — Unternehmensleitung — Personalbereich" und Betriebsärztlicher Dienst, zum Beispiel in Form einer gemeinsamen Projektarbeit. Diese Kooperationen können auf einer **gemeinsamen Basis** stattfinden: dem **Betrieblichen Gesundheitsmanagement**.

4.8 Betriebliches Gesundheitsmanagement und Burnoutprävention

In den meisten Unternehmen ist ein Betriebliches Gesundheitsmanagement (BGM) noch nicht entwickelt. Einzelne Maßnahmen wie Bewegungskurse, Salatbars in der Kantine oder Gesundheitstage verdienen den Begriff BGM nicht. Ziel sollte ein ganzheitliches, nachhaltiges BGM sein, das die Gesundheit der Mitarbeiter und

---

[61] WELT online, 27.8.2012, Immer mobil, häufig krank, Phillip Neumann.

Führungskräfte und somit auch die Zukunftsfähigkeit der Organisation massiv unterstützt. Dieses BGM kann Grundlage und Rahmen einer wirksamen Burnoutprävention sein.

In einem ganzheitlichen, nachhaltigen BGM ist die Führungskräfteentwicklung ein zentrales Handlungsfeld. Neben individuellen Unterstützungsangeboten (z. B. über ein EAP) werden **organisationale Präventions- und Interventionsmaßnahmen** geplant und durchgeführt. Ein gezieltes Pausenmanagement, eine Verankerung von Auszeiten und Regeneration in der Unternehmenskultur und eine gesundheitsorientierte Projektauswahl sind Beispiele von Bestandteilen eines ganzheitlichen, nachhaltigen BGM-Systems.[62]

Ein Nutzen eines solchen BGM ist die **Früherkennung von Burnoutanzeichen** und psychischen Auffälligkeiten. Es geht hierbei nicht darum, Mitarbeiter zu pathologisieren, sondern um in wertschätzender Weise Hilfe zur Selbsthilfe präventiv anzubieten. Bisher wird bei Anzeichen von Burnout zu lange weggeschaut, ignoriert und zu spät interveniert. Auch eine bessere Vernetzung an der Schnittstelle im BEM (Betriebliches Wiedereingliederungsmanagement) zwischen Organisation und therapeutischer Hilfe wäre hierbei hilfreich.

Ein ganzheitliches, nachhaltiges BGM hat zum Ziel, die Unternehmenskultur mittels Management Development und gezielten, vom Topmanagement ermächtigten Organisationsentwicklungsmaßnahmen salutogen zu verändern. Deshalb ist es wahrscheinlich wirksamer, wenn ein solches BGM nicht von Medizinern geleitet wird, sondern eher von Spezialisten für Personal- und Organisationsentwicklung (personell and organizational development).

Qualitätskriterien für das BGM im Bereich psychischer Gesundheit

Unter der Projektleitung des BKK Bundesverbandes haben 2012 über 20 Kooperationspartner, darunter die Bertelsmann Stiftung und das Demographie Netzwerk, in dem Projekt „**Psychische Gesundheit in der Arbeitswelt** — psyGA-transfer" die **Qualitätskriterien für das betriebliche Gesundheitsmanagement** im Bereich der psychischen Gesundheit herausgearbeitet. Als Grundlagen für die Qualitätskriterien wurde folgendes Grundverständnis definiert:

---

[62] Vgl. auch Bruch, Heike und Kowalevski Sandra (2013): Gesunde Führung, Wie Unternehmen eine gesunde Performancekultur entwickeln, Studie des Instituts für Führung und Personalmanagement der Universität Sankt Gallen und Top Job, Zürich, S. 28f.

1. Organisationen, die die Managementprinzipien im Sinne des **kontinuierlichen Verbesserungsprozesses**(KVP) auch in der **betrieblichen Gesundheitsförderung** anwenden, erzielen bessere Ergebnisse und entwickeln nachhaltige betriebliche Strukturen und Prozesse.
2. Organisationen, die die Qualität des individuellen Führungsverhaltens auf der Basis struktureller Vorgaben mit Organisationsweitergeltung managen und sich dabei von den Prinzipien und Werten einer **mitarbeiterorientierten Führung** leiten lassen, erzielen bessere Ergebnisse und entwickeln nachhaltige betriebliche Strukturen und Prozesse.
3. Organisationen, die die Qualität der gesundheitsrelevanten Arbeitsbedingungen und Maßnahmen zur Förderung des Gesundheitsverhaltens **integriert managen,** erzielen ebenfalls bessere Ergebnisse und entwickeln auch nachhaltige betriebliche Strukturen und Prozesse.[63]

ARBEITSHILFE ONLINE

Vertiefende Inhalte

Auf Arbeitshilfen Online finden Sie den Link zur Gemeinsamen Erklärung Psychische Gesundheit in der Arbeitswelt von Bundesministerium für Arbeit und Soziales, Bundesvereinigung der Deutschen Arbeitgeberverbände und Deutschem Gewerkschaftsbund.

Drei Maßnahmenpakete

Für eine hohe Qualität sind speziell zugeschnittene Maßnahmen notwendig. Die Maßnahmen zur Förderung psychischer Gesundheit und die damit verbundene Vorbeugung von Burnout können dabei in **drei Pakete** unterteilt werden.

1. Maßnahmen, die **psychische Belastungen verringern, begrenzen oder ganz vermeiden** helfen. Die sogenannte Belastungsoptimierung kann sich zum Beispiel auf die Arbeitsumgebung, die Arbeitsorganisation, die Qualität der Zusammenarbeit oder auf die individuelle Bewertung des Verhältnisses von eigener Anstrengung zu erzielter Anerkennung beziehen.
2. Maßnahmen, die **Ressourcen für die psychische Gesundheit stärken**. Ressourcen in diesem Sinne können zum Beispiel persönliche Ressourcen (wie Qualifikationen und Gesundheitskompetenzen) sein, als auch soziale Ressour-

---

[63] Bundesanstalt für Arbeitsschutz und Arbeitsmedizin, 2012b, Kein Stress mit dem Stress, Qualitätskriterien für das betriebliche Gesundheitsmanagement im Bereich der psychischen Gesundheit, Seite 3, Dortmund.

cen (wie zum Beispiel soziale Unterstützung und Netzwerke) oder auch organisationale Ressourcen (wie zum Beispiel großer Handlungsspielraum und intensive Beteiligung).

3. Maßnahmen, mit denen **psychisch fehlbelastete Beschäftigte und psychisch kranke Beschäftigte** im betrieblichen Alltag sowie in ihrer Versorgung und Wiedereingliederung **unterstützt** werden.[64]

4.8.1 Burnoutprävention im Betrieblichen Gesundheitsmanagement (BGM): Rentabilität und Handlungsbedarf

Burnoutprävention sollte ein wesentlicher Teil eines ganzheitlichen, nachhaltigen betrieblichen Gesundheitsmanagementsystems sein. Jährlich wird in Deutschlands größten Unternehmen eine Befragung zum Gesundheitsmanagement durchgeführt. Danach investieren diese Großunternehmen ca. 60–120 EUR pro Mitarbeiter und Jahr in ihr Gesundheitsmanagement und erzielen dabei einen Return on Investment zwischen 1:4 und 1:8.[65]

In seinem Bericht „Burnout nachhaltig entgegenwirken" beschreibt Personalfachmann Ritter die Rentabilität von gezieltem BGM, die in einem Projekt der KLM Royal Dutch Airlines nachgewiesen wurde. Mit weltweit 32.000 Mitarbeitern fielen täglich bis zu elf Prozent des Flugpersonals aus. Die Anzahl der psychisch bedingten Fehltage pro Mitarbeiter lag im Durchschnitt bei 153 Tagen. Im Laufe des Projektes konnte nachgewiesen werden, dass der „Return on Health" bei 166 Prozent lag. Der Vorstand wurde damit überzeugt und gewährte ein neues Budget für das Betriebliche Gesundheitsmanagement.[66]

„Obwohl 80 % der deutschen Firmen die Vorteile des betrieblichen Gesundheitsmanagements erkennen, setzt gerade mal ein Drittel von ihnen (36 %) entsprechende Maßnahmen tatsächlich um."[67] Zu diesem Ergebnis kommt eine Studie von Roland Berger Strategy Consultants, die feststellt, dass deutsche Unternehmen sich zwar

---

[64] Bundesanstalt für Arbeitsschutz und Arbeitsmedizin, 2012b, Kein Stress mit dem Stress, Qualitätskriterien für das betriebliche Gesundheitsmanagement im Bereich der psychischen Gesundheit, Seite 5, Dortmund.

[65] BAD Gesundheitsvorsorge und Sicherheitstechnik GmbH, Alles was Sie über betriebliches Gesundheitsmanagement wissen sollten, 2013, Bonn, zitiert nach europressedienst.com.

[66] Johannes Ritter, Burnout nachhaltig entgegenwirken, in: Personalwirtschaft, Sonderheft 11/2012, S. 32-34.

[67] Haufe online, 12.06.2012, Studie Betriebliches Gesundheitsmanagement reduziert Krankheitsfälle.

aufgrund der Wettbewerbsfähigkeit die Kosten in Höhe von rund 160 Mrd. Euro pro Jahr wegen Mitarbeiterausfällen nicht mehr leisten können, aber andererseits betriebliches Gesundheitsmanagement nicht konsequent umsetzen, da sie nicht richtig abschätzen können, wie viel die Investition in ein Gesundheitsmanagement tatsächlich bringt. Das Verhältnis von Kosten und Nutzen ist für sie bisher unkalkulierbar, stellt die Studienautorin Maren Hauptmann von Roland Berger Strategy Consultants fest. Außerdem benötige das betriebliche Gesundheitsmanagement die **Unterstützung der Unternehmensführung** und es **fehle** in den Unternehmen oft an der **nötigen Kompetenz sowie den personellen Ressourcen**, um gezielt Programme anzubieten. „Kooperationen mit externen Anbietern, Krankenkassen und Gesundheitsexperten können hier eine optimale Lösung für viele Unternehmen darstellen. Denn eine Investition in die langfristige Leistungsfähigkeit der eigenen Mitarbeiter lohnt sich für die Firmen auf jeden Fall", fasst Maren Hauptmann zusammen.[68]

ARBEITSHILFE ONLINE

Vertiefende Inhalte

Die Studie von Roland Berger Strategy Consultants finden Sie auf Arbeitshilfen Online.

4.8.2 Psychosoziale Prävention braucht Zielorientierung und Struktur

Die BAD Gruppe (BAD Gesundheitsvorsorge und Sicherheitstechnik GmbH in Bonn) stellt in ihrer Kundenzufriedenheitsstudie 2011 fest: „Betriebliches Gesundheitsmanagement, altersgerechte ergonomische Arbeitsplätze sowie **psychosoziale Prävention/Beratung** gehören für deutsche Unternehmen zu den Top-Zukunftsthemen."[69]

Was für das betriebliche Gesundheitsmanagement insgesamt gilt, hat auch für **Burnoutprävention innerhalb eines BGM-Systems** Gültigkeit. Zuerst sollte eine **Strategie** unternehmensweit festgelegt werden, die speziell auf die Unternehmenssituation zugeschnitten ist. In der **Analyse** sind die Problemfelder und auch die **Ressourcen** zu identifizieren. Nach der **Maßnahmenplanung** folgt die Umsetzung mit adäquaten Maßnahmen, die jeweils auf ihren Nutzen für Mitarbeiter und

---

[68] Ebda.

[69] BAD Gesundheitsvorsorge und Sicherheitstechnik GmbH, Alles was Sie über betriebliches Gesundheitsmanagement wissen sollten, 2013, Bonn, zitiert nach europressedienst.com.

Führungskräfte im Unternehmen überprüft werden. Durch diese regelmäßige **Evaluation** (zum Beispiel hinsichtlich gesundheitsorientiertem Führen bei Führungskräften und hinsichtlich Stress- und Selbstmanagementkompetenzen bei Mitarbeitern) wird die Qualität und Wirksamkeit der Maßnahmen immer wieder überprüft und es werden möglicherweise **weitere Handlungsfelder** aufgezeigt.

Ziele eines solchen Vorgehens innerhalb des betrieblichen Gesundheitsmanagements sind unter anderem:

- Senkung von Burnout Erkrankungen und damit verbundenen Fehlzeiten und Fehlleistungen (zum Beispiel Unfälle).
- Steigerung der Leistungsfähigkeit, der Belastbarkeit und der Arbeitsfreude bei Mitarbeitern und Führungskräften.
- Verbesserung der Arbeitszufriedenheit, der Arbeitsbewältigungsfähigkeit sowie der Identifikation und damit dem Engagement.
- Verbesserung von Qualität und Produktivität und somit Steigerung der Wettbewerbsfähigkeit.
- Verbesserung der Arbeitgeberattraktivität und des Unternehmensimages.
- Verbesserung der Herausforderungen hinsichtlich demographischer Entwicklung.
- Unterstützung durch zum Beispiel Krankenversicherungen und Senkung der Versicherungsbeiträge.

Evaluation im betrieblichen Gesundheitsmanagement

Zur Überprüfung von Maßnahmen zur Burnoutprävention und zur Verbesserung der psychischen Gesundheit können Verantwortliche folgende Fragen nutzen:

- Konnten identifizierte psychisch belastende Arbeitsbedingungen und Beanspruchungen verbessert werden?
- Konnten ermittelte psychische Ressourcen sowohl in Bezug auf Arbeitsbedingungen und Kompetenzen ausgebaut werden?
- Sind die betrieblichen Unterstützungsmaßnahmen zur Burnoutprävention und Gesundheitsförderung für die betroffenen Mitarbeiter wirksam und werden sie von den Mitarbeitern positiv bewertet?[70]

---

[70] Bundesanstalt für Arbeitsschutz und Arbeitsmedizin, Dortmund, 2012 c, Kein Stress mit dem Stress, Selbsteinschätzung für das betriebliche Gesundheitsmanagement im Bereich der psychischen Gesundheit, Seite 26.

Aufgrund von Mitarbeiterbefragungen oder anderen zur Verfügung stehenden Informationen können Maßnahmen überprüft werden und anschließend verbessert bzw. ausgeweitet werden. Wenn das Unternehmen aufgrund einer gesundheitsorientierten Unternehmenskultur die Bereiche Führung, Arbeitsorganisation und Förderung der psychischen Gesundheit überprüft und verbessert, müssen sich zwangsläufig Ergebnisverbesserungen in den Bereichen gesundheits- und mitarbeiterorientierte Führung, höhere Identifikation und verstärktes Engagement sowie verbesserte psychische Gesundheit abzeichnen. Diese Faktoren sind zu überprüfen.[71]

4.8.3 Psychische Belastungen in Veränderungsprozessen

Bei der Befragung der BAD Gesundheitsvorsorge und Sicherheitstechnik GmbH in Bonn unter 44 Mitarbeiter- und Führungskräfte-Beratern konnten qualitative und quantitative Erkenntnisse gewonnen werden, welche psychischen Belastungen im Arbeitsalltag besonders wichtig sind und welche Lösungsmöglichkeiten bestehen. Bei der Frage „Welche der Themen sind ihrer Meinung nach in den kommenden 2–3 Jahren in der Bedeutung zunehmend?", antworteten 58 % der Mitarbeiter- und Führungskräfte-Berater „Burnout". An zweiter Stelle folgten mit **24 % psychosoziale Folgen von Veränderungsprozessen**. Schlafstörungen und Folgen von Mobilitätsanforderungen liegen weit abgeschlagen auf den nächsten Plätzen mit 3–6 %.[72]

Dies zeigt, dass auch in betrieblichen Gesundheitsmanagementsystemen die Burnoutprävention und damit verbunden die Burnoutprävention hinsichtlich der psychosozialen Folgen von Veränderungsprozessen noch intensiviert werden sollte. Bei der Befragung der Berater zu Change-Management, also Veränderungsprozessen, antworteten auf die Frage „Mit welchen Anliegen kommen Mitarbeiter und Führungskräfte im Zusammenhang von Changeprozessen in die Beratung?" 29 % der Berater mit: „Keine Möglichkeit der Einflussnahme".

Psychosoziale Anforderungen bei der Teilnahme an Veränderungsprozessen

Insbesondere bei Veränderungsprozessen bestehen hohe psychosoziale Anforderungen an die betroffenen Mitarbeiter und Führungskräfte. Dabei kann innerhalb

---

[71] Ebda., S. 3

[72] Pestel-Fuss, Jutta, Frühzeitig unterstützen, in: Personal, Zeitschrift für Human Resource Management, April 2011, 63. Jahrgang, Heft 04\2011, Verlagsgruppe Handelsblatt.

eines betrieblichen Gesundheitsmanagementsystems zur Burnoutprävention eine massive Unterstützung hinsichtlich der psychosozialen Anforderungen geboten werden. Dazu macht es Sinn, sich an den vier Phasen von Veränderungsprozessen zu orientieren, die unterschiedliche **psychosoziale Anforderungen an die Begleitung** stellen.

1. **Die Vorbereitung des Veränderungsprozesses**

   Unternehmerische Anforderungen machen aus Sicht des Topmanagements Veränderungsprozesse notwendig oder sinnvoll. Bei der Gestaltung dieser Veränderungsprozesse werden jedoch psychosoziale Dynamiken meist zu wenig beachtet. Deshalb ist es empfehlenswert, auch das Topmanagement bei der Vorbereitung von Veränderungsprozessen hinsichtlich der psychosozialen Dynamiken zu unterstützen. Dies kann zum Beispiel durch spezialisierte externe Berater geschehen. Oft wissen Mitarbeiter und Führungskräfte durch Indiskretionen oder fehlgeleitete Emails etc. bereits im Vorfeld, dass Veränderungen anstehen, die Auswirkungen auf ihre Arbeitsbedingungen haben können. Je unklarer das tatsächliche Vorhaben und Vorgehen ist, desto größer das Potenzial für die Gerüchteküche und entsprechende Unsicherheit unter den Mitarbeitern und Führungskräften. In dieser Phase ist es für das Topmanagement wichtig, die Sorgen und Anliegen der Mitarbeiter und Führungskräfte ernst zu nehmen und auf keinen Fall zu bagatellisieren. Der Zeitpunkt und die Art und Weise, wie der anstehende Veränderungsprozess kommuniziert wird, ist wichtig für die Wahrnehmung und die Vertrauensbildung der Mitarbeiter. Auch muss unter den Prozessverantwortlichen festgelegt werden, wann welche Details kommuniziert werden. Ein konkreter Maßnahmenplan für die psychosoziale Begleitung des Veränderungsprojektes ist festzulegen. Im Kaskadensystem ist damit auf die nächsten Hierarchieebenen zuzugehen und aktiv mit ihnen darüber zu kommunizieren. Moderierte Gesprächsrunden, Coaching und Beratungsangebote können hier schon für Unterstützung sorgen, damit der Veränderungsprozess in der Mitarbeiterschaft auf Wohlwollen stößt.

2. **Die offizielle Bekanntmachung des Veränderungsprozesses**

   Die offizielle Verkündung des Veränderungsprozesses kann für Mitarbeiter und Führungskräfte emotionale Reaktionen bis hin zu schockähnlichen Zuständen hervorbringen. Massiver Ärger und Abwehrreaktionen sollten vermieden werden. Dem kann in Phase 1 bereits bei der Vorbereitung entgegengewirkt werden. Aber auch der Prozessschritt der offiziellen Bekanntmachung will gut überlegt sein. Viele Mitarbeiter fürchten um die eigenen Handlungsspielräume und um die Autonomie und die bisherige Orientierung. Deshalb ist es wichtig, die Mitarbeiter vor allem bei ihren psychischen Bedürfnissen abzuholen. Klarheit, Autonomieverdeutlichung und Ehrlichkeit helfen Vertrauen zu gewinnen und Enttäuschungen zu vermeiden. In dieser Phase kann sich das Management

Unterstützung durch individuelle Beratung und Workshops für Führungskräfte und Mitarbeiter holen. Unter anderem ist es nun wichtig, wie Führungskräfte mit Ohnmachtsgefühlen, Verärgerungen, Enttäuschungen und Ängsten umgehen. Führungskräfte können nun hinsichtlich ihrer Reputation bei den Mitarbeitern viel gewinnen oder viel verlieren. Dazu sollten sie professionelle Unterstützung erhalten. Dies ist nach meiner jahrelangen Erfahrung nur selten der Fall. In moderierten Gesprächsrunden können zwischen Führungskräften, Human Resources-Businesspartnern und den Betriebsräten Abstimmungen erfolgen, damit die psychosoziale Verarbeitung des Veränderungsprozesses in der Organisation möglichst gut gelingt.

3. **Die Veränderung**

Die konkreten Maßnahmen im Veränderungsprozess lösen bei den Mitarbeitern und Führungskräften oft einen starken Handlungs- und Entscheidungsdruck aus. Allein im Hinblick auf Funktionswechsel werden die Mitarbeiter und Führungskräfte stark in Anspruch genommen. Ihr Sicherheitsbedürfnis wird strapaziert, wenn sie eine bisher bekannte Arbeitsumgebung verlassen und möglicherweise auch neuen Aufgabenstellungen gerecht werden sollen. Mit einer psychosozialen Beratung können Führungskräfte und Mitarbeiter in diesem emotionalen Verarbeitungsprozess unterstützt werden. Über das Angebot eines EAPs können zusätzliche Maßnahmen zur Krisenintervention das Beratungsangebot ergänzen und Eskalation vermeiden. Im Fall von Personalabbau sind zusätzliche Maßnahmen der Führungskräfte-Mitarbeiterberatung sinnvoll, um Personalgespräche möglichst konstruktiv und produktiv zu führen und auch die verbleibenden Mitarbeiter professionell zu betreuen. In der Umsetzungsphase der Veränderung und in der 4. Phase, der Akzeptanz- und Normalisierungsphase, passen sich Mitarbeiter und Führungskräfte den neuen Gegebenheiten zunehmend an. Gewöhnlich identifizieren sie sich nun wieder stärker mit dem Unternehmen, zumindest wenn die Inhalte und die Vorgehensweisen entsprechend gut vorbereitet waren und durchgeführt wurden.

4. **Akzeptanz- und Normalisierung**

In dieser Phase ist es für die Führungskräfte hilfreich, in ihren Aufgaben der Neugestaltung und Ausrichtung unterstützt zu werden. Dies kann durch Einzelberatung und Coaching geschehen, aber auch durch Workshops für das gesamte Team, zum Beispiel zu dem Thema Teamentwicklung oder gemeinsam Resilienz entwickeln. Insbesondere für die Führungskräfte sollte eine Unterstützung im Sinne von „Gesunde Selbstführung" erfolgen.[73]

---

[73] BAD Gesundheitsvorsorge und Sicherheitstechnik GmbH, 2011, Psychosoziale Begleitung bei Change-Prozessen, Bonn.

Veränderungsprozesse, die zu **psychischen Belastungen bei Mitarbeitern** führen können, sind unter anderem:

- Organisationsveränderungen, wie die Standardisierung von Arbeitsprozessabläufen, neue Festlegung von Verantwortlichkeiten oder Umorganisation von Dienstleistungen.
- Personelle Veränderungen, wie Personalreduktion, Veränderungen in der Aufgabenverteilung oder Veränderung von Ressourcen.
- Veränderungen bei den Arbeitsmitteln, wie Software, neue Geräte oder Verbesserungen von Anlagen.
- Bauliche Veränderungen, wie zum Beispiel Großraumbüros, räumliche Trennung von Arbeitsvorgängen oder Veränderung von Funktionsräumen.
- Veränderungen von Informationsflüssen, wie zum Beispiel Benutzung von Emails und Intranet oder Änderungen in gemeinsamen regelmäßigen Besprechungen.
- Veränderungen in der Zusammenarbeit, wie virtuelle Teams, fachliche und disziplinarische Verantwortung oder Teamverantwortung.

4.8.4 Betriebliches Eingliederungsmanagement zur Burnoutprävention

Selbstverständlich kann **betriebliches Eingliederungsmanagement** auch als **Präventionsmaßnahme gegen Burnout** verstanden werden, denn Mitarbeiter, die nach langer Krankheit (länger als sechs Wochen ununterbrochen oder wiederholt arbeitsunfähig) wieder in den Arbeitsalltag einsteigen, bedürfen einer gesundheitsförderlichen Wiedereingliederung. Diese ist selbstverständlich abhängig vom Schweregrad der Erkrankung und den Bedingungen am Arbeitsplatz, insbesondere den Herausforderungen des Jobs. Wer nach langer Krankheit und mit weiterhin bestehenden privaten bzw. familiären Belastungen an den Arbeitsplatz zurückkehrt und ungenügend gut wiedereingegliedert wird, trägt ein höheres Risiko, durch eine dauerhaft zu hohe Arbeitsbelastung plus private bzw. familiäre Belastungen Burnout zu bekommen.

Im Sozialgesetzbuch (SGB), neuntes Buch (IX), wird unter § 84 Abs. 2 Prävention wie folgt festgelegt: „Sind Beschäftigte innerhalb eines Jahres länger als sechs Wochen ununterbrochen oder wiederholt arbeitsunfähig, klärt der Arbeitgeber mit der zuständigen Interessenvertretung im Sinne des § 93... mit Zustimmung und Beteiligung der betroffenen Person die Möglichkeiten, wie die Arbeitsunfähigkeit möglichst überwunden werden und mit welchen Leistungen oder Hilfen erneuter Arbeitsunfähigkeit vorgebeugt und der Arbeitsplatz erhalten werden kann" (betriebliches Eingliederungsmanagement). Soweit erforderlich wird gewöhnlich der Werks- oder Betriebsarzt hinzugezogen. Die betroffene Person oder ihr gesetzlicher Vertreter ist zuvor auf die Ziele des betrieblichen Eingliederungsmanagements sowie auf Art und Umfang der hierfür erhobenen und verwendeten Daten hinzuweisen. So ist ein Mitarbeiter diesem Eingliederungsmanagement nicht ausgeliefert, sondern kann selbst bestimmen, inwieweit er sich auf die Unterstützungsmaßnahmen einlässt. Die begleitenden Hilfen, damit der Arbeitnehmer wieder im Arbeitsleben Tritt fassen kann, werden vom Arbeitgeber durch bestimmte Servicestellen geleistet. Die zuständige Interessensvertretung kann die Klärung dieser Maßnahmen verlangen. Sie wacht auch darüber, dass der Arbeitgeber die ihm nach dieser Vorschrift auferlegten Verpflichtungen erfüllt.

Es besteht zwar für die Arbeitgeber die Pflicht, ein betriebliches Eingliederungsmanagement anzubieten, doch es gibt seitens des Gesetzgebers keine unmittelbaren Sanktionen, wenn ein Arbeitgeber dem nicht Folge leistet. Der Arbeitgeber muss zunächst alle zumutbaren Möglichkeiten ausschöpfen, um den Arbeitsplatz behinderungs- bzw. leidensgerecht auszugestalten. Der Arbeitgeber muss auch prüfen, ob der betroffene Mitarbeiter auf einem anderen Arbeitsplatz und möglicherweise auch zu geänderten Arbeitsbedingungen weiter beschäftigt werden kann. Das betriebliche Eingliederungsmanagement bietet die entsprechenden Verfahren, um diese Möglichkeiten und Unterstützungshilfen für eine Weiterbeschäftigung des erkrankten Mitarbeiters zu klären. Kündigt ein Arbeitgeber krankheitsbedingt einen Mitarbeiter, ohne dass er vorher ein Eingliederungsmanagement angeboten und durchgeführt hat, dann gilt dies oft vor den Gerichten als unverhältnismäßig und damit sozial ungerechtfertigt bewertet.[74] Mitarbeitern und Führungskräften ist zu empfehlen, dieses Eingliederungsmanagement zu nutzen. Mitarbeiter sollten entsprechend ihrer Vertrauenseinschätzung die Gesprächspartner wählen. Führungskräfte sollten ihre Mitarbeiter hinsichtlich der Eingliederung unterstützen und nicht zu früh großen Herausforderungen aussetzen und sie somit überfordern. Allerdings macht es keinen Sinn, Mitarbeiter in eine Arbeitsposition wiedereingliedern zu wollen, die sie permanent überfordert. Auch bei der gesamten Verfahrensweise (wie viele Arbeitsstunden pro Tag zu Beginn der Wiedereingliederung, inwieweit wird zu Beginn der Wiedereingliederung Home-Office-Arbeit gestattet) sollte der Mitarbeiter so behandelt werden, dass man Schritt für Schritt wieder eine volle Leistungsfähigkeit erreichen kann.

---

[74] Ebda.

4.8.5 Nachhaltig ganzheitliches BGM und Gesundheit als Topwert im Value Management der Organisation

In Kooperation mit dem Bereich Human Resources kann über das Thema Personalauswahl (Recruitment) und Talentmanagement hinaus dafür gesorgt werden, dass im gesamten Unternehmen ein gesundheitsförderlicher und Burnout vorbeugender Führungsansatz gelebt wird, und zwar in vorbildlicher Weise von der Geschäftsführung aus. Dazu können entsprechende Führungsleitlinien und Werte benannt werden. Dies macht jedoch nur Sinn, wenn diese nicht an irgendwelchen Wänden und in Schubladen oder Dateien verschwinden, sondern aktiv belebt und umgesetzt werden. Dazu bietet sich zum Beispiel ein aktiver Values-Based-Management-Prozess an.

Kompetenz im betrieblichen Gesundheitsmanagement bedeutet auch, Prozesse im Unternehmen so zu managen, dass sie salutogen wirken, also Gesundheit erhalten bzw. fördern und Burnout vorbeugen. Das kann nachhaltig und ganzheitlich nur gelingen, wenn eine entsprechende **Werteentscheidung** getroffen wird, die neben Leistung und wirtschaftlichem Erfolg auch den Werten Gesundheit und Arbeitsfreude einen hohen Stellenwert gibt. Ein hoher Stellenwert bedeutet nicht nur, dass in Hochglanzbroschüren dies so deklariert ist, sondern dass das Topmanagement diesen Wert vorlebt und dieser Wert in allen wichtigen Konzepten und Instrumenten des Unternehmens (insbesondere im Personalmanagement) seinen Ausdruck findet. Diese grundsätzliche Entscheidung im Management für **Gesundheit als Topwert im Value Management der Organisation** ist Grundvoraussetzung für die Ableitung von Zielen und für die erfolgreiche Entwicklung von Maßnahmen zur effektiven Burnoutprävention und für ein erfolgreiches betriebliches Gesundheitsmanagement. Entsprechend müssen die Rahmenbedingungen (Ressourcen wie Budget etc.) zugeteilt werden. Deshalb sollte in allererster Linie eine Werteentscheidung getroffen werden, die eine klare Antwort gibt auf die Frage: Wie gehen wir in unserer Organisation mit dem Wert „Gesundheit" um und wie regeln wir Konflikte zwischen den Werten „Leistung/wirtschaftlicher Erfolg" und „Gesundheit/Arbeitsfreude"?

Auf dieser Basis und mit entsprechenden Ressourcen kann dann eine Burnoutpräventionsstrategie abgeleitet werden, die über zielgerichtete Maßnahmen umgesetzt wird. Dabei sind die bisherige Kultur sowie Strukturen und Regelungen der Zusammenarbeit zu beachten. Diese sind jedoch auch so Schritt für Schritt zu ändern, dass sie salutogen wirken. Dazu machen Kooperationen Sinn, wie im Kapitel 4.7 beschrieben. Insbesondere das Viereck betriebliches Gesundheitsmanagement, Geschäftsleitung, Personalmanagement und Führungskräfte sowie die Arbeitnehmervertretung (Personalrat/Betriebsrat) kann nach einem gemeinsamen Schulterschluss gemeinsam viel erreichen.

Wenn die bisherigen kulturtragenden Elemente und die Strukturen und die Organisation der Zusammenarbeit überprüft sind und über mehrere Jahre entsprechende salutogene Veränderungen vorgenommen und Schritt für Schritt wirksam werden, können die einzelnen erfolgreichen Werkzeuge und Maßnahmen immer weiter verbessert und verfeinert werden. Damit kann die Wirksamkeit in den Folgejahren erhöht werden, sodass auch für kleine Einheiten und einzelne Mitarbeiter und Führungskräfte der Wirkungsgrad der Unterstützung zur Burnoutprävention und zur Gesundheitsförderung immer höher wird. In einem solchen Veränderungsprozess von betrieblichem Gesundheitsmanagement und Value Management ist es erfolgsentscheidend, dass die Rollen und Verantwortlichkeiten klar geregelt sind. Die Unternehmensleitung sollte klar kommunizieren, wie das Thema Gesundheit in der Organisation behandelt wird. (Wer ist dafür zuständig in welchem Umfang? Bei wem liegen welche Verantwortungen? Wozu wird was angeboten?). Von Seiten der Geschäftsführung sollte auch eine klare Antwort gegeben werden, wie man den Konflikt zwischen wirtschaftlichem Erfolg und Gesundheitsförderung grundsätzlich angeht und wie man sich demgemäß strategisch als Unternehmen ausrichtet. Darauf sollen sich die Mitarbeiter und Führungskräfte in den nächsten Jahren verlassen können.

Insbesondere die Personalmanager und Vertreter von Human Resources haben eine besondere Verantwortung, da sie Experten auf dem Gebiet Personal- und Organisationsentwicklung und somit bei einem Prozess der Gesundheitsförderung und Burnoutprävention die fachlichen Ansprechpartner sind. Zudem sollten sie den Prozess konzipieren und umsetzen und Sparringspartner für die Leitung der Organisation und das Management sein. Außerdem sind sie die internen Experten, um externe Leistungen wie Coaching, Beratung, Therapien etc. an die Mitarbeiter und Führungskräfte zu vermitteln und die entsprechenden Anbieter vorher qualifiziert zu rekrutieren. Das Personalmanagement sollte der fachliche Ansprechpartner und Vorantreiber im Unternehmen für das Thema Betriebliches Gesundheitsmanagement und Burnoutprävention sein.

Die Führungskräfte hingegen sollten vor allem Verantwortung hinsichtlich gesundheitsorientiertem Führen in ihrem Verantwortungsbereich übernehmen. Entsprechende Maßnahmen werden in Kapitel 2 vorgestellt. Um ein betriebliches Gesundheitsmanagement mit einem Schwerpunkt Burnoutprävention erfolgreich voranzubringen, ist es notwendig, die unternehmerischen Rahmenbedingungen frühzeitig zu klären und als stabile Grundlage zu verwenden, um erst danach intensiv auf Mitarbeiter zuzugehen und bei ihnen gesundheitsförderliches und Burnout vorbeugendes Verhalten zu fördern. Zu diesen Grundlagen gehört die Klarheit über Rahmenbedingungen und Führungsgrundsätze zum Thema Gesundheit.

4.9 Hilfreiche Services nutzen zur Burnoutprävention

Eine hilfreiche Unterstützung bei der Burnoutprävention in der Organisation ist sowohl die externe Mitarbeiterberatung als auch der Familienservice. Diese und andere Services können vom Unternehmen genutzt werden, um Mitarbeiter und Führungskräfte in schwierigen Situationen massiv zu entlasten und zu unterstützen.

4.9.1 EAP – professionelle externe Mitarbeiterberatung

Was in den USA seit Jahrzehnten gang und gäbe ist, hat vor einigen Jahren auch in Deutschland Fuß gefasst: die externe Mitarbeiterberatung oder Employee Assistance Programme (EAP). In den USA bieten etwa 90 % der größeren Unternehmen ihren Mitarbeitern diese Unterstützung durch externe Beratung an. Das Unternehmen, aber auch andere Organisationen buchen den externen Beratungsdienstleister zur anonymen und neutralen Unterstützung von Mitarbeitern und Führungskräften. Problemthemen können sein: berufliche Belastungen, insbesondere Konflikte, aber auch private Problemfälle, wie familiäre Belastungen, Drogen- und Suchtprobleme, Finanzprobleme oder Probleme mit der eigenen Lebensführung. Der Umfang der Beratung und die Beratungsthemen werden von den unterschiedlichen Anbietern nicht gleichmäßig angeboten. Dies betrifft selbstverständlich auch die Qualität der Beratungsleistung. Während einige Anbieter, wie zum Beispiel das Fürstenberg-Institut in Hamburg unter Leitung von Werner Fürstenberg (einer der Pioniere von EAP im deutschsprachigen Raum) Beratung nicht nur per Telefon, sondern auch Face-to-Face anbieten, gibt es andere Anbieter, die lediglich Telefonberatung offerieren und auch nicht flächendeckend in deutschen Städten zur Verfügung stehen. Für die einzelne Führungskraft oder das Unternehmen ist es deshalb wichtig, sich zu informieren, ob der Anbieter auch alle betroffenen Mitarbeiter bedienen könnte. So ist für große Unternehmen entscheidend, dass der Anbieter dieser externen Dienstleistung möglichst flächendeckend an den Standorten des Unternehmens vertreten ist. Aber auch in der Beratungsqualität der einzelnen Dienstleister gibt es Unterschiede.

Folgende Beratungsdienstleistungen gehören gewöhnlich zu einem umfassenden EAP-Beratungsangebot.

- **Psychosoziale Beratung**
  Persönliche Problemstellungen von Mitarbeitern und Führungskräften emotionaler, sozialer und arbeitsbezogener Art (Konfliktlagen im Privat- oder Arbeitsleben, Lebenskrisen, zum Beispiel aufgrund von Trennungen etc.).

Bei Qualitätsanbietern wird zunächst ein anonymes Telefongespräch geführt, bei dem die Situation des Beratungsbedürftigen erfasst und ein entsprechender Terminvorschlag unterbreitet sowie ein Gespräch mit einem Experten terminiert wird. Erst diese Erstanalyse ermöglicht die Zuordnung zu einem geeigneten Berater. Danach findet bei Bedarf ein persönliches Gespräch mit einem spezialisierten Berater statt. Dies ist jedoch nicht mit einer Therapie zu verwechseln. Die EAP-Anbieter bieten keine Therapien an, sondern lediglich die Vermittlung von Therapieplätzen, weiterführenden Beratungsstellen oder bei Bedarf auch von Fachkliniken und ähnlichen Institutionen. Qualitätsanbieter helfen den Beratungsbedürftigen bei der Auswahl und der Terminfindung, zum Beispiel bei Therapeuten.

Neben dem Thema Burnout und Stress wird unter anderem zu folgenden Themen beraten: Lebenskrisen, Trauer, Notfälle, Partnerschaft, Kinder, Erziehung, Familie, Ängste, psychische Gesundheit, Depressionen, Sucht, Drogenkonsum, finanzielle Schwierigkeiten, Verschuldung, Pflegebedürftigkeit.

- **Lebenshilfe**

Verschiedene Alltagsprobleme können Mitarbeitern und Führungskräften enorm zusetzen. Wer nach einer Trennung eine neue Wohnung sucht oder als ausländischer neuer Mitarbeiter in der Zentrale verschiedene Behördenangelegenheiten erledigen muss, dem tut eine solche Unterstützung gut. Zum Beispiel stellen sich Fragen wie: Welche Behörde ist für eine bestimmte Angelegenheit zuständig? Welche Unterlagen benötige ich dafür? Wer betreut mein Kind oder einen pflegebedürftigen Angehörigen? Wie finde ich eine neue Wohnung, obwohl ich mich schon seit einigen Monaten darum bemühe und keinen Erfolg habe? All diese Fragen und weitere können mit einem EAP-Berater angegangen werden. Diese Berater sind darauf spezialisiert und kennen wesentlich mehr Ansprechpartner in solchen Belangen als ein durchschnittlicher Arbeitnehmer.

- **Suchtberatung**

Wenn eine Führungskraft oder ein Mitarbeiter suchtgefährdet oder bereits suchterkrankt ist (zum Beispiel bezüglich Alkohol oder Drogen), ist eine externe Hilfe ebenfalls sehr nützlich, da viele Mitarbeiter und Führungskräfte bei persönlichen Problemlagen ungerne innerhalb des Unternehmens bzw. der Organisation Hilfe suchen und sich intensiv persönlich mitteilen. Dies gilt insbesondere für unternehmensinterne Beratungsstellen, bei denen die Zusammenarbeit mit dem Personalbereich und dem betriebsärztlichen Dienst nicht vollends geklärt ist. So wenden sich Suchtgefährdete und Suchterkrankte auch an externe Beratungsstellen, die Wege aus der Sucht aufzeigen. Mögliche Fragestellungen in diesem Zusammenhang können sein: Welche Möglichkeiten und Ansprechpartner stehen zur Verfügung, um die Sucht zu überwinden? Welche Möglichkeiten gibt es zur finanziellen Unterstützung? Wie gehe ich damit gegenüber dem Arbeitgeber um? Auch in diesem Fall arbeiten qualifizierte EAP-Berater mit entsprechenden Fachkliniken zusammen und können qualifizierte Ärzte und Therapieplätze vermitteln.

- **Beratung im beruflichen Kontext**
  Ständige Veränderungsprozesse, Umorganisationen, dauerhafte Überforderung, Sorgen um den eigenen Arbeitsplatz und andere betriebsinterne Konflikte und Problemstellungen können Mitarbeiter und Führungskräfte derart überfordern und belasten, dass hier ebenfalls eine externe Beratung Hilfe bieten kann. Auch in diesen Fällen fällt es vielen Mitarbeitern schwer, sich an unternehmensinterne Stellen zu wenden, was vor allem dann nachvollziehbar ist, wenn diese als ein Teil des Problems gesehen werden.
  Zudem können der Umgang mit persönlichem Stress, mit dem persönlichen Zeit- und Selbstmanagement thematisiert werden. Manche EAP-Anbieter bieten deshalb auch Seminare und Wissensvermittlung zu den genannten Themen an.

4.9.1.1 EAP in Deutschland

Als Pionier der externen Mitarbeiterberatung in Deutschland kann das Fürstenberg Institut bezeichnet werden, das bereits 1989 gegründet wurde. Als einer der großen, bundesweit auftretenden EAP-Anbieter ist das Leistungsspektrum besonders groß: persönliche Beratung und kostenfreier Telefonservice durch qualifizierte Fachberater (an 365 Tagen und 24 Stunden am Tag) zu **beruflichen, persönlichen, familiären, gesundheitlichen und sozialen Fragestellungen**. Dazu gehören Krisenmanagement, Stressmanagement und Konfliktmoderationen. Bei Bedarf werden Mitarbeiter **an Spezialisten, Therapeuten und Kliniken vermittelt**. Führungskräfte werden in einem eigenen Programm speziell betreut und auch hinsichtlich Gesprächen mit psychisch belastenden Mitarbeitern geschult. Sogar **Personalabteilungen, Betriebs- und Personalräte werden beraten**. Es gibt einen umfassenden Informationsservice zum Thema externe Mitarbeiterberatung und Gesundheit und Leistungsfähigkeit im Unternehmen. Eine regelmäßige Mitarbeiterzeitung über Gesundheitsmanagement wird herausgegeben und im Internet angeboten.

Die **Unternehmen**, die den EAP-Beratungsservice des Instituts nutzen, erhalten **regelmäßig ein anonymisiertes Feedback**, damit sie sehen können, welche Themen wie stark nachgefragt werden. Werner Fürstenberg, Gründer und Geschäftsführer des Fürstenberg Instituts, formuliert: „Die externe Mitarbeiterberatung ist eine Investition in die Stabilität des eigenen Personals. Sie ist kein wohltätiger Selbstzweck, sondern weitsichtige Effizienzplanung mit hoher Rentabilität." Das

Institut bietet neben dem EAP auch weitere Unterstützungsservices an, wie zum Beispiel den Familienservice, der 2007 in das Angebot aufgenommen wurde und Mitarbeiter mit konkreten Angeboten Unterstützung zur Vereinbarkeit von Familie und Beruf bietet. Als **Vorteile für die Organisationen, die EAP nutzen**, wird aufgezählt:

- Schnelle, unbürokratische und anonyme Hilfe für Mitarbeiter und Führungskräfte.
- Steigerung der Motivation, Leistungsfähigkeit und Gesundheit der Mitarbeiter.
- Return on Investment von mindestens 1:2.
- Reduzierung von Fehlzeiten und Präsentismus.
- Kalkulierbare Investition durch Pauschalfinanzierung (die meisten EAP Anbieter nehmen eine Pro-Kopf-Pauschale, sodass der Auftraggeber per anno einen Festpreis entrichtet, unabhängig davon, wie intensiv das Angebot durch die Mitarbeiter genutzt wird).
- Informationsgewinn durch ein Reporting an die Personalverantwortlichen über die Inanspruchnahme des EAPs.
- Effiziente Problemlösung durch bedarfsgerechte und gezielte Beratung.
- Imagepflege im Innen- und Außenverhältnis.
- Höhere Mitarbeiterbindung.
- Entlastung der Führungskräfte.

Wer einen EAP Service nutzen möchte, sollte den **Anbieter fundiert und strukturiert auswählen**. Nur wenige Anbieter bieten einen bundesweiten Service an und auch diese wenigen großen Anbieter verfügen meist nur über **Standorte** in Großstädten. In ländlichen Regionen kommen oft kleinere Anbieter zum Zuge, bei denen man jedoch die Qualität ihres Angebotes überprüfen sollte. Insbesondere die **Ausbildung und Weiterbildung der tätigen Berater** sollte überprüft werden sowie die Zusammenarbeit mit Spezialisten, Therapeuten und Fachkliniken. Auch die **Qualität der Telefonberatung** und die **mögliche Inanspruchnahme von Face-to-Face Beratungen** sollte analysiert werden, bevor man einen Auftrag an einen EAP Anbieter vergibt.

Denn ein Fehlschlag hat meist relativ verheerende Wirkungen auf Mitarbeiter und Führungskräfte im Hinblick auf das Vertrauen in gesundheitsförderliche und Burnout vorbeugende Angebote des Unternehmens.

Der **Beratungsservice** läuft gewöhnlich so ab, dass über eine kostenlose Telefonnummer rund um die Uhr und an allen Tagen des Jahres eine Erreichbarkeit eines Beraters sichergestellt ist. Möglicherweise werden auch alle Gespräche in Deutsch und in Englisch angeboten. Oft werden Beratungsumfänge zur Verfügung gestellt, zum Beispiel mehrere Stunden pro bedürftigen Mitarbeiter. Entscheidend dabei ist das sogenannte Case Management, also der Lotsendienst, der durch den Berater am Telefon vorgenommen wird. Durch erste Nachfragen des Beraters zum Anliegen des Mitarbeiters kann festgestellt werden, welcher Spezialberater für diesen Mitarbeiter am besten geeignet ist. Dann wird ein Termin vereinbart und die eigentliche Beratungsarbeit kann beginnen.

An **Beratungsformen** stehen gewöhnlich die Telefonberatung und die persönliche Face-to-Face Beratung zur Verfügung, möglichst in Standort- bzw. Wohnortnähe. Manche Anbieter bieten auch eine Onlineberatung an. Diese unterschiedlichen und flexiblen Beratungsformen können bei Bedarf meist auch kombiniert werden. Neben dem Berater stehen meistens noch Spezialisten zur Verfügung, zum Beispiel für Führungskräfte oder spezielle Themen wie Verschuldung, Sucht oder Drogenprobleme.

Das Angebot ist immer **vertraulich**. Denn sonst würde sich kein Mitarbeiter mehr bei dieser externen Einrichtung freiwillig melden. Der Arbeitgeber erfährt meist nur in einem Reporting ein- oder mehrmals pro Jahr, inwieweit die Beratungsdienstleistungen in Anspruch genommen wurden, jedoch ohne Namen und Abteilung. Diese Vertraulichkeit ist rechtlich abgesichert und sollte auch Bestandteil des Dienstleistungsvertrages zwischen Unternehmen und Anbieter sein. Das **Reporting an den Kunden** kann aber neben der anonymisierten Nutzung Angaben zur Nutzungshäufigkeit, zum Beratungsumfang, zu den Beratungsanlässen und zu Vergleichszahlen mit anderen Unternehmen bieten, sodass dem Unternehmen trotz aller Anonymität interessante Kennzahlen zur Verfügung stehen, die es dem Unternehmen auch ermöglichen, an bestimmten Punkten anzusetzen. In Anspruch nehmen können diesen Service alle Mitarbeiter des Kundenunternehmens und gewöhnlich auch die mit ihm im Haushalt lebenden Menschen, also zum Beispiel Partner und Kinder.

Damit ein solches EAP-Angebot verstanden und genutzt wird, ist es wichtig, es im Hause publik zu machen und in Veranstaltungen die Mitarbeiter und insbesondere die Führungskräfte **für die Nutzung des Programms zu gewinnen**. Ansonsten kann ein EAP-Programm zur Formalie werden, die nicht ausreichend genutzt wird und somit auch nicht ihre Wirkung entfalten kann.

Hinsichtlich der **fachlichen und methodischen Qualifizierung der Berater** kann ein Unternehmen unter anderem auf die abgeschlossenen akademischen Ausbildungen (Hochschulstudium zum Beispiel in Psychologie, Medizin oder Pädagogik, oder auch in einer fundierten Therapiemethode), Erfahrungen in dieser Tätigkeit und auf die entsprechenden Qualitätsstandards des Anbieters achten.

Daneben sind die Häufigkeit und die Qualität der Weiterbildungsmaßnahmen der Berater wichtig. Eine regelmäßige, durch qualifizierte und erfahrene Institute durchgeführte Weiterbildung ist notwendig, damit Berater eine gute Dienstleistung erbringen können. Dabei kann das Unternehmen darauf achten, dass der Anbieter nicht nur interne Weiterbildung anbietet, sondern auch renommierte Institute für die Weiterbildung seiner Berater nutzt.

Durch die entlastende Wirkung einer EAP-Beratung für den einzelnen Mitarbeiter bzw. Führungskraft und das gesamte Unternehmen kann einer **Burnout-Entwicklung vorgebeugt** werden. Unnötigerweise werden viele Mitarbeiter und Führungskräfte dauerhaft massiv erschöpft, weil sie in privaten und beruflichen Problemlagen nicht ausreichend Hilfe erhalten bzw. sich diese Hilfe nicht geholt haben.

▶ **BEISPIEL**

Eine berufstätige Mutter zweier pubertierender Kinder, die sich nach einem Vollzeitjob auch noch um Haushalt, Hausaufgaben und Pubertätsprobleme kümmert, wird damit konfrontiert, dass ihre geliebte Mutter pflegebedürftig wird. Als sie versucht, dieser Situation auch noch Herr zu werden und mit verschiedenen Behörden, Pflegeeinrichtungen etc. über viele Monate beschäftigt ist und sie die Situation ersichtlicher Weise sehr anstrengt, wird sie schließlich nach mehreren Monaten sehr erschöpft und depressiv, sodass sie ihrer beruflichen Tätigkeit nicht mehr nachgehen kann.

In solchen Fällen wäre es sehr hilfreich, wenn diese stark belasteten Mitarbeiter frühzeitig und in guter Qualität eine entsprechende Unterstützung erhalten hätten. Dies kann unter anderem mit der Dienstleistung EAP gewährleistet werden oder auch mit anderen Services wie dem Familienservice.

4.9.1.2 Qualitätsunterschiede bei EAP

Es ist nicht zu empfehlen, eine EAP-Dienstleistung in Anspruch zu nehmen, die nur telefonische Beratung anbietet. Für viele Themenstellungen ist es notwendig, dass der Mitarbeiter nach einer telefonischen Vorabklärung mit einem Berater in einem Face-to-Face-Gespräch persönlich über die Problemlage sprechen kann.

Die Berater sollten direkt an den EAP-Dienstleister angebunden sein. Anbieter, die nur Berater vermitteln, die sie nicht selbst beschäftigen, tun sich erfahrungsgemäß mit den Qualitätsstandards schwer. Ein EAP-Anbieter sollte seine Berater ständig überprüfen und deren Qualifikation und Weiterbildung überwachen. Deshalb sollten interessierte Organisationen bei einem EAP-Anbieter überprüfen, ob dieser sein Personal direkt an sich gebunden hat und die Beratungsqualität ausreichend sicherstellt.

Die Berater des EAP-Anbieters sollten nicht nur fachlich und methodisch fit sein, sondern auch über Unternehmenserfahrung verfügen, damit sie Mitarbeiter und Führungskräfte entsprechend beraten können. Fehlt den Beratern selbst die Erfahrung als Angestellter in einem Unternehmen, wird er manche Gegebenheiten im beruflichen Kontext kaum nachvollziehen können.

Die Führungskräfte sind durch eine EAP-Beratung nicht aus ihrer Pflicht entlassen, sich aktiv um Burnoutprävention und Gesundheitsförderung in ihrem Verantwortungsbereich zu kümmern. Ein EAP-Anbieter sollte auch dahingehend überprüft werden, ob er das System EAP unternehmensübergreifend implementieren kann. Dazu müssen unter anderem die Geschäftsführung, der Personalbereich, Betriebsrat und der betriebsärztliche Dienst gewonnen und mit einbezogen werden. Ein EAP wird gewöhnlich nur nachhaltig genutzt, wenn die Hemmschwelle gesenkt wird und im Unternehmen aufgrund erster Erfahrungen ein positives Echo erfolgt. Dies ist zum Beispiel bei Unilever in der Hamburger Hauptverwaltung gelungen, wo jeder fünfte Mitarbeiter das EAP-Angebot nutzt. Das Unternehmen bietet seinen Mitarbeitern bereits seit dem Jahr 2000 EAP an.

4.9.2 Burnoutprävention durch die Entlastung von pflegenden Mitarbeitern

Mitarbeiter und Führungskräfte, die zu Hause Angehörige pflegen, stehen unter einer besonderen Belastung. Häufig stehen sie unter ständigem Stress, müssen viele Dinge gleichzeitig erledigen und verlieren soziale Kontakte, weil sie die Wohnung kaum oder nur mit Gewissensbissen verlassen. Diese Situation hat unter anderem die Siemens-Betriebskrankenkasse SBK zum Anlass genommen, um 2011 ein „Pflegejahr" auszurufen. Im Rahmen des europäischen Forschungsprojektes EURO FAMCARE konnte nachgewiesen werden, dass ca. 70 % der pflegebedürftigen Menschen zu Hause gepflegt werden und fast immer ein Angehöriger eine tragende Rolle bei der Pflege spielt. Ein Ergebnis des Forschungsprojektes ist, dass Zweidrittel der Angehörigen selbst noch im erwerbsfähigen Alter sind. Meist handelt es sich um jüngere Ehepartner, Kinder oder Enkelkinder der Pflegebedürftigen. Und die Pflege eines Angehörigen ist immer noch überwiegend Frauensache: 75 % aller pflegenden Angehörigen sind weiblich. Tatsächlich gehen mehr als 20 % der Angehörigen neben der Pflege noch arbeiten, knapp die Hälfte davon in Vollzeit. Dabei stellt die Pflege selbst für die meisten Angehörigen eine 40-Stunden-Woche dar. Über die Hälfte der Pflegenden leben mit ihrem pflegebedürftigen Angehörigen unter einem Dach und sind damit rund um die Uhr für sie da.[75] Eine Studie der SBK weist nach, dass die Angehörigen Pflegebedürftiger häufiger krank sind, öfter zum Arzt gehen und mehr Medikamente benötigen. Burnout und Depression spielen dabei eine besondere Rolle. Die Betroffenen fühlen sich oft im häuslichen Umfeld und in ihrer besonderen Belastungssituation eingeengt und erleben wenig Freiräume. Für ihre Analyse verglich die SBK Daten von 700 pflegenden Angehörigen aus dem Kreis der Versicherten der Siemens-Betriebskrankenkasse im Alter zwischen 31 und 60 Jahren mit den Versicherten der gleichen Altersgruppe aus allen Versicherten der SBK. Ergebnisse der Studie sind: Pflegende Angehörige sind deutlich kränker hinsichtlich chronischer und schwerwiegender Krankheiten als der Durchschnitt. Die Zahl der entsprechenden Diagnosen liegt um bis zu 51 % über dem Mittelwert aller SBK Versicherten aus diesen Altersgruppen. Pflegende Angehörige gehen mit 29 % fast ein Drittel häufiger zum Arzt. Sie benötigen außerdem eine intensivere Behandlung und Betreuung, brauchen in der ambulanten Versorgung 28 % mehr Medikamente und sogar 70 % mehr Heil-und Hilfsmittel.[76]

17 % der pflegenden Angehörigen sind von einer depressiven Episode oder einer Depression betroffen. Somit spielen Burnout und Depressionen eine wichtige Rolle im Hinblick auf Krankheiten, die durch die Pflege von Angehörigen verursacht werden können. Die häufigsten Nennungen bei Krankheiten von pflegenden Angehörigen sind Rückenschmerzen, Kreislaufbeschwerden und erhöhte Infektanfälligkeit. Geht man davon aus, dass Rückenbeschwerden oft auf Stress zurückzuführen sind, und dies gilt in ähnlicher Weise auch für Kreislaufbeschwerden und Infektanfälligkeit, dann kann man schlussfolgern, dass eine deutliche Entlastung und Unterstützung von Mitarbeitern und Führungskräften, die Angehörige pflegen, die möglichen Folgen bezüglich Burnout, Depression, Rückenschmerzen, Kreislaufbeschwerden und Infektanfälligkeit von Mitarbeitern und Führungskräften erheblich reduzieren lassen. Somit könnte insbesondere dem Burnout von Mitarbeitern entgegengewirkt werden, die perspektivisch über mehrere Jahre einen Angehörigen pflegen und gleichzeitig einer Teilzeit- oder Vollzeitbeschäftigung nachgehen.[77]

Um als Organisation diesbezüglich Burnoutprävention zu betreiben, bietet sich die aktive Unterstützung von betroffenen Mitarbeitern durch einen betrieblichen Service an. In vielen Fällen wird diese Dienstleistung Familien-Service genannt.

---

[75] Billinger, Franz, Siemens-Betriebskrankenkasse, Stress und Mehrfachbelastung – Pflegende Angehörige werden besonders häufig krank, in: Zukunft der Arbeit, Arbeit und Gesundheit DAK 2013, S. 108.

[76] Ebda.

[77] Ebda.

4.9.2.1 Hilfreiche Services zur Burnoutprävention: Das Projekt Pflege und Beruf

Das Projekt „Unternehmensseitige Maßnahmen zur Verbesserung der Vereinbarkeit von Beruf und Pflege" wurde von der BARMER GEK zusammen mit dem Verbund für Unternehmen und Familie e.V. und dem SeniorenService AWO bereits 2008 gestartet und mit Mitteln der Europäischen Union und des Landes Nordrhein-Westfalen gefördert. Die grundsätzlichen Fragestellungen waren: Wie können Unternehmen die Vereinbarkeit von Pflege und Beruf unterstützen? Welche unternehmensseitigen Maßnahmen bewähren sich? Was kann anderen Wirtschaftsbetrieben oder Verwaltungen zur Nachahmung empfohlen werden?[78]

Um **verwertbare Projektergebnisse für möglichst viele Organisationen** zu erzielen, wurden als Pilotunternehmen kleinere, mittlere und große Betriebe gewonnen. Beteiligt waren an dem Projekt: vier kleinere Unternehmen mit bis zu 100 Beschäftigten, sieben mittlere Unternehmen mit bis zu 500 Beschäftigten sowie zwei Großunternehmen und drei Stadt- bzw. Kreisverwaltungen mit mehr als 500 Beschäftigten. Das Projekt konnte schließlich nachweisen, dass unabhängig von der Größe eines Unternehmens die Empfehlungen zur Gestaltung und Unterstützung der Vereinbarkeit von Beruf und Pflege auf alle Betriebe übertragbar sind und sich in allen Unternehmensgrößen realisieren lassen.

Zunächst wurde mit 16 Unternehmen bis zum Februar 2011 an der Verbesserung der Vereinbarkeit von Beruf und Pflege gearbeitet. Dazu wurden mit den Projektpartnern verschiedene Instrumente entwickelt und erprobt, zum Beispiel die **Beschäftigtenbefragung und Bedarfserhebung**. Die BARMER GEK fasst in ihrem Projektbericht zusammen: „Mit einer Befragung der Beschäftigten signalisiert das Unternehmen bereits Offenheit und Interesse. Das Thema wird unternehmensweit kommuniziert, alle — nicht nur die unmittelbar Betroffenen — machen sich mit dem Gedanken der Pflege vertraut."[79] Und sie gibt die Empfehlung, dass man bei einer solchen Befragung der Mitarbeiter zugleich nach dem Interesse an einer **Mitgestaltung** fragen sollte, da sich erfahrungsgemäß die Betroffenen gerne überdurchschnittlich engagieren.

Ein weiteres Instrument waren die **Workshops mit den Mitarbeitern und den Führungskräften**. In dieser Workshop-Arbeit haben die pflegenden Angehörigen erfahren können, wie sehr ihnen der Austausch von Erfahrungen und Informa-

---

[78] BARMER GEK, Gesundheitsreport 2011, Beruf und Pflege – Herausforderung und Chance, Praxistipps für Unternehmen, Seite 13.

[79] Ebda., S. 17.

tionen in der Gruppe nützt. Deshalb empfiehlt die BARMER GEK, diese Workshops durchzuführen. Denn fast in jedem Unternehmen gibt es mehr oder weniger flexible Möglichkeiten der Vereinbarkeit von Familie und Beruf. Diese Möglichkeiten stehen aber oft nicht im Zusammenhang mit der Vereinbarkeit von Beruf und Pflege. Deshalb sollten zunächst die betrieblichen Angebote gesichtet und von den Personalverantwortlichen zusammengetragen werden. In Zusammenarbeit mit den Mitarbeitern kann dann herausgefunden werden, ob die bereits bestehenden Angebote ausreichend oder verbesserungsbedürftig sind.

Aus der Zusammenarbeit mit den Pilotunternehmen ergaben sich Empfehlungen und wurden Leitlinien entwickelt, die grundsätzlich von jedem Unternehmen umsetzbar sind. Gemeinsam wurden Materialien entwickelt, die sich vor allem auf die unternehmensinterne Kommunikation konzentrieren. „Das Thema Vereinbarkeit von Beruf und Pflege zu kommunizieren, ist eine unternehmerische Aufgabe, die auf verschiedenen Ebenen und mit unterschiedlichen Mitteln realisiert werden kann." So resümiert die BARMER GEK in ihrem Projektbericht und bietet über das Internet einen **Ratgeber und weitere Materialien** für interessierte Unternehmen an.

ARBEITSHILFE ONLINE

Vertiefende Inhalte

Den Link zum Barmer Gesundheitsratgeber „Beruf und Pflege" mitsamt Materialien finde Sie auf Arbeitshilfen Online.

Eines dieser Materialien ist ein Ratgeber für pflegende Angehörige, denn pflegende Angehörige haben einen großen Informationsbedarf. Dieser **Informations- und Beratungsbedarf** bezieht sich vor allem auf **rechtliche, organisatorische und formale Aspekte der Pflegesituation**. Im Vordergrund stehen selbstverständlich das **Wohlbefinden der pflegebedürftigen Person** und die verantwortungsvolle Erfüllung der Pflegeaufgabe. Dazu ist gewöhnlich ein hoher zeitlicher und fachlicher Aufwand notwendig. Beratungsstellen gibt es in jeder Kommune, wenn auch in unterschiedlicher Ausprägung und Qualität. Trotzdem bleibt das Einholen von Vollmachten oder die Antragsstellung eine individuell zu bewältigende Aufgabe, bei der der einzelne Mitarbeiter vom Unternehmen maßgeblich unterstützt werden kann. Die Belastung durch die Pflegesituation erfordert Unterstützung vom Unternehmen. Viele pflegende Mitarbeiter sehen sich nicht mehr in der Lage, Vollzeit zu arbeiten, auch wenn sie dies vorher über viele Jahren getan haben. Der Zeitpunkt, wann sie wieder eine Vollzeitbeschäftigung aufnehmen können, ist im Vorhinein oft schwer festzulegen. Im Durchschnitt werden Pflegebedürftige acht Jahre lang gepflegt. Dies macht eine detaillierte Kurzfristplanung unmöglich.

Deshalb ist eine geduldige Grundhaltung des Unternehmens unterstützend für pflegende Mitarbeiter. Ganz konkret hilft es den pflegenden Mitarbeitern auch, wenn sie durch schriftliche Unterlagen und durch Informationsveranstaltungen im Unternehmen Unterstützung finden.

Eine weitere Unterstützung sind **Leitlinien für Führungskräfte**. Chefs tragen auch bei diesem Thema eine große Verantwortung. Um der Situation in entsprechenden Mitarbeitergesprächen gewachsen zu sein, ist es sinnvoll, die Führungskräfte entsprechend zu informieren, vor allem hinsichtlich der Möglichkeiten, die das Unternehmen bietet. Deshalb sollten alle Führungskräfte für das Thema gewonnen werden, auch wenn sie selbst nicht betroffen sind. Zu diesen Leitlinien für die Führungskräfte gehört es, Aufmerksamkeit und Offenheit für pflegende Mitarbeiter zu haben, damit diese eine gute Lösung finden zur Vereinbarkeit von Arbeit und Pflege.[80]

4.9.2.2 Familienservice zur Entlastung von Mitarbeitern und Führungskräften

Nicht nur die Pflegebedürftigkeit von Angehörigen, sondern auch längerfristige Krankheiten von Kindern, der Ausfall einer Tagesmutter oder Drogen- und Schulprobleme pubertierender Kinder sind Herausforderungen an einen berufstätigen Mitarbeiter. Solche **„Familienangelegenheiten" wirken sich oft im Beruf auf die Leistungsfähigkeit** aus und können maßgeblich **Burnout** bedingen. Mitarbeiter können nicht ihrer Arbeit nachgehen (Absentismus) oder können nicht wirklich leistungsfähig und konzentriert ihren Aufgaben am Arbeitsplatz nachgehen (Präsentismus). Deshalb machen konkrete Angebote zur **Unterstützung der Mitarbeiter zum Beispiel bei dem beruflichen Wiedereinstieg nach der Elternzeit, bei der Kinderbetreuung oder bei der Pflege von Angehörigen** Sinn, denn sie **senken Fehlzeiten, verringern das Burnout-Risiko und erhöhen die Motivation bei der Arbeit**. Das Unternehmen kann damit zeigen, dass es Mitarbeiter in ihrer Verantwortung belässt, aber sie aktiv unterstützt, wenn sie von privater Seite massiv belastet werden. Diese Investition in den Familienservice als **familienfreundliche Unterstützung** erreicht zumindest eine **Imageverbesserung des Unternehmens.** Eine ökonomische Verbesserung liegt ebenfalls auf der Hand, da der Mitarbeiter seinen Beruf mit Hilfe dieser Unterstützung seitens des Unternehmens ausüben kann.

---

[80] BARMER GEK, Gesundheitsreport 2011, Wuppertal.

Gemäß der Untersuchung Fürstenberg-Performance-Index 2011 **haben 84 % der Arbeitnehmer in Deutschland Probleme bei der Vereinbarkeit von Beruf und Privatleben.**[81] Deren Angebot „Fürstenberg for Family" vermittelt sowohl **Kinderbetreuungsangebote, wie Tagesmütter, Kita- und Krippenplätze, Ferienbetreuung und Au-Pairs, Kinderfrauen und Babysitter,** als auch **Hilfskräfte für den Alltag wie Haushaltshilfen und Pflegekräfte**. Auch bei Betreuungseinrichtungen hilft der Service, zum Beispiel bei der Frage: Braucht der Vater mit beginnender Demenz nun eine gerontopsychiatrische Facheinrichtung oder reicht betreutes Wohnen? Weitere Beratungsthemen sind: Elternzeit, beruflicher Wiedereinstieg, Karriere mit Kind, Krankheit, Pflegebedürftigkeit, Leistungen der Pflegeversicherung. Dabei werden **private Bedingungen und Bedingungen aus dem Arbeitskontext berücksichtigt.**

Wer einen der zahlreichen **Anbieter** in Deutschland **auswählen** möchte, sollte darauf achten, dass die **Berater umfassend und qualifiziert beraten** können und ausreichend Erfahrung besitzen. Sie sollten nicht nur standardmäßig informieren, sondern sich mit der Situation des Mitarbeiters auseinandersetzen. Die **Berücksichtigung der Gesamtsituation** ist wichtig für eine gute Lösungsfindung. Auch die Unterstützung bei der praktischen Umsetzung der Lösung ist wichtig. Hervorragend ist es, wenn der Serviceanbieter die Mitarbeiter ebenfalls bei der **Rekrutierung, Überprüfung und Vermittlung zum Beispiel von Hilfskräften** unterstützt, bis die beste Lösung für die gesamte Familie gefunden ist.

Ein **umfassender Familienservice** bietet folgende Leistungen an:

- Beratung bei Krankheit und Pflegebedürftigkeit,
- Beratung bei Erziehungsproblemen, Familien- und Partnerschaftsproblemen,
- Beratung zur Vereinbarkeit von Familie und Beruf (zum Beispiel Elternzeit, Väter im Beruf, Karriere mit Kind, beruflicher Wiedereinstieg),
- Beratung und Vermittlung von flexiblen Kinderbetreuungsangeboten (Tagesmütter, Au-Pairs, Notbetreuung, Babysitter, Kinderfrauen),
- Eigene Kinderbetreuungsplätze durch eigene Betreuungseinrichtungen,
- Vorträge und Informationsangebote für Eltern und für pflegende Angehörige (zum Beispiel zu Pflegethemen, Suchtprävention, Erziehungsthemen).

Wer einen solchen Familienservice für sein Unternehmen in Anspruch nimmt, kann damit rechnen, dass insgesamt die Motivation und die Leistungsbereitschaft der Mitarbeiter zunehmen. Die Attraktivität des Unternehmens nimmt meist ebenfalls

---

[81] Fürstenberg Institut, 2013, Was hat ein Unternehmen davon, sich um die Familienangelegenheiten seiner Mitarbeiter zu kümmern? Hamburg, 2013.

zu, da Familienfreundlichkeit ein wesentlicher Imagefaktor ist. Ein weiterer Gesichtspunkt ist die Reduzierung von Fehlzeiten und von Präsentismus, womit die Produktivität erhöht werden kann.

Auch beim Familienservice bieten die Anbieter meist Pauschalkosten an (also einen Festpreis pro Mitarbeiter), sodass das Unternehmen mit einem festen Preis kalkulieren kann.

ZUSAMMENFASSUNG

Eine Organisation kann ihrer Aufgabe Burnoutprävention und Gesundheitserhalt bzw. -förderung gerecht werden, wenn sie hilfreiche Services (wie EAP) nutzt, ein ganzheitliches Gesundheitsmanagement umsetzt und den Führungskräften und Mitarbeitern Rahmenbedingungen bietet, die eine salutogene Entwicklung in der Zusammenarbeit massiv unterstützen. Selbstverständlich ist ein vorbildliches Verhalten der Manager notwendig und deren Beteiligung an einer salutogenen Organisationsentwicklung und Kulturverbesserung. Dabei spielt das Value Management mit den Werten Profit und Gesundheit eine wichtige Rolle und die Verantwortungsübernahme aller Betroffenen: des Managements, der Mitarbeiter und der Fachabteilungen (wie Personalbereich und Betriebsärztlicher Dienst). Erfolgsfaktoren und geeignete Maßnahmen sind von Wissenschaft und Wirtschaft zum Teil erarbeitet. Für die konkrete Organisation wird es zur erfolgreichen Umsetzung von Burnoutprävention entscheidend sein, den eigenen Weg zu finden, bei dem schon in der Umsetzung gilt: Der Weg ist das Ziel, nämlich ergebnisorientiertes Handeln gesund zu gestalten, sodass dauerhafte massive Erschöpfung vermieden wird und möglichst langanhaltende Leistungsfähigkeit und Leistungsfreude entstehen.

Vertiefende Inhalte

Als weiteres Zusatzmaterial auf Arbeitshilfen Online finden Sie Hintergrundinformationen zu betrieblichen Indikatoren für hohe Belastung.

Dankeschön

Ich bedanke mich bei allen, die in den letzten Jahren einen Beitrag dazu geleistet haben, dass dieses Buch mit seinen nützlichen Inhalten fertiggestellt werden konnte. Das betrifft alle praktischen Helfer mit extrem flinken Fingern wie Dorrit, Sonja und Isabell sowie alle fachlichen Partner aus Wissenschaft, Wirtschaft und verschiedenen Organisationen (wie Ministerien, Verbände, Bundesanstalten etc.), als auch meine Sparringspartner aus dem Verlag und Lektorat, die durch ihre Impulse die Qualität des Buches weiter gesteigert haben. Danke sage ich auch allen Zusprechern, die mich in über einem Jahr Recherche, Niederschreiben und ständigem Verbessern und Aktualisieren immer wieder bestärkt haben, meinen Wunsch zu verwirklichen: ein Buch für Führungskräfte zu schreiben, das Ihnen hilft, für sich selbst und Ihre Mitarbeiter Burnout vorzubeugen und mehr Leistungsfreude und Leistungsfähigkeit zu gewinnen.

Glossar

A

Absentismus
Berufliche Fehlzeiten, die auf Probleme im Privatleben, auf motivationale Ursachen oder auf planmäßiges Fernbleiben von der Arbeit zurückzuführen sind.

Alexithymie
Gefühlsarmut

Anpassungsdepression
Gesamtorganismus reagiert auf Überanstrengung; Regulierung über Körpersymptome; gesunder Ausgleich zwischen Leistungsstreben und achtsamem Umgang mit sich selbst wird intendiert. Typisches Symptom für Führungskräfte, die sich über lange Zeit massiv erschöpft haben. Sie lassen in einer abgeneigten Haltung vieles nicht mehr an sich heran. (Desinteresse, Antriebslosigkeit, sozialer Rückzug)

Antizipatorisches Investment
Mitarbeiter und Führungskräfte akzeptieren ein Ungleichgewicht aus Verausgabung und Belohnung, um ihre künftigen Karrierechancen zu verbessern.

Antreiber
Gedanken, die man als Stress- oder Erschöpfungsverstärker bezeichnen kann.

C

Coping
Bewältigungsstrategie. Art des Umgangs mit einem als bedeutsam und schwierig empfundenen Lebensereignis.

Core Values
Die Kern-Unternehmenswerte, die wesentlich die Kultur des Unternehmens prägen (sollten).

D

Denied
Typisches Symptom für Führungskräfte, die sich über lange Zeit zu sehr erschöpft haben; sie lassen in einer abgeneigten Haltung Vieles nicht mehr an sich heran.

DFS
Deutsche Flugsicherung GmbH

Distress
Negativer Stress

Dynaxity
Kunstwort aus dem Englischen, das sich aus den Begriffen \Dynamics\ und \Complexity\ zusammensetzt. Es soll die wachsende Komplexität der Unternehmen gekoppelt mit der zunehmenden Dynamik verdeutlichen.

E

Effort-Reward-Imbalance
Z.B. fehlende soziale Unterstützung im Job, geringe Wertschätzung, schlechte Entlohnung.

Eustress
Positiver Stress

Expats
Expats sind Mitarbeiter und Führungskräfte, die von ihren Unternehmen zur Aufgabenerfüllung für längere Zeit ins Ausland entsandt werden.

EAP (Employee Assistance Programme)
Ein Service, den Organisationen bei externen Dienstleistern in Anspruch nehmen können, um ihre Mitarbeiter und Führungskräfte durch einen unabhängigen externen Berater in schwierigen beruflichen und privaten Lebenslagen beraten zu lassen. Persönlich oder per Telefon. Diese Angebote umfassen meist u.a. die Bereiche Familienprobleme, Pflege, Suchtproblematiken, Erschöpfungszustände.

G

Generalisierte Angst
Angstzustände werden intensiver und verselbstständigen sich im subjektiven Wahrnehmen.

Gesundheit
Gesundheit wird durch die Weltgesundheitsorganisation (WHO) definiert als ein „Zustand des vollständigen körperlichen, geistigen und sozialen Wohlergehens und nicht nur als die Abwesenheit von Krankheit oder Gebrechen."

I

ICD
International Statistical Classification of Diseases and Related Health Problems

ICD-10 F 32
Laut Diagnose-Klassifikationssystem (der WHO) der Diagnoseschlüssel für „depressive Episode".

K

Katatonie
Diese „Anspannung von Kopf bis Fuß" ist ein psychomotorisches Syndrom. Auftreten kann sie als Begleiterscheinung von psychischen Erkrankungen wie schweren Depressionen.

M

Matrixorganisation
Mögliches Strukturprinzip in der Organisation, demgemäß Zuständigkeit und Verantwortlichkeit aufgebaut werden können. Dabei wird die Leitungsfunktion auf zwei voneinander unabhängige, gleichberechtigte Dimensionen (z. B. fachliche Verantwortung und regionale Verantwortung) aufgeteilt. Die Mitarbeiter stehen also in zwei gleichrangigen Weisungsbeziehungen gleichzeitig. Eine Matrixorganisation ist damit eine Form der Mehrlinienorganisation und möglicherweise für Mitarbeiter und Führungskräfte besonders anstrengend.

N

Neurasthenie/ICD-10 F 48.0
Erschöpfung, Müdigkeit

O

Overcommitment
Hohe persönliche Verausgabung

P

PME
Progressive Muskelentspannung. Entspannungsverfahren

PMR
Progressive Muskelrelaxation, s. PME

Präsentismus
Präsentismus (von Präsenz, Anwesenheit) bezeichnet das Verhalten von Arbeitnehmern, die sich am Arbeitsplatz befinden, aber nicht ihre persönlich mögliche Leistung erbringen. Zum Stand der Präsentismusforschung siehe auch Bundesanstalt für Arbeitsschutz und Arbeitsmedizin, 2011.

Psychische Belastung
Eine psychische Belastung ist die Gesamtheit aller erfassbaren Einflüsse, die von außen auf den Menschen zukommen und psychisch auf ihn einwirken. (offizielle Definition nach der DIN EN ISO 10075 — 1(1a))

Psychische Beanspruchung
Psychische Beanspruchung ist die unmittelbare (nicht langfristige) Auswirkung der psychischen Belastung im Individuum in Abhängigkeit von seinen jeweiligen überdauernden und augenblicklichen Voraussetzungen, einschließlich der individuellen Bewältigungsstrategie. (offizielle Definition nach DIN EN ISO 10075 — 1)

Psychische Gesundheit
Psychische Gesundheit „ist ein Zustand der Wohlbefindens, in dem der Einzelne seine Potenziale ausschöpfen, die normalen Lebensbelastungen bewältigen , produktiv arbeiten kann und imstande ist, etwas zu seiner Gemeinschaft beizutragen." (WHO, Weltgesundheitsorganisation)

R

Resilienz
Persönliche Fähigkeit von Menschen in hohen Belastungssituationen durch die Mobilisierung von Überzeugungen und anderen Kompetenzen schwierige Aufgaben zu meistern und in einem relativ guten Zustand zu bestehen.Auch umgangssprachlich Steh-auf-Qualität genannt.

Retention
Die Fähigkeit eines Unternehmens und seines Personalmanagements, seine Mitarbeiter längerfristig an sich zu binden.

S

Salutogenese
Salutogenese ist die Unterstützung und der Erhalt von Gesundheit bei Menschen. Salutogen bezeichnet somit Vorgehensweisen, die der Unterstützung oder dem Erhalt von Gesundheit (nach Definition der WHO) dienen. Der Medizinsoziologe Aaron Antonovsky (1923—1994) prägte den Ausdruck in den 1970er Jahren. Nach dem Salutogenese-Modell ist Gesundheit nicht als Zustand, sondern als Prozess zu verstehen. Eine salutogenetische Orientierung richtet sich auf attraktive Gesundheitsziele und das Erschließen bzw. Schaffen entsprechend hilfreicher Ressourcen.

Stress
Ursprünglich ein Begriff aus der Materialprüfung und aus anderen Bereichen; 1950 von Hans Selye erstmals in Bezug auf den Menschen (Medizin, Psychologie) angewandt.

Stressor
Innere und äußere Anforderungen an den Organismus, z.B. Zeitdruck, Probleme mit dem Chef.

T

Transaktionales Stressmodell
Modell nach Richard Lazarus; subjektive Bewertung durch den Betroffenen ist entscheidend für die Wirkung von sogenannten Stressoren.

V

Vegetative Übersteuerung
Immunschwäche, hoher Blutdruck, Magengeschwür o.ä.

Verhaltensmuster Typ A
Begriff aus der Stressforschung; Menschen dieses „Typs" zeigen oft u.a. hohes Leistungsstreben, Perfektionismus, Schnelllebigkeit, leichte Erregbarkeit.

W

WHO
Weltgesundheitsorganisation der Vereinten Nationen (UNO)

Literaturverzeichnis

Kapitel „Persönliche Burnoutprävention — dauerhaft erfolgreicher als Führungskraft"

Antonovsky, A. & Franke, A. (1997): Salutogenese. Zur Entmystifizierung der Gesundheit. dgvt-Verlag, Tübingen.

Auer, Wolff von (2013): Statt Bilanzen die Seele lesen. In: Frankfurter Allgemeine Zeitung, 18. Februar 2013, Seite 24.

Bamberg, E., Mohr, G. & Busch, C. (2012): Arbeitspsychologie. Hogrefe, Göttingen.

Bamberg, E., Ducki, A. & Metz, A.-M. (2011): Handbuch Gesundheitsförderung und Gesundheitsmanagement in der Arbeitswelt. Hogrefe, Göttingen..

Bengel, J., Strittmatter, R. & Willmann, H. (2001): Was erhält Menschen gesund? Bundeszentrale für gesundheitliche Aufklärung. Köln 2001.

Büntig, W. (2011): Gesundheit kann man nicht machen, aber üben — Einführung in die Psychosomatik. CD, Auditorium Netzwerk Verlag, Müllheim/Baden.

Ehrenberg, A. (2008): Das erschöpfte Selbst — Depression und Gesellschaft in der Gegenwart. Suhrkamp Verlag, Frankfurt am Main.

Hegerl, U. (2012): Viele Burnout-Erkrankte werden falsch behandelt. In: Managerseminare, Heft 167, Februar 2012, Seite 16–17.

Hemmerich, F. H. (2011): Wendepunkt Burnout: Anleitungen für die Praxis. Das Salutogenese-Konzept. Maro Verlag.

Humphrey, J. H. (2005): Anthology of Stress Revisited, Nova Publishers.

Humphrey, J. H. (Hrsg.) (1986): Human stress: Current selected research. 2.A. AMS Press, New York, Seite 55–72).

Lorenz, R. (2004): Salutogenese — Grundwissen für Psychologen, Mediziner, Gesundheits- und Pflegewissenschaftler. Reinhardt, München.

Mohr, G. & Semmer, N. (2002). Arbeit und Gesundheit: Kontroversen zu Person und Situation. [Work and health: Controversies about person and situation.] Psychologische Rundschau, 53, Seite 77–84.

Mohr, G. (2000). The changing significance of different stressors after the announcement of bankruptcy: A longitudinal investigation with special emphasis on job insecurity. In: Journal of Organizational Behavior, 21, Seite 337–359. (Kurzfassung der monographischen Habilitation)

Petzold, T.D. (2010): Praxisbuch Salutogenese — warum Gesundheit ansteckend ist. Südwest, München.

Reddemann, L. (2006): Imagination als heilsame Kraft. Klett-Cotta, 12. A.

Schüffel, W., Brucks, U. & Johnen, R. (Hrsg.) (1998): Handbuch der Salutogenese. Ullstein Medical, Wiesbaden.

Wilde, S. (1996): Leben war nie als Kampf gedacht. Hugendubel Verlag, München.

Wydler, H., Kolip, P. & Abel, T. (Hrsg.) (2000): Salutogenese und Kohärenzgefühl — Grundlagen, Empirie und Praxis eines gesundheitswissenschaftlichen Konzeptes. Juventa, Weinheim/ München.

Informationen für Führungskräfte VBG 2013

Kapitel "Mitarbeiterführung und Burnoutprävention"

Al-Dmour, H., & Al-Awamleh, R. (2002). Effects of transactional and transformational leadership styles of sales managers on job satisfaction and self-perceived performance of sales people: A study of Jordanian manufacturing public shareholding companies. Dirasat: Administrative Sciences, 29, Seite 247–261.

Arnold, K. A., Turner, N., Barling, J., Kelloway, E. K., & McKee, M. C. (2007). Transformational leadership and psychological well-being: The mediating role of meaningful work. In: Journal of Occupational Health Psychology, 12, Seite 193–203.

Badura, D., Ducki, A., Schröder, H., Klose, J. & Macco, K. (2011): Fehlzeiten-Report 2011: Führung und Gesundheit. Zahlen, Daten, Analysen aus allen Branchen der Wirtschaft. Springer, Berlin.

Bamberg E., Ducki, A., & Metz, A.-M., (2011): Gesundheitsförderung und Gesundheitsmanagement in der Arbeitswelt — Ein Handbuch. Hogrefe, Göttingen.

Bauer, J. (2006): Prinzip Menschlichkeit. Warum wir von Natur aus kooperieren. Hoffmann und Campe, Hamburg.

Beck D., Richter G., Ertel M. & Morschhäuser, M. (2012): Gefährdungsbeurteilung bei psychischen Belastungen in Deutschland. In: Prävention und Gesundheitsförderung May 2012, Volume 7, Issue 2, Seite 115–119.

Berger, G., Kämmer, K., Zimber, A. (2006): Erfolgsfaktor Gesundheit. Handbuch zum betrieblichen Gesundheitsmanagement. Teil 1: Mitarbeiterorientierte Führung und Organisation. Hannover.

Bergner, Thomas M. H., (2011): Burnout-Prävention — Sich selbst helfen — das 12-Stufen-Programm. 2. A. Schattauer, Stuttgart.

Berufsverband Deutscher Psychologinnen und Psychologen (BDP) (2012): Die großen Volkskrankheiten. Berlin.

Berufsverband Deutscher Psychologinnen und Psychologen (BDP) (2013): Gefährdungsbeurteilung, Psychische Belastung bei der Arbeit. Berlin.

Köper, B. (2013): Restrukturierung. In: Lohmann-Haislah (2013)

BKK Bundesverband: Gesundheitsreport 2011. Zukunft der Arbeit, Arbeit und Gesundheit. Essen, Seite 102–130.

Bruch, H. & Kowalevski, S. (2013): Gesunde Führung. Wie Unternehmen eine gesunde Performancekultur entwickeln. Universität Sankt Gallen.

Brüggemeier, B. (2011): Wertschätzende Kommunikation im Business — Wer sich öffnet, kommt weiter — Wie Sie die Gewaltfreie Kommunikation im Berufsalltag nutzen. Junfermann Verlag, Paderborn.

Bundesanstalt für Arbeitsschutz und Arbeitsmedizin (Hrsg.) (2010): Psychische Belastung und Beanspruchung im Berufsleben: Erkennen — Gestalten. Dortmund.

Bundesanstalt für Arbeitsschutz und Arbeitsmedizin (Hrsg.) (2012): Kein Stress mit dem Stress — Eine Handlungshilfe für Führungskräfte. Kleinschmidt Carola (Autorin), Dortmund.

Literaturverzeichnis

Bundesanstalt für Arbeitsschutz und Arbeitsmedizin (Hrsg.) (2012): Förderung psychischer Gesundheit als Führungsaufgabe. Matyssek, A. K. & Lang, J. (Autorinnen), Berlin.

Bundesanstalt für Arbeitsschutz und Arbeitsmedizin (Hrsg.) (2012): Initiative Neue Qualität der Arbeit (INQA), Mit Verstand und Verständnis, 4. A. Berlin.

Bundesministerium für Arbeit und Soziales (2008): Unternehmenskultur, Arbeitsqualität und Mitarbeiterengagement in den Unternehmen in Deutschland. Abschlussbericht zum Forschungsprojekt 18\05. Berlin.

Bundesministerium für Arbeit und Soziales u.a. (2013): Gemeinsame Erklärung Psychische Gesundheit in der Arbeitswelt.

Campbell-Jamison, F., Worral, L. & Copper, C. (2001): Downsizing in Britain and its effect on survivors and their organizations. In: Anxiety, Stress and Coping, 14, Seite 35–38.

Conner, D. (1995): Managing At The Speed OF Change. Villard Books, New York.

Csikszentmihalyi, M. (1992): Flow, das Geheimnis des Glücks. Klett-Cotta/J.G. Gotta'sche Buchhandlung Nachfolger, Stuttgart.

Cummings, G. G., MacGregor, T., Davey, M., Lee, H., Wong, C. A. & Lo, E. (2010): Leadership styles and outcome patterns for the nursing workforce and work environment: A systematic review. In: International Journal of Nursing Studies, 47, Seite 363–385.

De Shazer, S. (2010): Wege der erfolgreichen Kurztherapie. Klett-Cotta/J.G. Gotta'sche Buchhandlung Nachfolger, Stuttgart.

Debitz, U., Gruber, H. & Richter, G. (2001): Psychische Gesundheit am Arbeitsplatz Teil 2. Erkennen, Beurteilen und Verhüten von Fehlerbeanspruchungen. Technik & Information, Bochum.

Dellve, L., Skagert, K., & Vilhelmsson, R. (2007). Leadership in workplace health promotion projects: 1- and 2-year effects on long-term work attendance. In: European Journal of Public Health, 17, Seite 471–476.

Ducki, A. (2010). Arbeitsbedingte Mobilität und Gesundheit. Überall dabei — Nirgendwo daheim. In: B. Badura, H. Schröder, J. Klose & K. Macco (Hrsg.). Fehlzeiten-Report 2009. Springer, Heidelberg, Seite 61–70.

Ducki, A., (2009): Führung als Gesundheitsressource. In: Busch, C., Roscher, S., Ducki, A. & Kalytta T.: Stressmanagement für Teams in Service, Gewerbe und Produktion — ein ressourcenorientiertes Trainingsmanual. Springer, Berlin/Heidelberg, Seite S. 73–83.

Eriksson, A., Axelsson, R., & Axelsson, S. B. (2010). Development of health promoting leadership — Experiences of a training programme. In: Health Education, 110, Seite 109–124.

Europäische Agentur für Sicherheit und Gesundheitsschutz am Arbeitsplatz (2009): Report on the implementation of the European social partners' Framework Agreement on Work-related Stress. Brussels.

European Expert Group on Health in Restructuring (2009): Health in Restructuring. Innovative Approaches and Policy Recommendations. [Onlinedokument]. Zugriffsdatum: 19.10.2012. Verfügbar unter: www.ipg.uni-bremen.de/research/hires/HIRES_FR_090518_english.pdf.

European Trade Union Confederation, Union of Industrial an Employers Confederations of Europe, European Centre of Enterprises with Public Participation and of Enterprises of General Economic Interest (2004): Rahmenvereinbarung über arbeitsbedingten Stress.

Felfe, J. (2009): Mitarbeiterführung. Göttingen.

Fengler, Jörg (2013): Burnout-Prävention im Arbeitsleben — Das Salamander-Modell. Klett-Cotta, Cotta'sche Buchhandlung, Stuttgart.

Ferrie, J.E. (Hrsg.) (2004): Work Stress and Health : the Whitehall II Study. Public and Commercial Services Union on behalf of Council of Civil Service Unions/ Cabinet Office.

Fjell, Y., Österberg, M., Alexandersion, K., Karlqvist, L., & Bildt, C. (2007). Appraised leadership styles, psychosocial work factors, and musculoskeletal pain among public employees. In: International Archives of Occupational and Environmental Health, 81, Seite 19–30.

Literaturverzeichnis

Franke, F. & Felfe, J. (2011): Diagnose gesundheitsförderlicher Führung — Das Instrument „Health-oriented Leadership". In: Badura, B., Schröder, H., Klose, J., & Macco, K.: Fehlzeitenreport 2011: Zahlen, Daten, Analysen aus allen Branchen der Wirtschaft. Schwerpunkt: Führung und Gesundheit. Springer, Berlin/Heidelberg, Seite 3–13.

Franke, F., Vincent, S. & Felfe, J. (2011): Gesundheitsbezogene Führung. In: Bamberg, E., Ducki, A., & Metz, A.-M.: Gesundheitsförderung und Gesundheitsmanagement i n der Arbeitswelt — Ein Handbuch. Hogrefe, Göttingen, S. 371–391.

Frese, M., Biemel, S., & Schoenborn, S. (2003): Action training for charismatic leadership: Two evaluations of studies of a commercial training module on inspirational communication of a vision. In: Personnel Psychology, 56, Seite 671–698.

Fuchs, T. (2006): Was ist gute Arbeit? — Anforderungen aus der Sicht von Erwerbstätigen. Wirtschaftsverlag NW, Bremerhaven.

Gregersen, S., & Zimber, A. (2008): Projekt "Gesundheitsfördernd Führen" . Verlauf und Ergebnisse der Pilotstudie von 2004–2008.

Gregersen, S., Kuhnert, S., Zimber A. & Nienhaus, A.: Führungsverhalten und Gesundheit — Zum Stand der Forschung. In: Das Gesundheitswesen 2011, 73, Seite 3–12

Gregersen, S. (2011): Führungsverhalten — Auswirkungen auf die Gesundheit. In: Zukunft der Arbeit, Arbeit und Gesundheit, BKK Gesundheitsreport 2011. Seite 12–134.

Hetland, H., Sandal, G. M., & Johnson, T. B. (2007): Burnout in the information technology sector: Does leadership matter? In: European Journal of Work and Organizational Psychology, 16, Seite 58–75.

Hohl, D. (2012): Change-Prozesse erfolgreich gestalten. Menschen bewegen — Unternehmen verändern. Haufe, Freiburg.

Holler, I. (2009): Trainingsbuch Gewaltfreie Kommunikation. Junfermann, Paderborn.

Hollmann, D. & Hanebuth, D. (2001): Burnout-Prävention bei Managern — Romantik oder Realität in Unternehmen? In: Badura, B. et al.: Fehlzeitenreport 2001 — Führung und Gesundheit. Springer, Berlin/Heidelberg, Seite 81–88.

Huang, T.-J., Chi, S.-C. & Lawler. J. J. (2005): The relationship between expatriates' personality traits and their adjustment to international assignments. In: International Journal of Human Resource Management, 16, 9, Seite 1656–1670.

Hunziger, A. & Grüterich, F. (2003): Work-Life-Balance von Führungskräften. Kienbaum Management Consultants, Berlin.

Initiative Neue Qualität der Arbeit (INQA) (2008): Was ist gute Arbeit? Das erwarten Erwerbstätige von ihrem Arbeitsplatz. [Onlinedokument]. Zugriffsdatum 10.06.2011.

Jana-Tröller, M. (2009): Arbeitsübergreifende Kompetenz älterer Arbeitnehmer. Eine qualitative Studie in einem Telekommunikationsunternehmen. VS Verlag für Sozialwissenschaften, Wiesbaden

Kivimäki, M., Honkonen, T., Wahlbeck, K., Elovainio, M., Pentti, J. & Klaukka, T. (2007): Organisational downsizing and increased use of psychotropic drugs among employees who remain in employment. In: Journal of Community and Environmental Health, 61, Seite 154–158.

Kivimäki, M., Vahtera, J., Pentti, J., Thomson, I., Griffiths, A. & Cox, T. (2001): Downsizing, changes in work, and selfrated health of employees: a 7-year 3-wave panel study. In: Anxiety, Stress and Coping, 14, Seite 59–73.

Köper, B. & Richter, G. (2012): Restrukturierung in Organisationen und mögliche Auswirkungen auf die Mitarbeiter. BAuA, Dortmund. [Onlinedokument]. Zugriffsdatum: 19.10.2012. Verfügbar unter: www.baua.de/dok/2821838

Kowalski, H. (2008): Stärkung der persönlichen Gesundheitskompetenz im Betrieb — Bis 67 fit im Job. CW Haarfeld, Essen.

Krause, A. (2013): Interessierte Selbstgefährdung. In: VBG, Gesund und erfolgreich führen, Information für Führungskräfte, Hamburg.

Krauss-Hoffmann, P., Manz, R. & Overhage, R. (2006): Konzepte, Strukturen und Perspektiven als Beitrag für ein Leitbild moderner Arbeit. Initiative Neue Qualität der Arbeit. Wirtschaftsverlag NW-Verlag für neue Wissenschaft, Wiesbaden. [Onlinedokument] Zugriffsdatum: 10.06.2011.

Kuoppala, J., Lamminpää, A., Liira, J., & Vainio, H. (2008): Leadership, job well-being, and health effects-A systematic review and a meta-analysis. In: Journal of Occupational and Environmental Medicine, 50, Seite 904–915.

Literaturverzeichnis

Länderausschuss für Arbeitsschutz und Sicherheitstechnik, LASI-Veröffentlichung 52, Integration psychischer Belastungen in die Beratungs- und Überwachungspraxis der Arbeitsschutzbehörden der Länder (http://lasi.osha.de/)

Lauterbach, M. (2008): Gesundheitscoaching — Strategien und Methoden für Fitness und Lebensbalance im Beruf. 2. A. Carl-Auer, Heidelberg.

Lee, G. & Teo, A. (2005): Organisational restructuring: Impact on trust and work satisfaction. In: Asia Pacific Journal of Management, 22, Seite 23–39.

Lohmann-Haislah A. (2013): Stressreport Deutschland 2012. Psychische Anforderungen, Ressourcen und Befinden. Bundesanstalt für Arbeitsschutz und Arbeitsmedizin, Dortmund.

Lyons, J. B., & Schneider, T. R. (2009): The effects of leadership style on stress outcomes. In: Leadership Quarterly, 20, Seite 737–748.

Maier, G.W. & Spieß, E.: Einführung von Führungsnachwuchskräften in das Unternehmen: Formen der Unterstützung und erlebte Hilfestellung. In: Rosentiel, I. v., Lang. T. & Sigl, E.: Fach- und Führungsnachwuchs finden.

Maier, G.W.(1988): Die erfolgreiche Eingliederung neuer Mitarbeiter: Das Ergebnis von Stellensuche und Einarbeitung. In: Rosenstiel, I. von, Nerdinger , F. W. & Spieß, E.: Von der Hochschule in den Beruf. Wechsel der Welten in Ost und West. Hogrefe, Göttingen.

Martin, R. (1995): The effects of prior moves on job relocation stress. In: Journal of Occupational and Organizational Psychology, 68, Seite 49–56.

Matyssek, A.K. (2010): Führung und Gesundheit — Ein praktischer Ratgeber zur Förderung der psychosozialen Gesundheit im Betrieb. Books on Demand GmbH Verlag, Norderstedt.

Matyssek, A.K. (2012): Stark im Job — Wie Sie Ihre psychische Gesundheit schützen. Junfermann, Paderborn.

Medley, F., & Larochelle, D. R. (1995): Transformational leadership and job satisfaction. Nursing Management, 26, Seite 64–67.

Mohr, G. (2000): The changing significance of different stressors after the announcement of bankruptcy. A longitudinal investigation with the special emphasis on job insecurity. In: Journal of Organizational Behaviour, 21, Seite 337–359.

Morrison, R. S., Jones, L., & Fuller, B. (1997): The relation between leadership style and empowerment on satisfaction of nurses. In: Journal of Nursing Administration, 27, Seite 27–34.

Munir, F., Nielsen, K., & Carneiro, I. G. (2010): Transformational leadership and depressive symptoms: A prospective study. In: Journal of Affective Disorders, 120, Seite 235–239.

Mußlick, S., Pietrzyk; U., Schmidt, C. & Richter, G.(2012): Psychische Belastung: Gefährdungsbeurteilung im Einzelhandel. In: sicher ist sicher — Arbeitsschutz aktuell, Fachzeitschrift für Sicherheitstechnik, Gesundheitsschutz und menschengerechte Arbeitsgestaltung, 6/12, Seite 275.

Nachreiner, F. & Schütte, M. (2002): Zur Messung psychischer Belastung und Beanspruchung. In: Zeitschrift für Arbeitswissenschaft. Stuttgart, 2002, Seite 1–2 und Seite 10–21.

Nationale Arbeitsschutzkonferenz (2012): Leitlinie Beratung und Überwachung bei psychischer Belastung am Arbeitsplatz. Berlin.

Nelting, M.: Burnout, Wenn die Maske zerbricht — Wie man Überbelastung erkennt und neue Wege geht. Wilhelm Goldmann Verlag, München.

Nerdinger, F. W. (1997): Führung durch Gespräche. Bayrisches Staatsministerium für Arbeit und Sozialordnung, Familie, Frauen und Gesundheit, München.

Nerdinger, F.W. (2000): Erfolgreich führen. Grundwissen, Strategie, Praxisbeispiele. Beltz, Weinheim.

Netta, F. (2011): Synchronwirkung der Führungskultur auf Gesundheit und Betriebsergebnis. In: Badura, B., Ducki, A., Schröder, H., & Macco, K.: Fehlzeiten-Report 2011. Springer, Heidelberg, Seite 179–190.

Neuberger, O. (2002): Führen und führen lassen — Ansätze, Ergebnisse und Kritik der Führungsforschung. 6. A. Stuttgart.

Literaturverzeichnis

Nielsen, K., Randall, R., Yarker, J., & Brenner, S. (2008): The effect of transformational leadership on followers´ perceived work characteristics and psychological well-being: A longitudinal study. In: Leadership Quarterly, 22, Seite 16–32.

Nyberg, A. (2009): The impact of managerial leadership on stress and health among employees. Dissertation.

Nyberg, A., Benin, P., & Theorell, T. (2005): The impact of Leadership on the health of subordinates. Elanders Gotab, Stockholm.

Nyberg, A., Holmberg, I., Bernin, P., Alderling, M., Åkerblom S., Wiederszal-Bazyl, M. & Theorell, T. (2011): Destructive managerial leadership and psychological well-being among employees in Swedish, Polish, and Italian hotels. In: Work, 39, Seite 267–281.

Rappensprenger, G., Maier, G. W. & Wittmann, A. (1988): Die Bedeutung von Mitarbeiterzielen bei der Einarbeitung. In: Rosenstiel, I., von, Nerdinger, F. W. Spieß, E.: Von der Hochschule in den Beruf. Wechsel der Welten in Ost und West. Hogrefe: Göttingen.

Rau, R. (2011): Zur Wechselwirkung von Arbeit, Beanspruchung und Erholung. In: E. Bamberg, A. Ducki, A. M. Metz (Hrsg.): Handbuch Gesundheitsförderung und Gesundheitsmanagement in der Arbeitswelt. Hogrefe: Göttingen, Seite 81–106.

Rau, R., Gebele, N., Morling, K. & Rösler, U. (2010): Untersuchung arbeitsbedingter Ursachen für das Auftreten von depressiven Störungen. Bundesanstalt für Arbeitsschutz und Arbeitsmedizin, Dortmund.

Richter, P., Debitz, U. & Schulze, F.: Diagnostik von Arbeitsanforderungen und kumulativen Beanspruchungsfolgen.

Rosenberg, M. B. (2007): Das können wir klären! Wie man Konflikte friedlich und wirksam lösen kann. Junfermann, Paderborn.

Rosenberg, M. B., (2009): Die Sprache des Friedens sprechen in einer konfliktreichen Welt. Junfermann, Paderborn.

Rosenberg, M. B. (2009): Gewaltfreie Kommunikation. Eine Sprache des Lebens. Junfermann, Paderborn.

Rosenberg, M. B. (2009): Konflikte lösen durch Gewaltfreie Kommunikation. Ein Gespräch mit Gabriele Seils. Herder-Verlag, Freiburg.

Rosenstiel, L. v. (1992): Mitarbeiterführung in Wirtschaft und Verwaltung. Bayerisches Staatsministerium für Arbeit, Familie und Sozialordnung, München.

Rosenstiel, L. v. (2000): Organisationspsychologie. 5. A. Schäffer-Poeschel, Stuttgart.

Roth, G. (2012): Persönlichkeit, Entscheidung und Verhalten: Warum es so schwierig ist, sich und andere zu ändern. Klett-Cotta, Stuttgart.

Rowold, J. & Heinitz, K. (2008): Führungsstile als Stressbarrieren. In: Zeitschrift für Personalpsychologie, 7, Seite 129–140.

Scharnhorst, J. (2012): Burnout — Präventionsstrategien und Handlungsoptionen für Unternehmen. Haufe, Freiburg.

Schmidt, J. & Schröder, H. (2010): Präsentismus — Krank zur Arbeit aus Angst vor Arbeitsplatzverlust. In: Badura, B., Schröder, H., Klose, J., Macco, K.: Fehlzeiten-Report 2009. Arbeit und Psyche: Belastungen reduzieren — Wohlbefinden fördern. Springer, Berlin/Heidelberg.

Schwarzer, R. (2004): Psychologie des Gesundheitsverhaltens: Einführung in die Gesundheitspsychologie. Hogrefe.

Siegrist, J. (1996): Adverse health effects of high-effort/low-reward conditions. In: Journal of Occupational Health Psychology (1), Seite 27–43.

Siegrist, J. (2002): Effort-reward imbalance at work and health. In: Perrewe, P., Ganster, D. (Hrsg.): Research in occupation stress and well being. Historical and current perspectives on stress and health. New York.

Siegrist, J. (2012): Gratifikationskrisen am Arbeitsplatz und ihre Folgen. Vortrag: Burnout — Der Preis für die Leistungsgesellschaft? Berlin.

Skakon, J, Nielsen, K., Borg, V. & Guzman, J. (2010): Are leaders´ well-being behaviors and style associated with the affective well-being of their employees? A systematic review of three decades of research. In: Work and Stress, 24, Seite 107–139.

Sockoll, I. (2008): Psychische Gesundheit im Erwerbsleben. BKK Bundesverband, Essen.

Sockoll, I., Kramer, I., & Bödeker, W. (2008): Iga.Report 13. Wirksamkeit und Nutzen betrieblicher Gesundheitsförderung und Prävention. BKK Bundesverband, Essen. http://www.iga-info.de/fileadmin/Veroeffentlichungen/iga-Reporte_ Projektberichte/iga-Report_13_Wirksamkeit_Gesundheitsfoerderung_ Praevention_Betrieb.pdf

Soellner, R., Huber, S., Lenartz, N. & Rudiger, G. (ang.)(2009): Gesundheitskompetenz — ein vielschichtiger Begriff. In: Zeitschrift für Gesundheitspsychologie 17 (2009), 3, Seite 105–113.

Sommerfelder, K., Abel, T. (2007): Gesundheitskompetenz: Eine konzeptuelle Einordnung. Universität Bern, Institut für Sozial- und Präventivmedizin, Bundesamt für Gesundheit. [Onlinedokument]. Zugriffsdatum 10.06.2011. Verfügbar unter: http:// www.bag.admin.ch/themen/gesundheitspolitik/00388/02873/index.html?lang=de

Sosik, J. J., & Godshalk, V. M. (2000): Leadership styles, mentoring functions received, and job-related-stress: A conceptual model and preliminary study. In: Journal of Organizational Behavior, 21, Seite 365–390.

Sprenger, R. K. (2000): Aufstand des Individuums. Warum wir Führung komplett neu denken müssen. Campus, Frankfurt/M.

Sprenger, R. K. (2007): Das Prinzip Selbstverantwortung. Wege zur Motivation. Campus, Frankfurt/M.

Spycher, S. & Steiger, T.(2006): Monatsthema Gesundheitskompetenz — Grundlage für einen neuen Blick auf die Gesundheit. In: Die Volkswirtschaft — das Magazin für Wirtschaftspolitik. Bundesamt für Gesundheit. (12-2006). [Onlinedokument]. Zugriffsdatum 10.06.2011. Verfügbar unter: http://bag.admin.ch/themen/gesundheitspolitik/00388/02873/index.html?lang=de

Stadler, P. & Spieß, E. (2002): Führungsverhalten und soziale Unterstützung am Arbeitsplatz. Möglichkeiten und Wege zur Beanspruchungsoptimierung. In: ErgoMed — Zeitschrift für angewandte Arbeitsmedizin, Arbeitshygiene und Umweltmedizin (2002), 1, Seite 2 – 8.

Stadler, P., & Spieß, E. (2003). Psychosoziale Gefährdung am Arbeitsplatz. Wirtschaftsverlag NW, Dortmund.

Steinke, M. & Badura, B. (2001): Präsentismus. Ein Review zum Stand der Forschung. Bundesanstalt für Arbeitsschutz und Arbeitsmedizin, Dortmund. http://www.baua.de/de/Publikationen/Fachbeitraege/Gd60.html

Steinmetz, B. (2011): Gesundheitsförderung für Führungskräfte. In: Bamberg, E., Ducki, A., & Metz, A.-M.: Gesundheitsförderung und Gesundheitsmanagement in der Arbeitswelt — Ein Handbuch. Hogrefe, Göttingen, Seite 537–557.

Stilijanow, U. & Bock, P. (in Druck): Keine Zeit für gesunde Führung? Befunde und Perspektiven aus Forschung und Beratungspraxis. In: M. Morschhäuser & G. Junghanns (Hrsg.): Immer schneller, immer mehr — Psychische Belastungen und Gestaltungsperspektiven bei Wissens- und Dienstleistungsarbeit. VS Verlag, Wiesbaden.

Stordeur, S., Vandenberghe, C. & D´hoore, W. (1999): Predictors of nurses' professional burnout: a study in a university hospital. In: Recherche Soins Infirmieres, 59, Seite 57–67.

Tepper, B. J. (2000): Consequences of abusive supervision. In: The Academy of Management Journal, 43, Seite 178–190.

Uhle, T. & Treier, M. (2013): Betriebliches Gesundheitsmanagement: Gesundheitsförderung in der Arbeitswelt — Mitarbeiter einbinden, Prozesse gestalten, Erfolge messen. Springer-Verlag, Berlin.

Ulich, E. & Wülser, M. (2012): Gesundheitsmanagement in Unternehmen: Arbeitspsychologische Perspektiven. 5. A. Gabler, Wiesbaden.

Unternehmenserhebung ESENER Studie Bilbao.

Van Dierendonck, D., Haynes, C., Borrill, C., & Stride, C. (2004): Leadership behavior and subordinate well-being. In: Journal of Occupational Health Psychology, 9, Seite 165–175.

VBG (2013a): VBG-Fachwissen Burnout erkennen, verstehen, bekämpfen — Informationen für Führungskräfte. VBG, Hamburg.

VBG (2013b): VBG-Fachwissen Gesund und erfolgreich führen — Informationen für Führungskräfte. VBG, Hamburg.

Vincent, S. (2011): Gesundheits- und entwicklungsförderliches Führungsverhalten. Ein Analyseinstrument. In: B. Badura, H. Schröder, J. Klose & K. Macco (Hrsg.):

Literaturverzeichnis

Fehlzeitenreport 2011: Zahlen, Daten, Analysen aus allen Branchen der Wirtschaft. Schwerpunkt: Führung und Gesundheit. Springer, Berlin, Seite 49–60.

Wiezer, N., de Jong, T., Hökberg, A., Roozeboom, M.B., Kraan, K. & Joling, C. (2011): Exploring the link between restructuring and employee wellbeing. [Onlinedokument]. Zugriffsdatum: 19.10.2012. Verfügbar unter: www.tno.nl/downloads/PSYRES_book.pdf.

Wilde, B., Dunkel, W., Hinrichs, S. & Menz, W. (2009b): Gesundheit als Führungsaufgabe in ergebnisorientiert gesteuerten Arbeitssystemen. In: B. Badura; H. Schröder; J. Klose & K. Macco (Hrsg.): Fehlzeiten-Report 2009 Arbeit und Psyche: Belastungen reduzieren — Wohlbefinden fördern. Zahlen, Daten, Analysen aus allen Branchen der Wirtschaft, Springer, Berlin, Seite 147–155.

Wilde, B., Hinrichs, S., Bahamondes-Pavez, C. & Schüpbach, H. (2009a): Führungskräfte und ihre Verantwortung für die Gesundheit ihrer Mitarbeiter — Eine empirische Untersuchung zu den Bedingungsfaktoren gesundheitsförderlichen Führens. In: Wirtschaftspsychologie, 2, Seite 74–89.

Wirtz, A. (2010): Gesundheitliche und soziale Auswirkungen langer Arbeitszeiten. BAuA, Dortmund.

Zeyringer, Jörg, (2010): Balance als Führungsstrategie — Werkzeuge für gutes Management, Haufe, Freiburg.

Zimber A. & Gregersen, S. (2011): Gesundheitsfördernd führen — Ein Projekt der Berufsgenossenschaft für Gesundheitsdienst und Wohlfahrtspflege (BGW). In: Badura, B. et al.: Fehlzeiten Report 2011. Führung und Gesundheit. Heidelberg. Seite 111–119.

Zimber, A. (2004): BGW-Projekt „Führung und Gesundheit", Wie Führungskräfte zur Mitarbeitergesundheit beitragen können: Eine Pilotstudie in ausgewählten BGW-Mitgliedsbetrieben (2004). [Onlinedokument]. Zugriffsdatum: 10.06.2011. Deutsche Gesellschaft für Ernährung. Verfügbar unter: http://www.bgw-online.de/internet/generator/Inhalt/OnlineInhalt/Medientypen/Fachartikel/BGW-Projekt_20F_C3_BChrung_20und_20Gesundheit,property=pdfDownload.pdf

http://osha.europa.eu/de/riskobservatory.

http://www.ergo-online.de/html/service/download_area/arbeitsbed-stress.pdf.

Kapitel „Ganzheitliches Gesundheitsmanagement in der Organisation"

BAD Gesundheitsvorsorge und Sicherheitstechnik GmbH (2011): Psychosoziale Begleitung bei Change-Prozessen. Bonn.

Badura, B., Ritter, W. & Scherf, M. (1999): Betriebliches Gesundheitsmanagement. Berlin.

Badura, B., Steinke, M. (2011): Die erschöpfte Arbeitswelt. Durch eine Kultur der Achtsamkeit zu mehr Energie, Kreativität, Wohlbefinden und Erfolg! Gütersloh. www.bertelsmann-stiftung.de/bst/de/media/xcms_bst_dms_34009_34010:2.pdf

Badura, B. u.a. (2008): Sozialkapital. Grundlagen von Gesundheit und Unternehmenserfolg. Berlin.

Bamberg, E., Ducki, A., Metz, A.-M. (Hrsg.) (1999): Handbuch betriebliche Gesundheitsförderung. Göttingen.

BARMER GEK: Gesundheitsreport 2011, Beruf und Pflege — Herausforderung und Chance, Praxistipps für Unternehmen. Wuppertal

Becker, S.: Zeit für Familie, Mehrwert durch flexibel Arbeitszeitmodelle. In: Zeitschrift forum, Nachhaltig Wirtschaften, Seite 36–37, Spezialausgabe Mitarbeitergesundheit und -zufriedenheit, 2013.

Beermann, B. & Rothe, I. (2011): Restrukturierung, betriebliche Veränderungen und Anforderungen an die Beschäftigten — einige empirische Befunde. In: L. Schröder & H.-J. Urban (Hrsg.): Gute Arbeit. Folgen der Krise, Arbeitsintensivierung, Restrukturierung. Bund-Verlag, Frankfurt a.M., S. 40–53.

Berger, M., Schneller, C. & Maier (2010): Arbeit, psychische Erkrankungen und Burnout. Konzepte und Entwicklungen in Diagnostik, Prävention und Therapie. In: Nervenarzt 2012, Ausgabe 83, Springer, Berlin/Heidelberg 2012, Seite 1364–1372.

Berufsverband Deutscher Psychologinnen und Psychologen (BDP): Pressemitteilung Nr. 1\13, 30. Januar 2013, Burnout und chronischer Stress: die Dosis macht das Gift, Berlin.

Literaturverzeichnis

Berufsverband Deutscher Psychologinnen und Psychologen (BDP): Pressemitteilung Nr. 10\12, 5. Juli 2012, So lässt sich Burnout verhindern — Psychisch gesund am Arbeitsplatz, Berlin.

Berufsverband Deutscher Psychologinnen und Psychologen (BDP)(2012): Die großen Volkskrankheiten. Berlin.

Berufsverband Deutscher Psychologinnen und Psychologen (BDP)(2013): Führung und Gesundheit — Wie Führungskräfte die Gesundheit der Mitarbeiter fördern können. Berlin.

Bertelsmann Stiftung (2008): Zukunftsfähige Betriebliche Gesundheitspolitik. Statement zum Abschluss des Initiativkreises. 30. September 2008.

Bertelsmann Stiftung, BKK Bundesverband (2008): Enterprise for Health, Achieving Business Excellence — Health, Well-Being and Performance.

Bilinski W. (2010): Phönix aus der Asche — Resilienz — Wie erfolgreiche Menschen Krisen für sich nutzen. Haufe, Freiburg.

BKK Bundesverband (2011), Gesundheitsreport 2011, Zukunft der Arbeit, Arbeit und Gesundheit. Essen, Seite 102–130.

Bourbonnais, R., Brisson, C., Vinet A u.a. (2006): Effectiveness of a participative intervention on psychosocial work factors to prevent mental health problems in a hospital setting. In: Occup Environ Med 63, Seite 335–342.

Bourbonnais R., Brisson, C. &, Vézina, M. (2011): Longterm effects of an intervention on psychosocial work factors among healthcare professionals in a hospital setting. In: Occup Environ Med 68, Seite 479–486.

Bruch, H. und Kowalevski, S. (2013): Gesunde Führung, Wie Unternehmen eine gesunde Performancekultur entwickeln, Studie des Instituts für Führung und Personalmanagement der Universität Sankt Gallen und Top Job, Sankt Gallen.

Bundesanstalt für Arbeitsschutz und Arbeitsmedizin (Hrsg.)(2010): Psychische Belastung und Beanspruchung im Berufsleben: Erkennen — Gestalten. Dortmund.

Bundesanstalt für Arbeitsschutz und Arbeitsmedizin (2012): Amtliche Mitteilungen der Bundesanstalt für Arbeitsschutz und Arbeitsmedizin, 2012, Aktuell 2. Dortmund.

Bundesanstalt für Arbeitsschutz und Arbeitsmedizin, (2012b): Kein Stress mit dem Stress, Qualitätskriterien für das betriebliche Gesundheitsmanagement im Bereich der psychischen Gesundheit.

Bundesanstalt für Arbeitsschutz und Arbeitsmedizin (2012 c): Kein Stress mit dem Stress, Selbsteinschätzung für das betriebliche Gesundheitsmanagement im Bereich der psychischen Gesundheit. Dortmund.

Bundesanstalt für Arbeitsschutz und Arbeitsmedizin (Hrsg.), Initiative Neue Qualität der Arbeit (INQA) (2012): Mit Verstand und Verständnis, 4. A. Berlin.

Bundesministerium für Arbeit und Soziales (2011): Psychische Gesundheit im Betrieb — Arbeitsmedizinische Empfehlungen. Berlin.

Bundesministerium für Arbeit und Soziales et al. (2013): Gemeinsame Erklärung Psychische Gesundheit in der Arbeitswelt.

Dietrich, S., Mergel, R., Rummel-Kluge, C. & Stengler, K. (2012): Psychische Gesundheit in der Arbeitswelt aus der Sicht von Betriebs- und Werksärzten. In: Psychiatrische Praxis, Ausgabe 39, Seite 40–42.

Fengler, J. (2013): Burnout-Prävention im Arbeitsleben — Das Salamander-Modell. Klett-Cotta, Cotta'sche Buchhandlung, Stuttgart.

forum, Nachhaltig Wirtschaften, Zeitschrift (2013): Spezialausgabe: Mitarbeitergesundheit und Zufriedenheit.

Fürstenberg Institut (2013): Was hat ein Unternehmen davon, sich um die Familienangelegenheiten seiner Mitarbeiter zu kümmern? Hamburg.

Galuska, J. (2012): Die Kunst des Wirtschaftens.

Gatterburg, A. (2013): Karriere mit Kind. In: Der Spiegel Wissen, Ausgabe 1/2013, Einfach leben. Hamburg, Seite 46–49.

Gemeinsame Deutsche Arbeitsschutzstrategie (2012): Infoblatt: Gemeinsames Arbeitsschutzziel 2013–2018 — „Schutz und Stärkung der Gesundheit bei arbeitsbedingter psychischer Belastung".

Literaturverzeichnis

Hasselhorn, H. M. & Portuné, R. (2010): Stress, Arbeitsgestaltung und Gesundheit. In: B. Badura, U. Walter & T. Hehlmann (Hrsg.): Betriebliche Gesundheitspolitik. Der Weg zur gesunden Organisation. Springer, Berlin, Seite 361–376.

Haufe online, 12.06.2012, Studie betriebliches Gesundheitsmanagement reduziert Krankheitsfälle

Hohl, D. (2012): Change-Prozesse erfolgreich gestalten — Menschen bewegen — Unternehmen verändern. Haufe, Freiburg.

Huang, T.-J., Chi, S.-C. & Lawler. J. J. (2005): The relationship between expatriates' personality traits and their adjustment to international assignments. In: International Journal of Human Resource Management, 16, 9, Seite 1656–1670.

Illmarinen, J. &Tempel, J. (2002): Arbeitsfähigkeit 2010. Was können wir tun, damit Sie gesund bleiben? VSA Verlag Hamburg.

Initiative Neue Qualität der Arbeit (INQA)(2008): Was ist gute Arbeit? Das erwarten Erwerbstätige von ihrem Arbeitsplatz. [Onlinedokument]. Zugriffsdatum 10.06.2011. Verfügbar unter: http://www.inqa.de/Inqa/Redaktion/Zentralredaktion/PDF/ Publikationen/was-ist-gute-arbeit-kurzfassung,property=pdf,bereich=inqa,sprach e=de,rwb=true.pdf

Ishikawa, H., Nomura, K., Sato, M. & Yano, E. (2008): Developing a measure of communicative and critical health literacy: a pilot study of Japanese office workers. In: Health Promotion International, (2008). [Onlinedokument]. Zugriffsdatum 10.06.2011. Verfügbar unter: http://www-ncbi.nlm.nih.gov/pubmed/18515303?ordi nalpos=1&itool=EntrezSystem2.PEntrez.Pubmed.Pubmed_ResultsPanel.Pubmed_ DefaultReport.Pubmed_RVDocSum

Jacobi, F.: 5 Fragen an Prof. Dr. Frank Jacobi. In: www.report-psychologie.de.

Länderausschuss für Arbeitsschutz und Sicherheitstechnik, LASI-Veröffentlichung 52, Integration psychischer Belastungen in die Beratungs- und Überwachungspraxis der Arbeitsschutzbehörden der Länder, http://lasi.osha.de/

Loebe, H. & Severing, E. (2010): Wege zum gesunden Unternehmen: Gesundheitskompetenz entwickeln. Leitfaden für die Bildungspraxis. Bertelsmann, Bielefeld.

Ludborzs, B. (2013): Wie gestresst sind die Deutschen? In: report psychologie 4/2013, Seite 146–151.

Martin, R. (1995): The effects of prior moves on job relocation stress. In: Journal of Occupational and Organizational Psychology, 68, Seite 49–56.

Meifert, M.T. & Kesting, M. (2004): Gesundheitsmanagement im Unternehmen. Konzepte, Praxis, Perspektiven. Springer, Berlin.

Nationale Arbeitsschutzkonferenz (2012): Leitlinie Beratung und Überwachung bei psychischer Belastung am Arbeitsplatz. Berlin.

Pangert, B., Schüpbach, H. (2011): Arbeitsbedingungen und Gesundheit von Führungskräften auf mittlerer und unterer Hierarchieebene. In: Badura, B. et al.: Fehlzeiten-Report 2011. Führung und Gesundheit. Heidelberg. Seite 71–79.

Perlow L.A. & Porter J.L. (2010a): Weniger arbeiten — mehr leisten. In: Harvard Business Manager Ausgabe 1/2010, Seite 7–16 und 24–35

Pestel-Fuss, J. (2011): Frühzeitig unterstützen. In: Personal, Zeitschrift für Human Resource Management, April 2011, 63. Jahrgang, Heft 04\2011. Handelsblatt.

Ritter, J. (2012): Burnout nachhaltig entgegenwirken. In: Personalwirtschaft, Sonderheft 11/2012, Seite 32–34.

von Rosenstiel, L. (2003): Grundlagen der Organisationspsychologie. Schäffer-Poeschel, Stuttgart.

Ruppenthal, S. & Rüger, H. (2013): Berufsbedingte räumliche Mobilität — Konsequenzen für Wohlbefinden und Gesundheit. In: Zukunft der Arbeit, Arbeit und Gesundheit, DAK.

Scharnhorst, J. (2012): Burnout — Präventionsstrategien und Handlungsoptionen für Unternehmen. Haufe, Freiburg.

Schwertfeger, B. (2011): In der Krise hat man einfach viele Probleme ignoriert. Interview von Bärbel Schwertfeger mit Dr. Joachim Galuska. In: wirtschaft + weiterbildung, 01/2011, Seite 25.

Sicherheitsreport, Das Magazin der VBG, Ausgabe 2\2012.

Tscharnezki, O. (2012): Betriebliche Gesundheitsförderung: Führungskräfte sind Schlüssel zum Erfolg. In: DIE BKK 09/2012, Seite 388–390.

Literaturverzeichnis

Tscharnezki, O. (2011): Gesundheitsmanagement — Eine Investition in die Gegenwart und Zukunft. In: Sozialpsychiatrische Informationen, 41. Jg. (2011), Seite 9–12.

Tscharnezki, O. (2011): „We care" — eine Kultur des Kümmerns. In: LVT Lebensmittel Industrie 1–2, Seite 2–3.

Ulich, E. & Wülser, M. (2005): Gesundheitsmanagement in Unternehmen. Arbeitspsychologische Perspektiven. 2. A. Gabler Wiesbaden.

Walter, U., Krugmann, C.S. & Plaumann, M. (2012): Burn-out wirksam prävenieren? Ein systematischer Review zur Effektivität individuumbezogener und kombinierter Ansätze. In: Bundesgesundheitsblatt Nr. 55, Gesundheitsforschung — Gesundheitsschutz, Ausgabe 2/2012, Seite 172–182.

Werner, E. & Smith, R. (2001): Journeys from Childhood to Midlife. Risk, Resilience and Recovery, Cornell University Press, Ithaca & London.

World Health Organization (WHO) (2004): WHO Summary Report 2004. 1.: Mental disorders — prevention and control . 2.: Evidence-based medicine. 3.: Policy making I. World Health Organization II. Universities of Nijmegen and Maastricht, Prevention Research Centre. Nijmegen.

Stichwortverzeichnis